아두이노와 팅커캐드를 활용한

센서 응용 실무

이경훈 저

문운당

CONTENTS

CHAPTER 01 센서 응용 실험하기 전에

CHAPTER 02 회로 기본지식

CHAPTER 03 광 센 서

CONTENTS

CONTENTS

CONTENTS

CONTENTS

CHAPTER 13 아두이노 통신

CHAPTER 14 전류센서 및 전자회로 소자

CHAPTER 15 배터리 및 릴레이

CHAPTER 01

센서 응용 실험하기 전에

학습목표

1. 센서란 무엇이며, 종류와 특성을 설명할 수 있다.
2. 아두이노 우노 보드의 입출력 핀과 센서를 연결할 수 있고, 아두이노 IDE 프로그램으로 아두이노 보드에 소스코드를 업로드할 수 있다.
3. 팅커캐드로 회로를 구성하고 시뮬레이션을 할 수 있다.
4. 브레드보드의 구조를 이해하여, 회로도를 보고 전원과 부품들을 올바르게 점퍼선으로 연결할 수 있다.

1.1 센서의 이해

센서(sensor)는 물리량이나 화학량을 신호처리하기 쉬운 전기신호로 변환하는 부품 또는 장치이다. 즉, 빛이나 소리, 진동, 변위, 자계 등의 물리량 또는 가스, 이온, 습도 등의 화학량 정보를 선택적으로 감지하여 전기신호로 변환(출력)하는 부품이나 장치이다. 전기신호로 변환하는 이유는 증폭, 필터링, 피드백 등 신호처리가 간단하고, 정보 전송이 수월하기 때문이다. 물리량을 감지하기 위한 것을 물리센서, 또 화학량을 감지하기 위한 것을 화학센서라고 한다. 기본적으로는 생체의 감각 기관을 모방한 형태다. 다음 표 1-1은 인간의 오감을 기준으로 분류된 센서 체계이다.

표 1-1 오감의 기준으로 분류된 센서 체계 [출처 : 정용택, 센서원리와 응용]

형태	감각	오감	검출 대상	해당 센서
비접촉	시각	눈	가시광	CCD, CMOS
			적외선	열화상카메라, 광증폭기
			마이크로웨이브	MRI, SAR
			X선	방사선 검출기
	청각	귀	가청 음파	마이크로폰, 스피커
			초음파	SONAR
			다이크로웨이브	레이더 센서, RFID
			광센서	적외선 센서, 조도센서, 자외선 센서, 가스화염센서
	후각	코	대기질, 일반가스	대기질센서, 가스센서
			화재	광전식/차동식/정온식
			온도	비접촉온도센서
			가속도/각속도	가속도센서/자이로센서
접촉	촉각	피부	온도	열전대, 바이메탈, 광섬유센서
			습도	모발센서, 정전용량, 전기저항
			터치스크린	압저항, 정전용량, 초음파, 광학
			힘/압력	스트레인게이지, 탄성식, 전기식
			유량/레벨	유량센서, 레벨센서
	미각	혀	수질, 맛	수질센서, 맛센서

센서를 응용하는 과정에서의 변환기(트랜스듀서transducer)와 작동장치(액추에이터actuator)에 대해서도 센서와 함께 살펴보자. 먼저 변환기는 어떤 에너지를 다른 형태의 에너지로 변환하는 장치를 말한다. 센서는 마이크, 카메라, 레이더처럼 물리에너지를 전기에너지로 바꾸

는 장치이다. 작동장치는 센서와 반대되는 개념으로 스피커, 모터, 램프처럼 전기에너지를 물리에너지로 바꿔주는 장치를 말한다. 오디오 시스템을 예로 들면, 마이크는 소리(공기 진동)에너지를 전기에너지로 바꾸어 주는 입력단의 변환기이고 스피커는 전기에너지를 소리에너지로 바꾸는 출력단의 변환기이다. 센서는 입력단에 사용하는 감지기인 입력 변환기이고, 액추에이터는 출력단에 사용하는 구동기인 출력 변환기이다. 다음 그림 1-1은 센서를 비롯한 변환기와 작동장치에 대한 입출력단의 처리과정이다.

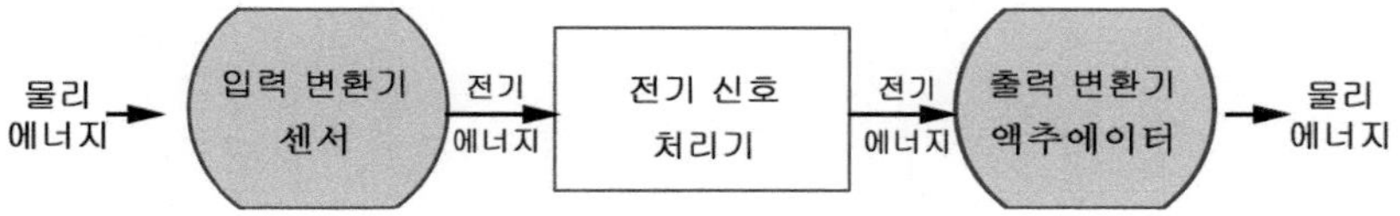

그림 1-1 센서와 액추에이터의 처리과정

다음 표 1-2는 이 책의 〈실험〉을 통해 학습하게 될 센서와 액추에이터이다.

표 1-2 이 책의 실험에 사용된 센서와 액추에이터

변환 물리량	센 서	액추에이터
빛	포토다이오드, 포토인터럽터, 포토커플러, 조도센서, 적외선 센서, 자외선 센서, 심박센서	LED, LCD, 3색 LED, 네오픽셀, DC모터, 스텝모터, 서보모터, 7세그먼트, 부저, 솔레노이드, 진동모터
소리	초음파 센서, 사운드음향센서	
온도	서미스터, 서모커플, 비접촉온도센서, 방수온도센서	
물	습도센서, 토양수분센서, 빗물센서, TDS 센서, 탁도센서, pH미터	
가스	알콜, 에탄올센서(MQ-3)	
전자기	자기홀센서, 리드스위치	
영상	지문인식센서	
역학	근접센서, 로드셀센서, 자이로센서, 기울기센서, 충격센서, 조이스틱, 터치센서, 레벨센서(수위센서)	

센서의 출력은 내외부의 각종 잡음에 의해 어느 정도의 오차를 갖는다. 이러한 오차와 관련하여 센서는 정확성(accuracy), 반복성(repeatability), 직선성(linearity), 측정범위(range, span) 등을 고려해야 한다.

[1] 정확성

같은 조건에서 측정한 값이 참값에 얼마나 가까운가를 나타내는 개념이다. 정확성은 정확도라고도 하는데, 보통 정밀도(precision)와 대비되어 사용된다. 그림 1-2 왼쪽의 정밀도(precision)는 같은 조건에서 여러 번 반복 측정을 하여도 얼마나 같은 측정값이 나타나는지를 의미한다. 즉 측정값들의 상대적인 편차가 적으면 정밀하다고 하고 편차가 크면 정밀하지

못하다고 한다. 측정값이 참값과 차이가 적으면 정확도가 높다고 하고, 측정값의 분포의 폭이 적으면 정밀도가 높다고 한다. 그림 1-2 오른쪽의 정확도와 정밀도는 서로 독립적이어서 측정된 값이 정확도는 높아도 정밀도가 낮은 경우도 있고, 거꾸로 정밀도가 높지만, 정확도가 낮은 경우도 있다. 예를 들어, 영점 조정이 잘못된 측정 기기로 충분히 많은 측정을 하면 정확도를 높이는 데는 한계가 있지만 표준편차로 나타낸 정밀도는 높일 수 있다.

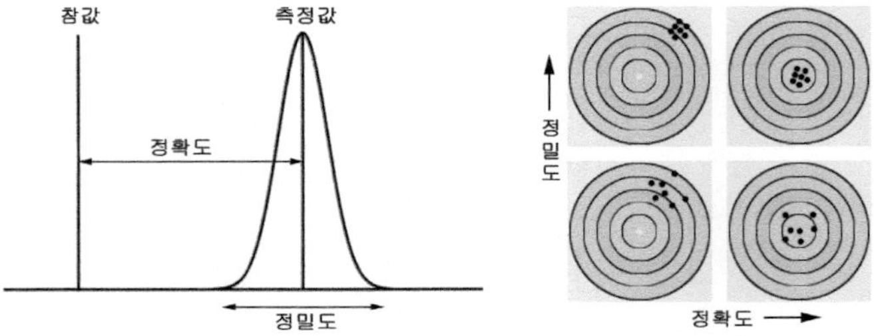

그림 1-2 정확도와 정밀도

[2] 반복성

거듭해서 되풀이 측정을 했을 때 얼마나 같은 측정값이 나오는지가 반복성이다. 짧은 시간 동안 같은 실험자가 같은 기구를 가지고 같은 환경에서 반복 측정을 했을 때의 정밀도이다. 센서의 제일 기본 요건은 반복성이 우수해야 한다.

[3] 직선성(선형성)

원인이 되는 양의 변화분과 그에 의해서 생기는 결과량 사이의 관계에서 그것이 직선으로 주어지는 경우이다. 직선이 좌표의 원점을 통하는 경우는 비례 관계가 있다고 한다. 직선성은 실제의 특성이 직선 특성에서 얼마만큼 벗어나 있는가에 따라서 주어진다. 실제의 특성과 직선 특성의 수평 방향의 벗어남이 최소가 되도록 직선을 그었을 때 생기는 최대의 벗어남 Δx를 입력량의 최댓값 xmax의 백분율로서 나타낸다. 그림 1-3은 변환기의 직선성 예를 나타낸 것이다.[1)]

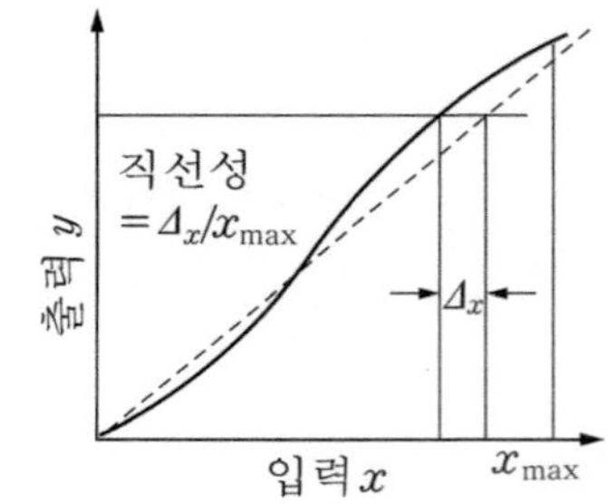

그림 1-3 변환기의 직선성

[4] 측정범위

측정범위는 규정값의 최댓값과 최솟값의 차이다. 즉, 계측기에서 측정할 수 있는 상한으로부터 하한을 뺀 값이다. 예를 들면, −20℃~150℃의 온도계에서는 170℃, 0~24V의 전압에서는 24V이다.

1) 출처 : 전자용어사전, 1995. 3. 1., 월간전자기술 편집위원회

1.2 센서 활용 툴

이 책에서는 아두이노 보드를 사용한 실제 실험과 팅커캐드를 사용한 모의실험을 통하여 센서와 액추에이터의 특성과 용도를 이해하고자 한다.

1.2.1 아두이노 우노 보드

아두이노는 Atmel AVR을 기반으로 한 단일보드 마이크로컨트롤러이다. Atmel AVR은 1996년 아트멜 사에서 개발된 8비트 마이크로컨트롤러로서 중앙처리장치와 소용량 플래시 메모리가 하나의 IC에 집적되어 있다. 많이 사용하는 그림 1-4의 아두이노 우노(Arduino uno) 보드는 ATmega328을 사용한다. 표 1-3은 아두이노 우노 보드의 기본사양이다. 동작전압은 5V이고, 파워잭으로 입력 전압은 7~12V이다. 디지털 입력핀이 12개이고, 아날로그 핀이 6개이다. 디지털 핀 12개 중에 6개 핀은 PWM핀이다. 클락 속도는 16MHz이다. 아두이노의 장점은 가격이 저렴하고, USB 케이블만으로 PC에 연결해서 짧은 시간에 납땜을 하지 않고도 개발이 가능하다는 것이다. 또한 아두이노와 관련된 자료들이 매우 다양하고 풍부하여 자유롭게 가져다 쓸 수 있고, 전기 전자 분야의 지식이 부족해도 아두이노를 활용할 수 있는 기술의 문턱이 낮다는 점이다. 무엇보다도 아두이노를 통해 전기 전자회로의 이해와 코딩의 기초를 닦을 수 있을 것이다.

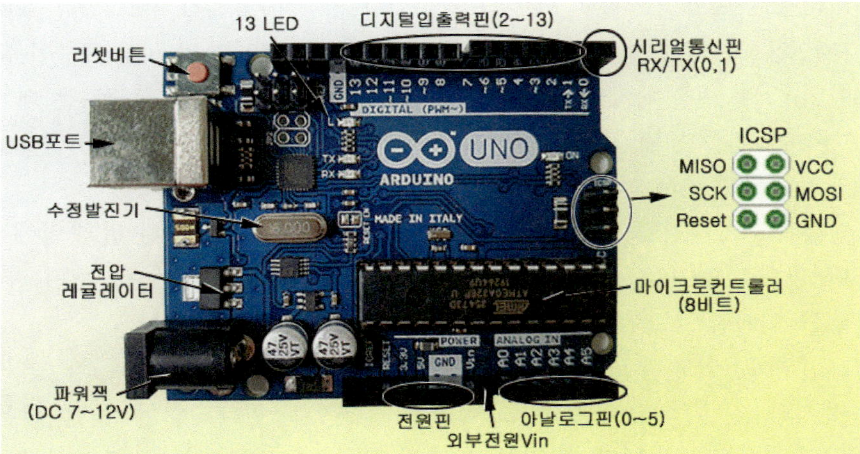

그림 1-4 아두이노 우노 보드 GPIO 핀 배열

- 전원 핀 : 아두이노 우노 보드 내부의 전압 레귤레이터[2]를 통해 3.3V 및 5V로 조정된 출력 전압이 나온다. 이 핀은 출력 핀이다. 거꾸로 3.3V나 5V 핀에 전원을 입력하면 안 된

2) 어떠한 전압이 들어와도 미리 설정해 놓은 전압으로 일정하게 유지시켜주는 부품이다. 예를 들어 7V나 12V의 전압을 공급해도 레귤레이터를 거치면 일정하게 5V로 조정하여 일정하게 유지시켜 준다.

표 1-3 아두이노 우노 보드의 기본사양

마이크로컨트롤러(Micro Controller)	ATmega328P
동작 전압(Operating Voltage)	5V
입력 전압	7~12V, 한계전압은 6~20V
디지털 입출력 핀(Digital I/O pins)	12개(2~13), PWM 출력 핀은 6개
아날로그 입력 핀(Analog Input Pins)	6개(A0~A5)
입출력 핀에서 나오는 전류(DC Current per I/O Pin)	40mA
소스코드 저장할 때 쓰는 플래시메모리(Flash Memory)	32KB, bootloader에 0.5KB 할당
임시저장 공간 SRAM	2KB
환경설정용 메모리 EEPROM	1KB
클락(Clock) 속도	16MHz
내장 LED(LED_BUILTIN)	디지털 13번 핀

다. 3.3V 핀의 최대전류는 50mA이다. 전원 핀 영역에는 2개의 GND 핀이 있고, 디지털 13번 핀 위쪽에도 GND 핀이 있다. 아두이노 우노 보드에 GND는 모두 3개이며, 회로를 접지하는 데 사용한다.

- 파워잭 : 아두이노 보드는 USB나 파워잭으로 전원공급을 할 수 있다. USB 포트를 통해서 전원을 공급하지 않고 아두이노 보드 단독으로 동작시키고자할 때, DC 7~12V의 어댑터나 배터리로 전원을 공급할 수 있는 소켓이다. 파워잭으로 7V보다 낮은 전원을 인가하면 아두이노 보드의 5V 핀은 5V보다 낮아 보드가 불안정해질 수도 있다. 만약 12V보다 높은 전압을 공급한다면 보드 내부의 레귤레이터가 과열되거나 손상을 입을 수 있다.
- 외부전원 Vin : 이 핀을 통해 외부 전원을 아두이노 보드에 전원을 공급하는 데 사용할 수 있다. 또는 파워잭을 통해 전원을 공급하는 경우 이 핀을 통하여 레귤레이터를 거치지 않은 파워잭의 전압을 사용할 수 있다.
- 디지털 입출력 핀 : 디지털 값(0 또는 1)의 입출력을 위한 핀이며, 핀 번호 앞에 ~가 붙은 것은 PWM핀으로 8비트(0~255)의 256단계의 출력이 가능하다. 2번과 3번 핀은 이벤트 처리를 위한 인터럽트(Interrupt)기능을 갖고 있다.
- 아날로그 핀 : 아두이노 우노 보드에는 6개의 아날로그 입력 핀 A0~A5가 있다. 이 핀은 온습도 센서와 같은 아날로그 신호를 읽어 들일 수 있다. 읽어 들인 값은 10비트(0~1023)의 값으로 나타난다. 디지털 핀 수가 부족할 경우는 아날로그 핀을 디지털 핀으로 사용할 수도 있다.
- 시리얼통신 핀(Serial I/O pins) : 시리얼통신에 사용되는 핀이다. 아두이노 IDE가 이 핀을 사용하므로 부품들을 사용할 때는 0번과 1번 핀은 사용하지 않도록 한다.
- 13LED : 디지털 13번 핀과 연결된 아두이노 내장 LED로 디지털 13번 핀이 High(1)일 경우 LED가 켜진다.

- USB 포트 : USB 케이블을 사용하여 아두이노 보드에 전원을 공급할 수도 있고, 컴퓨터의 프로그램을 아두이노로 업로드하는 등 컴퓨터와의 통신을 할 수 있다.
- 전압 레귤레이터(Voltage Regulator) : 파워잭으로 DC 7~12V가 들어오면 5V로 전압 강하시키고 프로세서 및 기타 요소에 안정된 전원을 제공한다. 1A정도의 전류를 처리할 수 있다.
- 수정발진기 : 16MHz의 클락을 발생한다. 시간문제를 처리하는 데 쓰인다.
- 리셋버튼 : 아두이노에 업로드된 프로그램을 재실행하는 초기화 버튼이다.
- 마이크로컨트롤러 : 보드의 두뇌에 해당한다.

기본적으로 아두이노는 5V 기준의 마이크로프로세서이다. 따라서 핀 헤더 소켓을 통해 0V 혹은 5V의 입/출력만이 가능하다. 따라서 아두이노의 핀을 출력 모드로 설정하면 이 핀을 통해서 0V 혹은 5V 출력을 낼 수 있으며, 입력 모드로 설정하면 이 핀으로 들어오는 전압이 0V인지 5V인지 판단하게 된다.

1.2.2 아두이노 IDE[3] 프로그램 – 스케치

아두이노로 프로그램을 작성할 때 반드시 작성해야 하는 함수는 setup()과 loop()이다. setup() 함수는 아두이노의 입출력 포트나 내장되어 있는 레지스터 등을 초기화 해주는 함수이고, loop() 함수는 프로그램에서 계속 반복 실행하는 함수이다. 다음 그림 1-5는 아두이노 IDE 프로그램을 실행했을 때의 첫 화면이다. 이 상태에서 컴파일하면 오류 없이 '컴파일 완료'라는 메시지가 나타나지만 아무런 작동도 하지 않는다. 원하는 동작을 하려면 setup() 함수와 loop() 함수의 {중괄호} 안에 소스코드를 작성해서 넣으면 된다.

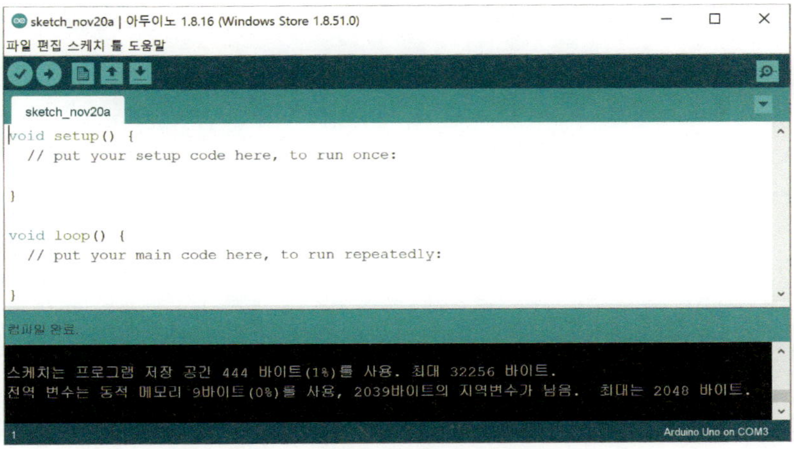

그림 1-5 아두이노 IDE 프로그램의 '새 파일' 첫 화면

3) IDE(Integrated Development Environment) : 효율적으로 소프트웨어를 개발하기 위한 통합개발환경 소프트웨어 어플리케이션 인터페이스이다. 코드 편집기, 디버거, 컴파일러, 인터프리터 등을 포함하고 개발자에게 제공한다. 출처:두산백과

아두이노 IDE 프로그램(스케치) 사용법

1. 아두이노 IDE 프로그램을 실행한다.
2. USB 케이블을 사용하여 아두이노 우노 보드와 컴퓨터를 연결한다.
3. 메뉴의 '파일〉예제〉01.Basics〉Blink'를 실행한다.

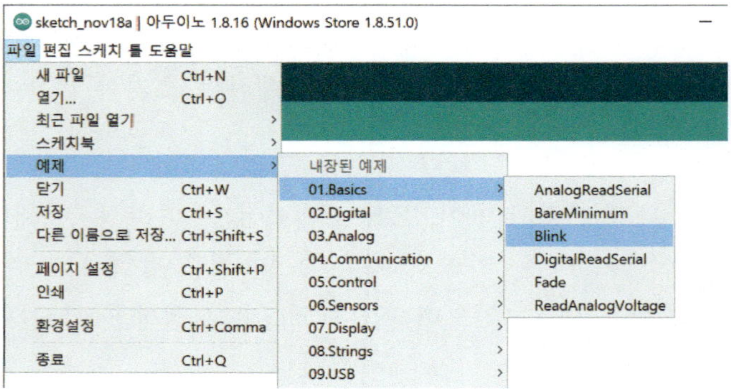

4. Blink 예제 파일이 나타나면 메뉴의 '툴〉포트〉com포트'를 선택한다. 아두이노의 com포트 번호는 다를 수 있다.

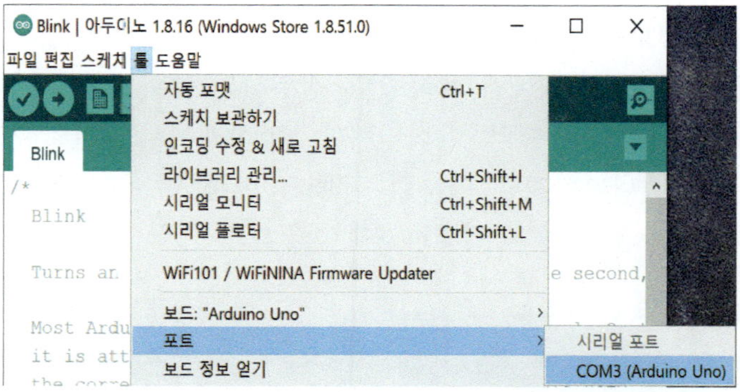

5. 메뉴의 '스케치〉업로드'를 실행한다. 아래쪽 화면에서 '업로드 완료' 메시지가 뜨면 아두이노 우노 보드의 LED가 깜박이는 것을 확인할 수 있다.

이와 같이 아두이노의 실행방법은 소스코드가 있는 화면에서 '툴〉포트'를 선택하고 업로드시키면 된다. '스케치〉업로드'는 도구모음에서 두 번째인 ➔이다. USB 케이블을 빼고 새로 연결할 때마다 com포트를 설정해줘야 한다. 그렇지 않으면 업로드 에러가 발생한다.

1.2.3 팅커캐드

팅커캐드(Tinkercad)는 '오토데스크'에서 만든 3D디자인, 회로작성 등이 가능한 웹사이트이다. 구글의 크롬(Chrome) 또는 마이크로소프트의 엣지(Edge) 웹브라우저로 아두이노를 비롯하여 전자회로를 시뮬레이션할 수 있다. 가상의 아두이노 보드와 부품으로 회로를 꾸미고 소스 코딩으로 시뮬레이션이 가능하다. 이 프로그램을 설치하고 로그인 하려면 https://www.tinkercad.com에 접속한다.

접속 첫 화면의 메뉴는 '3D 디자인', '회로', '코드 블록', '학습'이 있는데, 이 책의 실험은 2번째의 '회로' 메뉴를 선택하여, '새 회로 작성'을 클릭하면 작업창에서 회로를 구성할 수 있다.

팅커캐드 사용법

1. 팅커캐드 작업창의 오른쪽 부품 목록에서 'Arduino uno R3', '작은 브레드보드', '레지스터', 'LED'를 끌고 와서 작업공간에 배치한다.

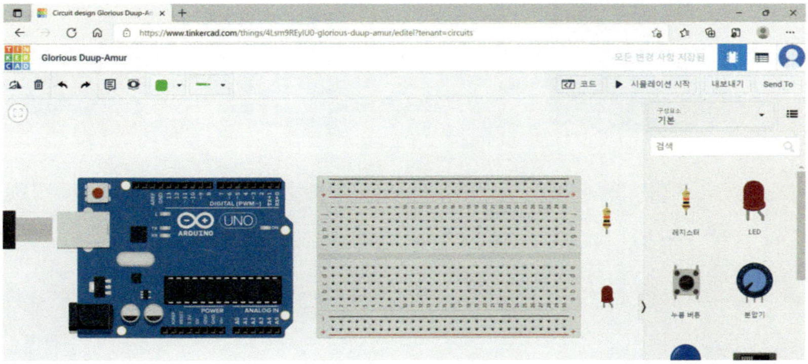

2. 끌고 온 부품은 선택하여 회전할 수 있다. 회전 도구는 화면 좌측상단에 있다.

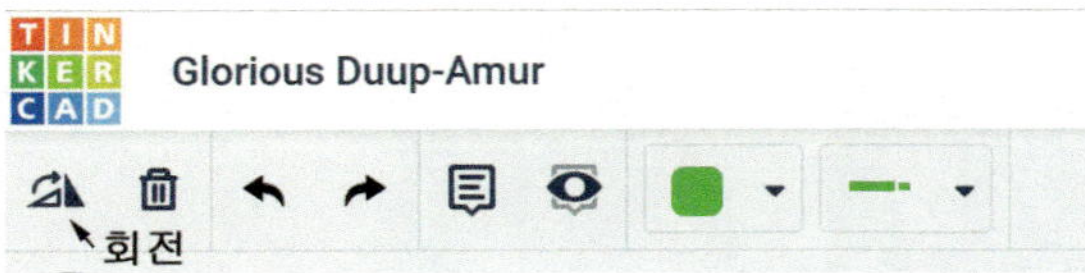

3. 부품을 이동 또는 회전한 후 다음 그림처럼 결선한다. 저항은 선택하여 바꿀 수 있다. 단위를 kΩ에서 Ω으로 전환하여 330Ω으로 설정한다.

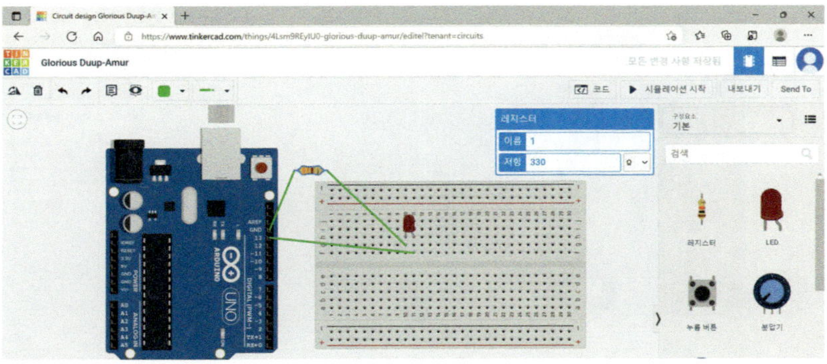

4. 회로 결선이 끝난 다음 시뮬레이션을 위해 소스코드를 복사해온다. 아두이노의 IDE 프로그램의 메뉴에서 '파일>예제>01.Basics>Blink'를 실행하여 소스코드를 '복사(Ctrl+C)'한다. 복사한 소스코드는 팅커캐드의 메뉴 '코드>문자'를 실행하여 나타난 코드 창에 '붙여넣기(Ctrl+V)'한다.

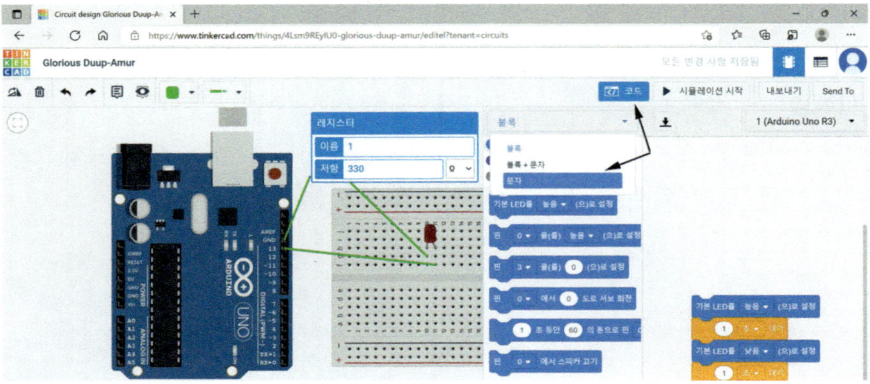

5. 코드 창에 소스코드를 붙여놓은 상태에서 메뉴의 '시뮬레이션 시작'을 실행하면 LED가 깜박임을 확인할 수 있다.

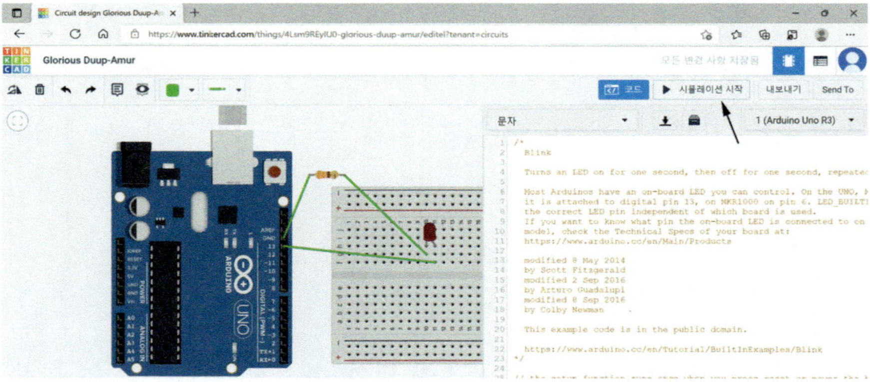

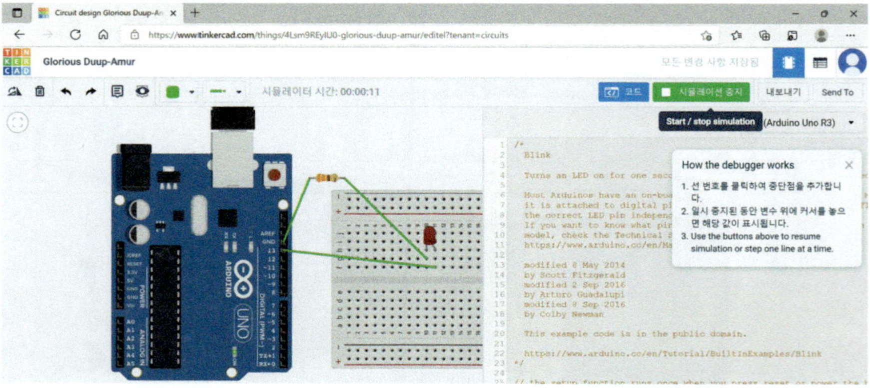

1.2.4 브레드보드

브레드보드(Bread Board)는 빵판으로도 불리는데, 회로 실험에서 기판에 납땜을 하지 않고도 부품들을 연결하여 회로를 구성하는 도구이다. 크기와 형태가 다양하지만 쓰임새는 동일하다. 부품 연결 및 회로 구성이 간단하여 실험을 할 때나 시제품을 제작할 때 많이 쓴다. 아두이노 실험에서 많이 쓰는 브레드보드는 그림 1-6과 같은 830홀, 400홀, 170홀이다. '홀'은 브레드보드의 구멍을 의미한다.

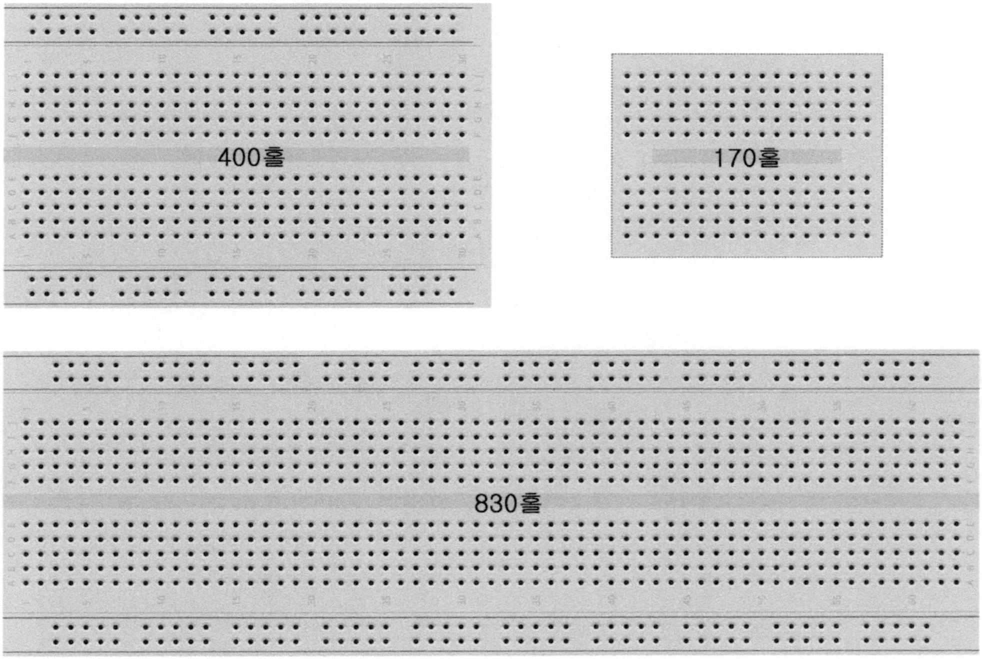

그림 1-6 다양한 크기의 브레드보드

브레드보드를 처음 사용하면 내부 구조를 몰라 어떻게 결선해야 할지 난감할 수 있다. 브레드보드의 내부 구조를 400홀로 살펴보면 다음 그림 1-7처럼 가로 또는 세로방향으로 얇은 금속판을 붙여놓았다. 가로방향의 위아래 부분의 파란선, 빨간선 표시는 전원(GND, 5V)으로 사용하는데, 길게 하나의 금속판으로 연결되어 있다. 빨간색은 5V, 파란색은 GND 전원선을 연결한다. 그러면 가로의 구멍들은 어떤 위치라도 같은 구멍이므로 서로 전기가 통한다. 가운데 두 영역의 5개의 구멍(abcde, fghij)도 하나의 금속판으로 연결되어 있다. 위아래 영역의 5개씩의 구멍들은 서로 연결되어 있지 않다. 5개의 구멍이 하나로 붙어있는 이 가운데 영역이 부품을 배치하는 영역이다. 이 영역에 배치한 부품들을 점퍼선[4]으로 연결하여 회로를 구성한다.

---

4) 두 지점을 전기적으로 접속하는 전선이다. 핀에 꽂을 수 있는 암(Femail)점퍼와 구멍에 꽂을 수 있는 수(Mail)점퍼가 있다. 다양한 색상과 길이로 판매되고 있는데 양쪽의 헤드에 따라 수-수 점퍼선, 암-암 점퍼선, 암-수 점퍼선이 있다.

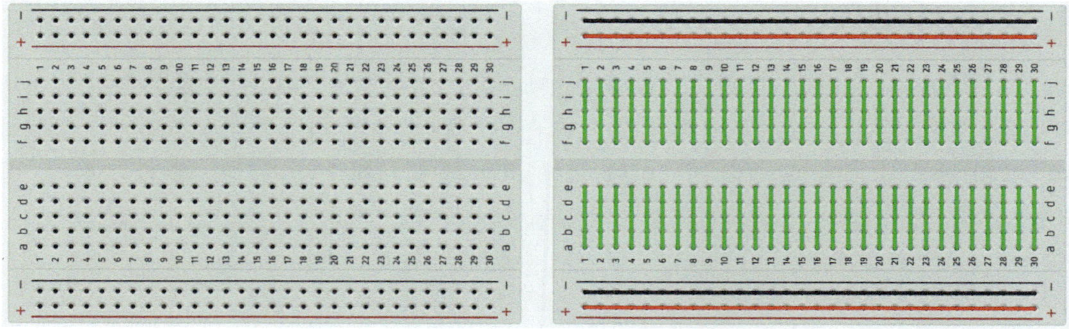

그림 1-7 브레드보드의 구멍 연결 구조

다음 그림 1-8은 브레드보드에 부품을 배치한 틀린 예와 바른 예를 나타낸다. 제대로 된 실험을 하려면 반드시 주의 깊게 살펴보고 브레드보드의 바른 사용법을 익혀야만 한다.

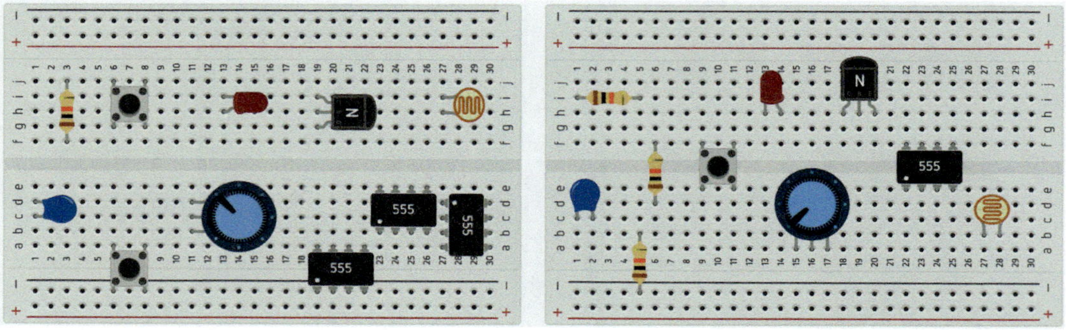

(a) 틀린 배치　　　　(b) 바른 배치

그림 1-8 브레드보드에 부품을 배치한 틀린 예와 올바른 예

830홀 브레드보드는 400홀의 두 배 크기이고 동일한 연결도로 구성되어 있다. 170홀 브레드보드는 400홀, 830홀 브레드보드와는 달리 위아래의 파란, 빨간 선의 전원부가 없으며, 가운데 5개씩 구멍의 부품 배치영역만 있는 미니 브레드보드이다. 브레드보드의 팅커캐드에서의 명칭은 브레드보드(830홀), 작은 브레드보드(400홀), 미니 브레드보드(170홀)이다.

1.3 무작정 따라하기

무작정 따라하기에서는 2개의 실험을 해본다. 부품결선도 그대로 연결하여 작동시켜본다. 실험1은 팅커캐드로 시뮬레이션이 가능하므로 팅커캐드로 먼저 해본 다음 아두이노로 실험을 한다.

실험 1 TINKERCAD 서보모터와 LED를 택트스위치와 퍼텐쇼미터로 제어하기

실험 번호에 TINKERCAD 위첨자가 붙은 경우는 팅커캐드로 가상시뮬레이션도 가능함을 표시한 것이다. 첫 번째 무작정 따라하기는 팅커캐드로 따라해 보기이다.

① 팅커캐드에 로그인한 다음 '회로' 메뉴를 선택하여, '새 회로 작성'을 클릭한다.

② 작업창에서 다음 그림 1-9처럼 회로를 구성한다.

③ 일단은 같은 위치에 부품을 가져와 배치한다. 경우에 따라 회전한 다음 점퍼선으로 연결한다.

그림 1-9 부품결선도 1 (서보모터와 LED를 택트스위치와 퍼텐쇼미터로 제어하기)

④ 위 그림 1-9와 같이 모두 연결한 후, 다음 소스코드를 '복사(Ctrl+C)'하여 팅커캐드의 '코드'에 붙여넣기 해야 한다.

```
// 서보모터와 LED를 택트스위치와 퍼텐쇼미터로 제어하기
#include <Servo.h>
#define led_pin 6   //LED의 +핀 연결 번호, 반드시 PWM 핀 지정,서보모터와 함께할 경우 9,10핀은 안됨
const int servoPin = 8;    // 서보모터 제어신호 핀을 지정
Servo servo;
long Previous=0;   //이전값 설정
const int poten_pin = A0;    // 가변저항 핀 설정
```

```
const int sw_pin= A2;    // 푸시버튼 핀 설정
int count = 0;

void setup(){
  pinMode(led_pin, OUTPUT); // LED를 출력모드로
  pinMode(poten_pin, INPUT);   // x를 입력모드로
  pinMode(sw_pin, INPUT);    // sw를 입력모드로
  servo.attach(servoPin);
}

void loop(){
  int reading = analogRead(poten_pin);             // 퍼텐쇼미터의 값을 읽어 들임
  int sw = analogRead(sw_pin); // 푸시버튼 신호를 읽어 들임
//--------------- LED 밝기 조절(푸시버튼 스위치로) -------------------------------
  if(sw!=0){
      delay(500);
      count++;
      switch (count){
        case 1:analogWrite(led_pin, 20); break;
        case 2:analogWrite(led_pin, 100); break;
        case 3:analogWrite(led_pin, 255); break;
        default:analogWrite(led_pin, 0); count=0; break;
      }
   }
//--------------- 서보모터 회전(퍼텐쇼미터를 돌려서) -------------------------------
  if(Previous != reading){
    int rad = map(reading, 0, 1023, 180, 0);
    servo.write(rad);     // 서보모터에 각도 'rad' 전달
    Previous=reading;
  }
}
```

⑤ 다음 그림처럼 팅커캐드의 '코드' 메뉴에서 '문자'를 선택한 후 '붙여넣기(Ctrl+V)'한다.

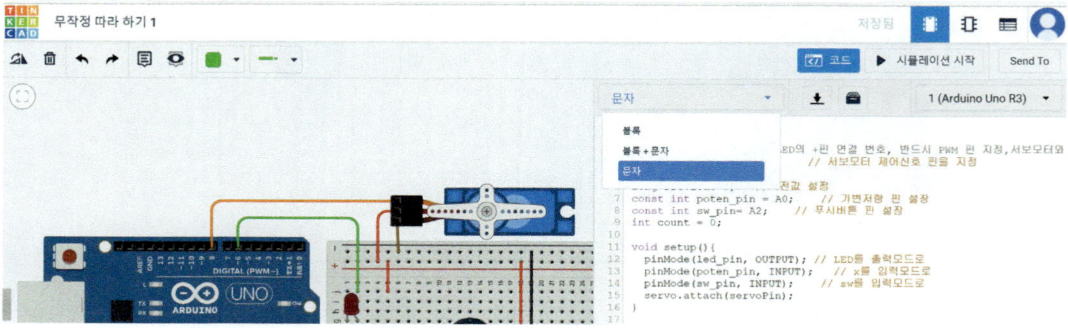

⑥ '붙여넣기' 한 다음에 우측상단 '코드' 메뉴 옆의 '▶ 시뮬레이션 시작'을 누른다.

⑦ 이제 작동할 수 있는 상태이다. 택트스위치를 계속 눌러본다. 한 번씩 누를 때마다 LED의 불빛이 밝아짐을 알 수 있을 것이다. 택트스위치를 4번 누르게 되면 LED는 꺼진다.

⑧ 그 옆의 다이얼처럼 생긴 퍼텐쇼미터를 마우스로 눌러서 돌리면 그 위의 서보모터가 회전하게 된다. 퍼텐쇼미터로 돌린 위치에 따라 0~180도 회전을 하게 된다.

실험 2 조이스틱으로 서보모터와 LED 제어하기

두 번째 무작정 따라하기는 팅커캐드에 조이스틱 부품이 없어서, 아두이노로만 가능하다. 실제 아두이노 보드와 부품을 가지고 직접 부품들을 연결한다. 조이스틱으로 서보모터를 회전시키고 LED 불빛의 밝기를 바꿔보는 실험이다.

① 아두이노 우노 보드와 브레드보드를 다음 그림 2-10의 부품결선도처럼 위치시키고, 각 부품들을 점퍼선으로 연결한다.

② LED는 다리가 긴 것과 짧은 것이 있는데, 긴 다리를 오른쪽에 끼운다.

③ 저항은 220Ω이나 330Ω을 연결한다. 저항은 다리를 신경 쓰지 않아도 된다.

④ 다음 그림 1-10의 조이스틱 5개 핀 중에 4개를 아두이노 우노 보드에 연결한다.

⑤ 조이스틱에서 연결해야 하는 핀은 왼쪽부터 차례로 GND, 5V, VRx, SW이다. 네 번째 핀인 VRy는 연결하지 않는다.

그림 1-10 부품결선도 2 (조이스틱으로 서보모터와 LED 제어하기)

⑥ 모든 연결을 마친 후 다음 소스코드를 '복사하여', 아두이노 IDE 프로그램 스케치에 '붙여넣기' 한다.

```
// 조이스틱으로 서보모터와 LED 제어하기
#include <Servo.h>
#define led_pin 6   //LED의 +핀 연결 번호, 반드시 PWM 핀 지정, 서보모터와 함께할 경우 9,10핀은 안됨
const int servoPin = 8;   // 서보모터 제어신호 핀을 11번으로 지정
Servo servo;
long Previous=0;   //이전값 설정
const int joystick_x = A0;   //조이스틱 X축을 저장
```

```
const int joystick_sw= A2;    //조이스틱 스위치를 저장
int count = 0;

void setup(){
  pinMode(led_pin, OUTPUT); // LED를 출력모드로
  pinMode(joystick_x, INPUT);   // x를 입력모드로
  pinMode(joystick_sw, INPUT);    // sw를 입력모드로
  servo.attach(servoPin);
}

void loop(){
  int x = analogRead(joystick_x); // 조이스틱 X축의 아날로그 신호를 x에 저장
  int sw = analogRead(joystick_sw); // 조이스틱 스위치의 디지털 신호를 sw에 저장
//----------------- LED 밝기 조절(조이스틱 스위치로) --------------------------------
  if(sw==0){
      delay(500);
      count++;
      switch (count){
        case 1:analogWrite(led_pin, 20); break;
        case 2:analogWrite(led_pin, 100); break;
        case 3:analogWrite(led_pin, 255); break;
        default:analogWrite(led_pin, 0); count=0; break;
      }
   }
//---------------- 서보모터 회전(조이스틱의 x축으로) --------------------------------
  if(Previous != x){
    int rad = map(x, 0, 1023, 180, 0);
    servo.write(rad);     // 서보모터에 각도 'rad' 전달
    Previous=x;
  }
}
```

⑦ 소스코드가 있는 상태에서 메뉴의 '툴〉포트〉com포트'를 지정한 다음 도구모음의 두 번째에 있는 업로드 버튼(➔)을 눌러 소스코드를 아두이노 보드로 업로드시킨다.

⑧ 업로드가 완료되면 조이스틱을 앞뒤로 움직이면 서보모터가 회전할 것이고, 조이스틱을 누르면 LED의 불빛의 밝기를 바꿀 수 있다. 앞선 실험과 마찬가지로 4번 누르면 꺼진다.

CHAPTER 02

회로 기본지식

학습목표

1. 저항이란 무엇이며, 종류와 특성을 설명할 수 있다.
2. LED란 무엇이며, 종류와 특성을 설명할 수 있다.
3. LED 연결을 위한 안전저항 값을 계산할 수 있다.
4. 퍼텐쇼미터의 구조와 저항 값을 바꾸기 위한 방법과 단자 연결방법을 설명할 수 있다.
5. PWM(펄스폭변조)을 설명할 수 있고, 듀티비를 계산할 수 있다.
6. 피에조 부저의 특성과 용도를 설명할 수 있다.
7. 3색 LED의 특성과 용도를 설명할 수 있다.
8. 네오픽셀의 특성과 용도를 설명할 수 있다.

이 장에서는 저항이나 LED를 비롯한 센서 활용을 위한 기본 부품들의 특성과 기본 전기회로에 대한 내용을 살펴본다.

2.1 저항

저항(resistor)이란 전기의 흐름을 방해한다. 그러므로 전선은 도전율이 좋은 도체 즉, 저항값(resistance)이 낮은 도체를 사용한다. 가장 기본적인 부품인 저항의 일반적인 쓰임새는 회로를 지나가는 전류량을 조절하거나 전압을 낮추는 것이다. 저항의 단위는 옴(ohm)이며, 그리스 문자 Ω(오메가)를 사용한다. 이 책의 실험에 사용될 저항의 용도는 LED의 과다 전류 방지, 풀업[5]/풀다운[6]저항용, 회로 내의 한 지점에서의 전압 제어용이다.

모든 저항값을 갖는 저항을 구할 수는 없다. 저항 제조가 용이하도록 저항값 표준을 정해놓았기 때문이다. 표준에는 ±20% E6, ±10% E12, ±5% E24, ±2% E48, ±1% E96, ±0.5% E192 제품군이 있다. 일반적인 허용오차가 ±5%인 E24 제품군은 10, 11, 12, 13, 15, 16, 18, 20, 22, 24, 27, 30, 33, 36, 39, 43, 47, 51, 56, 62, 68, 75, 82, 91의 기본 저항값이 24개가 있다. 이 기본 저항값 뒤에 원하는 개수만큼 0을 붙인 수치의 큰 저항들이 있다. 예를 들어, 460Ω이 필요하다면 E24 제품군에서 470Ω을 선택하면 된다. 이 책에서 많이 쓰게 될 330Ω, 10kΩ도 저항값 표준이라 구입할 수 있다. ±0.5% E192 제품군은 ±5%인 E24 제품군 보다 8배 많은 정밀한 저항값을 갖는 표준 저항들이 있다.

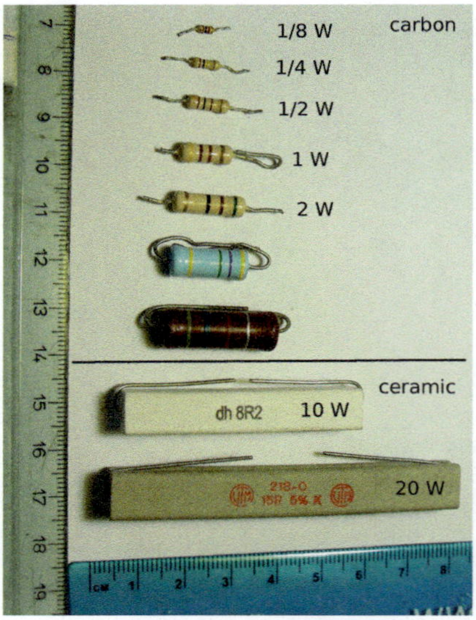

그림 2-1 다양한 크기의 저항
[출처 : https://commons.wikimedia.org]

저항을 선택하기 위한 고려사항은 저항값뿐만 아니라 정격전력[7]에 따른 저항의 크기이다. 정격전력에 따른 크기로는 1/8W, 1/4W, 1/2W, 1W, 2W, 5W, 10W 등이 있다. 브레드보드[8] 실험용으로 1/4W(250mW) 저항이 가장 많이 쓰인다. 와트가 클수록 고전력용인데, 저항이 굵고 길다. 그림 2-1은 정격전력에 따른 다양한 크기의 저항을 보여 준다.

저항은 전류의 흐름을 제한하고 전압을 떨어뜨리는 과정에서 전력[9]의 크기에 비례하는 열을 방출한다. 그러

5) 회로의 입출력 단자와 VCC 사이에 접속되어 있는 저항. 5.1.2절 참조
6) 회로의 입출력 단자와 GND 사이에 접속되어 있는 저항. 5.1.2절 참조
7) 기기를 안전하게 사용할 수 있는 전력의 최대한도. 단위는 [W] (Watt, 와트)를 사용.
8) 브레드보드의 사용법은 1.2.4절을 참고.

므로 전력이 클수록 열에 강하면서 열을 잘 방출할 수 있는 부피가 큰 저항을 사용해야 한다. 전력 크기에 따른 저항 크기 선택을 위한 예로, 150Ω의 저항을 5V의 배터리에 연결할 때 몇 와트[W]의 저항이면 되는지 먼저 저항이 감당해야할 전력의 크기부터 계산하면 다음과 같다.

$$P = V \times I = V \times \frac{V}{R} = \frac{V^2}{R} = \frac{5 \times 5}{150} = 0.17\ \mathrm{W}$$

이 경우 저항이 과열되어 손상되지 않으려면 1/4W의 저항을 사용하면 된다. 이보다 한 단계 높은 1/2W의 저항을 선택할 수도 있겠다.

표 2-1처럼 다양한 재료의 저항이 있다. 가장 일반적인 저가격의 저항은 탄소 피막 저항(Carbon Film Resistor)과 금속막 저항(Metal Film Resistor)이다. 칩 저항(SMD ; Surface Mount Device)은 소형으로 최근에 PC 및 소형 제품에 많이 사용되고 있으며 소비전력은 1/16W ~ 1W 정도까지이며 오차범위는 ±1%에서 ±10% 등 다양한 종류가 있다.

표 2-1 다양한 재료의 저항

탄소 피막 (Carbon film)	금속막 (Metal film)	금속 산화물 피막 (metal oxide film)	탄소 콤포지션 (Carbon composition)	권선형 (Wirewound)	SMD 칩 Surface mount

저항값은 표 2-2와 그림 2-2의 저항에 칠해진 색깔의 띠로 확인할 수 있다. 색깔의 띠는 4개인 것과 5개인 것이 있다.

표 2-2 색깔로 저항값 알아보기

4색 띠 저항		검은색	갈색	빨간색	주황색	노란색	초록색	파란색	보라색	회색	흰색	금색	은색	무색	5색 띠 저항	
	1색띠	0	1	2	3	4	5	6	7	8	9				1색띠	
	2색띠	0	1	2	3	4	5	6	7	8	9				2색띠	
		0	1	2	3	4	5	6	7	8	9				3색띠	
	3색띠	10^0	10^1	10^2	10^3	10^4	10^5	10^6	10^7	10^8	10^9	10^{-1}	10^{-2}		4색띠	
	4색띠		±1%	±2%			±0.5%	±0.25%	±0.1%			±5%	±10%	±20%	5색띠	

9) 단위시간 동안 전기장치에 공급되는 전기에너지, 또는 단위시간 동안 다른 형태의 에너지(보통 열)로 변환되는 전기에너지이다. 단위는 주울/초(Joule/second, J/s))이며 이를 다시 와트(W)로 표시한다. 즉 1W = 1J/s이다. 1W는 1A(암페어)의 전류가 1V(볼트)의 전압이 걸린 곳을 흐를 때 소비되는 전력의 크기다. 전력(P)과 전압(V), 전류(I)의 관계는 P = V · I를 만족한다.

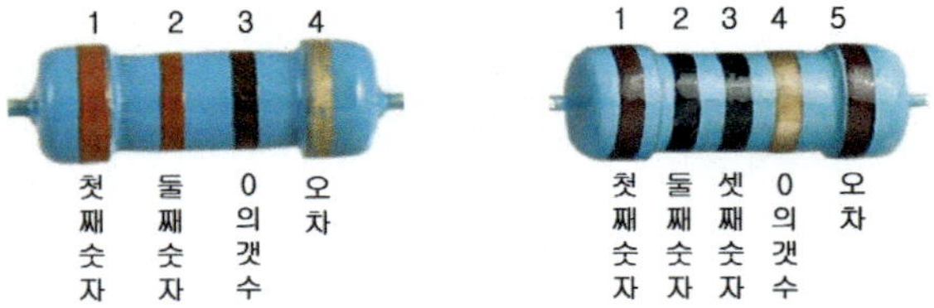

(a) 4색 띠 저항기　　　(b) 5색 띠 저항기

그림 2-2 저항기 색 띠의 의미

2.2 LED (발광다이오드)

그림 2-3 다양한 LED [출처 : https://commons.wikimedia.org]

그림 2-3의 LED(Light-Emitting Diode)는 발광다이오드라는 이름에서 알 수 있듯이 반도체로 전류가 흐를 때 빛(가시광선)을 내는 다이오드이다. 그림 2-4의 LED 구조를 보면 다이오드는 두 가지 형태의 반도체를 붙어 놓은 것인데, N형과 P형이다. N형은 반도체에 불순물을 추가하여 음전기(−)를 띤 입자인 전자를 많게 하였고, 반대로 P형은 전자가 적은 '정공' 상태이다. 전자는 자연적으로 전자가 많은 곳(음성)에서 전자가 적은 곳(양성)으로 이동하게 되는데, N형 물질과 P형 물질이 붙어있는 이러한 구조는 전자가 N형 쪽 전극으로부터 P형 쪽 전극 쪽으로 한 방향으로만 흐르게 한다. 정공으로 빠지는 순간 전자는 광자의 형태로 에너지를 내보내며 빛을 발산한다. 극성을 거꾸로 연결하면 전자의 이동이 없어 불이 켜지지 않는다. LED 반도체에 사용된 물질의 종류를 달리하여 그림 2-5의 다양한 색깔의 가시광선 파장

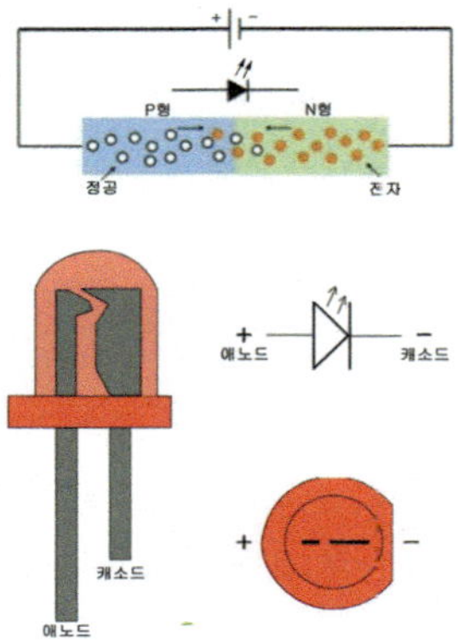

그림 2-4 LED 구조

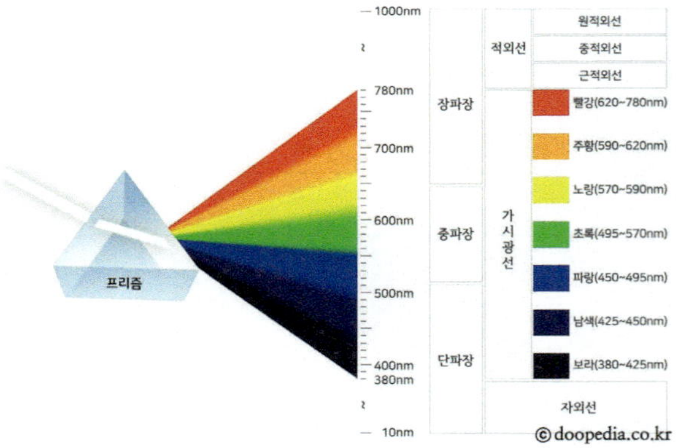

그림 2-5 가시광선 파장 [출처 : doopedia.co.kr]

을 갖는 LED를 만든다. LED는 기존의 전구보다 열에너지를 적게 소비하므로 조명시스템을 비롯하여 전자시계, 텔레비전, 신호등, 디스플레이 화면 등 수많은 전자제품에 쓰이고 있다. LED에 전원을 연결할 때 캐소드보다 애노드 전압을 높게 하면 순방향 전류가 흐르고, 애노드와 캐소드 사이에 순방향 전압(forward voltage)이 발생한다. 데이터시트에는 그림 2-6과 같은 [순방향 전류-순방향 전압] 그래프나 특성이 게재되어 있다. 순방향 전압과 순방향 전류(forward current)는 LED 점등 회로를 구성할 때 가장 고려해야 할 항목이다. 순방향 전압, 전류는 LED 부품의 재질 및 사이즈, 발광색, 주위 온도에 따라서 변화한다.

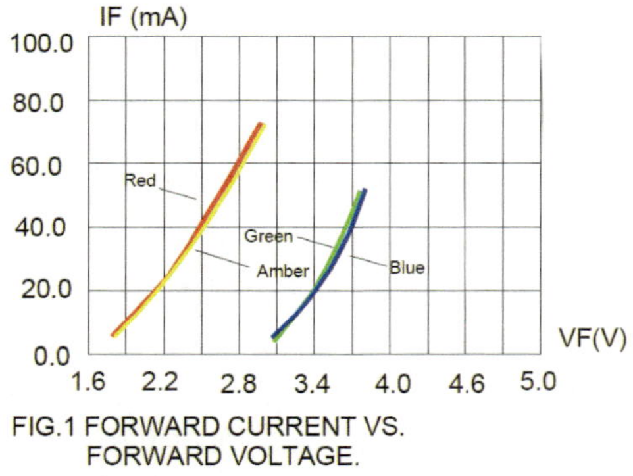

그림 2-6 LED 순방향 전압-전류특성

LED의 작동 전류는 최대 정격 전류의 80% 이하로 정하는 것이 긴 수명과 안정성에 바람직하다. 일반적으로 LED는 20mA 정도의 전류로 작동된다. 그러므로 배터리나 전원에 직접 연결하면 안 된다. 반드시 저항을 직렬로 연결하여 전류의 양을 제한하여야 한다. 그렇지 않으면 LED는 타버리게 된다. 그러므로 LED에 직렬로 연결한 저항을 안전저항(ballast resistor)이라 부른다.

LED에 직렬로 연결한 안전저항에 흐르는 전류가 증가하면 이 저항에 걸리는 전압도 증가하여 회로에 흐르는 전류를 항상 일정하게 유지시킨다. LED 점등회로에서 저항값(R)은 다음 옴의 법칙($V = IR$)으로 계산한다.

$$R = \frac{V}{I} = \frac{VCC - V_F}{I_F}$$

여기서 VCC는 전원, V_F는 LED에 걸리는 순방향 전압, I_F는 LED로 흐르는 전류이다. 이 공식에서 R의 값을 구하면 LED를 안전하게 작동시킬 수 있는 적합한 저항을 찾을 수 있다. 예를 들어, 그림 2-7의 LED 안정저항 값 구하기 회로도에서 9V 전원에 순방향 전류가 20mA이고, 빨간색 LED의 순방향 전압(V_F)이 2.1V라고 하면, 필요한 저항 값은 다음과 같이 계산한다.

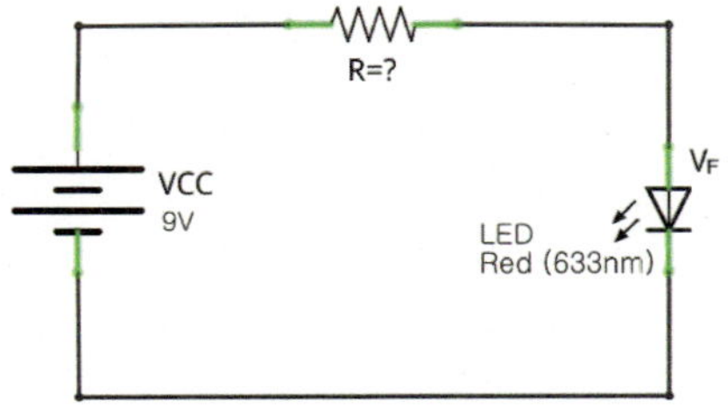

그림 2-7 LED 안전저항 값 구하기

$$R = \frac{VCC - V_F}{I_F} = \frac{9\text{V} - 2.1\text{V}}{20\text{mA}} = \frac{6.9\text{V}}{0.02\text{A}} = 345\,\Omega$$

345Ω은 저항값 표준[10]이 아니므로 조금 작거나 큰 저항을 선택한다. 저항 선택의 범위는

순방향 전류(I_F)가 10mA~30mA 범위가 되도록 한다. 조금 큰 360Ω을 선택하고 전류를 계산하면 다음과 같다.

$$I = \frac{V}{R} = \frac{VCC - V_F}{R} = \frac{9\mathrm{V} - 2.1\mathrm{V}}{360\,\Omega} = 19.2\,\mathrm{mA}$$

이 정도의 전류는 충분히 밝다. 적당한 저항이 없는 경우는 저항을 직병렬로 연결하여 적절한 저항값을 만들 수도 있다. 그러면 저항에 걸리는 전력을 다음 식으로 구해보자.

$$P = VI = I^2R = (0.0192A)^2 \times 360\,\Omega = 0.1327\mathrm{W} = 132.7\,\mathrm{mW}$$

이를 보면 1/4W(250mW)는 132.7mW보다 두 배가량 높아 표준저항으로 충분하다는 것을 알 수 있다. 물론 계산되어진 132.7mW는 저항이 과열되지 않도록 하는 최소값이므로 좀 더 높은 1/2W를 사용해도 괜찮다.

이번에는 순방향 전압 V_F가 서로 다른 LED 2개를 직렬로 연결한 경우에, 안전저항으로서의 저항값과 저항의 크기를 결정해보자. 빨간색 LED와 파란색 LED 2개를 사용할 것이다. 그림 2-8의 데이터시트에서 보듯이 빨간색 LED와 파란색 LED의 순방향 전압은 각각 2.1V와 3.4V이다. 서로 다른 순방향 전압값은 조건이 25℃에서 순방향 전류 I_F가 20mA일 때의 일반적인(Typical) 값이다.

ABSOLUTE MAXIMUM RATINGS (T_A = 25°C)

Items	Symbol	Absolute Maximum Rating		Unit
		Red and Amber	Blue and Green	
Forward Current	I_F	50 Note1	35	mA
Peak Forward Current Note2	I_{FP}	200	100	mA
Reverse Voltage	V_R	5	5	V
Power Dissipation	P_D	130	140	mW
Operation Temperature	T_{opr}	-40 ~ +95		°C
Storage Temperature	T_{stg}	-40 ~ +100		°C
Lead Soldering Temperature	T_{sol}	Max. 260°C for 3 sec. max. (3 mm from the base of the epoxy bulb)		
Electrostatic Discharge Classification (MIL-STD-883E)	ESD	Class 2		

Note:
1. For long term performance the drive currents between 10mA and 30mA are recommended. Please contact CREE sales representative for more information on recommended drive conditions.
2. Pulse width ≤0.1 msec, duty ≤1/10.

TYPICAL ELECTRICAL & OPTICAL CHARACTERISTICS (T_A = 25°C)

Characteristics	Color	Symbol	Condition	Unit	Minimum	Typical	Maximum
Forward Voltage	Red/Amber	V_F	I_F = 20 mA	V		2.1	2.6
	Blue/Green	V_F	I_F = 20 mA	V		3.4	4.0

그림 2-8 CREE,Inc.의 LED 데이터시트 일부(LED의 질과는 무관)

10) 저항의 표준값은 "1.1 저항"을 참고한다.

그림 2-9는 LED 2개를 직렬로 연결한 경우에 적절한 저항을 찾고자 하는 회로도이다. 전원은 앞서의 경우처럼 9V이고, 2개의 LED에 걸리는 순방향 전압은 2개를 합산한 2.1+3.4=5.5V이다. 안전저항값을 구하기 위해 공식에 대입하면 다음과 같다.

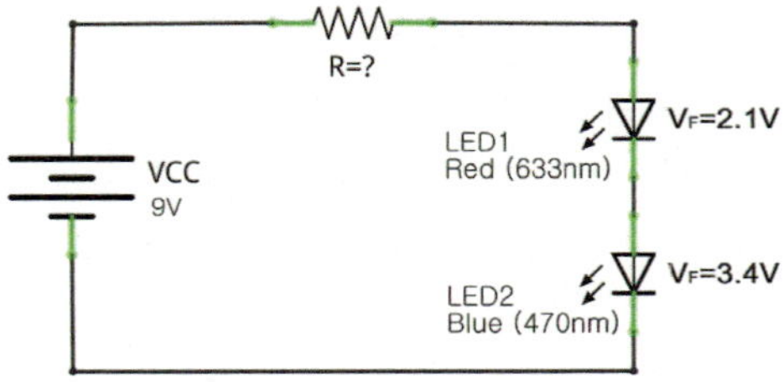

그림 2-9 순방향 전압이 서로 다른 2개의 LED를 직렬 연결한 경우 안전저항값 구하기

$$R = \frac{VCC - V_F}{I} = \frac{9\text{V} - 5.5\text{V}}{0.02\text{A}} = 175\,\Omega$$

안전저항의 저항값을 180Ω으로 결정하고 전류를 구해보면 다음과 같다.

$$I = \frac{V}{R} = \frac{VCC - V_F}{R} = \frac{9\text{V} - 5.5\text{V}}{180\,\Omega} = 19.4\text{mA}$$

그 다음 저항에 걸리는 전력을 다음 식으로 구해보자.

$$P = VI = I^2R = (0.01944A)^2 \times 180\,\Omega = 0.06804\text{W} = 68.04\text{mW}$$

LED 2개를 직렬로 구성해서 전압강하가 커짐으로 인해 저항으로 흐르는 전류가 낮아져서 전력 또한 매우 낮다. 그래서 1/4W(250mW) 크기의 저항을 쓰면 매우 충분하다.

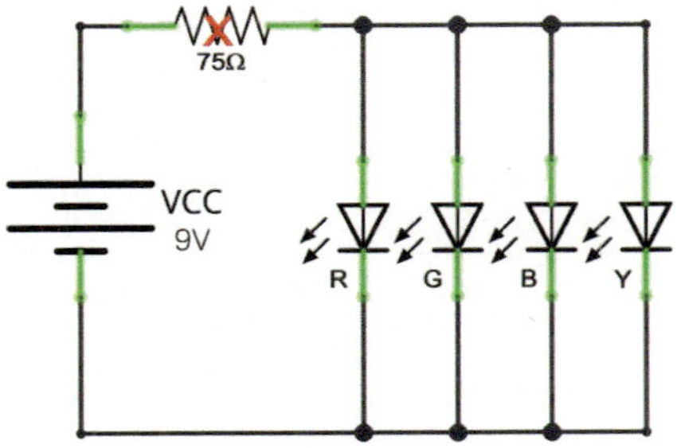

그림 2-10 안전저항 역할을 못함

LED를 직렬로 연결한 경우보다 사실은 병렬로 연결했을 때 주의할 필요가 있다. 그림 2-10처럼 여러 개의 병렬 연결한 LED를 하나의 공통 저항으로 직렬 연결하는 것은 자칫 저항 수를 줄이고 회로를 단순화시킨 좋은 생각 같지만 결코 바람직하지 않다. 인터넷을 통한 강좌에서 공통으로 1개의 저항값을 계산하는 사례가 있는데, 각각의 LED에는 20mA 정도의 순방향 전류를 흐르게 하려면 전류가 분기하기 전의 공통의 1개 저항에는 저항값이 작은 것을 연결해야 할 것이고, 이 작은 저항값의 저항에는 각각의 LED 순방향 전류를 합산한 양만큼의 큰 전류가 흐르게 된다. 그런데 LED가 병렬연결이므로 각각의 LED에 걸리는 전압은 같다. 그러면 색상이 다를 경우는 물론 같은 색상이어도 LED의 순방향 전압이 조금씩 다를 것이고, 가장 작은 순방향 전압을 갖는 LED부터 저항의 큰 전류가 흘러 순차적으로 파손될 것이다.

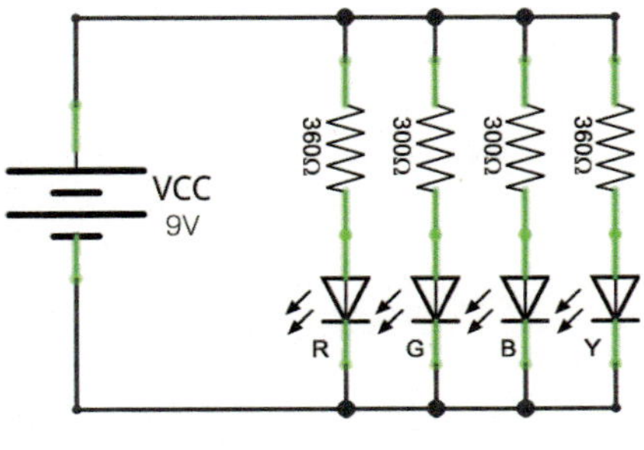

그림 2-11 바람직한 안전저항 연결

그러므로 LED를 병렬 연결하고자 할 경우는 그림

2-11처럼 LED마다 따로 저항을 직렬로 연결하는 것이 안전저항의 역할을 할 수 있다. LED마다 별도로 연결할 안전저항의 저항값과 크기는 앞서 설명한대로 각 LED의 순방향 전압을 고려하여 계산하면 된다. 같은 색상의 경우는 같은 저항값의 저항을 연결하면 된다. 5.2절에서 다룰 두 가지 유형의 7세그먼트에 안전저항을 연결하는 것도 같은 이유이다.

실험 3 TINKERCAD 아두이노로 LED 깜박이기

실험 번호에 TINKERCAD 위첨자가 붙은 경우는 팅커캐드로 가상시뮬레이션도 가능함을 표시한 것이다.

실습내용	준비물
1. 아두이노 보드를 사용해본다. 2. 아두이노 소스 코드를 업로드하여 실행해본다. 3. 아두이노로 LED가 깜박임을 확인한다. 4. 아두이노의 내장 '13LED'도 깜박임을 확인한다.	1. 아두이노 우노 보드 1개 2. 브레드보드 1개 3. 저항 330Ω 1개 4. LED 1개

회로구성

표 2-3 아두이노 우노 보드와 부품과의 결선표

아두이노 우노 보드	GND	D13
LED	LED(–) 짧은 다리	
330Ω 저항		저항 한쪽 단자
저항의 다른 쪽 단자와 LED(+) 긴 다리 서로 연결		

- 아두이노의 13번 핀과 저항 330Ω 의 한 쪽 단자를 연결한다.
- 저항 330Ω 의 다른 한 쪽 단자는 LED의 애노드(+) 극성 단자와 연결한다.
- LED의 캐소드(–) 극성 단자는 아두이노의 GND에 연결한다. 참고로 아두이노 우노 보드는 GND를 3개 제공한다. 3개 중에 어디 연결하든 상관없다.
- 아두이노 보드에 USB를 연결하고 아래 소스를 컴파일하고 업로드하게 되면 LED가 깜박인다.

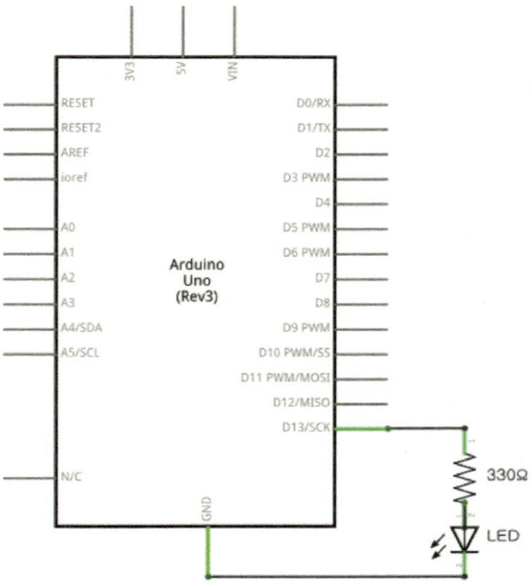

그림 2-12 LED 깜박이기 회로도

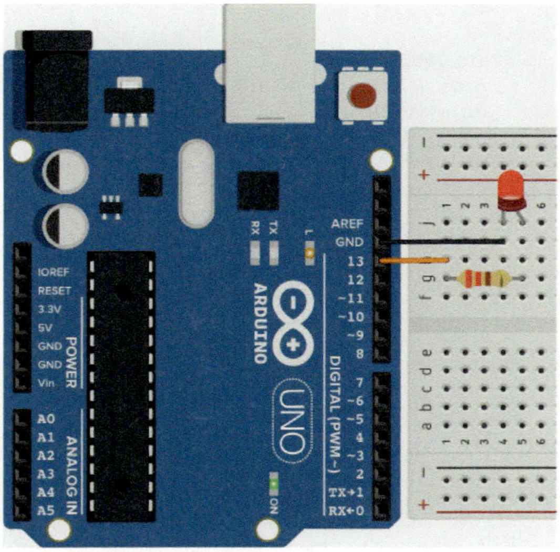

그림 2-13 LED 깜박이기(브레드보드)

회로 실행

- 실제 부품으로 실행하고자 할 경우는 스케치 프로그램을 사용하고, 가상으로 실험하고자 할 경우는 팅커캐드의 회로를 사용한다. 아두이노 통합개발환경 소프트웨어(IDE)인 스케치 프로그램은 아두이노 홈페이지(www.arduino.cc/)의 SOFTWARE 메뉴에서 다운로드할 수 있다. 팅커캐드는 웹상에서 사용하는 프로그램으로서 팅커캐드 홈페이지(www.tinkercad.com/)에서 회원가입 후 사용할 수 있다. 웹브라우저는 "크롬" 또는 "마이크로소프트 엣지" 등을 사용해야만 한다.
- 스케치 프로그램을 사용할 경우에는 회로 구성대로 브레드보드에 각 부품을 결선 한 후 아래 소스코드 전체를 복사하여 스케치 프로그램에 붙여넣고 업로드하면 된다. 업로드하기 전에 반드시 스케치 메뉴 "툴〉포트"에서 아두이노 보드의 시리얼포트를 지정해 주어야 한다.
- 팅커캐드를 사용할 경우에는 회로 구성대로 팅커캐드에서 실제처럼 브레드보드에 배치하고 결선한 후 소스코드 전체를 복사하여 팅커캐드의 "코드"에 붙여 넣고 "시뮬레이션 시작" 메뉴를 실행하면 된다.

다음 소스코드는 LED를 1초간 켜고 0.5초간 끄면서 깜박이게 한다. 아두이노의 내장 '13LED'도 똑같이 깜박인다.

```
// LED 깜박이기
void setup() {
  pinMode(13, OUTPUT);          // 아두이노 13번 핀을 출력 핀으로 설정
}
```

```
5
6  void loop(){
7    digitalWrite(13, HIGH);        // 전압을 5V로 만들어서 LED 켜기
8    delay(1000);                   // 1초(1000밀리초) 기다려라
9    digitalWrite(13, LOW);         // 전압을 0V로 만들어서 LED 끄기
10   delay(500);                    // 0.5초(500밀리초) 기다려라
11 }
```

코드분석

- 1행의 '//'은 주석(설명문) 처리이다. '//' 이후의 문장은 소스를 코딩하는 프로그래머를 위한 설명 글이다.
- 2행의 setup() 함수는 핀 모드를 설정하거나 라이브러리의 시작 등을 초기 설정하는 함수로서 단 한 번만 실행한다. 6행의 loop() 함수는 반복 실행하는 함수이다.
- pinMode() 함수는 2개의 매개변수로 사용된다. 첫 번째는 핀 번호를 나타내며, 두 번째는 입출력을 지정하는 모드이다. 핀 번호를 입력으로 사용하려면 INPUT을 출력으로 사용하려면 OUTPUT으로 지정한다. 위 소스 3행의 pinMode(13, OUTPUT)이란 코드는 아두이노의 13번 핀의 값을 HIGH(1) 또는 LOW(0) 값으로 출력하려고 OUTPUT으로 설정한 것이다.
- 7행과 9행의 digitalWrite() 함수도 2개의 매개변수를 사용한다. 첫 번째가 핀 번호이고, 두 번째는 HIGH 또는 LOW 값이다. HIGH는 5V의 값으로 디지털 값으로 표현하면 1이다. LOW는 접지인 0V로서 디지털 값으로는 0이다. 그러므로 두 번째 매개변수의 값으로 HIGH, 1, LOW, 0을 입력할 수 있다. 7행의 digitalWrite(13, HIGH)를 digitalWrite(13, 1)로 써도 된다. 소스 코드는 대소문자를 구별하므로 HIGH 와 LOW는 대문자로 표기해야 한다. 7행의 digitalWrite(13, HIGH)라는 코드로 인해 이제 13번 핀의 전압은 5V가된다. 그러면 LED는 330Ω 저항을 통해 전류가 흐르므로 불이 켜지게 된다. 9행의 digitalWrite(13, LOW)는 13번 핀의 전압을 0V로 만들게 되어 LED가 꺼진다.
- 8행과 10행의 delay() 함수는 다음 실행을 연기시키는 함수이다. 매개변수의 값은 1/1000초(밀리 초)이다. 그러므로 delay(1000)은 1초를 지연시키는 것이고, delay(500)은 0.5초를 지연시키는 것이다.
- 이 실험에서 LED의 깜빡이는 속도를 변경하려면 8행과 10행의 delay() 함수의 매개변수 1000 또는 500을 변경하면 된다.

2.3 퍼텐쇼미터 (가변저항기)

그림 2-14의 퍼텐쇼미터(potentiometer)는 회전 변위 센서의 일종으로 구조가 간단하고 편리하게 사용할 수 있다. 기계적 변위량(각도, 길이)을 변화된 저항값으로 나타낸다. 일반적으로 볼륨(Variable ohm)이라고 부르는 경우도 많은데, 저항값을 바꾸어 음량을 조정하거나 전자회로에서 부품의 오차에 따라 조정해야 할 때 사용한다.

(a) 로터리 형 (a) 슬라이드 형

그림 2-14 퍼텐쇼미터

퍼텐쇼미터의 특성은 다음과 같다.

- 저항 값을 조절할 수 있는 가변저항이다.
- 고정저항기와 달리 퍼텐쇼미터(가변저항기)는 보통 3개의 핀(VCC, SIG, GND)으로 구성된다.
- 손잡이(knob)를 회전시켜 저항 값을 조절한다.
- 퍼텐쇼미터도 저항기라서 별도의 극성이 없다. 그러므로 양쪽 끝의 VCC와 GND 핀은 서로 바꿔 사용할 수 있다.
- 퍼텐쇼미터는 그림 2-15처럼 손잡이를 회전시키면 가변저항 내부의 슬라이더가 움직여 저항값이 조절된다.
- 저항값을 증가하려면 저항값을 손잡이를 돌려 조정(B10K 기준)를 GND 핀 쪽에서 VCC 핀 방향으로 돌린다.

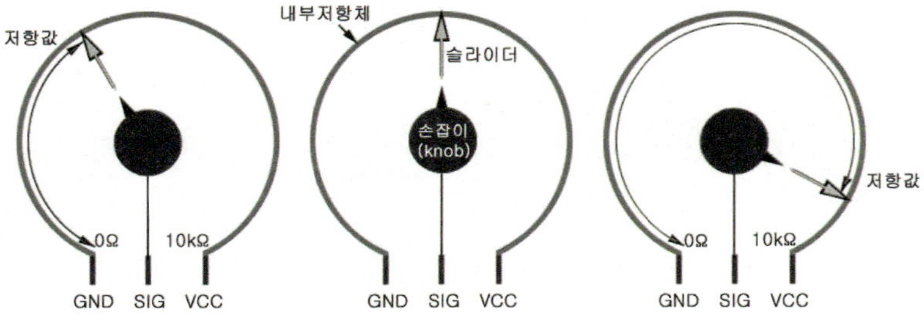

그림 2-15 저항값은 손잡이를 돌려 조정(B10K 기준)

퍼텐쇼미터와 외형이 닮은 로터리인코더가 있는데 구조와 특성이 다르다. 그림 2-16의 로터리인코더는 10.4절을 참고한다.

그림 2-16 로터리인코더

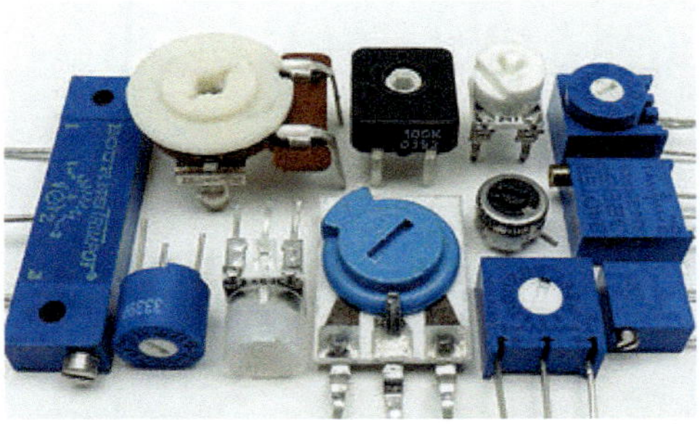

그림 2-17 다양한 종류의 가변저항

실험 4[TINKERCAD][11)] 퍼텐쇼미터로 LED 밝기 조정

실습내용	준비물	
1. 퍼텐쇼미터로 저항을 가변시켜 본다. 2. 저항값이 바뀜에 따라 LED의 밝기가 달라짐을 확인한다.	1. AA 또는 AAA 4개와 배터리홀더 1개 2. 저항 330Ω 1개	3. LED 1개 4. 퍼텐쇼미터 1개

회로구성

- 배터리 홀더에 4개의 1.5V 배터리를 넣고 전원을 인가한다.
- 퍼텐쇼미터 10kΩ 의 3개의 핀 중 한 쪽 끝을 배터리의 +(양극) 단자에 연결하고, 가운데 핀은 저항 330Ω 에 연결한다.
- LED는 극성이 있으므로 +/- 단자를 잘 확인하고 연결한다. LED의 긴 다리가 애노드(+) 단자이다. 이 애노드(+) 단자를 330Ω 의 저항에 연결한다. LED의 캐소드(-) 단자는 배터리의 '-' 단자에 연결한다.

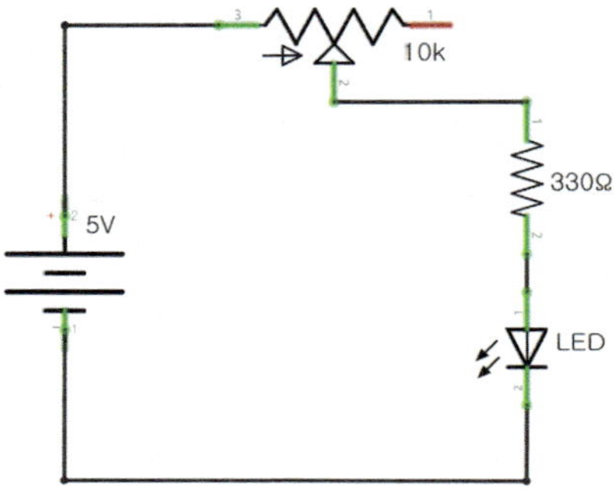

그림 2-18 가변저항으로 LED 밝기 조정 (회로도)

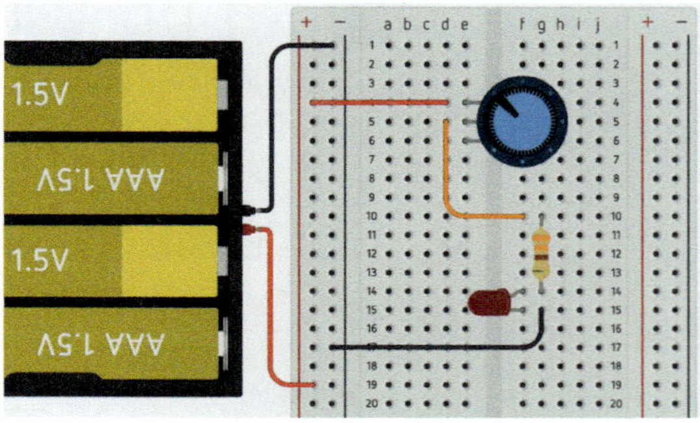

그림 2-19 가변저항으로 LED 밝기 조정(브레드보드)

11) 실험 번호에 TINKERCAD 위첨자가 붙은 경우는 팅커캐드로 가상시뮬레이션도 가능함을 표시함.

가변 저항이 있음에도 추가로 저항 330Ω을 연결한 이유

저항을 직렬로 연결하면 전체저항의 크기는 저항들을 모두 더한 값과 같다. 가변저항으로 LED 밝기를 바꾸는 실험은 퍼텐쇼미터(가변저항)와 고정저항(330Ω)을 직렬 연결한 상태이다. 이 경우의 전체저항은 고정 저항값보다 작을 수 없다. 즉 가변 저항값이 0이 되더라도 전체 저항값은 고정 저항값인 330Ω이 된다. LED를 보호하는 안전저항[12] 역할을 하기 위해 직렬로 330Ω의 고정저항을 연결한 것이다.

실험 5 TINKERCAD 아두이노에서 퍼텐쇼미터로 LED 밝기 조정

<table>
<tr><th>실습내용</th><th colspan="2">준비물</th></tr>
<tr><td>1. 아날로그 핀 A0를 통해 퍼텐쇼미터를 사용해본다.
2. 퍼텐쇼미터의 저항값이 바뀜을 시리얼모니터로 확인한다.
3. PWM 핀으로 LED의 밝기가 달라짐을 확인한다.</td><td>1. 아두이노 보드 1개
2. 브레드보드 1개
3. 저항 330Ω 1개</td><td>4. LED 1개
5. 퍼텐쇼미터 1개</td></tr>
</table>

회로구성

표 2-4 아두이노 우노 보드와 부품과의 결선표

<table>
<tr><th>아두이노 우노 보드</th><th>GND</th><th>5V</th><th>A0</th><th>D9</th></tr>
<tr><td rowspan="2">퍼텐쇼미터</td><td>왼쪽 핀</td><td>오른쪽 핀</td><td rowspan="2">가운데 핀</td><td rowspan="2"></td></tr>
<tr><td colspan="2">저항이라 GND, VCC 구분없음</td></tr>
<tr><td>LED</td><td>LED(−) 짧은 다리</td><td></td><td></td><td></td></tr>
<tr><td>330Ω 저항</td><td></td><td></td><td></td><td>저항의 한 단자</td></tr>
<tr><td colspan="5">저항의 다른 쪽 단자와 LED(+) 긴 다리 연결</td></tr>
</table>

- 퍼텐쇼미터의 가운데 핀은 아두이노의 아날로그 핀 A0에 연결하고, 가변저항 양쪽의 두 핀은 각각 아두이노의 5V와 GND에 연결한다.
- LED의 '−'단자는 GND에 연결하고, '+'단자는 저항의 한 단자에 연결한다. 저항의 다른 단자는 아두이노의 9번 핀에 연결한다. 9번 핀이 PWM 디지털 핀임에 유의하자.
- LED와 330Ω 은 위치가 서로 바뀌어도 된다.

이 회로에서 퍼텐쇼미터는 분압기의 역할을 한다. 퍼텐쇼미터의 가운데 단자인 슬라이더가 아두이노의 아날로그 핀(A0)에 연결된다. 슬라이더에 걸리는 전압은 퍼텐쇼미터의 손잡이(노브)를 돌리는 정도에 따라 0V에서 5V까지 달라질 수 있다. 아날로그 핀(A0~A5)의 범위는 10비트로 0~1023의 값을 갖는다. 그러므로 A0핀은 퍼텐쇼미터의 손잡이를 돌리는

12) p.21의 "LED 안전저항 값 구하기" 참고

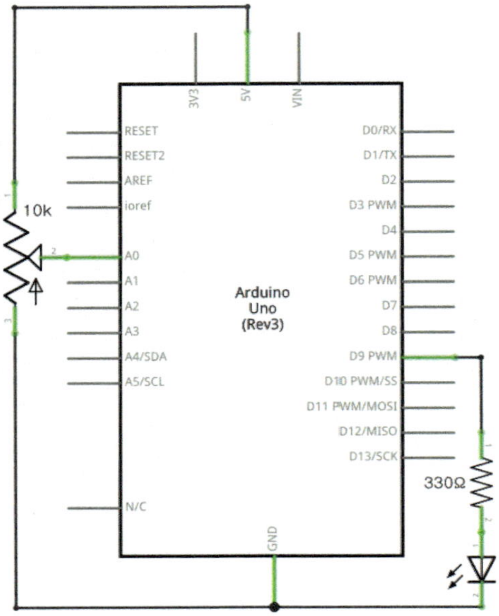

그림 2-20 아두이노를 사용하여 가변저항으로 LED 밝기 조정(회로도)

그림 2-21 아두이노를 사용하여 가변저항으로 LED 밝기 조정(브레드보드)

정도에 따라 0부터 1023까지 달라질 수 있다.

LED는 디지털 핀 중에 PWM핀인 D9핀에 연결한다. PWM핀은 핀 번호 앞에 ~기호를 붙여놓았다. 아두이노 우노 보드에는 6개가 있다. PWM 디지털 핀의 범위는 8비트로 0~255의 값을 갖는다. 그러므로 LED는 퍼텐쇼미터의 손잡이를 돌리는 정도에 따라 최대 255의 밝기로 켜질 수 있다. 다음 소스코드는 퍼텐쇼미터의 가변저항 값에 따라 LED의 밝기를 조정하기 위한 것이다.

```
//가변저항을 사용한 아날로그 입출력(LED 밝기 조정)
void setup() {
  pinMode(A0, INPUT);
  pinMode(9, OUTPUT);
  Serial.begin(9600);                          // 시리얼통신 속도 초기 설정
}

void loop() {
  int reading = analogRead(A0);                // A0 아날로그 핀의 값을 읽어 들임
  int val = map(reading, 0, 1023, 0, 255);     // 출력 값의 범위를 조정
  analogWrite(9, val);                         // LED의 + 핀에 가변저항 값을 줌
  Serial.print("A0 = ");                       // 시리얼모니터에 결과 값을 나타냄
  Serial.print(reading);
  Serial.print("\t pin9 = ");
  Serial.println(val);
  delay(2);                                    // 2/1000초 기다림
}
```

코드분석

- 3행의 pinMode(A0, INPUT)으로 A0 핀을 입력모드로 설정하고, 4행의 pinMode(9, OUTPUT)으로 9번 핀의 모드가 출력모드로 설정된다.
- 5행의 Serial.begin(9600)은 시리얼모니터로 결과 값을 출력하기 위해 컴퓨터와 통신 속도를 맞추기 위한 초기설정이다. Serial.begin(9600)은 아두이노에게 시리얼통신을 하겠다고 알리는 것이고, 9600은 시리얼통신의 통신 속도(보드 레이트)이다. 주의할 점은 선언한 통신속도와 시리얼모니터 우측 하단부의 보드 레이트를 똑같이 맞춰주어야 한다.
- 아두이노에는 ADC 기능이 있다. ADC란 Analog to Digital Converter의 준말로, 아날로그 값을 디지털로 변환해 주는 기능이다. analogRead() 함수가 ADC 기능을 하는데, 아날로그 신호(0~5V의 전압)를 디지털 값으로 반환해 주는 기능을 한다. 0~5V의 값을 0~1023의 정수값으로 반환한다. 9행의 int reading = analogRead(A0)은 A0 핀의 전압을 읽어 들여 0~1023의 정수값으로 변환 후 reading 변수에 저장하게 된다.
- 10행의 map() 함수는 출력 값의 범위를 바꾸고자할 때 사용한다. map(reading, 0, 1023, 0, 255)은 reading 변수로 읽어 들인 0~1023까지의 숫자들을 0~255까지의 숫자로 변환한다.
- 12~15행의 Serial.print() 함수는 시리얼모니터에 결과값을 출력하는 함수이다. 스케치 프로그램에서는 메뉴의 "툴〉시리얼모니터"를 실행하면 된다. 팅커캐드에서는 메뉴 '코드'의 아래쪽에 '시리얼모니터'를 클릭하면 된다.

다음 그림 2-22는 퍼텐쇼미터를 가운데로 회전시켰을 때 아날로그 A0의 값 512와 디지털 9번 핀 127의 값을 시리얼모니터로 출력한 것이다.

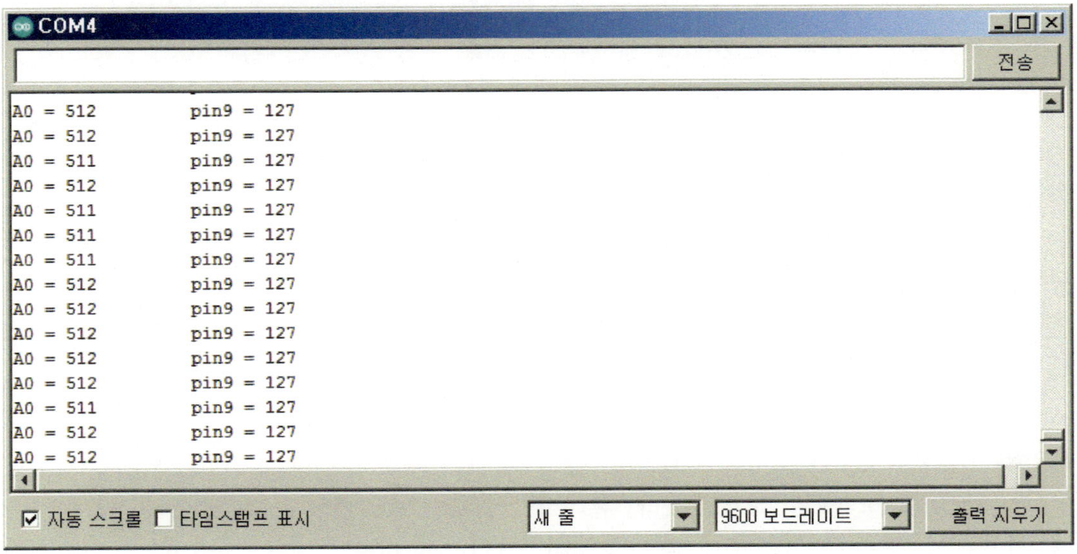

그림 2-22 퍼텐쇼미터를 가운데로 조정했을 때 A0와 9번 핀의 값

2.4 PWM (펄스 폭 변조)

PWM(Pulse Width Modulation)은 일정한 주기 내에서 듀티비(Duty ratio)를 변화시켜서 부하에 평균전압의 크기를 조절하는 제어 방법이다. 다시 말해 스위칭 주파수를 일정하게 유지하면서, 온/오프 시간을 달리하여 부하 전력의 크기를 제어하는 방법이다. 주로 LED 조명제품의 광량 조절(Dimming)이나 DC모터의 속도 제어에 많이 사용된다. 듀티비는 듀티사이클이라고도 한다. 듀티비에 대해서 살펴보면 다음 그림 2-23과 같이 주기(T)에 대해 켜져 있는 시간(T_{ON})의 비율이다.

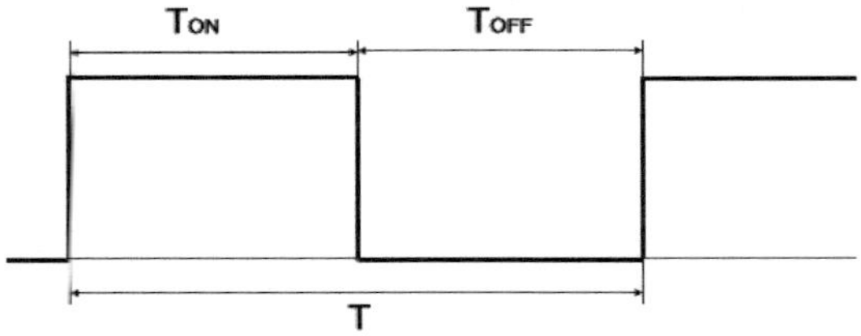

그림 2-23 듀티비 설명을 위한 펄스파형

$$D = \frac{T_{ON}}{T} = \frac{T_{ON}}{T_{ON} + T_{OFF}} = T_{ON} f$$

여기서, D는 듀티비, T는 주기, f는 주파수, T_{ON}은 on되는 동안의 시간인 펄스폭, T_{OFF}는 off되는 동안의 시간이다. 예를 들어, 펄스 폭(T_{ON})이 2[μs]이고 주기(T)가 20[μs]일 때의 듀티비는 다음 식처럼 계산하면 10%가 된다.

$$D = \frac{T_{ON}}{T} = \frac{2}{20} = 0.1 = 10\%$$

주기적인 펄스의 폭 조절에 따른 듀티비 변조를 하는 펄스변조 방식인 PWM을 아두이노에서는 analogWrite() 함수를 통해서 제공한다. analogWrite() 함수의 매개변수에는 0~255까지의 정수가 들어갈 수 있다. 이 값에 따라 PWM의 듀티비가 0~100%로 변하게 된다.

(실험 5)에서 퍼텐쇼미터로 저항값을 바꾸면 0~5V의 전압이 분압되어 A0핀에 입력되어진다. 0~5V의 전압을 A0핀에서는 0~1023의 값으로 입력되어지는데, 이 값은 결국 듀티비(0~100%)에 해당되는 값이다. 예를 들어, 퍼텐쇼미터를 돌려서 가운데 정도로 맞추었다면 분압된 전압은 2.5V일 것이고, A0핀에는 512의 값을 가질 것이다. 2.5V 정도에 해당되는 전압이 LED에 인가되는 것이 아니라, 듀티비가 50%인 펄스파형인 평균전압 2.5V가 LED에 인가되는 것이다. 퍼텐쇼미터를 조정하여 듀티비를 바꿀 수 있을 것이다. 다음 그림

2-24, 2-25, 2-26은 듀티비를 25%, 50%, 75%로 달리했을 때의 펄스 파형을 오실로스코프로 나타낸 것이다. 당연히 듀티비가 클수록 LED의 불빛은 밝다.

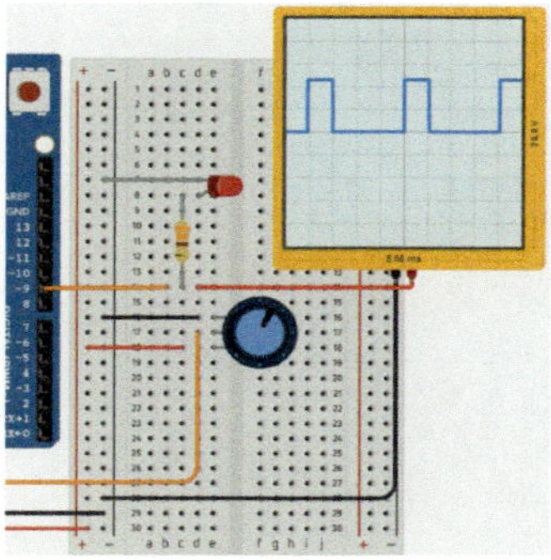

그림 2-24 가변저항 2.5kΩ일 때 LED에 인가되는 펄스. 25% 듀티비

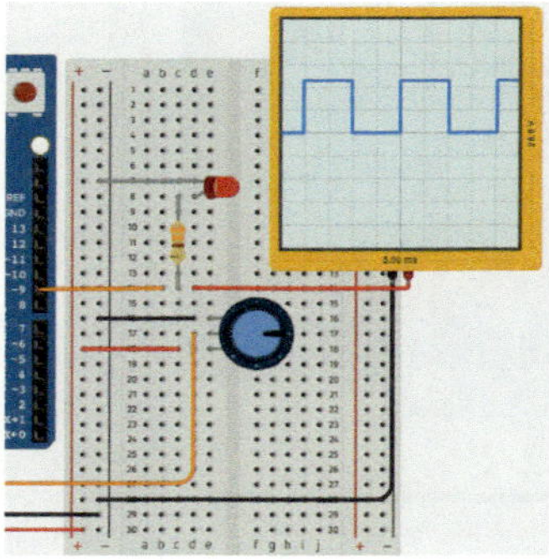

그림 2-25 가변저항 5kΩ일 때 LED에 인가되는 펄스. 50% 듀티비

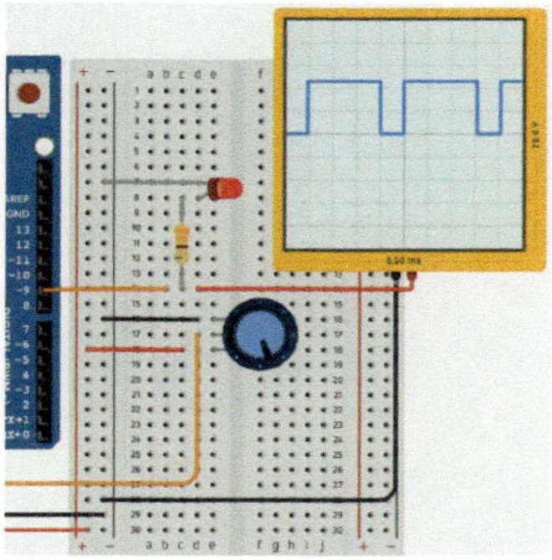

그림 2-26 가변저항 7.55kΩ일 때 LED에 인가되는 펄스. 75% 듀티비

실험 6TINKERCAD 아두이노에서 LED 페이드 인/아웃

실습내용	준비물	
1. 아두이노의 PWM 핀을 사용해본다. 2. PWM 핀을 통해 LED를 페이드 인/아웃 해본다. 3. 일반 디지털 핀과 PWM 핀의 특성을 이해한다.	1. 아두이노 우노 보드 1개 2. 브레드보드 1개	3. 저항 330Ω 1개 4. LED 1개

회로구성

표 2-5 아두이노 우노 보드와 부품과의 결선표

아두이노 우노 보드	GND	D3
LED	LED(−) 짧은 다리	
330Ω 저항		저항 한쪽 단자
저항의 다른 쪽 단자와 LED의 긴 다리(+) 서로 연결		

- LED의 '+'단자는 저항을 거쳐 3번 핀에 연결한다. 3번 핀이 PWM 핀임에 유의하자. PWM 디지털 핀의 범위는 8비트(0~255)이다.

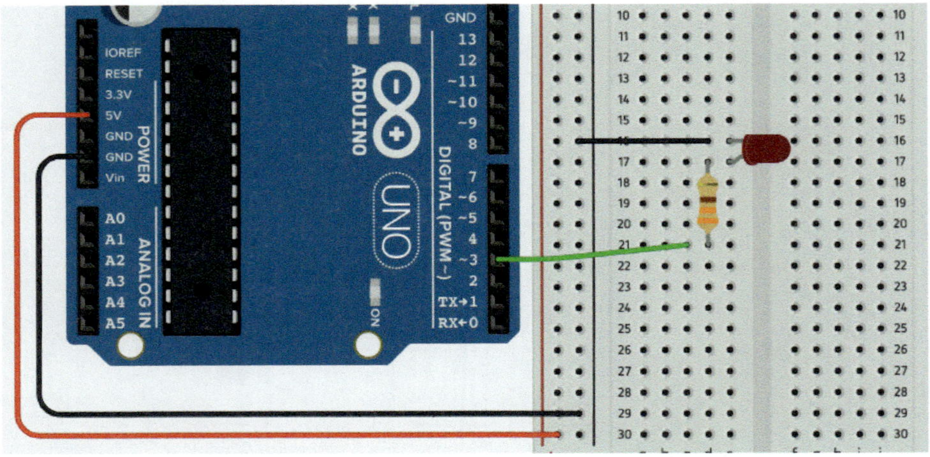

그림 2-27 LED의 페이드 인/아웃

다음 소스코드는 LED를 점점 밝게/어둡게 하는 페이드인/아웃 프로그램이다. LED의 밝기는 256단계로 조정할 수 있는데, 점점 밝게/어둡게 하는 밝기의 증감 단계는 5단계로 하고 0.1초 동안 밝기를 유지한다.

```
1  //LED의 페이드 인/아웃
2  void setup(){
3    pinMode(3, OUTPUT);
4  }
5
6  void loop(){
7    for(int b = 0; b < 255; b+=5){
8      analogWrite(3, b);                    // LED의 + 핀의 값을 증가
9      delay(100);
10   }
11   for(int b = 255; b > 0; b-=5){
12     analogWrite(3, b);                    // LED의 + 핀의 값을 감소
13     delay(100);
14   }
15 }
```

코드분석

- 7행과 11행의 for문은 반복문이다. 구조는 for(초기화; 조건식; 증감문)이다. 초기화는 반복문 안에서 사용할 변수를 초기화한다. 조건식은 반복문 안의 실행문이 참인지 거짓인지를 검사하여, 참이면 실행하고 거짓이면 반복을 종료한다. 증감문은 보통 반복문 안의 변수를 증감시키는 용도로 쓰인다.
- 7~10행까지의 for문은 아두이노의 3번 핀을 통하여 LED에 전달될 전압의 PWM값을 0.1초 간격으로 0부터 255까지 5씩 증가시키면서 제공한다.
- 11~14행의 for문은 아두이노의 3번 핀을 통하여 LED에 전달될 전압의 PWM값을 0.1초 간격으로 255부터 0까지 5씩 감소시키면서 제공한다.

● 결과적으로 7~10행까지의 for문을 통하여 3번 핀에 연결된 LED는 점점 밝아질 것이고, 11~14행의 for문으로 LED는 점점 어두워진다.

실험 7TINKERCAD 아두이노에서 가변저항 값을 다수의 LED로 막대그래프를 만들기

실습내용	준비물	
1. LED로 막대그래프 형태로 표현해본다. 2. 퍼텐쇼미터의 가변저항 값을 막대그래프로 표현한다.	1. 아두이노 보드 1개 2. 브레드보드 1개 3. 저항 330Ω 8개	4. LED 8개 5. 퍼텐쇼미터10kΩ 1개

회로구성

표 2-6 아두이노 우노 보드와 부품과의 결선표

아두이노 우노 보드	GND	5V	A0	D4~D11
퍼텐쇼미터	왼쪽 핀	오른쪽 핀	가운데 핀	
LED1~8				LED(+)긴 다리
330Ω 저항1~8	저항의 한 단자			
저항1~8의 다른 쪽 단자와 LED1~8의 짧은 다리(–) 연결				

● 8개의 LED를 저항 330Ω 과 함께 아두이노의 4~11번 핀에 각각 연결한다.

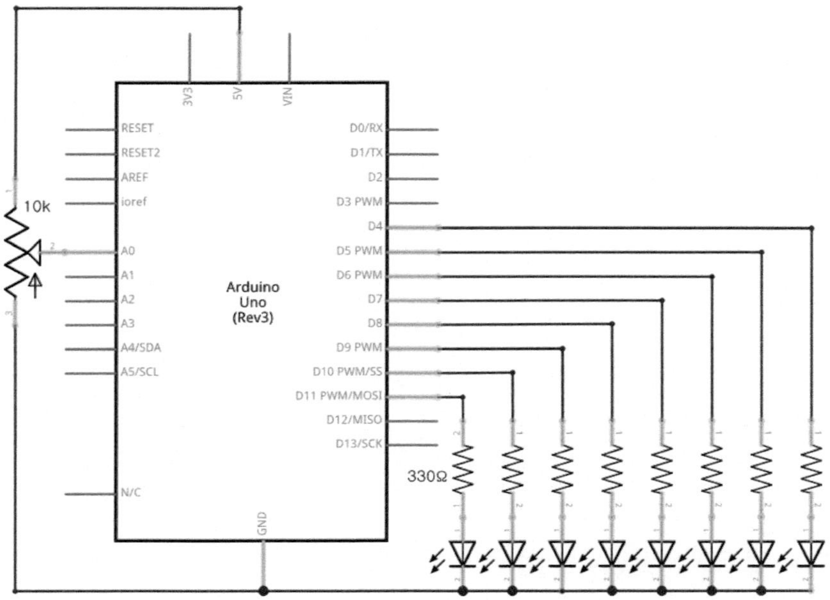

그림 2-28 가변저항 값을 다수의 LED로 막대그래프를 만들기

그림 2-29 가변저항 값을 다수의 LED로 막대그래프를 만들기 회로도

다음 소스코드는 퍼텐쇼미터의 가변저항 값을 8개의 LED로 막대그래프처럼 표현해보는 프로그램이다.

```
1  //가변저항 값을 다수의 LED로 막대그래프를 만들기
2  const int input_pin =A0;                               //가변저항 가운데 핀을 A0에 연결
3  const int numLED =8;                                   //막대그래프로 나타낼 LED의 수를 설정
4  int led_pins[] = {4,5,6,7,8,9,10,11};                  //LED 연결 아두이노 핀 번호
5
6  void setup(){
7    pinMode(input_pin, INPUT);
8    for(int i =0; i < numLED; i++) pinMode(led_pins[i],OUTPUT);
9  }
10
11 void loop(){
12   int reading = analogRead(input_pin);                 //가변저항 값을 읽어들이기
13   int step = map(reading, 0, 1023, 0, numLED);         //0~1023을 0부터 LED수까지로
14   for(int i = 0; i < numLED; i++ ){
15     if(i < step) digitalWrite(led_pins[i],HIGH);       //작은 인덱스 값을 가진 모든 LED를 켜고
16     else digitalWrite(led_pins[i],LOW);                //큰 인덱스 값을 가진 모든 LED를 꺼라
17   }
18 }
```

코드분석

- 2행의 const int input_pin = A0는 퍼텐쇼미터의 가운데 핀을 아두이노의 A0에 연결한 것을 input_pin이라는 변수를 상수처럼 선언하여 지정한다. 이 프로그램에서 input_pin은 곧 A0를 의미한다. 회로를 구성하면서 A0가 아닌 다른 핀에 연결하고자 하면 이 부분에서 A0를 바꾸어 주면 된다.
- 4행의 배열은 LED가 연결되는 아두이노의 핀 번호이다.
- 8행의 for문으로 LED를 연결하는 아두이노의 4~11번 핀을 출력모드로 설정한 것이다.
- 13행의 map() 함수는 퍼텐쇼미터의 가변저항 값을 8개의 LED에 맞는 8단계로 변환시킨다.

- 14~17행의 for문은 읽어 들인 가변저항 값은 8단계 중의 하나일 텐데, 이 단계 보다 작은 LED는 켜고, 큰 LED는 끈다. 15행의 if(i < step)문은 가변저항의 단계보다 작은 LED를 찾아 켤 수 있는 문장이고, 16행의 else문을 통해서는 퍼텐쇼미터의 단계보다 큰 LED를 찾아 끌 수 있다.

2.5 피에조 부저

피에조 부저(piezo buzzer)란 수정이나 티탄산바륨 등과 같은 결정체(압전 물질)의 성질을 이용한 부품으로서, 압전 물질에 얇은 판을 대어 그림 2-31과 같이 압전 효과[13]에 의해 소리를 내는 작은 스피커이다. 즉 피에조 부저가 소리를 발생하는 원리는 압전 물질에 전압을 가하면, 압전 물질의 진동이 얇은 판과 부딪히면서 소리가 나는 것이다. 피에조 부저는 큰 소리를 내지 못하는 단점이 있으나, 값이 싸고 단순하며, 20kHz 이상의 초음파를 발생시킬 수 있기 때문에 초음파를 활용한 다양한 제품에서 활용된다.

그림 2-30 수동부저

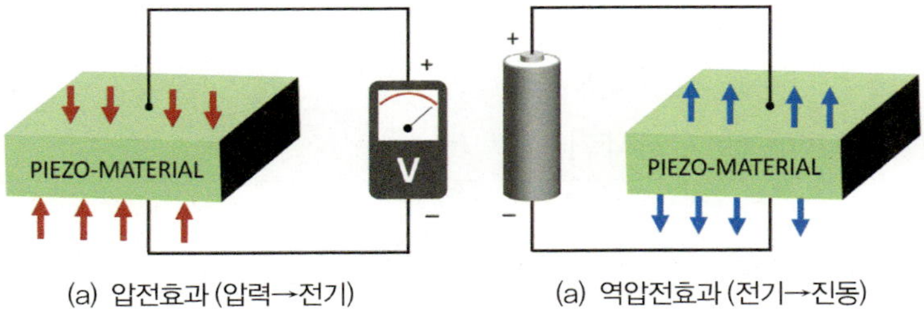

그림 2-31 압전효과와 역압전효과

피에조 부저는 그림 2-32의 능동부저와 그림 2-30의 수동부저의 두 종류가 있다. 능동부저는 전원만 공급되면 소리를 내므로 스위칭(온/오프)만으로 소리를 제어할 수 있다. 여러 가지 소리를 낼 수는 없다. 수동부저는 하나의 소리를 내는 능동부저와는 달리 주파수에 맞는 신호를 줌으로써 원하는 음계의 소리를 낼 수 있다. 피에조 부저는 2개의 전극 핀으로 구성되어 있어, +/-핀을 구별하여 사용하여야 한다. 수동부저의 '+'핀은 커버 윗면에 ⊕라고 쓰여 있거나, 옆에 조그만 홈이 파져있다. 능동부저는 수동부저와는 달리 +/-단자의 다리

그림 2-32 능동부저

13) 압전 물질에 장력 또는 압력을 가하면 그 단면에 전압이 발생하고 반대로 전압을 가하면 신장이나 응축의 변형을 일으키는 현상. 전압 점화, 마이크로폰, 압력계, 노크 센서 및 초음파의 발생 등에 이용된다.

길이가 다르다. 다리가 긴 쪽이 '+'이다. 다음의 표 2-7은 옥타브 및 음계별 표준 주파수를 나타낸 표이다. 우리에게 익숙한 음계는 4옥타브에 해당된다. 즉, '도'라는 음은 4옥타브의 C에 해당하는 261.6256Hz의 주파수를 가지는 소리이다.

표 2-7 옥타브와 음계별 표준 주파수 (단위:Hz)

옥타브 / 음계	1	2	3	4	5	6	7	8
C(도)	32.7032	65.4064	130.8128	261.6256	523.2511	1046.602	2093.005	4186.009
C#	34.6478	68.2957	138.5913	277.1826	554.3653	1108.731	2217.461	4434.922
D(레)	36.7081	73.4162	146.8324	293.668	587.3295	1174.659	2349.318	4698.646
D#	38.8909	77.7817	155.5635	311.1270	622.2540	1244.508	2489.016	4978.032
E(미)	41.2034	82.4069	164.8138	329.6276	659.2551	1318.510	2637.020	5274.041
F(파)	43.6535	87.3071	174.6141	349.2283	698.4565	1396.913	2793.826	5587.652
F#	46.2493	92.4986	184.9972	369.9942	739.9888	1479.978	2959.955	5919.911
G(솔)	48.9994	97.9989	195.9977	391.9954	783.9909	1567.982	3135.963	6271.927
G#	51.9130	103.8262	207.6523	415.3047	830.6094	1661.219	3322.438	6644.875
A(라)	55.0000	110.0000	220.0000	330.0000	880.0000	1760..000	3520.000	7040.000
A#	58.2705	116.5409	233.0819	466.1638	932.3275	1864.655	3729.310	7040.000
B(시)	61.7354	123.4708	246.9417	493.8833	987.7666	1975.533	3951.066	7902.133

실험 8-1 TINKERCAD 피에조로 소리내기

실습내용	준비물
1. 피에조 능동부저와 수동부저로 소리를 내본다. 2. 수동부저는 '옥타브와 음계별 표준 주파수' 표를 보고 해당 주파수로 소리를 내본다.	1. 아두이노 우노 보드 1개 2. 브레드보드 1개 3. 피에조 능동부저, 수동부저 각 1개

회로구성

- 피에조 부저의 '+'핀을 아두이노의 7번 핀에 연결하고, '-'핀을 GND에 연결한다.

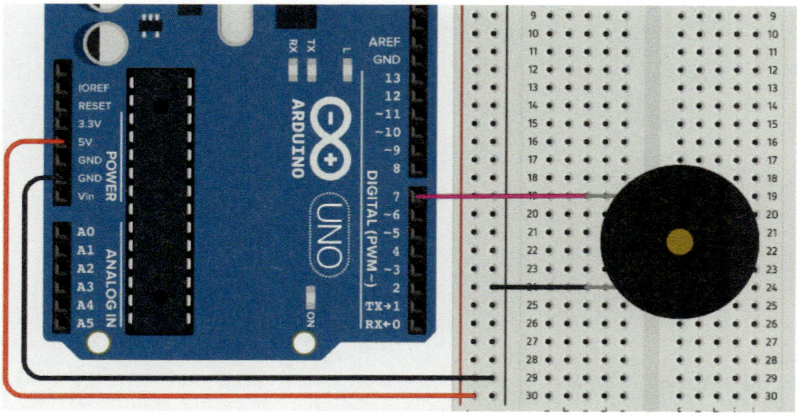

그림 2-33 피에조 부저 음계출력하기

다음 소스코드는 수동부저로 '도레미파솔라시도' 음계를 2회 반복 출력하는 것이다.

```
1  //피에조 수동부저로 음계출력하기
2  #define buzzer 7                          //피에조 부저의 + 단자연결, -는 GND
3  int count=0;
4  int repeat=2;                             //반복횟수를 지정
5  const int melody[]={262, 294, 330, 349, 392, 440, 494, 523};  // '도레미파솔라시도' 음계의 주파수를 배열로 선언
6  
7  void setup(){
8     pinMode(buzzer, OUTPUT);
9  }
10 
11 void loop(){
12   if(count < repeat){
13     for(int a=0; a<8; a++){
14       tone(buzzer, melody[a], 500);       // 0.5초 동안 음계 출력
15       delay(600);
16     }
17     count++;
18   }
19   else     noTone(buzzer);               // 피에조 부저 OFF
20 }
```

코드분석

- 4행의 코드는 피에조 부저로 출력되는 소리의 반복횟수를 2번으로 지정한 것이고, 12행의 if문을 통해서 반복횟수만큼 소리를 출력한다. 반복횟수 후에 다시 듣고 싶으면 아두이노의 리셋버튼을 누른다.
- 5행의 코드는 4옥타브의 '도레미파솔라시도' 음계의 주파수를 melody라는 배열로 선언한 것이다.
- 14행의 tone() 함수가 소리를 출력하는 함수이다. tone() 함수는 매개변수로 3개까지 쓸 수 있다. 첫 번째 매개변수는 부저의 핀 번호, 두 번째 값은 음의 주파수, 세 번째 값은 연주 시간(ms)이다. 여기서는 500이므로 0.5초씩 음계의 소리를 낸다.

- 부저를 끄기 위해서는 19행의 코드처럼 noTone() 함수를 사용한다.

다음 소스코드는 능동부저로 소리를 내는 것이다. 수동부저를 빼고 같은 위치에 능동부저로 바꿔 끼운다. 앞서 언급했듯이 능동부저는 다리가 긴 것이 '+'이다.

```
1  // 능동 부저로 소리내기
2  #define buzzer 7                          // 능동 부저의 + 단자(긴 다리)연결, -는 GND
3
4  void setup() {
5    pinMode(buzzer, OUTPUT);
6  }
7
8  void loop() {
9    digitalWrite(buzzer, HIGH);             // 능동부저 On
10   delay(1000);
11   digitalWrite(buzzer, LOW);              // 능동부저 Off
12   delay(1000);
13 }
```

코드분석

- 9행과 11행의 digitalWrite() 함수로 능동부저를 온/오프한다. LED를 켜고 끄는 것처럼 능동부저를 제어할 수 있음을 알 수 있다. LED와는 달리 안전저항을 연결할 필요는 없다.
- LED와 마찬가지로 10행과 12행의 delay() 함수로 소리가 울리는 시간을 조절할 수 있다.

실험 8-2TINKERCAD 가변저항을 사용한 피에조 수동부저로 소리내기

실습내용	준비물	
1. 아두이노의 아날로그 핀 A0를 통해 퍼텐쇼미터의 저항값에따라 피에조 수동부저로 소리를 내본다.	1. 아두이노 보드 1개 2. 브레드보드 1개	3. 퍼텐쇼미터 1개 4. 피에조 수동부저 1개

회로구성

- 퍼텐쇼미터의 3개 핀 중에 가운데 핀은 아두이노의 A0 핀에 연결하고, 양쪽 핀은 각각 5V와 GND에 연결한다.
- 수동부저의 '+'는 아두이노의 9번 핀에 연결하고, '–'는 GND에 연결한다.

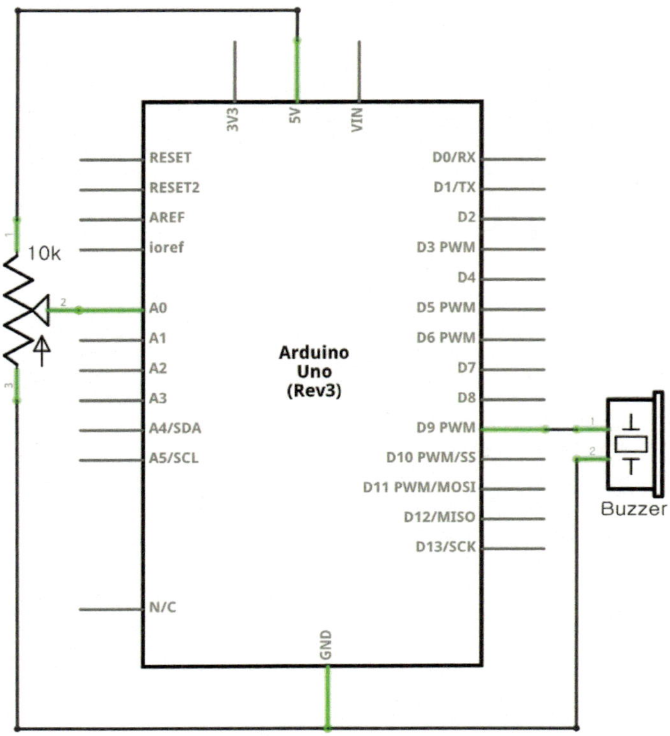

그림 2-34 가변저항을 사용한 피에조 수동부저로 소리내기

다음 소스코드는 가변저항 값에 따라 피에조 수동부저의 소리를 다르게 내본다.

```
1  //가변저항을 사용한 피에조 소리내기
2  #define input_pin A0
3  #define buzzer 9
4
5  void setup() {
6    pinMode(input_pin, INPUT);
7    pinMode(buzzer, OUTPUT);
8  }
9
10 void loop() {
11   int reading = analogRead(input_pin);    // A0 아날로그 핀의 값을 읽어 들임
12   tone(buzzer, reading);
13   delay(500);
14 }
```

코드분석

- 12행의 tone() 함수는 A0핀에 연결한 가변저항의 값을 읽어 들인 reading 변수의 값으로 소리를 낸다. reading 값은 퍼텐쇼미터를 돌리는 정도에 따라 0~1023 중의 하나일 것이다.

실험 8-3 TINKERCAD 피에조 수동부저를 두드려 소리내기

실습내용	준비물	
1. 피에조 수동부저를 두드려 소리를 내본다.	1. 아두이노 보드 1개	2. 브레드보드 1개 3. 수동부저 1개

회로구성

- 피에조 부저의 '+'핀을 아두이노의 A0 핀에 연결하고, '−'핀을 GND에 연결한다.

```
1  //피에조 수동부저를 2번 두드리면 소리내기
2  const int buzzer_pin = A0;
3  int reading = 0;
4  int count=0;
5  
6  void setup() {
7    Serial.begin(9600);
8    pinMode(buzzer_pin, INPUT);              //피에조 부저로 INPUT, OUTPUT이 가능.
9  }
10 
11 void loop() {
12    int reading = analogRead(buzzer_pin);
13    if(reading >1){
14      count++;
15      Serial.print("Sensor Value : "); Serial.print(reading);
16      Serial.print("\t ccunt : "); Serial.println(count);
17      if(count >= 2){
18        tone(buzzer_pin,400);
19        delay(100);
20        noTone(buzzer_pin);
21        count=0;
22      }
23      delay(100);
24    }
25 }
```

코드분석

- 8행에서 부저가 연결된 핀의 모드를 앞선 실험과는 달리 INPUT으로 설정한다.
- 13~24행은 부저를 두 번 두드리는지를 판단하는 문장이다. 17행에서 두 번 두드림을 확인하면 18~20행에서 부저가 0.1초 동안 소리를 낸다.

2.6 3색 LED

그림 2-35의 빛의 3원색인 빨간색(R), 초록색(G), 파란색(B)을 하나의 LED에 모아 넣은 것을 3색 LED라고 한다. 3색 LED는 다리가 4개 있으며 공통음극형의 경우 가장 긴 다리가 각 LED의 음극을 하나로 묶은 것으로 GND이다. 나머지 다리 3개는 3색의 양극(+)이다. 3개의 다리의 색의 강도에 따라 색을 표현할 수 있다. 3색 LED는 안전저항 3개를 연결해야 한다. 이 책의 실험에서는 그림 2-36과 같은 공통음극형의 3색 LED를 사용한다. 그림 2-37의 3색 LED 모듈은 안전저항을 내장한 것이므로 따로 연결할 필요는 없다.

그림 2-35 빛의 3원색

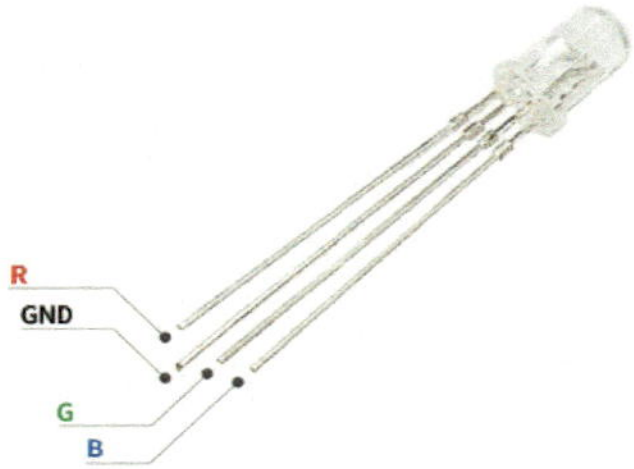

그림 2-36 3색 LED(공통음극)

그림 2-37 3색 LED 모듈

실험 9TINKERCAD 3색 LED를 사용하여 빨강, 초록, 파랑 불빛 번갈아 표현하기

실습내용	준비물	
1. 3색 LED를 사용해본다. 2. 기본 색상인 빨강, 초록, 파랑색의 불빛을 번갈아 표현되도록 한다.	1. 아두이노 보드 1개 2. 브레드보드 1개	3. 저항 330Ω 3개 4. 3색 LED 1개

회로구성

표 2-8 아두이노 우노 보드와 부품과의 결선표

아두이노 우노 보드	GND	D3	D5	D6
3색 LED	GND	B	G	R
3색 LED의 R, G, B 단자는 330Ω 저항을 통해 아두이노 보드에 연결한다				

- 3색 LED의 R단자를 아두이노의 6번 핀, G단자를 5번 핀, B단자를 3번 핀에 연결하고 GND 단자를 아두이노의 GND에 연결한다. 3색 LED의 R, G, B단자는 330Ω 저항을 통해 아두이노 보드에 연결한다.

- 아두이노 우노 보드의 경우 PWM 핀이 6개 있다. 3색 LED의 R, G, B단자는 이 6개 PWM 핀 중에 3곳을 골라 연결하면 된다.

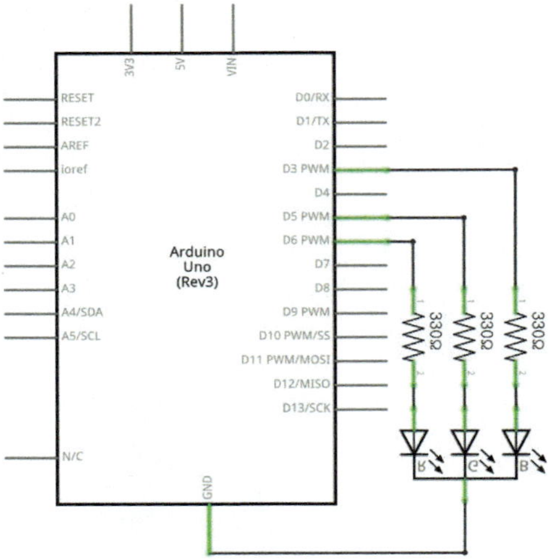

그림 2-38 rgb 3색 LED를 사용하여 빨강, 초록, 파랑 불빛 번갈아 표현하기(회로도)

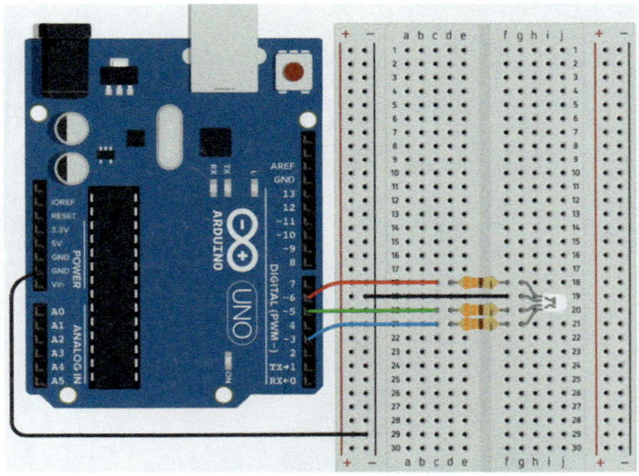

그림 2-39 rgb 3색 LED를 사용하여 빨강, 초록, 파랑 불빛 번갈아 표현하기(브레드보드)

다음 소스코드는 3색 LED가 1초 간격으로 빨강, 초록, 파란색 불빛으로 번갈아 켜지게 하는 프로그램이다.

```
1  //rgb 3색 LED를 사용하여 빨강, 초록, 파랑 불빛 번갈아 표현하기
2  #define R_pin 6
3  #define G_pin 5
4  #define B_pin 3
5  #define delay_time 1000
6  
7  void setup(){
8    pinMode(R_pin, OUTPUT);
9    pinMode(G_pin, OUTPUT);
10   pinMode(B_pin, OUTPUT);
11 }
12 
13 void loop(){
14   analogWrite(R_pin,255); analogWrite(G_pin,0); analogWrite(B_pin,0);
15   delay(delay_time);
16   analogWrite(R_pin,0); analogWrite(G_pin,255); analogWrite(B_pin,0);
17   delay(delay_time);
18   analogWrite(R_pin,0); analogWrite(G_pin,0); analogWrite(B_pin,255);
19   delay(delay_time);
20 }
```

코드분석

- 2~4행 코드가 3색 LED와 아두이노의 3, 5, 6번 핀과의 연결을 설정한 것이다.
- 14행 코드는 R:255, G:0, B:0으로 출력하여 빨간색으로 켜진다. 16행과 18행의 코드는

각각 G(초록색)와 B(파란색)를 255로 하고, 다른 색상은 0으로 지정하여 초록색과 파란색을 출력하기 위한 것이다.

2.7 네오픽셀

네오픽셀은 3색 LED에 추가로 제어할 수 있는 LED 컨트롤러가 있다. 바(스트립), 링, 쥬얼 모양 등의 형태가 있다. 다른 형태이더라도 In, Out 단자를 연결함으로써 네오픽셀 수를 확장하거나, 잘라서 픽셀 수를 줄일 수도 있다.

실험 10TINKERCAD 네오픽셀로 표현하기

실습내용	준비물
1. 네오픽셀을 사용해본다 2. 네오픽셀을 연결하여 네오픽셀수를 늘려본다.	1. 아두이노 우노 보드 1개 2. 브레드보드 1개 3. 네오픽셀바, 네오픽셀링, 네오픽셀쥬얼 각 1개

회로구성

표 2-9 아두이노 우노 보드와 부품과의 결선표

아두이노 우노 보드	GND	5V	D2
네오픽셀	GND	5V	DIN

- 네오픽셀 수를 확장하려면 DO 단자와 추가하려는 네오픽셀의 DIN을 연결한다.

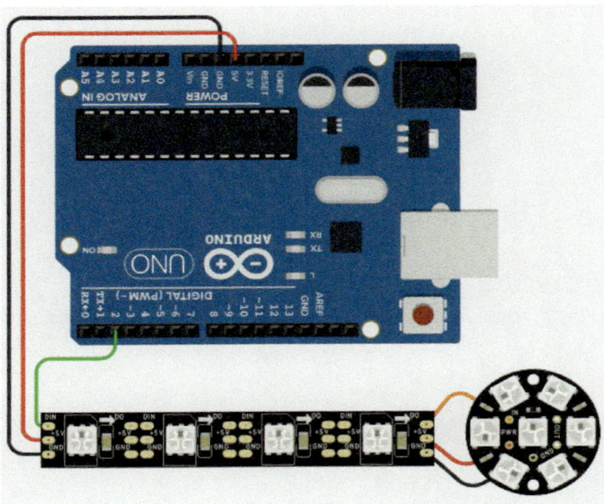

그림 2-40 네오픽셀바와 네오픽셀링 연결 사용하기

다음 소스코드를 아두이노 스케치 프로그램에서 최초 업로드할 경우, 2행의 〈Adafruit_NeoPixel.h〉 헤드파일을 컴파일할 수 있는 라이브러리를 설치하여야 한다. 라이브러리는 스케치 프로그램의 메뉴 '툴〉라이브러리 관리...'에서 NeoPixel을 검색하면 그림 2-41과 같이 찾아 설치할 수 있다.

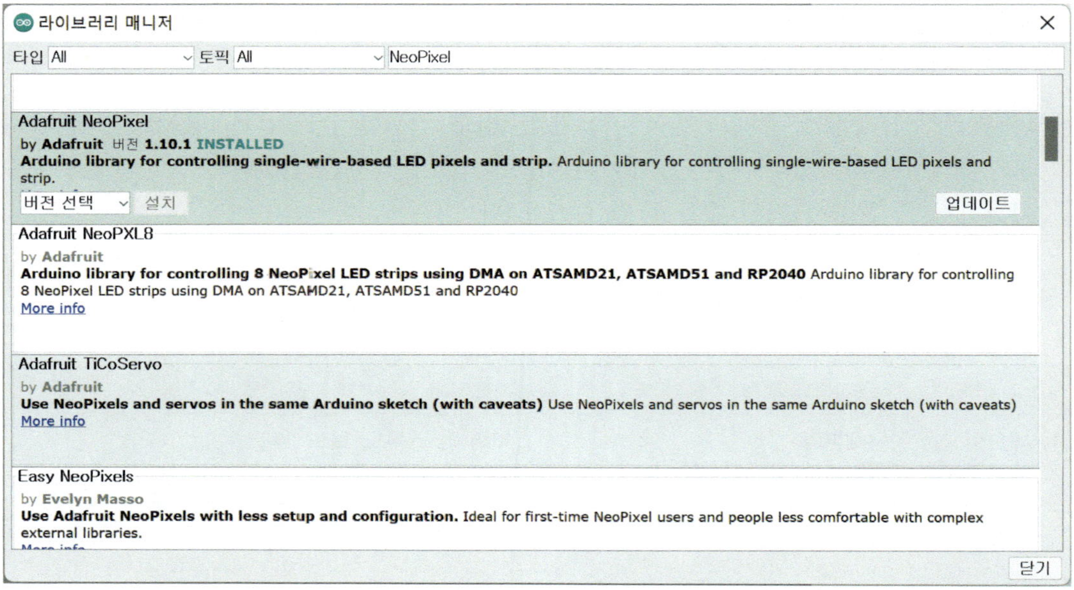

그림 2-41 Adafruit_NeoPixel 라이브러리 설치화면

```
1  //네오픽셀바와 네오픽셀링 연결 사용하기
2  #include <Adafruit_NeoPixel.h>        // 메뉴 툴>라이브러리 관리...에서 NeoPixel 설치
3  #define Neo_pin 2                     // 네오픽셀의 IN(입력)핀 지정
4  #define NUMPIXELS 11                  // 네오픽셀의 수
5  Adafruit_NeoPixel pixels = Adafruit_NeoPixel(NUMPIXELS, Neo_pin, NEO_GRB + NEO_KHZ800);
6  int delayval = 100;                   // 네오픽셀의 이동시간(밀리초)
7  int redColor = 0;
8  int greenColor = 0;
9  int blueColor = 0;
10
11 void setup(){
12   pixels.begin();
13 }
14
15 void loop(){
16   setColor();
17   for(int i=0; i < NUMPIXELS; i++){
18     pixels.setPixelColor(i, pixels.Color(redColor, greenColor, blueColor));
19     pixels.show();
20     delay(delayval);
21   }
22 }
23
24 void setColor(){
25   redColor = random(0, 255);
26   greenColor = random(0,255);
```

```
27   blueColor = random(0, 255);
28 }
```

코드분석

- 4행의 네오픽셀 수는 실험하는 부품의 네오픽셀 수와 반드시 일치해야 한다.
- 6행의 100은 20행의 delay() 함수를 통해 0.1초 간격으로 불빛이 이동하게 한다.
- 16행의 setColor() 함수는 24~28행으로 만든 함수이다. R, G, B 3색을 random() 함수로 무작위 지정한다.
- 18행이 네오픽셀의 색을 지정하는 함수이고, 19행의 show() 함수로 불빛을 나타낸다.

CHAPTER 03

광 센 서

학습목표

1. 광센서의 특성과 용도 및 종류를 설명할 수 있다.
2. 조도센서의 특성과 용도를 설명할 수 있다.
3. 포토다이오드의 특성과 용도를 설명할 수 있다.
4. 포토트랜지스터의 특성과 용도를 설명할 수 있다.
5. 불꽃 감지 센서의 특성과 용도를 설명할 수 있다.
6. 장애물 감지 센서의 특성과 용도를 설명할 수 있다.
7. 포토인터럽터의 특성과 용도를 설명할 수 있다.
8. PIR 센서의 특성과 용도를 설명할 수 있다.
9. 적외선 리모컨의 특성과 용도를 설명할 수 있다.

광센서는 인간의 눈으로 볼 수 있는 가시광선을 포함하여 눈으로 감지할 수 없는 적외선 및 자외선 등의 빛 신호를 전기적인 신호로 변환 검출하는 부품이다. 즉 인간의 감각기관 중에 시각에 해당하는 센서이다. 광센서는 표 3-1과 같이 다양한 종류가 있다. 파장으로 보면 적외선은 1mm~750nm, 가시광선은 750nm~380nm, 자외선은 380nm~10nm, X선은 10nm~0.01nm이므로 대략 1mm부터 0.01nm 사이의 파장에 해당된다. 이러한 파장을 가진 전자기파는 가시광선과 같이 직진성, 반사 및 굴절의 특성을 가지고 있다. 이에 반해 LED는 광센서와 반대로 전기적인 신호에 의해 빛을 방출하는 부품이다.

표 3-1 다양한 광센서의 특성과 용도

구분	종류	원리 및 특징	용도
광전도 효과	광전도센서	절연체 또는 반도체에 빛을 조사하면 가전도대 또는 불순물 레벨에 있는 전자가 광에너지를 흡수하여 전도대로 천이하여 자유롭게 움직일 수 있는 전자 또는 정공이 되어 전도도가 증가하는 현상. 소형, 고감도, 저가 응답속도 느림, 히스테리시스	디스플레이 밝기와 명암의 자동조절, 카메라 노출계, 가로등 스위치, 물체의 존재유무 및 검출센서, 연기 검출기, 침입경보기, 카드리더, 복사기의 토너 밀도 측정 등
광기전력 효과	포토다이오드 포토트랜지스터 포토사이리스터 PSD(위치감지센서)	pn 다이오드의 반도체에 빛을 조사하면, pn 반도체에서 만들어진 전자와 정공이 접촉전위차 때문에 분리되어 pn의 양쪽으로 전류가 발생하는 현상. 소형, 저가, 전원 불필요, 대출력, 대전류 제어	조도계, 광통신, 광전스위치, 분석기기 등의 미약광 검출부, 가시광 영역에서의 정밀 광측정용 등
외부광전 효과(광전자방출형)	광전관 광전자증배관	고체 표면에 적외선에서 자외선 영역의 빛이 조사되었을 때, 외부에 자유전자를 방출하는 현상. 초고감도(광전자증배관은 현존하는 광센서 중 최고 감도), 응답속도 빠름, 펄스 계측, 미약광 검출, 펄스 카운터	자외선 센서(UVTron), 야간투시경, 정밀 광계측 기기 등
광이온화 효과	전리함 비례계수기 가이거뮐러계수기	알파선, 감마선 등과 같이 에너지가 높은 빛을 쪼였을 때, 기체 분자의 원자가 전자를 내놓으면서 이온화되는 현상	X선 검출용 등
복합형	포토인터럽터 포토커플러 포토릴레이	아날로그 검출	무접점 릴레이(SSR), 전자장치 노이즈 커트, 광전 스위치, 레벨 제어, 광전식 카운터 등

광센서는 접촉하지 않고 측정이 가능하여 접촉식 센서에 비해 수명이 길고, 대부분의 물체를 감지할 수 있다. 또한 빛을 이용하기 때문에 검출할 수 있는 거리가 긴 편이며, 빠른 응답속도 및 높은 분해능[14)]을 가진 것이 장점이다. 빛은 전자기장과 무관하여 전자기장은 물

14) 신호 측정 방법 또는 장치의 한계 성능을 나타내는 지표로서, 구별해낼 수 있는 가장 미세한 신호차이가 분해능(resolution power)이다. [출처 : 물리학백과]

론 외부 환경에 영향을 받지 않고 안정된 검출을 할 수 있다. 하지만 측정 대상과 센서 사이에 빛의 투과를 방해하는 요인이 있을 경우 오차를 일으킬 수 있는 단점이 있다.

3.1 광전소자

송수신의 수단으로 빛을 사용하며, 빛에너지를 전기 에너지로 변환하는 소자이다. 직선성과 응답속도가 좋다. 광전소자의 송신기에는 LED, 레이저 다이오드, 적외선 다이오드가 있고, 수신기로는 포토레지스터, 포토다이오드, 포토트랜지스터 등이 있다. 포토커플러(옵토커플러)는 송수신기의 결합체이다.

3.1.1 포토레지스터

그림 3-1의 포토레지스터(photo resistors)는 대표적인 광전도(photoconductive) 센서이다. 조도센서라 불리우는 포토레지스터는 CdS(황화카드뮴) 셀 또는 LDR(광 의존 저항기 ; Light Dependent Resistor)이라고도 한다. 이러한 빛 감지 센서는 빛의 밝기에 따라 저항값이 바뀌게 된다. 그림 3-2에서 보듯이 어두울 때는 저항값이 1MΩ 정도로 매우 크고, 밝아지면 몇 Ω이하로 급격히 낮아진다. 포토레지스터를 활용하여 자동 점멸 센서등을 만들 수 있을 것이다. 포토레지스터의 반응 속도는 보통 10μs 정도라고 알려져 있다. 포토레지스터는 포토다이오드 및 포토트랜지스터보다 감도가 낮고 온도 변화에도 저항이 바뀔 수 있어서 정확한 광도 측정에는 적합하지 않다. CdS 조도센서는 주로 가로등 점등, 디스플레이 밝기와 명암 조절, 카메라 노출계, 물체 검출 센서, 복사기 토너의 밀도 측정 등에 사용된다.

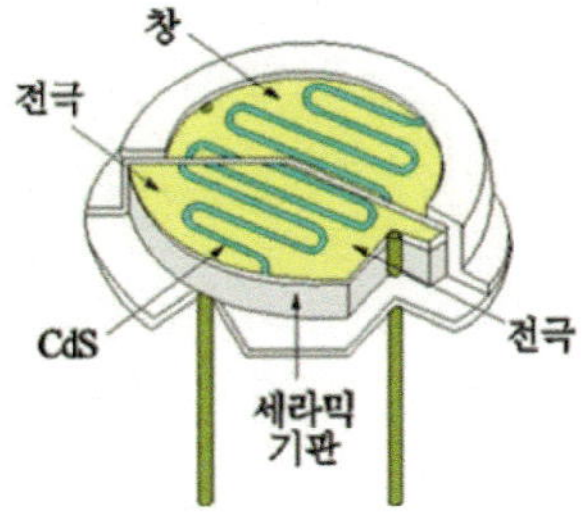

그림 3-1 포토레지스터 구조

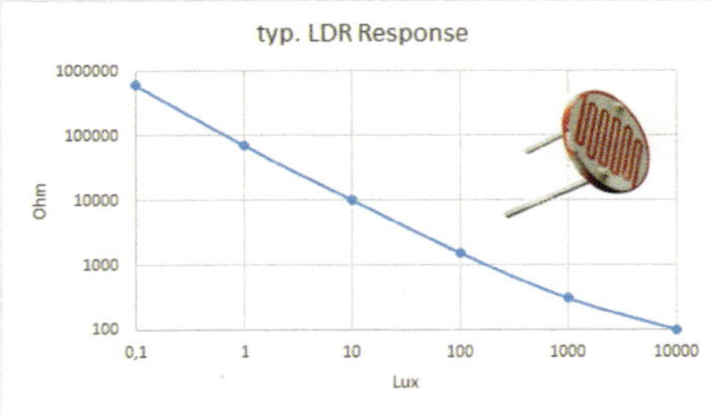

그림 3-2 포토레지스터(photo resistors)
[출처 : https://commons.wikimedia.org]

실험 11 TINKERCAD 조도센서로 어두워지면 LED 켜기

실습내용	준비물
1. 조도센서를 사용해본다. 2. 조도센서를 밝게 또는 어둡게 하면서 LED의 밝기를 확인한다.	1. AA 또는 AAA 4개와 배터리홀더 1개 2. LED 1개 3. 저항 10kΩ 과 조도센서 각 1개

회로구성

- 전원 공급은 건전지, 아두이노 또는 어댑터 등의 어떠한 전원 공급 장치라도 상관없다.
- 10kΩ 저항의 한 쪽 단자는 전원의 '+'에 다른 쪽 단자는 LED의 애노드(+)에 연결한다.
- LED의 캐소드(−)는 전원의 '−'에 연결하고, 조도센서 LDR과 LED를 병렬 연결한다.

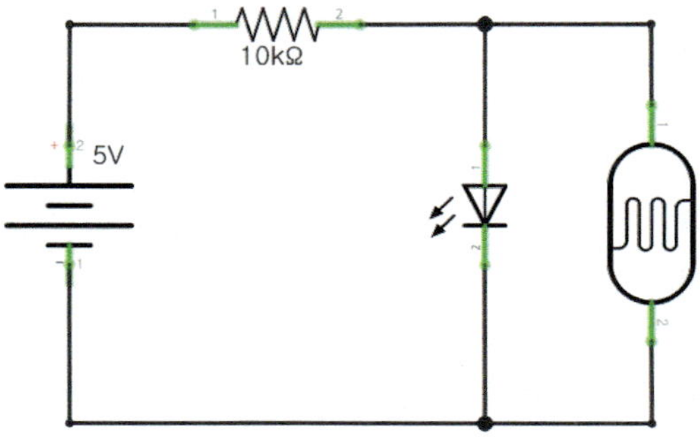

그림 3-3 어두워지면 LED 불 켜기 회로도

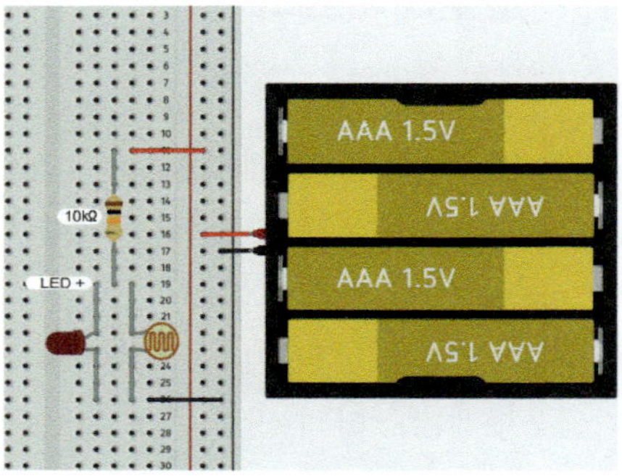

그림 3-4 어두워지면 LED 불 켜기

회로를 구성한 후 조도센서를 손으로 가려보면 불이 켜짐을 알 수 있다. 빛의 밝기에 따라 포토레지스터의 저항값 R_{LDR}이 변하면서 LED 양단에 전압도 바뀌기 때문이다. LED 양단의 전압 V_o는 다음 식과 같이 계산할 수 있다. LED의 저항은 무시한 대략적인 계산이다. 어두워질수록 R_{LDR}이 커져 출력 전압 V_o도 커진다.

$$V_o = \frac{R_{LDR}}{R_1 + R_{LDR}} \times V_i = \frac{R_{LDR}}{10\text{k}\Omega + \text{R}_{LDR}} \times 5\text{V}$$

회로에서 10kΩ 저항과 포토레지스터의 저항값으로 전압분배가 된다. 포토레지스터의 저항값 R_{LDR}이 10kΩ이라면 LED에 걸리는 전압은 절반인 2.5V가된다. 이와 같이 고정 저항값의 선택에 따라 출력전압도 달라지는데, 고정 저항값은 출력 전압의 범위가 최대가 될 수 있도록 선택되어야 한다. 예를 들어 포토레지스터의 저항값 R_{LDR}이 가장 밝은 곳에서 1kΩ, 가장 어두운 곳에서 1MΩ이라면 출력 전압의 범위는 다음 계산식에 따라 구할 수 있다. 고정 저항값 10kΩ에 따른 출력 전압의 범위는 0.45V~4.95V로 양호하다.

$$V_o = \frac{1\text{k}\Omega}{10\text{k}\Omega + 1\text{k}\Omega} \times 5\text{V} \;= \frac{1}{11} \times 5\text{V} \;= 0.45\text{V}$$

$$V_o = \frac{1000\text{k}\Omega}{10\text{k}\Omega + 1000\text{k}\Omega} \times 5\text{V} \;= \frac{1000}{1010} \times 5\text{V} \;= 4.95\text{V}$$

출력이 높은 형태의 제대로 된 센서등 회로도를 구성하려면 14.2.3절의 트랜지스터와 함께 회로를 구성하여 사용해야 한다. 자세히 살펴보려면 [실험 83]을 참고한다.

실험 12-1 TINKERCAD 조도센서에 걸리는 전압과 저항값을 시리얼모니터로 출력하기

실습내용	준비물
1. 아두이노로 조도센서를 사용해본다. 2. 아두이노의 A0 핀에 연결한 조도센서의 값을 밝기에 따른 전압과 저항값으로 변환하여본다.	1. 아두이노 우노 보드 1개 2. 브레드보드 1개 3. 저항 10kΩ과 조도센서 각 1개

회로구성

표 3-2 아두이노 우노 보드와 부품과의 결선표

아두이노 우노 보드	GND	5V	A0
조도센서	한쪽 단자		다른 쪽 단자
10kΩ 저항		한쪽 단자	다른 쪽 단자

- 10kΩ 저항의 한 쪽 단자는 아두이노의 5V에 다른 쪽 단자는 조도센서 LDR의 한 쪽 단자에 연결한다. 조도센서 LDR의 다른 쪽 단자는 아두이노의 GND에 연결한다.
- 저항 10kΩ과 연결된 조도센서 LDR의 단자는 아두이노의 아날로그 핀 A0에 연결한다.

아두이노에서는 A0~A5의 아날로그 핀을 통해 아날로그 값을 디지털 값(0~1023)으로 변환하여 측정할 수 있다. 빛의 밝기에 따라 포토레지스터의 저항값은 변하는데, 포토레지스터의 저항값 R_{LDR}을 고정저항 R_1과 입출력 전압으로 표현하면 다음 식과 같다.

$$R_{LDR} = \frac{V_o}{V_i - V_o} \times R_1 \qquad \because V_o = \frac{R_{LDR}}{R_1 + R_{LDR}} \times V_i$$

아두이노에서 V_i는 5V이고, 포토레지스터에 걸리는 출력전압 V_o는 아날로그 핀($A0$)을 통해 다음 식과 같이 계산할 수 있다.

$$V_o = \frac{V_i}{1023} \times A0 = \frac{5}{1023} \times A0$$

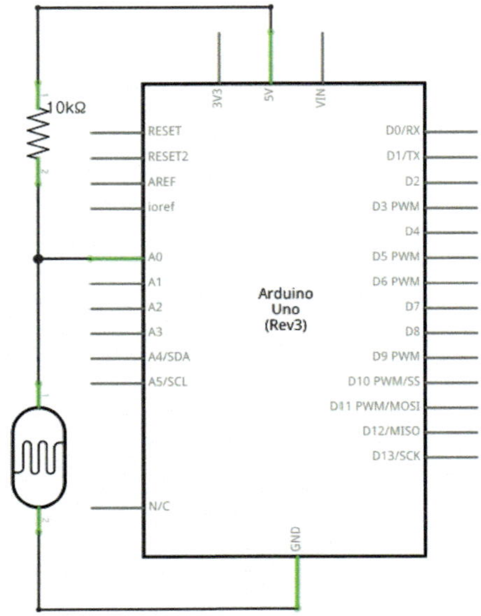

그림 3-5 조도센서에 걸리는 전압과 저항값을 시리얼모니터로 출력하는 회로도

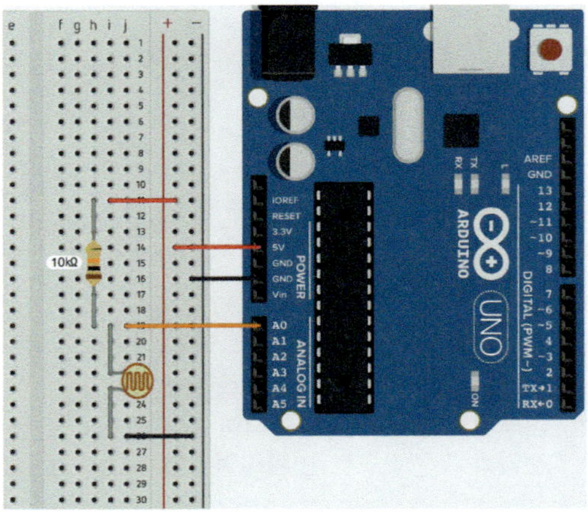

그림 3-6 조도센서에 걸리는 전압과 저항값을 시리얼모니터로 출력

여기서, 1023은 A0에서 읽어 들이는 값이 0~1023이기 때문이다.

다음 소스코드는 밝기에 따라 조도센서에 걸리는 전압과 저항값을 시리얼모니터로 출력하는 것이다.

```
1  //밝기에 따라 조도센서에 걸리는 전압과 저항값 시리얼모니터로 출력
2  #define CdS_pin A0
3  const float R1 = 10000.0;
4  const float Vi = 5.0;
5  
6  void setup() {
7    pinMode(CdS_pin, INPUT);
8    Serial.begin(9600);
9  }
10 
11 void loop() {
12   int reading = analogRead(CdS_pin);
13   float Vo = reading * (Vi/1023.0);
14   float R2 = Vo/(Vi-Vo) * R1;
15   Serial.print("\nCdS_pin : "); Serial.println(reading);
16   Serial.print("Vo : ");  Serial.print(Vo);  Serial.print("V");
17   Serial.print("\tR2 : ");  Serial.print((int)R2); Serial.println("Ω");
18   delay(1000);
19 }
```

코드분석

- 2행의 #define CdS_pin A0는 A0를 CdS_pin으로 사용하겠다고 정의한 문장이다. 그러면 7행의 pinMode(CdS_pin, INPUT)은 pinMode(A0, INPUT)을 의미하는 것이다.

- 3행은 10kΩ 저항값을 R1 변수에 지정하는 문장이다.
- 4행은 입력 전압 5V를 Vi 변수에 지정하는 문장이다.
- 13행은 앞서 설명한 조도센서 양단의 전압 수식 $V_o = \frac{V_i}{1023} \times A0$을 표현한 문장이다.
- 14행은 조도센서 LDR의 저항값 계산을 위해 앞서 설명한 수식 $R_{LDR} = \frac{V_o}{V_i - V_o} \times R_1$을 적용한 문장이다. 조도센서 LDR의 저항값 R_{LDR}을 변수 R2로 표현했다.

밝기에 따른 조도센서의 전압과 저항값을 시리얼모니터로 출력하면 그림 3-7과 같다.

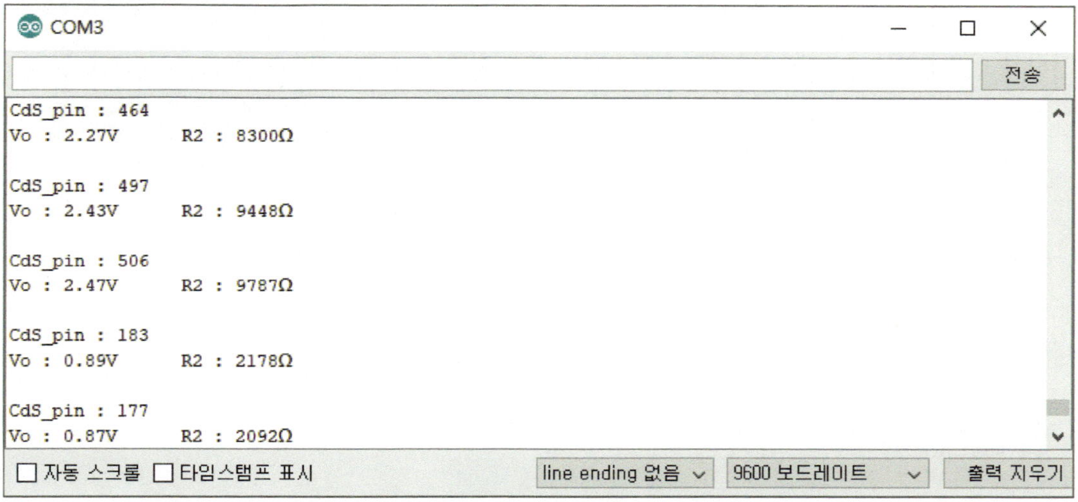

그림 3-7 밝기에 따른 조도센서의 전압과 저항값 출력(시리얼모니터)

실험 12-2TINKERCAD 아두이노에서 조도센서로 어두워지면 LED 켜기

실습내용	준비물	
1. 조도센서를 사용하여 어두워지면 LED가 켜지게 한다. 2. 어둠의 정도를 설정값으로 조정해봄으로써 조도센서를 이해한다.	1. 아두이노 우노 보드 1개 2. 브레드보드 1개 3. 저항 330Ω, 10kΩ 각 1개	4. LED 1개 5. 조도센서 1개

회로구성

- 앞선 [실험 12-1]의 회로구성에서 추가로 LED를 연결한다. LED의 양극은 아두이노의 12번 핀에 연결하고 LED의 음극 단자는 저항 330Ω을 거쳐 아두이노의 GND에 연결한다.

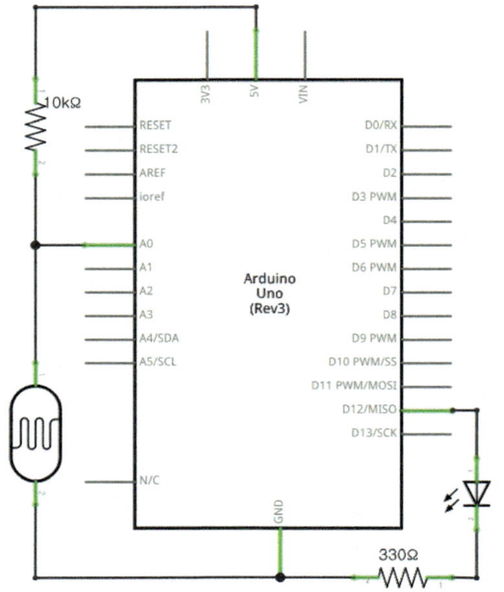

그림 3-8 조도센서로 어두울 때 가로등을 켜는 회로도

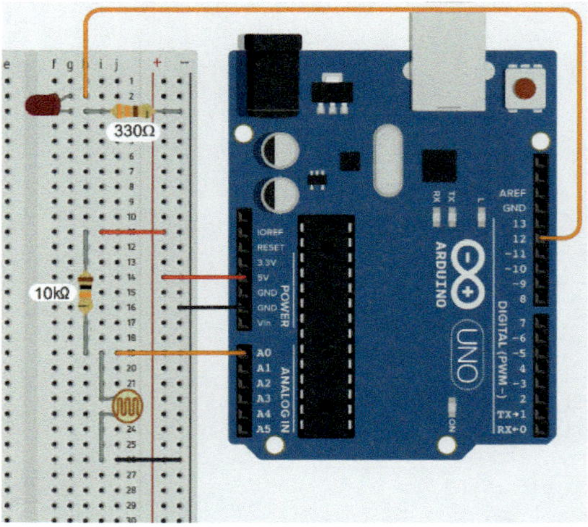

그림 3-9 조도센서로 어두울 때 가로등 켜기

다음 소스코드는 조도센서로 어두울 때 가로등을 켜는 것이다.

```
1  //조도센서로 어두울 때 가로등 켜기
2  #define CdS_pin A0
3  #define led_pin 12
4
5  void setup(){
6    pinMode(CdS_pin, INPUT);
7    pinMode(led_pin, OUTPUT);
8  }
9
10 void loop(){
11   int reading = analogRead(CdS_pin);
12   if(reading > 500)  digitalWrite(led_pin, HIGH);    //조도센서 값이 500을 넘으면 LED를 켠다
13   else   digitalWrite(led_pin, LOW);
14   delay(500);
15 }
```

코드분석

- 3행의 #define led_pin 12는 LED의 양극 단자를 아두이노의 12번 핀에 연결함을 정의한 것이다. 그러면 14행의 digitalWrite(led_pin, HIGH)는 digitalWrite(12, HIGH)를 의미하는 것이다.
- 12, 13행의 if, else문은 조도센서의 값이 500보다 크면 LED를 켜고, 그렇지 않으면 끈다.
- 12행의 설정값 500은 밝기에 따라 조정할 필요가 있다.

실험 12-3 조도센서의 값을 피에조 수동부저로 소리내기

실습내용	준비물	
1. 조도센서 값을 피에조 수동부저로 소리를 내본다.	1. 아두이노 보드 1개 2. 브레드보드 1개	3. 조도센서 1개 4. 피에조 수동부저 1개

회로구성

- [실험 12-1]의 회로구성에서 추가로 수동부저를 연결한다. [실험 12-2]의 LED와 저항을 빼내고 대신 수동부저를 연결한다.

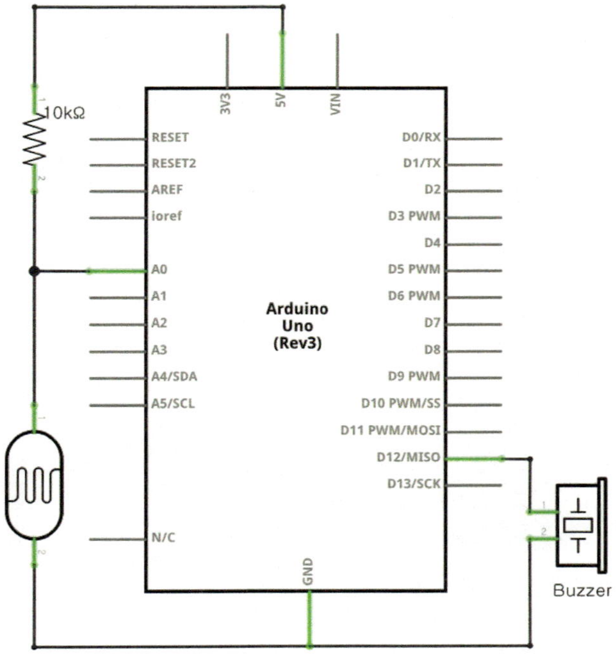

그림 3-10 조도센서의 값을 피에조 수동부저로 소리내기

다음 소스코드는 밝기에 따라 변하는 조도센서의 저항값을 피에조 수동부저로 소리를 내는 프로그램이다.

```
//조도센서의 값을 피에조 수동 부저로 표현
#define CdS_pin A0
#define buzzer 12

void setup(){
  pinMode(CdS_pin, INPUT);
  pinMode(buzzer, OUTPUT);
}
```

```
9
10 void loop(){
11   int reading = analogRead(CdS_pin);
12   int pitch = 100 + reading / 5;
13   tone(buzzer, pitch);
14   delay(500);
15 }
```

코드분석

- 12행 코드는 A0에서 조도센서 아날로그 값을 읽어서 5로 나누고 100을 더한 값을 13행의 tone() 함수의 주파수로 대입한다.
- 조도센서는 어두우면 저항값이 커지므로 수동부저는 큰 주파수의 소리를 내고, 밝으면 낮은 주파수의 소리를 낸다. 반대로 작동하게 하려면 조도센서와 10kΩ 저항의 위치를 서로 바꾸면 된다.

3.1.2 포토다이오드

광기전력형 센서인 포토다이오드는 발광다이오드처럼 생겼는데 표면에 검은색의 가시광선 필터가 있는 검은색 LED이다. 광기전력 효과란 다이오드에 빛을 비추면 기전력이 발생하는 현상이다. 그림 3-11에서 보듯이 발광다이오드는 전원이 공급되면 전기에너지를 빛으로 방출한다.(전류의 흐름 : p형 → n형). 반면에 포토다이오드는 외부에서의 빛을 흡수하여 전류를 흐르게 한다(전류의 흐름 : n형 → p형).

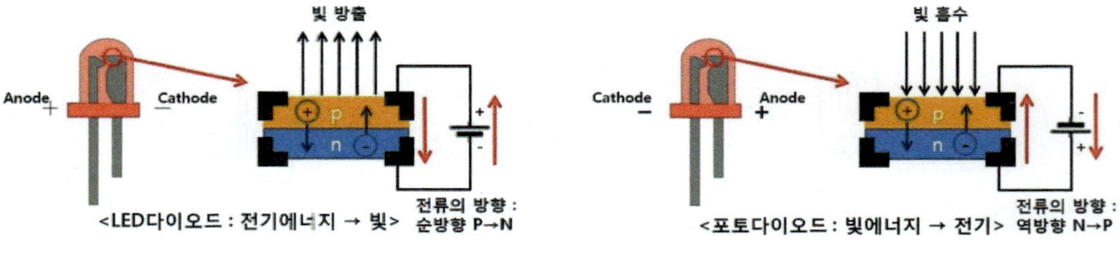

그림 3-11 포토다이오드 [출처 : https://blog.naver.com/thank2400/222024839082]

포토다이오드에는 기능과 구조에 따라 pn 포토다이오드, PIN 포토다이오드, 애벌란치 포토다이오드(avalanche photodiode, APD), 포토트랜지스터 등이 있다. 광기전력 효과(photovoltaic effect)는 다이오드 접합에 빛을 조사하였을 때 기전력이 발생하는 현상이며, 광전도형의 확장이라고 보면 된다. 광전도형 센서는 반드시 외부 전원을 인가해야 하는 단점이 있지만, 광기전력형 센서는 빛에 의해 센서 자체적으로 기전력이 발생하기 때문에 외부 전원이 반드시 필요한 것이 아니라는 점이 차이가 있다. 포토다이오드의 종류별 특징 및 용도는 다음 표 3-3과 같다.

표 3-3 포토다이오드의 종류별 특징 및 용도 [출처 : 정용택, 센서원리와 응용]

종류	특징	용도	응답속도
pn 포토다이오드	• 입사광에 따른 우수한 직진성 • 넓은 분광 감도(400~1,100nm) • 미약한 광검출 용이	조도계 분광 광도계 인코더	보통
PIN 포토다이오드	• 고속응답을 위해 i층 구성 • 높은 암전류[15)] • 넓은 분광감도(400~1,100nm)	광통신 광메모리	빠름
Schottky 포토다이오드	• 가시광선에서 자외선까지 넓음 • 높은 역전류와 작은 개방전압	자외선검출기 광전 스위치	빠름
애벌란치 포토다이오드	• 광전류 증폭작용(고감도) • 고속 응답 • 작은 암전류 • 고주파에서 우수한 S/N	광통신	빠름

3.1.3 포토트랜지스터

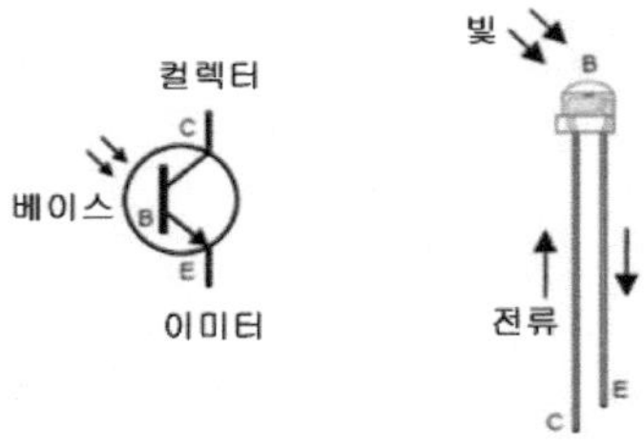

그림 3-12 NPN 포토트랜지스터

포토트랜지스터는 포토다이오드를 트랜지스터[16)] 형태로 만든 것으로서 빛에 의해 생기는 전류의 크기를 증폭하여 포토다이오드보다 더 큰 값을 얻을 수 있다. NPN 트랜지스터는 베이스로 전류가 흐르면 스위치가 ON되어 컬렉터에서 이미터로 큰 전류가 흐른다. 그림 3-12의 NPN 포토트랜지스터는 베이스가 빛을 받으면 생기는 작은 전류로 스위치 ON되고 컬렉터에서 이미터로 큰 전류가 흐른다. 이처럼 포토트랜지스터는 증폭작용을 함으로써 고감도 광센서로 사용된다. 긴 다리가 트랜지스터의 컬렉터, 짧은 다리가 이미터에 해당된다. 포토다이오드와는 달리 입사광의 비선형으로 비례하는 나쁜 특성이 있다. 그러므로 광감도 측정에는 별로 사용되지 않는다. 속도 또한 느려 주로 빛에 반응하는 스위치로 사용되고 통신용으로는 사용되지 않는다. 포토트랜지스터만의 단독 사용보다는 LED와 조합하여 전기 절연효과가 있는 포토커플러[17)], 포토인터럽터 등으로 응용되고 있다.

3.1.4 포토인터럽터

그림 3-13의 포토인터럽터(photo interrupter)는 발광 다이오드와 포토트랜지스터를 조합한 복합 광센서로서, 발광 다이오드가 발하는 빛을 포토트랜지스터가 수신하는 여부에 따라 발

15) 빛을 비추지 않아 어두운 상태에서도 발생할 수 있는 미약한 전류를 암전류라고 부른다. 센서 입장에서는 잡음이다.
16) 14.2.3절의 트랜지스터 참조
17) 옵토커플러라고도 불리며, 발광부와 수광부를 가지고 있다. 전기적으로는 절연되어 있는데 광(光)에 의하여 신호가 전달되는 광복합소자이다. 자세한 내용과 실험은 3.1.5절과 6.1.1절의 포토커플러를 참조.

광부와 수광부 사이에 물체가 있는지를 검출하는 센서이다. 이처럼 포토인터럽터는 물체의 존재여부나 위치검출용으로 사용된다.

그림 3-13
포토인터럽터

포토인터럽터의 일반적인 특징은 마모되는 기계적 부품이 없으며, 물체를 비접촉으로 검출할 수 있으며, 소비전력이 작으며, 가격이 저렴하며, 어떠한 불투명 물체도 검출이 가능한 장점이 있다. 또한 소형으로 신뢰성이 높으며, 적용분야의 요구를 만족시킬 수 있는 다양한 형태의 기계적 구조물을 만들 수 있으며, 출력단에 TTL 또는 CMOS 등의 IC를 직접 구동할 수 있다.[18]

포토인터럽터에는 구조에 따라 그림 3-14와 같이 광투과형과 광반사형이 있다.

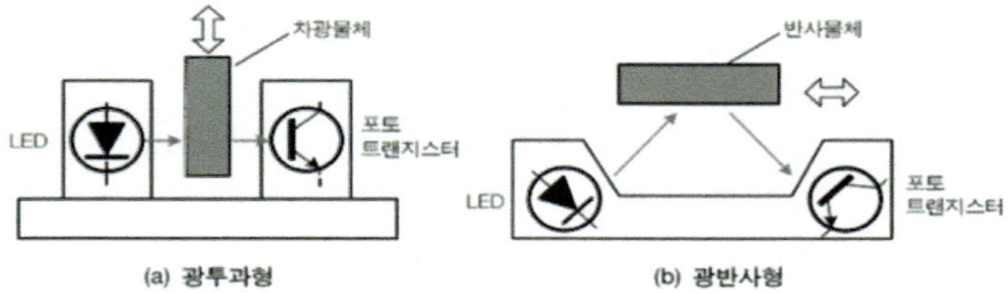

그림 3-14 포토인터럽터의 구조에 따른 유형
[출처 : 정용택, 센서원리 및 응용기술, 진샘미디어]

투과형은 발광 다이오드와 수광 포토트랜지스터를 마주보게 배치시킨 구조이다. 발광부와 수광부 사이를 물체가 통과할 때 생기는 광량의 변화로 물체의 유무와 위치를 검출한다. 반사형은 발광부와 수광부를 나란히 배치한 구조이다. 발광 다이오드에서 나온 빛이 물체에 부딪혀 반사되는 것을 수광 포토트랜지스터가 받은 빛의 반사 정도를 검출하는 것이다.

3핀 또는 4핀 포토인터럽터 모듈의 디지털 출력 핀(DO)은 물체가 있으면 1(HIGH), 물체가 없으면 0(LOW)의 값을 출력한다. 그림 3-13의 4핀 포토인터럽터 모듈은 아날로그 출력 핀(AO)까지 제공한다. 포토인터럽터는 팩스에서 기록지 검출, 문서 폭 검출, 문서 전송 검출 등의 용도와 프린터에서 용지 검출, 급지 검출, 프린터 헤드 위치 검출 등으로 사용이 가능하며, 모터의 속도 측정 등으로 사용한다.

실험 13 포토인터럽터에 물체가 감지되면 LED 켜기

실습내용	준비물
1. 포토인터럽터를 사용해본다. 2. 포토인터럽터 사이에 물체가 감지되면 아두이노 우노 보드의 내장 '13LED'가 켜짐을 확인한다.	1. 아두이노 우노 보드 1개 2. 브레드보드 1개 3. 포토인터럽터 1개

18) 정용택, 센서원리 및 응용기술, 진샘미디어

회로구성

- 포토인터럽터의 전원을 아두이노의 5V, GND에 연결하고, 디지털 출력핀 DO를 아두이노의 3번 핀에 연결한다.

그림 3-15 포토인터럽터에 물체가 감지되면 LED 켜기(회로도)

다음 소스코드는 포토인터럽터에 물체가 감지되면 아두이노 내장 '13LED'가 켜지는 프로그램이다.

```
1  //포토인터럽터에 물체가 감지되면 LED 켜기
2  const int led_pin = 13;                // LED핀을 13번 핀으로 선언
3  const int photo_pin = 3;               // 포토인터럽터 핀을 3번 핀으로 선언
4  int reading;
5
6  void setup(){
7    pinMode(led_pin, OUTPUT);            // LED핀 13을 출력으로 설정
8    pinMode(photo_pin, INPUT);           // 포토인터럽터를 입력으로 설정
9    Serial.begin(9600);
10 }
11
12 void loop(){
13   reading=digitalRead(photo_pin);      // 포토인터럽터에서 값을 읽음
14   digitalWrite(led_pin, reading);      // reading 값이 0 또는 1 값을 갖는다.
15   Serial.println(reading);
16 }
```

코드분석

- 14행의 digitalWrite() 함수는 아두이노 내장 '13LED'를 제어하는 문장이다. 포토인터럽터의 값이 감지되면 '1', 그렇지 않으면 '0'이므로 그 값인 reading을 그대로 digitalWrite() 함수의 매개변수에 사용하여 LED를 제어한다.

3.1.5 포토커플러(옵토커플러)

송신기인 발광다이오드와 수신기인 포토트랜지스터를 하나의 패키지에 조합한 광전소자이다. 입출력 사이가 전기적으로 절연되어 있기 때문에 전기적인 잡음 제거에 널리 사용된다. 송신부와 수신부는 투명수지를 매개하여 광학적으로 결합하는데, 외부의 빛을 차단하고 기계적인 강도를 더하기 위해 그 둘레를 검은색 수지로 두껍게 덮었다. 이 때문에 입력과 출력 간의 내압(耐壓)이 수 kV나 크다. 포토커플러는 빛을 이용하기 때문에 잡음에 강하고, 시스템을 구성하는 장치 간의 전류를 절연할 수 있으며, 각 장치마다 접지가 가능하다. 또 장치 간의 결합용량이 작기 때문에 출력 쪽의 신호가 입력 쪽으로 되돌아가는 일이 없는 등의 장점이 있다. 이 때문에 전기회로와 단말기 등을 포토커플러를 매개해서 결합하면, 전원전압의 차이나 기계부에서 발생하는 잡음에 신경을 쓸 필요가 없어 회로설계가 쉬워진다. 컴퓨터의 주변기기, 자동판매기, 고체릴레이, 전원제어용 등에 쓰이고 있다. 수광부와 집적회로를 조합한 것과 직접 전력계통을 제어하기 위해서 포토사이리스터와 조합한 것도 있다.[19] 포토인터럽터와 마찬가지로 발광부와 수광부를 조합하여 하나의 소자로 만든 것이지만, 포토인터럽터와는 달리 빛이 통과하지 못하는 검은색 수지로 패키징하여 외부광의 영향을 받지 않는 점이 다르다.

다음 그림 3-16의 포토커플러(photocoupler) 핀 배치도에서 보듯이 내부에 있는 LED를 켤 수 있을 정도의 전압과 전류만 인가하면, 내부의 포토트랜지스터에 빛이 도달해서 전기신호가 전달되는 구조이다. 포토커플러(4N35)의 컬렉터(C) 쪽을 출력으로 사용하면 입력단의 애노드(A)와는 반전 형태(HIGH 입력이면 LOW 출력)로 기기를 작동하게 되고, 포토커플러(4N35)의 이미터(E) 쪽을 출력으로 사용하면 입력단의 애노드(A)와 같은 형태로(HIGH 입력이면 HIGH 출력) 기기를 제어할 수 있다. 다시 말해서, 입력단의 애노드(A)의 값이 HIGH일 때 장치를 멈추려면 포토커플러의 컬렉터(C)를 출력으로 사용하고, 입력단의 애노드(A)의 값이 HIGH일 때 장치를 작동시키려면 포토커플러의 이미터(E)를 출력으로 사용한다. 포토커플러의 1번 핀인 애노드 단자가 HIGH가 되면, 포토커플러의 5번 핀인 컬렉터에서 4번 핀인 이미터로 전류가 흐르게 되어 두 핀은 하나의 핀처럼 스위치 ON 상태가 됨을 기억하면 포토커플러의 작동을 이해하기가 쉬울 것이다.

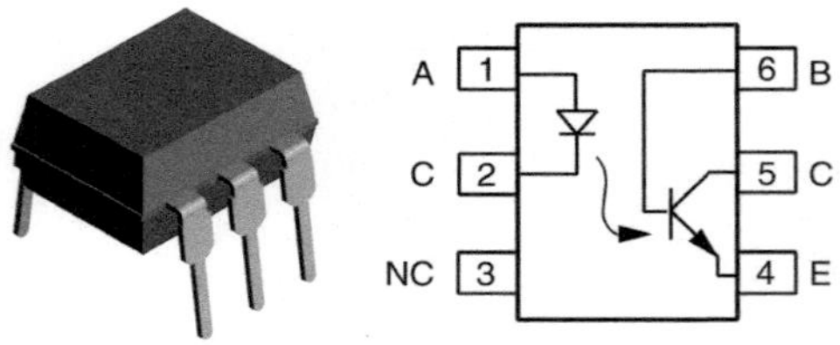

그림 3-16 포토커플러(4N35) 핀 배치도

19) 참조 : 두산백과

실험 14 TINKERCAD 포토커플러 사용 방법 알아보기[20]

실습내용	준비물	
1. 포토커플러를 사용해본다. 2. 비반전, 반전 작동을 확인한다.	1. 아두이노 우노 보드 1개 2. 브레드보드 1개 3. 능동부저 1개	4. 저항 1kΩ, 330Ω 각 1개 5. 옵토커플러 4N35 1개

회로구성

표 3-4 아두이노 우노 보드와 부품과의 결선표(비반전 모드)

아두이노 우노 보드	GND	5V	A0	D13
퍼텐쇼미터	GND	VCC	가운데 단자	
4N35	4번(1kΩ과함께)	5번(컬렉터)		1번(애노드)

- 포토커플러(4N35)의 핀2(캐소드)는 330Ω 저항을 통해 GND에 연결하고, 핀4(이미터)를 능동부저의 '+'에 연결하고, 동시에 1kΩ 저항을 통해 GND에 연결한다. 핀5(컬렉터)는 5V에 연결한다.

표 3-5 아두이노 우노 보드와 부품과의 결선표(반전 모드)

아두이노 우노 보드	GND	5V	A0	D13
퍼텐쇼미터	GND	VCC	가운데 단자	
4N35	4번(이미터)	5번(1kΩ과함께)		1번(애노드)

- 반전 형태로 능동부저를 작동하려면 포토커플러의 핀5(컬렉터)를 능동부저의 '+'에 연결하고, 동시에 1kΩ 저항을 통해 5V와 연결한다. 핀4(이미터)는 GND에 연결한다.

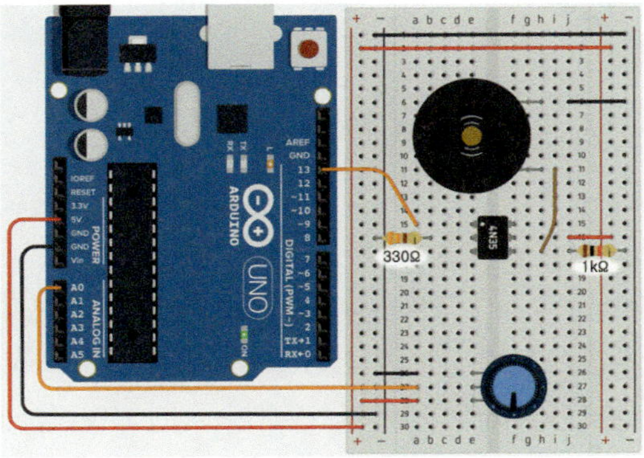

그림 3-17 포토커플러 비반전 작동

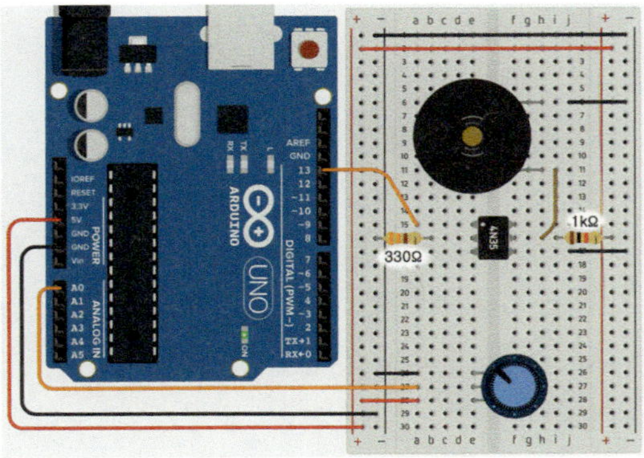

그림 3-18 포토커플러 반전 작동

20) 포토커플러는 6.1.1절에서 DC모터를 구동하는 예제로 좀 더 심도 있게 다룬다.

다음 소스코드는 퍼텐쇼미터의 값이 500보다 큰지 작은지에 따라 포토커플러가 작동하여 능동부저로 소리를 내는 프로그램이다. 다음 소스코드는 퍼텐쇼미터의 값이 클 때 소리를 내는 비반전 작동과 작을 때 소리를 내는 반전 작동에 똑같이 사용하면 된다.

```
1  //포토커플러의 사용방법 알아보기
2  #define input_pin A0
3  #define Opto_pin 13
4  
5  void setup() {
6    pinMode(Opto_pin, OUTPUT);
7    pinMode(input_pin, INPUT);
8  }
9  
10 void loop() {
11   int reading = analogRead(input_pin);
12   if(reading > 500)    digitalWrite(Opto_pin, HIGH);
13   else     digitalWrite(Opto_pin, LOW);
14 }
```

코드분석

- 3행은 포토커플러 핀1(애노드)의 상태를 아두이노 내장 '13LED'로 확인할 수 있다.
- 12, 13행은 퍼텐쇼미터의 값 500을 기준으로 포토커플러 핀1(애노드)을 HIGH 또는 LOW로 설정한다.
- 능동부저는 소스코드에서 언급하지 않는다. 능동부저의 '+'가 포토커플러의 핀4(이미터)에 연결되면 비반전 동작을 하고, 포토커플러의 핀5(컬렉터)에 연결되면 반전 동작을 한다.

3.1.6 레이저 송수신기

그림 3-19 왼쪽의 레이저[21]를 발생시키는 장치는 레이저 매질이 있는 공진기 양쪽에 거울이 달린 형태이며, 그 매질로는 고체, 액체, 기체, 반도체 등을 사용한다. 매질에 에너지가 주어지면 발생한 빛이 거울과 부분거울로 구성된 공진기 안에서 유도방출을 일으켜 광선이 증폭된다. 레이저는 직선으로 나아간다.

그림 3-19 레이저 송수신기

그림 3-19 오른쪽의 레이저 수신기는 어두운 환경이나 빛이 없는 실내에서 사용한다. 햇빛이나 기타 장치의 간섭을 받을 수 있다. 레이저 신호를 수신하면 1(HIGH) 값을 출력하고 수신하지 않으면 0(LOW) 값을 출력한다. 포토인터럽터처럼 레이저 광선이 차단되면 물체를 감지하는 장치를 만들 수도 있을 것이고, 포토커플러처럼 레이저 광선으로 장치의 작동

21) 레이저(Light Amplification by the Stimulated Emission of Radiation)는 분자 안에 있는 전자 또는 분자 자체의 들뜬상태 입자들을 모이게 한 후 동시에 낮은 상태로 전이시킴으로써 보강 간섭을 이용하여 빛을 증폭하는 장치. 출처 : 표준국어대사전

을 제어할 수도 있을 것이다. 레이저 광선으로 사람의 눈은 손상을 입을 수 있으므로 사람을 향해 쏘지 않도록 주의한다.

실험 15 레이저 송수신기로 LED 켜기

실습내용	준비물
1. 레이저 송수신기를 사용해본다. 2. 택트스위치로 레이저 광선을 수신기로 쏘아 아두이노 우노 보드의 내장 '13LED'가 켜짐을 확인한다.	1. 아두이노 우노 보드 1개 2. 브레드보드 1개 3. 레이저 송수신기 1개

회로구성

- 레이저 수신기의 OUT 핀을 아두이노의 3번 핀에 연결한다.
- 레이저 송신기는 택트스위치에 연결하여 온/오프한다.
- 택트스위치는 5.1.1절에서 다룬다. 이 실험에서는 10kΩ 저항과 택트스위치를 다음 그림 3-20처럼 연결한다.

그림 3-20 레이저 송수신기 이해하기(브레드보드)

다음 소스코드는 레이저를 수신기에 쏘면 아두이노의 내장 '13LED'가 켜지는 프로그램이다.

```
1  //레이저 송수신기로 LED 켜기
2  const int led_pin = 13;                 // LED핀을 13번 핀으로 선언
3  const int laser_pin = 3;                // 레이저 수신기 핀을 3번 핀으로 선언
4
5  void setup(){
6    pinMode(led_pin, OUTPUT);             // LED핀 13을 출력으로 설정
7    pinMode(laser_pin, INPUT);            // 레이저 수신기를 입력으로 설정
8    Serial.begin(9600);
9  }
10
11 void loop(){
12   int reading=digitalRead(laser_pin);   // 레이저 수신기에서 값을 읽음
13   digitalWrite(led_pin, reading);       // reading 값이 0 또는 1 값을 갖는다.
14   Serial.println(reading);
15 }
```

코드분석

- 13행은 아두이노의 내장 '13LED'가 레이저가 수신되면 켜지고, 수신이 없다면 꺼진다.

3.2 적외선 센서 (IR 센서)

적외선은 그림 3-21에서 보듯이 파장 범위가 750nm~1mm(에너지 범위 1.78eV~1.24meV)인 빛으로서, 파장이 빨간빛보다는 길고 마이크로파보다는 짧은 전자기파이다. 적외선 센서(infrared sensor)는 적외선으로 상승한 온도 변화를 전압의 값으로 검출하는 기기이다. 적외선 센서는 적외선의 빛을 발생시키는 발광부와 적외선을 감지하는 수광부로 구성된다. 방출된 적외선이 물체에 반사되어 수광부로 들어오는 빛의 양에 따라 전압이 변화하게 된다. 열 또는 온도 감지, 방범 감지 등에 응용된다.

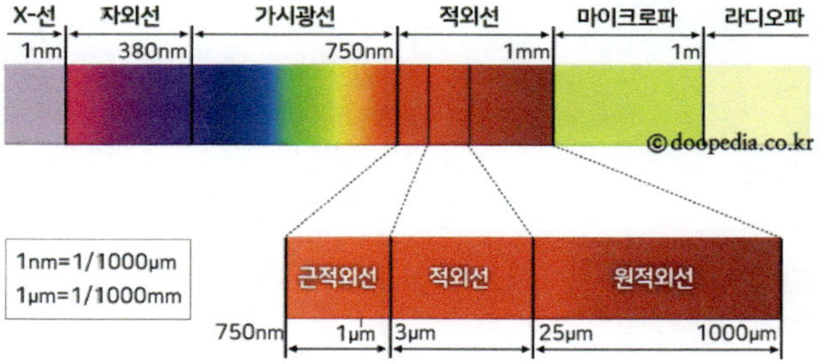

그림 3-21 전자기파의 파장 길이에 따른 적외선의 분류
[출처 : doopedia.co.kr]

3.2.1 불꽃 감지 센서

불꽃 감지 센서는 불꽃에서 생성되는 적외선 파장을 포토다이오드(photodiode)나 포토트랜지스터(phototransistor)로 측정하여 주위에 불꽃이 있는지를 감지하는 센서이다.

실험 16TINKERCAD 불꽃이 감지되면 피에조 부저 소리내기

실습내용	준비물	
1. 포토다이오드로 불꽃을 감지한 값을 시리얼모니터로 확인한다. 2. 주의해서 포토다이오드에 불꽃을 가까이 해본다.	1. 아두이노 보드 1개 2. 브레드보드 1개 3. 저항 100kΩ, 100Ω 각 1개	4. 피에조 부저 1개 5. 포토다이오드 1개 6. 라이터 1개

회로구성

표 3-6 아두이노 우노 보드와 부품과의 결선표

아두이노 우노 보드	GND	5V	A0	D8
포토다이오드		짧은 다리(–)	긴 다리(+)	
피에조 부저	–단자			+단자
100kΩ 저항은 포토다이오드 +와 연결하고, 100Ω 저항은 피에조의 +단자와 연결한다.				

- 포토다이오드의 긴 다리(+)와 100kΩ의 저항으로 분배한 전압 값을 아날로그 핀 A0에서 읽어 들이도록 결선한다.
- 반드시 주의할 점은 포토다이오드는 일반적인 LED의 극성과는 달리 짧은 다리(–)를 5V에 긴 다리(+)를 100kΩ 저항을 통해 GND에 연결해야 한다.
- 포토다이오드 대신에 포토트랜지스터를 연결할 경우는 포토다이오드의 -단자 구멍에 포토트랜지스터의 컬렉터 단자를 +단자 구멍에 이미터 단자를 꽂아 대체하면 된다.

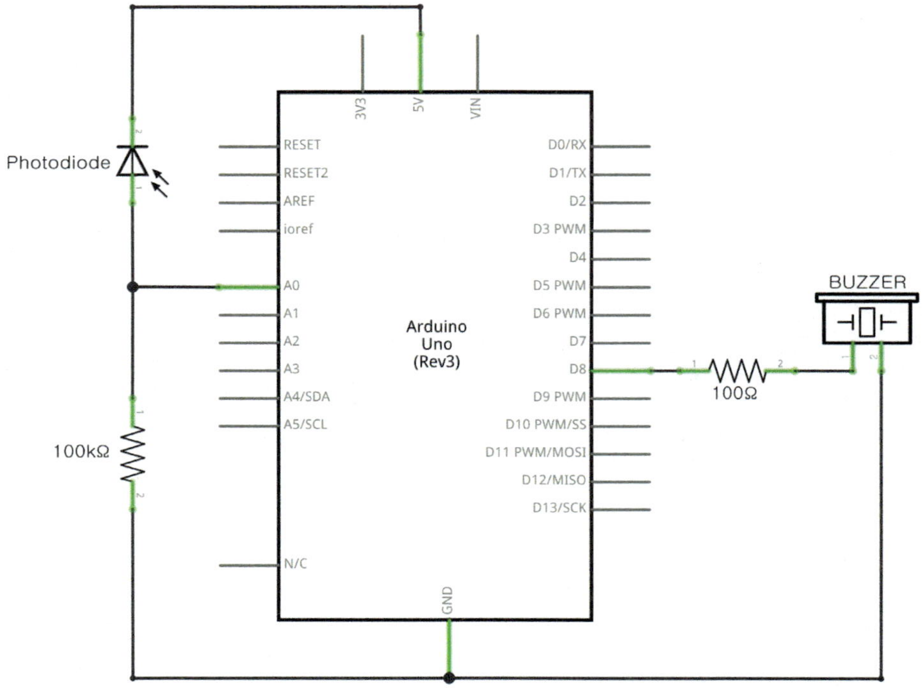

그림 3-22 불꽃이 감지되면 피에조 부저 소리내기 회로도

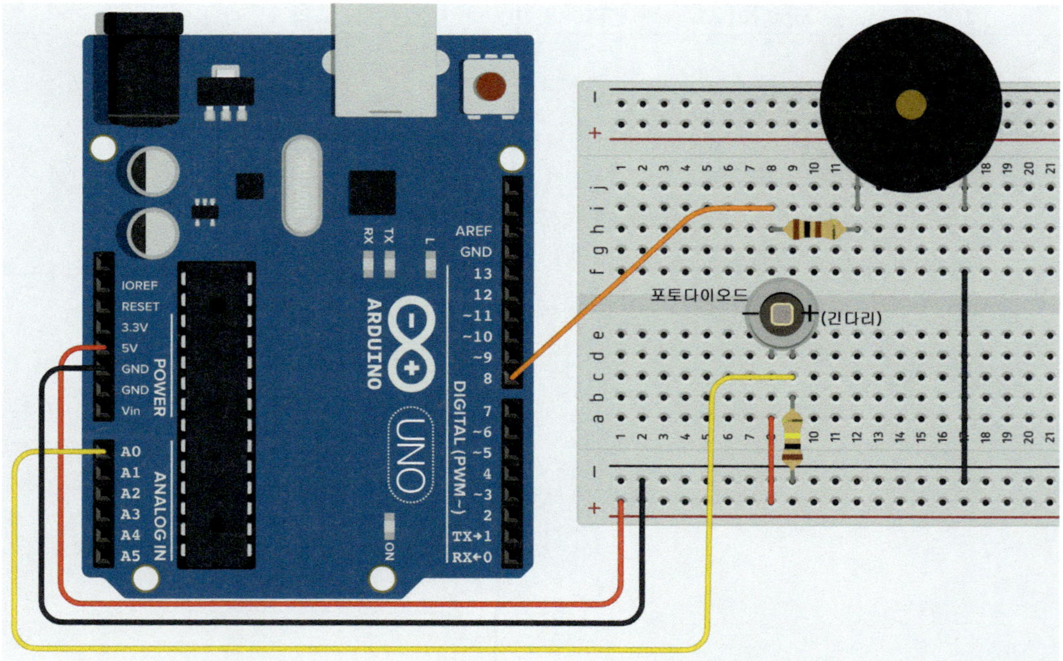

그림 3-23 불꽃이 감지되면 피에조 부저 소리내기(브레드보드)

다음 소스코드는 포토다이오드로 불꽃이 감지되면 피에조 수동부저가 소리를 내는 프로그램이다.

```
1  //불꽃이 감지되면 피에조 부저 소리내기
2  int flame_pin = A0;                    // 불꽃 센서를 A0에 연결
3  int buzzer = 8;                        // 부저를 8에 연결
4  int reading = 0;
5
6  void setup() {
7    pinMode(buzzer, OUTPUT);             //피에조 부저를 출력으로 설정
8    pinMode(flame_pin, INPUT);           //불꽃 센서를 입력으로 설정
9    Serial.begin(9600);                  // 시리얼모니터 초기화
10 }
11
12 void loop() {
13   reading = analogRead(flame_pin);     //불꽃 센서의 아날로그 값을 읽어들임
14   Serial.println(reading);             //감지된 값을 시리얼모니터로 출력
15   if(reading >= 500){                  // 감지된 값이 500 이상이면, 소리내기
16     tone(buzzer, 349);                 // 피에조로 소리내기(4옥타브의 파)
17     delay(500);
18   }
19   else{
20     noTone(buzzer);
21   }
22 }
```

코드분석

- 15행은 포토다이오드가 불꽃을 감지한 값이 500 이상이면 16~17행으로 0.5초간 4옥타브의 '파'음을 낸다.

3.2.2 장애물 감지 센서

적외선이 물체에 반사되어 되돌아오는 원리를 이용해 정면에 물체가 있는지를 감지하는 센서이다. 투명한 LED가 적외선 LED로 발광(송신)하고, 검은색 LED가 포토트랜지스터로 수광(수신)의 역할을 한다. 발광부에서 나오는 적외선이 물체에 반사되어 수광부에 들어오게 되면 물체를 감지하는 것이다. 센서 모듈의 'OUT' 단자는 물체가 감지되면 LOW(0) 값을 가지고, 감지되지 않으면 HIGH(1)값을 가진다. 실생활에서 자동문, 리모컨 분야 등에 사용되고 있다.

실험 17 적외선 송수신 센서로 물체가 감지되면 부저로 소리내기

실습내용	준비물	
1. 적외선 송수신 센서를 사용해본다. 2. 물체 감지여부에 따른 시리얼모니터의 출력과 값이 '0'일 때 부저가 울림을 확인한다.	1. 아두이노 보드 1개 2. 브레드보드 1개	3. 적외선 송수신 모듈 1개 4. 피에조 수동부저 1개

회로구성

표 3-7 아두이노 우노 보드와 부품과의 결선표

아두이노 우노 보드	GND	5V	D7	D8
적외선 송수신 센서	GND	VCC	OUT	
피에조 부저	−단자			+단자

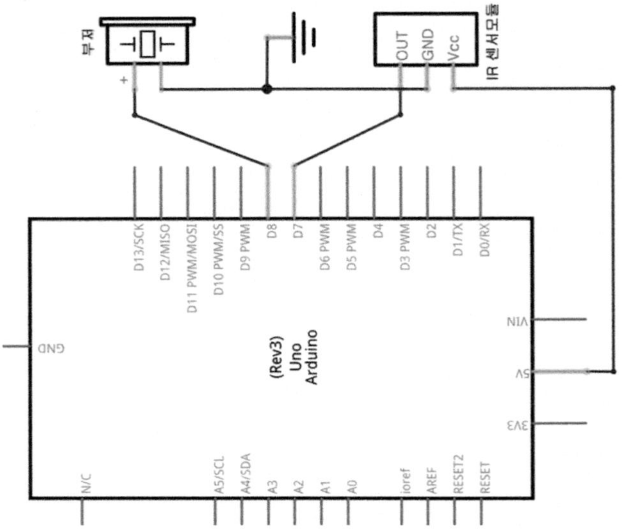

그림 3-24 장애물 감지 센서 모듈로 물체가 감지되면 부저로 소리내기 회로도

다음 소스코드는 장애물 감지 센서 모듈로 물체가 감지되면 수동부저로 소리를 내는 것이다.

```
//장애물 감지 센서 모듈로 물체가 감지되면 부저로 소리내기
const int IR_pin = 7;                  // IR_pin을 7로 선언
const int buzzer = 8;                  // buzzer을 8로 선언

void setup(){
  Serial.begin(9600);                  // 시리얼통신을 초기화
  pinMode(IR_pin, INPUT);              // IR_pin을 입력으로 설정
  pinMode(buzzer, OUTPUT);             // buzzer를 출력으로 설정
}

void loop(){
  int reading = digitalRead(IR_pin);   // 적외선 센서의 값을 reading에 대입
  Serial.println(reading);
  if(reading == LOW){                  // LOW이면 감지됨
    tone(buzzer, 349);                 // 피에조로 소리내기(4옥타브 파)
    delay(100);
    noTone(buzzer);
  }
  else     noTone(buzzer);
  delay(500);
}
```

코드분석

- 14행은 적외선 송수신 센서가 감지하면 LOW 상태가 되므로, 조건을 파악하여 15~19행으로 수동부저가 반응하도록 한다.

그림 3-25 적외선 송수신 모듈로 물체가 감지되면 부저로 소리내기

3.2.3 적외선 리모컨

광 무선 통신에서는 가시광선을 이용하기도 하지만 이보다는 적외선을 전달매체로 이용하는 경우가 더 많다. 적외선은 가시광선에 비해 파장이 길기 때문에 공기 중에 떠도는 미립자를 원활히 통과할 수 있으며, 기기간의 거리가 짧다면 전파에 비해 넓은 대역폭(데이터를 전달하는 통로)을 쉽게 확보할 수 있어 고속으로 데이터 전송을 할 수 있다. 이런 장점 덕분에 현대에 사용하는 광 무선 통신 기반 기기들은 대부분 적외선 방식을 채용하고 있다. 적외선 통신의 가장 큰 단점은 통신할 수 있는 거리가 수 미터 정도로 짧고, 반드시 양쪽 기기의 송신부와 수신부가 서로 마주보고 있어야 한다는 점이다. 적외선 통신 기능이 적용된 대표적인 기기는 바로 TV 리모컨인데, 사용 시에 리모컨과 TV 사이의 거리가 너무 멀거나 리모컨 방향을 거꾸로 하면 조작이 제대로 되지 않는 것을 종종 경험하곤 한다. 다만 이러한 특성은 장점으로 작용하기도 한다. 가장 큰 장점은 바로 보안성이다. 가까운 거리, 그리고 정해진 각도에서만 통신이 가능하므로 원거리 무선 통신망처럼 외부에서 몰래 데이터를 빼가거나 변조하기가 어렵다. 또한 적외선 통신 모듈은 구조가 간단하고 생산단가가 낮아서 이를 탑재한 제품을 저렴하게 대량생산할 수 있다는 것도 장점이다.[22)]

다음 그림 3-26과 그림 3-27은 적외선 수신기(IR 센서)이다. 이 책의 실험에서는 그림 3-26의 적외선 수신기를 사용한다. 3개 핀의 가운데가 GND, 오른쪽이 5V, 왼쪽이 OUT(signal) 핀이다. 리모컨이 송신한 적외선을 수신한다.

22) 김영우, 「용어로 보는 IT」, TV 리모컨의 광 무선 통신 기술, 2012

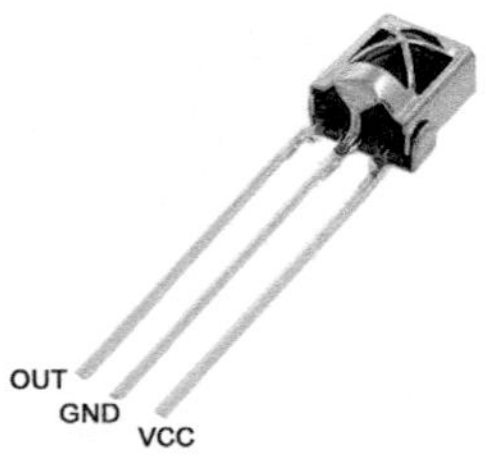

그림 3-26 적외선 수신기 VS1838

그림 3-27 적외선 수신기 TSOP312

실험 18-1 TINKERCAD 적외선 리모컨이 누른 값을 IR센서로 받아 시리얼모니터에 출력하기

실습내용	준비물
1. 적외선 리모컨과 적외선 수신기를 상호 송수신해본다. 2. 적외선 리모컨을 누를 때 적외선 수신기에 어떤 값이 전달되는지를 시리얼모니터로 확인한다.	1. 아두이노 우노 보드 1개 2. 브레드보드 1개 3. 적외선 수신기(IR센서) 1개 4. 적외선 리모컨 1개

회로구성

표 3-8 아두이노 우노 보드와 부품과의 결선표

아두이노 우노 보드	GND	5V	D10
IR 센서	−단자	+단자	S단자
* 제조사에 따라 모듈의 핀 배열이 다를 수 있으므로, 결선할 때 핀 표기 확인			

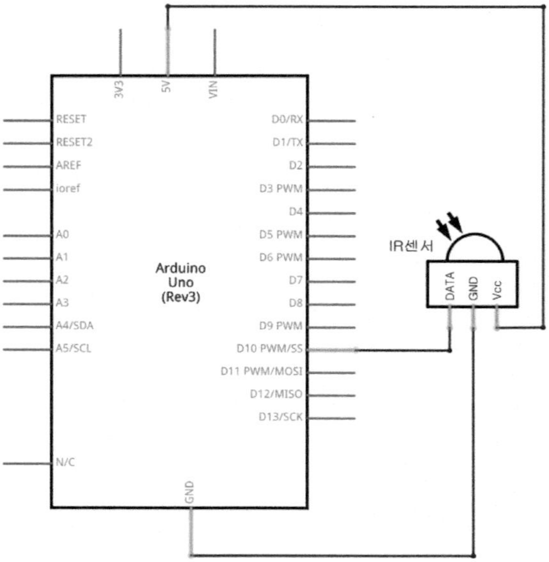

그림 3-28 적외선 리모컨이 누른 값을 적외선 수신기가 받아 시리얼모니터에 출력하는 회로도

그림 3-29 적외선 수신기가 적외선 리모컨 값을 받아 시리얼모니터에 출력하기

다음 소스코드를 아두이노 스케치 프로그램에서 최초 업로드할 경우, 2행의 〈IRremote.h〉 헤드파일을 컴파일할 수 있는 라이브러리를 설치하여야 한다. 라이브러리 설치방법은 스케치 프로그램의 메뉴 '툴〉라이브러리 관리...'에서 IRremote를 찾아 설치를 해 주어야 한다.

```
1  // 적외선 수신기가 적외선 리모컨 값을 받아 시리얼모니터에 출력하는 프로그램
2  #include <IRremote.h>          // 메뉴 툴>라이브러리 관리...에서 IRremote를 찾아 설치
3  const byte IR_pin = 10;        // IR 센서의 시그널 핀은 아두이노 10
4  
5  void setup(){
6    Serial.begin(9600);
7    Serial.println("IR 센서 테스트");
8    IrReceiver.begin(IR_pin, ENABLE_LED_FEEDBACK);
9  }
10 
11 void loop(){
12   if(IrReceiver.decode()){
13     Serial.println(IrReceiver.decodedIRData.command, HEX);
14     IrReceiver.resume();
15   }
16 }
```

다음 그림 3-30은 소스코드를 업로드한 후 리모컨의 버튼들을 눌렀을 때 시리얼모니터에 나타난 값이다. 이 값들은 어떤 리모컨을 쓰는지에 따라 다른 값이 나타난다. 그러므로 리모컨으로 실험할 때는 시리얼모니터로 리모컨 버튼들의 값을 확인 한 후 소스코드를 수정하여야만 한다. 그러므로 팅커캐드로 시뮬레이션을 할 경우에도 리모컨이 달라서 다른 소스코드를 제공한다.

그림 3-30 적외선 수신기가 적외선 리모컨 값을 받아 출력한 시리얼모니터

다음 소스코드는 팅커캐드용 프로그램이다. 팅커캐드의 리모컨 값이 달라서이기도 하지만 위의 소스코드는 아래의 소스코드보다 컴파일했을 때 경고(Warning)가 없이 상대적으로 잘 만들어진 프로그램인데, 아쉽게도 팅커캐드에서는 제대로 컴파일되지 않아 불가피하게 소스코드를 따로 제공한다. 팅커캐드가 업그레이드되면 이 문제는 해결되리라 본다.

```
// ((( 팅커캐드용 ))) 적외선 수신기가 적외선 리모컨 값을 받아 시리얼모니터에 출력
#include <IRremote.h>
#define IR_pin  10                           //IR 센서의 시그널 핀은 아두이노 10
IRrecv irrecv(IR_pin);
decode_results results;

void setup(){
  Serial.begin(9600);
  irrecv.enableIRIn();                      // 수신 시작
}

void loop(){
  if(irrecv.decode(&results)){
    Serial.println(results.value, HEX);     //받은 신호를 16진수로 시리얼모니터에 표현
    delay(500);
    irrecv.resume();                        // 다음 신호 수신
  }
}
```

실험 18-2TINKERCAD 리모컨의 숫자를 누를 때마다 3색 LED의 불빛 색상 바꾸기

실습내용	준비물	
1. 적외선 리모컨과 적외선 수신기를 상호 송수신해 본다. 2. 적외선 리모컨의 숫자를 눌러 해당 색상의 불빛이 켜지는지를 확인한다.	1. 아두이노 보드 1개 2. 브레드보드 1개 3. 저항 330Ω 3개	4. 3색 LED 1개 5. 적외선 수신기 1개 6. 적외선 리모컨 1개

회로구성

표 3-10 아두이노 우노 보드와 부품과의 결선표

아두이노 우노 보드	GND	5V	D3	D5	D6	D10
IR 센서	-단자	+단자				S단자
3색 LED	GND		B	G	R	

- IR센서와 3색 LED를 아두이노 핀에 연결한다.
- 3색 LED의 R, G, B 각 핀에는 330Ω의 저항을 연결한다.

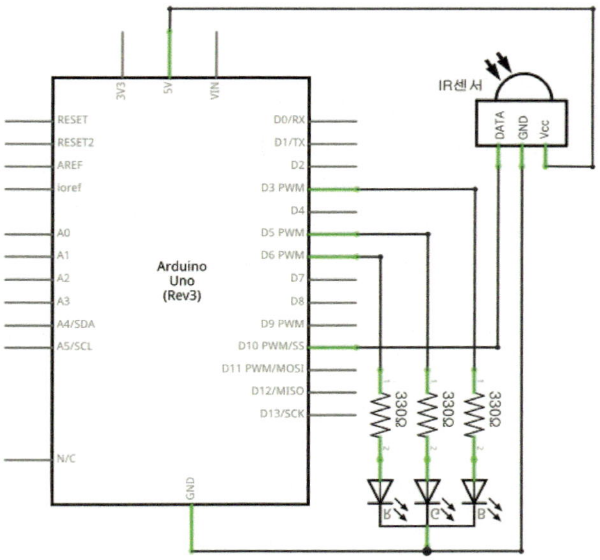

그림 3-31 리모컨의 숫자를 누를 때마다 3색 LED의 불빛 색상을 바꾸는 회로도

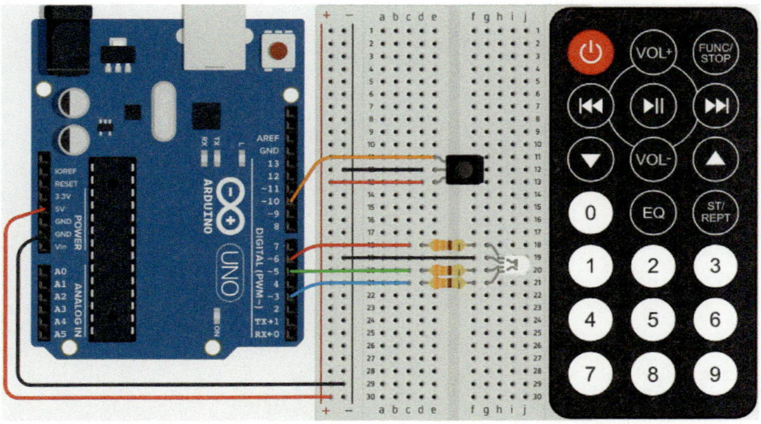

그림 3-32 리모컨의 숫자를 누를 때마다 3색 LED의 불빛 색상 바꾸기

다음 소스코드는 리모컨의 숫자를 누를 때마다 3색 LED의 불빛 색깔을 바꾸기는 프로그램이다.

```
1  //리모컨의 숫자를 누를 때마다 3색 LED의 불빛 색상 바꾸기
2  #include <IRremote.h>        // 메뉴 툴>라이브러리 관리...에서 IRremote를 찾아 설치
3  const byte IR_pin = 10;      // IR 센서의 시그널 핀은 아두이노 10
4  #define R_pin 6
5  #define G_pin 5
6  #define B_pin 3
7  
8  void setup(){
9    Serial.begin(9600);
10   IrReceiver.begin(IR_pin, ENABLE_LED_FEEDBACK);
11   pinMode(R_pin, OUTPUT);
12   pinMode(G_pin, OUTPUT);
13   pinMode(B_pin, OUTPUT);
14 }
15 
16 void loop(){
17   if(IrReceiver.decode()){
18     Serial.println(IrReceiver.decodedIRData.command, HEX);
19     if(IrReceiver.decodedIRData.command ==0x0C){              //1을 누르면 빨간색
20       analogWrite(R_pin,255);  analogWrite(G_pin,0);  analogWrite(B_pin,0);
21     }
22     else if(IrReceiver.decodedIRData.command ==0x18){         //2를 누르면 초록색
23       analogWrite(R_pin,0);  analogWrite(G_pin,255);  analogWrite(B_pin,0);
24     }
25     else{                                                     // 그외 모든 버튼은 파란색
26       analogWrite(R_pin,0);  analogWrite(G_pin,0);  analogWrite(B_pin,255);
27     }
28     IrReceiver.resume();
29   }
30 }
```

코드분석

- 19행의 '0x0C', 22행의 '0x18'은 리모컨에 따라 다르므로 앞선 실험에서 리모컨을 눌렀을 때 시리얼모니터에 출력되는 값을 보고 적으면 된다.

다음 소스코드는 팅커캐드용 프로그램이다.

```
// ((( 팅커캐드용 ))) 리모컨의 숫자를 누를 때마다 3색 LED의 불빛 색상 바꾸기
#include <IRremote.h>
#define IR_pin  10                           //IR 센서의 시그널 핀은 아두이노 10
#define R_pin 6
#define G_pin 5
#define B_pin 3
IRrecv irrecv(IR_pin);
decode_results results;

void setup(){
  Serial.begin(9600);
  irrecv.enableIRIn();                       // 수신 시작
}

```

```
15 void loop(){
16   if(irrecv.decode(&results)){
17     Serial.println(results.value, HEX);              // 받은 신호를 16진수로 시리얼모니터에 표현
18     if(results.value ==0xFD08F7){                    // 1을 누르면 빨간색
19       analogWrite(R_pin,255);  analogWrite(G_pin,0);  analogWrite(B_pin,0);
20     }
21     else if(results.value ==0xFD8877){               // 2를 누르면 초록색
22       analogWrite(R_pin,0);  analogWrite(G_pin,255);  analogWrite(B_pin,0);
23     }
24     else{                                            // 그외 모든 버튼은 파란색
25       analogWrite(R_pin,0);  analogWrite(G_pin,0);  analogWrite(B_pin,255);
26     }
27     irrecv.resume();                                 // 다음 신호 수신
28   }
29 }
```

코드분석

- 18행의 '0xFD08F7', 21행의 '0xFD8877'은 앞선 실험에서 팅커캐드 리모컨을 눌렀을 때 시리얼모니터에 출력되는 값을 보고 적은 것이다.

3.3 자외선 센서 (UV센서)

자외선은 태양광의 스펙트럼을 사진으로 찍었을 때, 가시광선보다 짧은 파장으로 눈에 보이지 않는 빛이다. 사람의 피부를 태우거나 살균작용을 하며, 과도하게 노출될 경우 피부암에 걸릴 수도 있다.

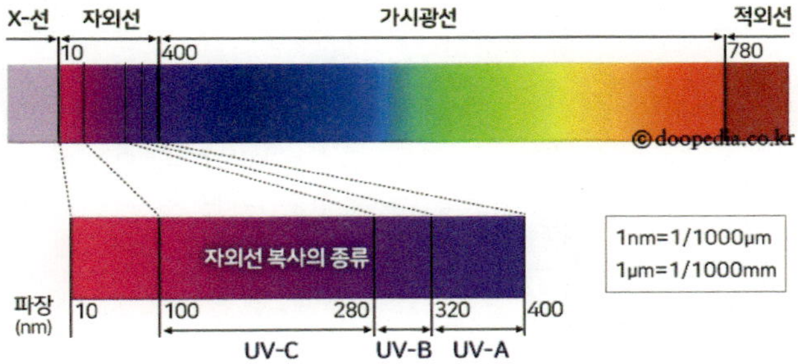

그림 3-33 전자기파의 파장 길이에 따른 자외선의 분류
[출처 : doopedia.co.kr]

그림 3-33에서 보듯이 자외선은 파장 범위가 10~400 nm인 빛으로서, 파장이 가시광보다 더 짧고 엑스선보다는 긴 전자기파이다. UV-A(320~400nm)는 오존층에 흡수되지 않는다. 피부를 태우는 주역은 UV-B이지만 UV-A는 피부를 벌겋게 만들 뿐 아니라 피부 면역체계에 작용하여 피부 노화에 따른 장기적 피부 손상을 일으킬 수 있다. UV-B

(280~320nm)의 대부분은 오존층에 흡수되지만, 일부는 지표면에 도달한다. UV-B는 동물체의 피부를 태우고 피부 조직을 뚫고 들어가며 때로는 피부암을 일으키는데, 피부암 발생의 원인은 대부분 태양 광선의 노출 및 UV-B와 관련이 있다. 또, UV-B는 피부에서 프로비타민 D를 활성화시켜 인체에 필수적인 비타민 D로 전환시킨다. UV-C(100~280nm)는 오존층에 완전히 흡수된다. UV-C는 염색체 변이를 일으키고 단세포 유기물을 죽이며, 눈의 각막을 해치는 등 생명체에 해로운 영향을 미친다.[23)]

자외선 센서의 용도는 불꽃의 연소상태 검출, 투명 또는 반투명 물체의 핀홀[24)]의 검출(자외선은 보통의 투명·반투명 재료는 통과하지 못한다.) 등이다. 이 책의 실험에 사용한 그림 3-34의 GYML8511 센서는 ML8511칩을 사용하여 실내외 자외선 강도(UV intensity) 획득에 적합한 자외선 센서이다. 표 3-11의 자외선 센서 핀 기능에서 보듯이 센서는 아두이노의 3.3V에 연결하여 사용한다. 스마트 폰, 시계, 기상 관측소, 자전거 내비게이션, 액세서리 등에 응용된다.

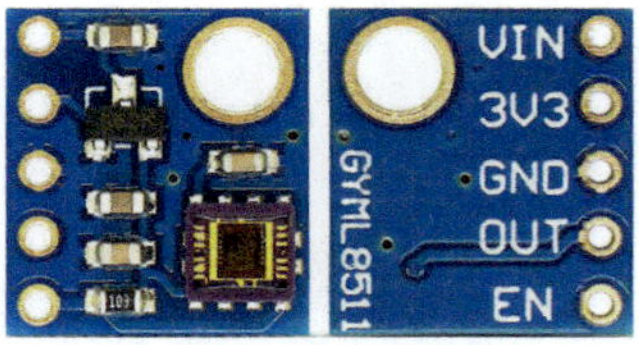

그림 3-34 자외선 센서

표 3-11 자외선 센서 핀 기능

핀	기능
VIN	전압조정(레귤레이터) 전의 전압 입력 단자
3V3	전원공급장치의 3V3의 양극
GND	전원공급장치의 음극
OUT	출력(전원차단 또는 대기모드에서는 LOW)
EN	활성화 핀 (활성모드 : HIGH, 대기모드 : LOW)

실험 19 자외선 센서로 측정한 값을 시리얼모니터로 출력하기

실습내용	준비물
1. 자외선 센서를 사용해본다. 2. 측정한 자외선 강도를 시리얼모니터로 확인한다.	1. 아두이노 우노 보드 1개 2. 브레드보드 1개 3. 자외선 센서 1개

회로구성

표 3-12 아두이노 우노 보드와 부품과의 결선표

자외선 센서	VIN	3V3	GND	OUT	EN
아두이노 우노 보드		3.3V	GND	A0	A1

23) 출처 : 두산백과
24) 바늘로 뚫은 것 같은 두께 방향으로 관통한 조그만 구멍

그림 3-35 자외선 센서로 측정한 값을 시리얼모니터를 출력하기

다음 소스코드는 자외선 센서로 측정한 값을 시리얼모니터로 출력하는 프로그램이다.

```
//자외선 센서로 측정한 값을 시리얼모니터로 출력하기
const int OUT_pin = A0;                    // OUT 핀 아두이노에 연결
const int REF_3V3 = A1;                    // EN 핀 아두이노에 연결
const int num_Avg = 10;                    // 평균을 위한 측정 횟수 설정

void setup(){
  Serial.begin(9600);
  pinMode(OUT_pin, INPUT);
  pinMode(REF_3V3, INPUT);
  Serial.println("자외선 센서(UV sensor) 테스트");
}

void loop(){
  int reading_OUT = analogRead_Avg(OUT_pin, num_Avg);      // OUT 핀에서 읽은 평균치
  int reading_3V3 = analogRead_Avg(REF_3V3, num_Avg);      // 3V3 핀에서 읽은 평균치

  float Vo = 3.3 / reading_3V3 * reading_OUT;
  float UV = mapfloat(Vo, 0.99, 2.8, 0.0, 15.0);           //전압을 UV 강도 수준으로 변환
  Serial.print("MP8511 output: "); Serial.print(reading_OUT);
  Serial.print(" MP8511 voltage: "); Serial.print(Vo);
  Serial.print(" UV Intensity (mW/cm^2): "); Serial.println(UV);
  delay(100);
}

int analogRead_Avg(int reading_pin, int num_Readings){     // 아날로그 값의 평균치를 리턴하는 함수
  unsigned int reading = 0;
  for(int x = 0 ; x < num_Readings ; x++)
    reading += analogRead(reading_pin);
  reading /= num_Readings;
  return(reading);
}

float mapfloat(float x, float in_min, float in_max, float out_min, float out_max){ // float형의 맵핑함수
  return (x - in_min) * (out_max - out_min) / (in_max - in_min) + out_min;
}
```

코드분석

- 25~31행은 여러 번의 아날로그 측정값을 평균 내는 함수이다.
- 33~35행은 map() 함수가 정수를 변환해주는 함수라서, 실수형의 mapfloat() 함수를 따로 만든 것이다.
- 자외선은 1V에서 시작해 15mW/㎠에서 평균 2.8V의 전압을 갖는다. 그러므로 18행에서 2.8V일 때 15mW/㎠가 되도록, 전압을 자외선 강도로 변환하는 함수를 사용한다.

다음 그림 3-36의 시리얼모니터는 실내에서 측정한 자외선 강도(mW/cm^2)이고, 그림 3-37의 시리얼모니터는 LED 플래시를 비추고 측정한 자외선 강도(mW/cm^2)이다.

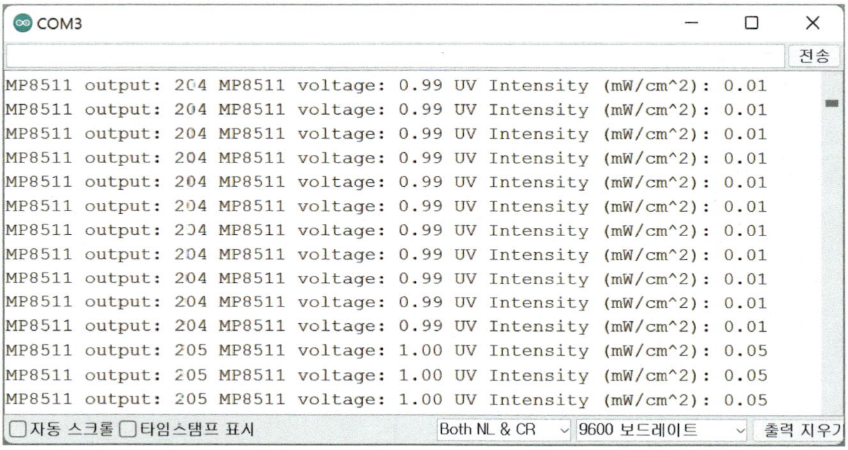

그림 3-36 실내에서 측정한 값

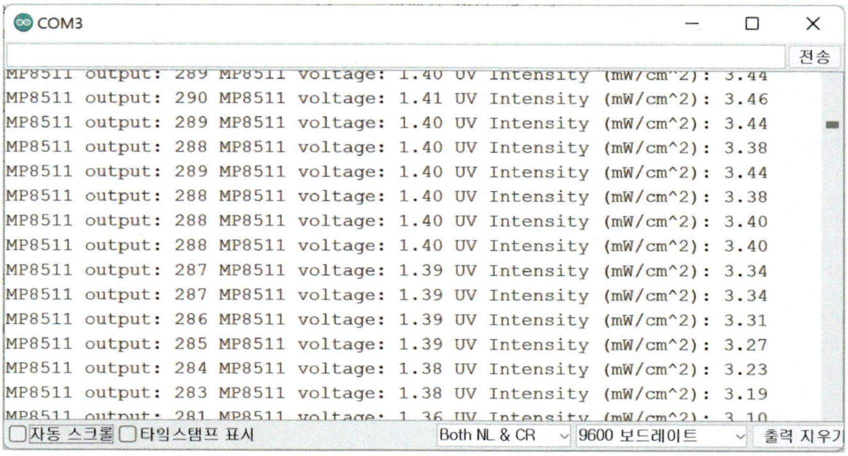

그림 3-37 LED 플래시를 비추고 측정한 값

CHAPTER 04

LCD 및 온도센서

학습목표

1. 서미스터의 특성과 용도를 설명할 수 있다.
2. LCD의 특성과 용도를 설명할 수 있다.
3. 온습도센서의 특성과 용도를 설명할 수 있다.
4. 온도센서(TMP36)의 특성과 용도를 설명할 수 있다.
5. 방수 온도센서의 특성과 용도를 설명할 수 있다.
6. 비접촉 온도센서의 특성과 용도를 설명할 수 있다.
7. 서모커플의 특성과 용도를 설명할 수 있다.

4.1 LCD

액정표시장치인 LCD(Liquid Crystal Display)는 뒷면에는 백라이트를 켜고, 앞면에는 액정을 배치하여 전기신호에 따라 빛을 차단하거나 통과시키는 방식으로 문자를 표현하는 표시 장치이다. 소비전력이 적고 휴대용으로 적합해 손목시계, 컴퓨터 등에 널리 사용하는 평판 디스플레이이다.

4.1.1 1602 LCD

LCD의 가장 보편적인 모델이 1602(16×2) LCD이다. 16개의 문자를 2줄로, 총 32개 문자를 표현할 수 있는 LCD이다. LCD는 다음 표 4-1과 같은 핀 배치로 구성되어 있으며, DB0-DB7까지의 핀으로 문자를 표시 할 수 있다.

표 4-1 16×2 LCD 핀 배치표

1	VSS	GND
2	VCC	5V 전원
3	VEE	LCD 밝기 조절 핀
4	RS	레지스터 선택 핀
5	R/W	읽기쓰기 모드 선택 핀
6	E	레지스터에 쓰기 위한 핀
7	DB0	
8	DB1	
9	DB2	
10	DB3	
11	DB4	데이터 입출력 핀(8bit)
12	DB5	
13	DB6	
14	DB7	
15	LED+	
16	LED-	LED GND핀

다음 표 4-2는 LCD에 출력하기 위한 문자의 좌표 값이다. 출력하고 싶은 위치의 주소에 문자 및 기호 등을 출력할 수 있어야겠다. LCD 실험에서 원하는 위치에 출력 문자를 변경해보자.

표 4-2 16x2 LCD의 좌표

0,0	1,0	2,0	3,0	4,0	5,0	6,0	7,0	8,0	9,0	10,0	11,0	12,0	13,0	14,0	15,0
0,1	1,1	2,1	3,1	4,1	5,1	6,1	7,1	8,1	9,1	10,1	11,1	12,1	13,1	14,1	15,1

실험 20[TINKERCAD] 16x2 LCD에 문자와 변수 값 출력하기

실습내용	준비물
1. 16x2 LCD에 문자를 출력해본다. 2. 가변저항을 이용해 LCD모듈의 백라이트 밝기를 조절해본다. 3. 두 번째 행은 초단위의 카운트를 출력해본다. 4. 소스코드의 setup()함수는 한 번만 실행하고, loop()함수는 반복 실행함을 이해한다.	1. 아두이노 우노 보드 1개 2. 브레드보드 1개 3. 저항 330Ω 1개 4. 퍼텐쇼미터 10kΩ 1개 5. LCD 패널 1개

회로구성

표 4-3 아두이노 우노 보드와 부품과의 결선표

아두이노 보드	GND	5V	D2	D3	D4	D5	D11	D12
LCD	1,5,16	2, 15(330Ω)	14	13	12	11	6	4

- LCD의 밝기를 조절하는 3번 핀은 퍼텐쇼미터의 가운데 다리에 연결한다.

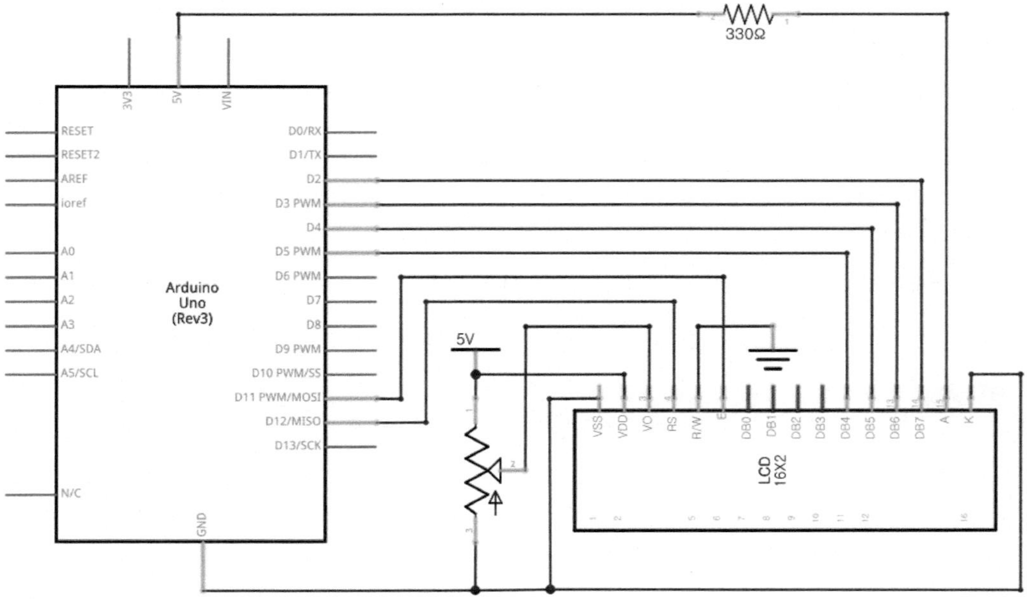

그림 4-1 16x2 LCD에 문자와 변수 값을 출력하는 회로도

그림 4-2 16x2 LCD에 문자와 변수 값을 출력하기(브레드보드)

다음 소스코드는 16x2 LCD에 문자와 변수 값을 출력하는 것이다.

```
1  //16x2 LCD에 문자와 변수 값을 출력하는 프로그램
2  #include <LiquidCrystal.h>            // LCD출력을 위해 라이브러리에서 LiquidCrystal.h 추가
3  const int rs = 12, en = 11, d4 = 5, d5 = 4, d6 = 3, d7 = 2;
4  LiquidCrystal lcd(rs, en, d4, d5, d6, d7);
5  
6  void setup() {
7    lcd.begin(16, 2);
8    lcd.print("My name is Hoon");
9  }
10 
11 void loop() {
12   lcd.setCursor(0, 1);
13   lcd.print(millis() / 1000);
14 }
```

코드분석

- 12행의 lcd.setCursor(0, 1)은 커서를 2행 1열 즉, 둘째 줄 첫 번째 칸에 위치시킨다.
- 13행의 millis() 함수는 아두이노 보드가 현재 프로그램을 시작한 후 지난 시간을 밀리 초(ms)의 숫자로 반환한다. 1밀리 초는 1/1000초이므로 13행은 초단위의 시간을 LCD에 디스플레이하는 것이다.

4.1.2 LCD + I^2C 모듈

1602(16x2) 모델의 뒷면에 I^2C통신 모듈을 결합시켜 4개의 핀으로 쉽게 제어를 할 수 있도록 만들어진 모듈이다. SDA(시리얼 데이터)는 데이터들이 이동하는 신호선, SCL(시리얼

클록)은 신호동기화에 필요한 선인데, 아두이노 우노의 경우, SDA는 A4에, SCL은 A5에 연결해 주어야 한다. SDA와 SCL은 다음 표 4-4처럼 보드 종류에 따라 정해진 핀 번호를 찾아서 연결해 주어야 한다.

표 4-4 보드에 따른 SDA, SCL 결선표

보드	핀
우노(Uno)	A4(SDA), A5(SCL)
메가(Mega)2560	20(SDA), 21(SCL)
레오나르도(Leonardo), 마이크로(Micro)	2(SDA), 3(SCL)
듀에(Due)	20(SDA), 21(SCL), SDA1, SCL1

또한 LCD 모듈에서 주의할 점은 LCD모듈의 주소 값이 0x3F와 0x27로 2개가 존재한다. 그러므로 정상적인 소스코드를 업로드해도 LCD모듈이 출력되지 않으면 주소 값을 변경하여 업로드해야 한다.

실험 21 LCD + I^2C 모듈로 문자 출력하기

실습내용	준비물
1. LCD + I^2C 모듈로 문자를 출력해본다. 2. 출력 문자를 바꿔 다른 위치에 표시되게 해본다. 3. A4/SDA, A5/SCL 핀에 연결하여 I^2C통신으로 아두이노의 GPIO 핀 수를 줄일 수 있음을 이해한다. 4. 'LiquidCrystal_I2C.h' 라이브러리 추가 설치 및 통신을 위하여 'Wire.h' 라이브러리가 추가되었음을 확인한다.	1. 아두이노 우노 보드 1개 2. 브레드보드 1개 3. LCD + I^2C 모듈 1개

회로구성

표 4-5 아두이노 우노 보드와 부품과의 결선표

아두이노 보드	GND	5V	A4	A5
LCD + I^2C 모듈	GND	VCC	SDA	SCL

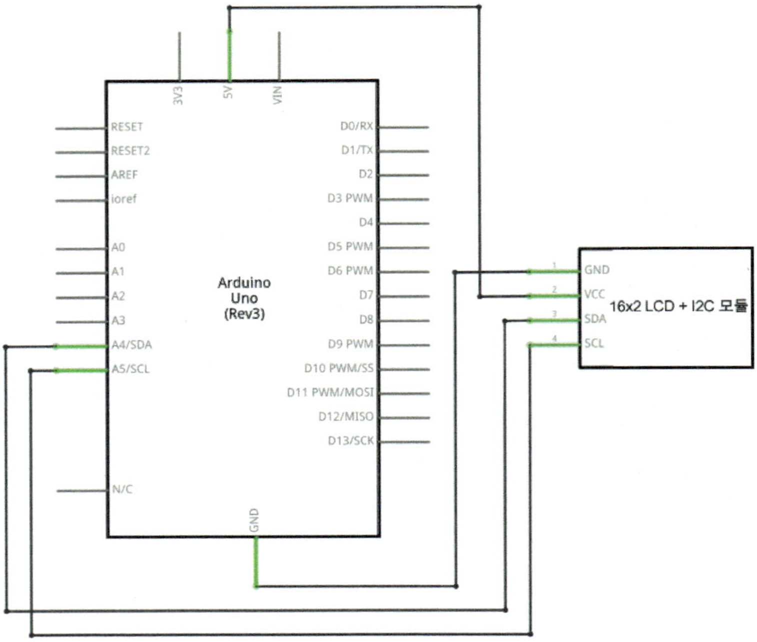

그림 4-3 LCD + I²C 모듈로 문자와 변수 값을 출력하는 회로도

그림 4-4 LCD + I²C 모듈로 문자와 변수 값을 출력하기(브레드보드)

다음 소스 코드의 4행에 LCD 모듈의 주소 값을 '0x27'로 지정해두었다. LCD모듈의 화면이 나타나지 않으면 아래에 있는 "I²C통신 기기의 주소 검색 프로그램"을 업로드하여 주소를 확인해보기 바란다. 주소값이 '0x27'이라면 부품의 연결을 다시 확인하고, 주소값이 '0x3F'이면 4행의 '27'을 '3F'로 수정 후 다시 업로드해야 한다.

```
1  //LCD + I2C 모듈로 문자와 변수 값을 출력하는 프로그램
2  #include<LiquidCrystal_I2C.h>          // 라이브러리 관리에서 LiquidCrystal_I2C.h 추가
3  #include<Wire.h>                       // I2C통신을 위해 Wire.h 추가
```

```
4  LiquidCrystal_I2C lcd(0x27,16,2);          // LCD 화면이 안 뜨면 0x27을 0x3F로 수정
5
6  void setup(){
7    lcd.init();                              // LCD 초기화
8    lcd.backlight();
9    lcd.setCursor(0,0);                      //첫 열, 첫째 행 지정
10   lcd.print("My name is Hoon");
11 }
12
13 void loop(){
14   lcd.setCursor(0,1);                      //첫 열, 둘째 행 지정
15   lcd.print(millis() / 1000);
16 }
```

코드분석

- 3행의 'Wire.h' 라이브러리는 I^2C통신을 위해 필요하므로 반드시 추가해야 한다.
- 7, 8행은 LCD를 초기화하고 백라이트를 켜는 것이다.
- 9행의 lcd.setCursor(0, 0)은 커서를 1행 1열 즉, 첫째 줄 첫 번째 칸에 위치시키고, 10행으로 겹 따옴표 안의 문자열을 LCD에 디스플레이 한다.

I^2C통신 기기의 주소 검색 프로그램

다음 소스코드는 I^2C통신을 하는 부품의 주소(최대 127)를 알아낼 수 있다. LCD+I^2C 모듈의 SDA를 아두이노의 A4 핀에 연결하고, SCL을 A5 핀에 연결한 후, 다음 소스코드를 업로드 완료하고 시리얼모니터를 띄워보면 LCD의 주소를 알 수 있다. 0x27 또는 0x3F가 나타날 것이다.

```
// I2C통신방식의 부품 주소를 검색하기
#include <Wire.h>                // I2C통신 방식의 부품을 사용할 시 'Wire.h'를 포함해야만 한다.

void setup(){
  Wire.begin();                  // I2C통신기능을 활성화
  Serial.begin(9600);
}

void loop(){
  int nDevices = 0;
  Serial.println("\n< I2C통신 부품의 주소 검색기 >");
  Serial.println("\n검색중.................");
  for(byte addr = 1; addr < 127; ++addr){// I2C통신 주소의 최대 127
    // I2C통신으로 기기 존재여부 검사
    Wire.beginTransmission(addr);
    byte error = Wire.endTransmission();
    if(error == 0){                                    // 통신결과가 0이면 해당 주소에 기기가 존재
      Serial.print("  검색된 주소:0x");
      if(addr < 16) Serial.print("0");
      Serial.print(addr, HEX);      Serial.println("  !");
      ++nDevices;
    } else if(error == 4){
      Serial.print("Unknown error at address 0x");
      if(addr < 16) Serial.print("0");
```

```
      Serial.println(addr, HEX);
    }
  }
  if(nDevices == 0)    Serial.println("I2C통신 부품이 없습니다.\n");
  else    Serial.println("....................완료\n");
  delay(5000);          // 다음 주소 검색을 위해 5초 대기
}
```

4.2 온도센서

온도센서는 온도를 측정하는 방법에 따라 접촉식과 비접촉식으로 나뉘고, 센서의 재료에 따라 구분하면 반도체를 사용한 양자형(Quantum Type)과 반도체가 아닌 재료를 사용한 열형(Thermal Type)의 두 종류가 있다. 양자형은 반도체 재료의 광전도 현상을 이용한 것이며, 양자 효율이 우수하고 매우 낮은 온도에서 동작하므로 열적 잡음이 작아 탐지도 및 잡음온도 분해능 특성이 매우 우수하다. 열형은 온도에 따른 재료의 물리적인 변화를 이용한 것이다. 대표적으로 온도에 따라 재료의 저항이 변하는 원리를 이용한 것이 서미스터(Thermistor), 볼로미터(Bolometer)이며, 온도에 따라 기전력의 변화를 이용한 것이 서모파일(Thermopile) 센서이며, 온도에 따라 길이의 변화를 이용한 것이 바이메탈(Bimetal) 센서이다. 열형 센서는 대부분 상온에서 동작하기 때문에 냉각을 위한 진공이 필요 없어 센서 가격이 저렴하다. 그러나 상온의 온도 때문에 기본적인 열적 잡음이 높아 신호 대 잡음비(S/N)가 냉각형인 양자형에 비해 떨어진다. 열형 적외선 센서는 양자형에 비해 제조비용이 저렴하다는 장점이 있다.

4.2.1 서미스터

서미스터(Thermistor)는 열을 뜻하는 Thermal과 저항을 뜻하는 Resistor의 합성어이다. 이름에서 알 수 있듯이 서미스터는 온도에 따라 저항이 변하는 열 저항기이다. 열적 신호를 전기적 신호로 바꾸어 주는 감지기 역할을 한다. 접촉식이고 열형의 온도센서이다. 대부분의 금속은 온도가 증가하면 저항이 증가한다. PTC(Positive Temperature Coefficient) 서미스터가 '양의 온도계수' 특성을 가진다. 즉 온도가 올라가면 저항이 증가한다. 하지만 그림 4-5의 세라믹 소결형의 NTC(Negative Temperature Coefficient) 서미스터는 '음의 온도계수' 특성을 가진다. NTC 서미스터는 온도 측정 또는 자동 온도 조절, 전류 제한[25] 등의 다

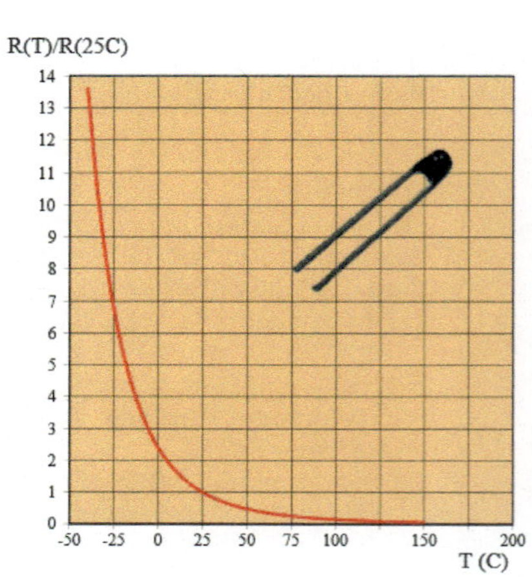

그림 4-5 NTC 유형의 RT 특성

양한 용도로 이용된다. 온도에 따른 저항 변화가 크기 때문에 미세한 온도 변화도 측정을 할 수 있다.

서미스터를 분압기로 사용하여 측정한 저항을 스타인하트-하트 방정식(Steinhart Hart equation)으로 온도를 구할 수 있다. 그림 4-6의 회로도에서 서미스터 R1의 저항값 계산은 3.1.1절의 포토레지스터 실험과 마찬가지로 다음의 분압기 식으로 계산할 수 있다.

$$R1 = \frac{R2(V_i - V_o)}{V_o} \qquad \because V_o = \frac{R2}{R1 + R2} \times V_i$$

여기서, R1은 서미스터의 저항값, R2는 고정저항기의 값, V_i는 입력 전압 5V, V_o는 R2에 걸리는 출력전압이다. 온도를 구하는 스타인하트-하트 방정식은 다음과 같다.

$$\frac{1}{T} = \frac{1}{T0} + \frac{1}{B}\ln\left(\frac{R1}{R0}\right)$$

여기서,

- T : 절대온도(절대온도를 섭씨온도로 바꾸려면 273.15를 뺀다)
- T0 : 25℃(이 온도에서 서미스터의 기본 저항값을 설정했다)
- B : 서미스터의 감도를 결정하는 서미스터 상수(데이터시트 참조)
- R1 : 온도가 T일 때 서미스터의 저항값
- R0 : 25℃일 때 서미스터의 저항값(데이터시트 참조, 멀티미터로 측정가능)

실험 22-1 서미스터로 측정한 온도를 시리얼모니터로 출력하기

실습내용	준비물	
1. 서미스터로 체온을 측정한다. 2. 측정된 체온을 시리얼모니터로 확인한다.	1. 아두이노 보드 1개 2. 브레드보드 1개	3. 저항 10kΩ, 100kΩ 각 1개 4. 10kΩ 서미스터 1개

회로구성

표 4-6 아두이노 우노 보드와 부품과의 결선표

아두이노 우노 보드	GND	5V	A0
서미스터		한쪽 단자	다른 쪽 단자
10kΩ 저항	한쪽 단자		다른 쪽 단자

25) NTC 서미스터를 전원 장치에 달아놓으면 전원을 켜는 순간에는 낮은 온도의 큰 저항으로 갑자기 큰 전류가 흐르는 것을 막다가 전류가 흘러 서미스터에 자체적으로 열이 발생하면 온도가 오르면 저항이 낮아져 적당한 전류가 흐르게 할 수 있다.[출처 : 한국물리학협회, 「물리학백과」]

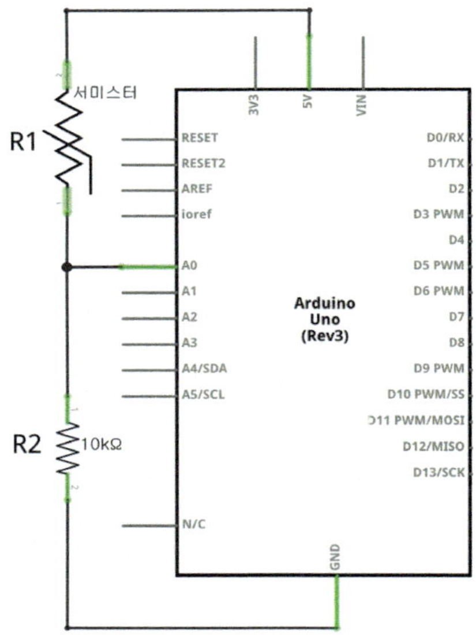

그림 4-6 서미스터로 온도 측정(회로도)

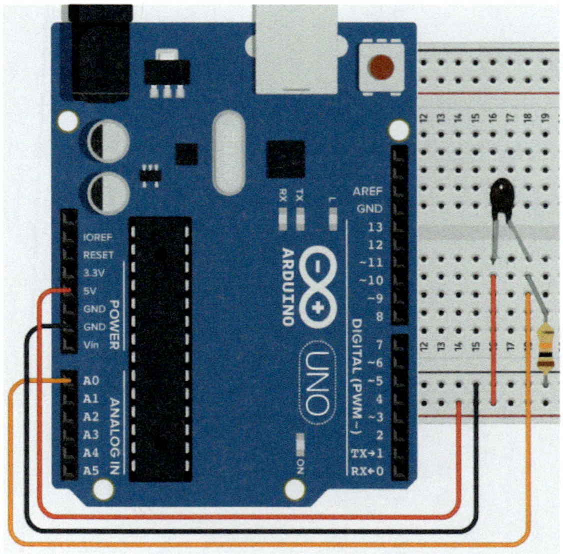

그림 4-7 서미스터로 온도 측정(브레드보드)

다음 소스코드는 스타인하트-하트 방정식을 적용하여 서미스터로 온도를 측정하는 프로그램이다.

```
1  // 서미스터로 온도 측정
2  #define NTC_pin A0
3  const float R2 = 10000.0;        // 고정 저항기의 값
4  const float B = 3435.0;          // 서미스터 상수. 데이터시트 참조
5  const float R0 = 10000.0;        // 25도에서 서미스터의 저항값
6  const float Vi = 5.0;            // 입력 전압
7  const float T0 = 273.15 + 25;    //섭씨 25도일 때 절대온도
8  
9  void setup(){
10   pinMode(NTC_pin, INPUT);
11   Serial.begin(9600);
12 }
13 
14 void loop(){
15   int reading = analogRead(NTC_pin);                  //서미스터의 값을 읽어옴
16   float Vo = reading * (Vi/1023.0);
17   float R1 = (R2 * (Vi -Vo)) / Vo;
18   float T = 1.0/ (1.0/T0 +(1.0/B) * log(R1/R0));       // 스타인하트-하트 방정식으로 계산
19   float Temp_C = T - 273.15;                          // 절대온도(K)를 섭씨온도(C)로 변환
20   Serial.print("절대온도 "); Serial.print(T); Serial.print("K\t\t");
21   Serial.print("섭씨온도 "); Serial.print(Temp_C); Serial.println("℃");
22   delay(500);
23 }
```

코드분석

- 3행은 고정저항기(R2)의 저항값 10kΩ을 지정한다.
- 4행은 서미스터 상수인데 서미스터를 만든 재료에 따라 달라질 수 있다. 데이터시트를 참

조한다.

- 5행의 R0는 데이터시트에 명기된 25℃에서의 서미스터의 저항값이다. 직접 멀티미터로 저항값을 측정할 수도 있다.
- 6행은 서미스터(R1)와 고정저항(R2)에 공급하는 아두이노의 VCC인 5V이다.
- 7행의 T0 = 273.15 + 25는 섭씨 25℃를 절대온도로 바꿔 T0에 저장한다.
- 15행으로 서미스터의 값을 읽어 들여 16행으로 출력전압을 계산한다.
- 17행에서 계산한 R1값을 18행의 스타인하트-하트 방정식에 대입하여 절대온도(K)를 계산한다.
- 19행은 절대온도에 273.15를 빼서 섭씨온도(C)를 계산한다.
- 20행과 21행은 시리얼모니터로 절대온도와 섭씨온도를 출력한다.

다음 그림 4-8은 서미스터를 손으로 만져서 나타난 절대온도(K)와 섭씨온도(C)를 시리얼 모니터로 출력한 이미지이다. 분압을 위한 저항은 10kΩ을 사용하였는데, 25℃일 때 서미스터의 저항과 같은 값이다. 시리얼모니터에 영하(-)로 틀린 온도가 출력되면 서미스터는 겉으로 보기엔 똑같아도 저항이 다르므로 25℃일 때 서미스터의 저항값을 확인해봐야 한다. 만약 멀티미터로 측정한 서미스터의 저항이 100kΩ이라면 분압을 위한 고정저항을 100kΩ으로 바꿔 설치하고, 소스코드의 3행과 5행의 저항값을 수정한다.

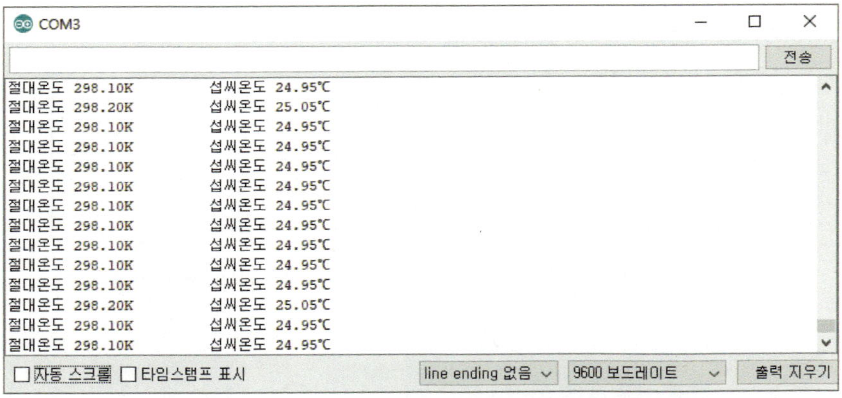

그림 4-8 서미스터로 측정한 온도(시리얼모니터)

실험 22-2 서미스터로 측정한 온도를 3색 LED로 표현하기

실습내용	준비물	
1. 서미스터로 체온을 측정한다. 2. 3색 LED를 사용하여 체온에 따라 다른 색상의 LED를 켠다.	1. 아두이노 우노 보드 1개 2. 브레드보드 1개 3. 저항 10kΩ 1개, 330Ω 3개	4. 서미스터 1개 5. 3색 LED 1개

회로 구성

표 4-7 아두이노 우노 보드와 부품과의 결선표

아두이노 우노 보드	GND	5V	A0	D3	D5	D6
서미스터		한쪽 단자	다른 쪽 단자			
10kΩ 저항	한쪽 단자		다른 쪽 단자			
3색 LED	GND			B	G	R

- 3색 LED의 R, G, B 단자는 330Ω 저항을 통해 아두이노 보드에 연결한다.
- 서미스터와 10kΩ 저항의 위치가 3.1.1절의 조도센서와 10kΩ 저항의 위치와는 서로 반대임을 알 수 있다. 서미스터는 온도가 올라갈수록 저항값이 떨어지기 때문이다.

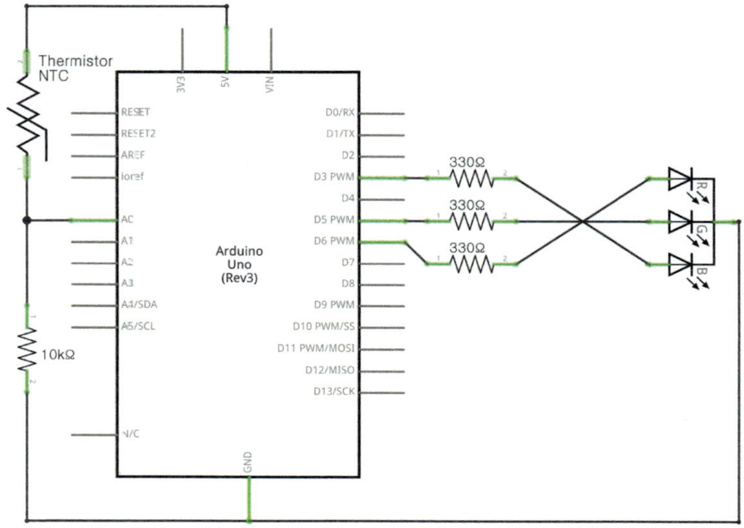

그림 4-9 서미스터로 측정한 온도를 LED_rgb로 표현하는 회로도

그림 4-10 서미스터로 측정한 온도를 LED_rgb로 표현하기(브레드보드)

다음 소스코드는 서미스터로 측정한 온도에 따라 3색 LED의 색을 달리해보는 것이다.

```
1  // 서미스터로 측정한 온도를 3색 LED로 표현하기
2  #define R_pin 6
3  #define G_pin 5
4  #define B_pin 3
5  #define NTC_pin A0
6  const float R2 = 10000.0;  // 고정 저항기의 값
7  const float B = 3435.0; // 서미스터 상수. 데이터시트 참조
8  const float R0 = 10000.0; // 25도에서 서미스터의 저항값
9  const float Vi = 5.0;   // 입력 전압
10 const float T0 = 273.15 + 25; //섭씨 25도일 때 절대온도
11 
12 void setup(){
13   pinMode(NTC_pin, INPUT);
14   Serial.begin(9600);
15 }
16 
17 void loop(){
18   int reading=analogRead(NTC_pin);  //서미스터의 값을 읽어옴
19   //---------------------------------- 절대온도를 섭씨온도로 계산하는 과정
20   float Vo = reading * (Vi/1023.0);
21   float R1 = (R2 * (Vi -Vo)) / Vo;
22   float T = 1.0/ (1.0/T0 +(1.0/B) * log(R1/R0));  // 스타인하트-하트 방정식으로 계산
23   float Temp_C =T - 273.15;     // 절대온도(K)를 섭씨온도(C)로 변환
24   //---------------------------절대온도(K)와 섭씨온도(C) 시리얼모니터로 출력
25   Serial.print("절대온도 ");  Serial.print(T);  Serial.print("K\t\t");
26   Serial.print("섭씨온도 ");  Serial.print(Temp_C);  Serial.println("℃");
27   //-------------------------------3색 LED 조건 설정 과정
28   if(Temp_C > 33){      //이 온도 이상이면 빨간불
29     analogWrite(R_pin,255);    analogWrite(G_pin,0);    analogWrite(B_pin,0);
30   }
31   else if(Temp_C > 30){  //이 온도 이상이면 초록불
32     analogWrite(R_pin,0);    analogWrite(G_pin,255);    analogWrite(B_pin,0);
33   }
34   else{       //이 외의 온도는 파란불
35     analogWrite(R_pin,0);    analogWrite(G_pin,0);    analogWrite(B_pin,255);
36   }
37   delay(500);
38 }
```

코드분석

- 28~36행은 온도를 3색 LED로 표시한다. 섭씨 30℃까지는 파란불, 30℃~33℃는 초록불, 33℃를 초과하면 빨간불이 켜진다.

4.2.2 온습도센서

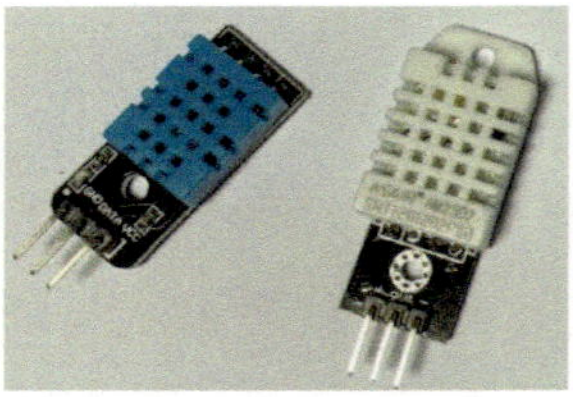

그림 4-11 DHT11(왼쪽), DHT22(오른쪽)

그림 4-11의 온습도 센서(DHT11, DHT22)는 기본적으로 금속 산화 피막저항이다. 온도(Temperature)와 습도(Humidity)에 따라 저항값이 바뀌는 것을 이용해서 온습도를 측정한다. 센서 내부의 감지부에는 온도 측정을 위한 NTC 서미스터와 함께 습도 감지 요소로 구성되어 있다. 습도 감지요소는 두 전극 사이에 수분 유

지 기판(보통 염 또는 전도성 플라스틱 폴리머)이 끼워져 있다. 이온은 수증기가 기판에 흡수됨에 따라 기판에 의해 방출되며, 이는 차례로 전극 사이의 전도도를 증가시킨다. 두 전극 사이의 저항 변화는 상대 습도에 비례한다. 상대 습도가 높으면 전극 사이의 저항이 감소하고 상대 습도가 낮으면 전극 사이의 저항이 증가한다. 다시 말해 습도에 따라 저항이 변하는 정전용량 습도센서를 사용한다. 표 4-8은 DHT11과 DHT22의 기본사양이다.

표 4-8 DHT11과 DHT22의 기본사양

특 성	DHT11	DHT22
전압	3.5~5.5V	3.5~6V
감지요소(sensing element)	polymer humidity 저항	polymer humidity 커패시터
온도 범위	0~50℃ ±2℃	-40~80℃ ±0.5℃
습도 범위	20~80% ±5%	0~100% ±2~5%
속도	1Hz(1초에 1번)	0.5Hz(2초에 1번)

실험 23-1 DHT11 또는 DHT22로 측정한 온도를 시리얼모니터로 출력하기

실습내용	준비물
1. DHT11 또는 DHT22 온습도센서로 온습도를 측정한다. 2. 측정한 온도와 습도를 시리얼모니터로 확인한다.	1. 아두이노 우노 보드 1개 2. 브레드보드 1개 3. 온습도센서 DHT11 또는 DHT22 1개

회로구성

표 4-9 아두이노 우노 보드와 부품과의 결선표

아두이노 우노 보드	GND	5V	D9
DHT11 또는 DHT22	GND	VCC	SIG(DATA)

* 제조사에 따라 모듈의 핀 배열이 다를 수 있으므로, 결선할 때 핀 표기 확인

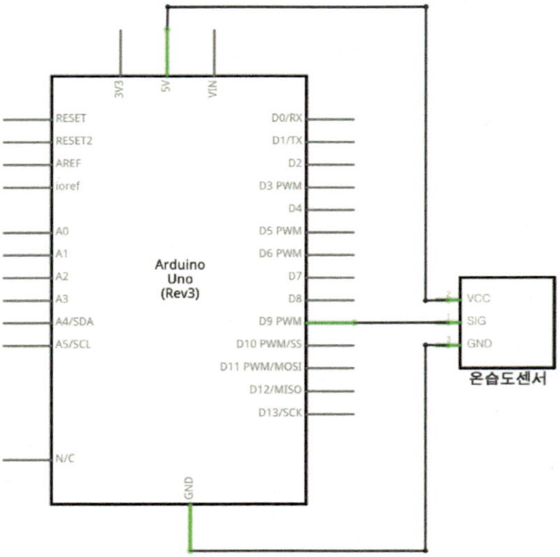

그림 4-12 측정한 온습도를 시리얼모니터에 출력하는 회로도

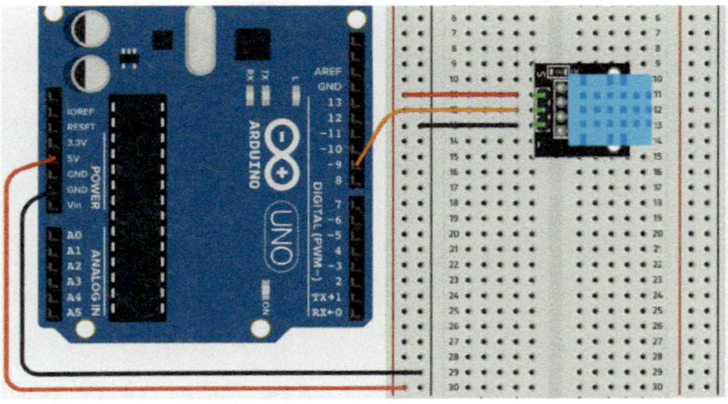

그림 4-13 측정한 온습도를 시리얼모니터에 출력하기(브레드보드)

다음 소스코드를 아두이노 스케치 프로그램에서 최초 업로드할 경우, 2행의 〈DHT.h〉 헤드 파일을 컴파일할 수 있는 라이브러리를 설치하여야 한다. 라이브러리는 스케치 프로그램의 메뉴 '툴〉라이브러리 관리...'에서 DHT를 검색하여 찾는다. 설치할 때 'Install all'로 한다.

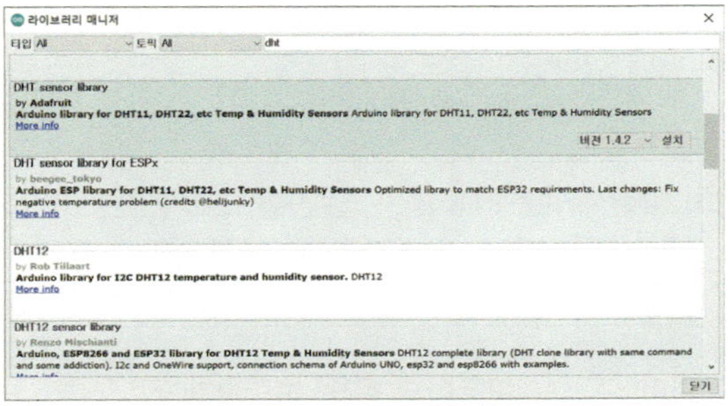

```
1  //측정한 온습도를 시리얼모니터에 출력하기
2  #include <DHT.h>                      // 메뉴 툴>라이브러리 관리...에서 DHT 설치
3  #define DHT_pin 9                     // 온습도 센서가 연결된 핀
4  DHT dht(DHT_pin, DHT11);              // 온습도 센서 지정
5
6  void setup() {
7    Serial.begin(9600);
8    Serial.println("온습도 센서 테스트!");
9    dht.begin();
10 }
11
12 void loop() {
13   delay(2000);
14   float humi = dht.readHumidity();    // 습도를 측정
15   float temp = dht.readTemperature(); // 온도를 측정
16   if(isnan(humi) || isnan(temp) ){
17     Serial.println("센서 연결에 오류!");
```

```
18     return;
19   }
20   Serial.print("습도:"); Serial.print(humi,1); Serial.print(" %\t");
21   Serial.print("온도:"); Serial.print(temp, 1); Serial.println("℃");
22 }
```

코드분석

- 14행은 DHT.h 라이브러리의 dht.readHumidity() 함수로 습도를 읽어온다.
- 15행은 dht.readTemperature() 함수를 사용하여 온도를 읽어온다.

다음 그림 4-14는 온습도 센서로 측정한 온도와 습도를 시리얼모니터로 출력한 이미지이다.

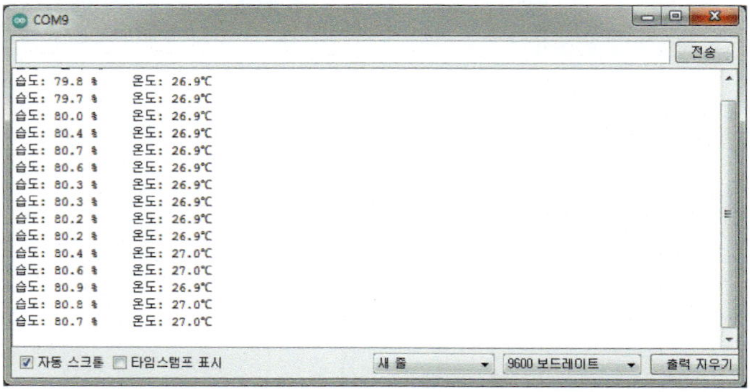

그림 4-14 시리얼모니터에 나타난 온습도

실험 23-2 온습도 값에 따른 불쾌지수를 표현하기(불쾌지수 80이상은 빨간불, 80미만은 파란불)

실습내용	준비물
1. DHT11 또는 DHT22 온습도센서로 온습도를 측정한다. 2. 측정된 온도와 습도를 사용하여 불쾌지수를 계산한다. 3. 3색 LED를 사용하여 불쾌지수에 따라 다른 색상의 LED를 켠다.	1. 아두이노 우노 보드 1개 2. 브레드보드 1개 3. 온습도센서 DHT11 또는 DHT22 1개 4. 저항 330Ω 3개 5. 3색 LED 1개

회로구성

표 4-10 아두이노 우노 보드와 부품과의 결선표

아두이노 우노 보드	GND	5V	D3	D5	D6	D9
DHT11 또는 DHT22	GND	VCC				DATA
3색 LED	GND		B	G	R	
* 제조사에 따라 모듈의 핀 배열이 다를 수 있으므로, 결선할 때 핀 표기 확인						

- 3색 LED의 R, G, B 단자는 330Ω 저항을 통해 아두이노 보드에 연결한다.

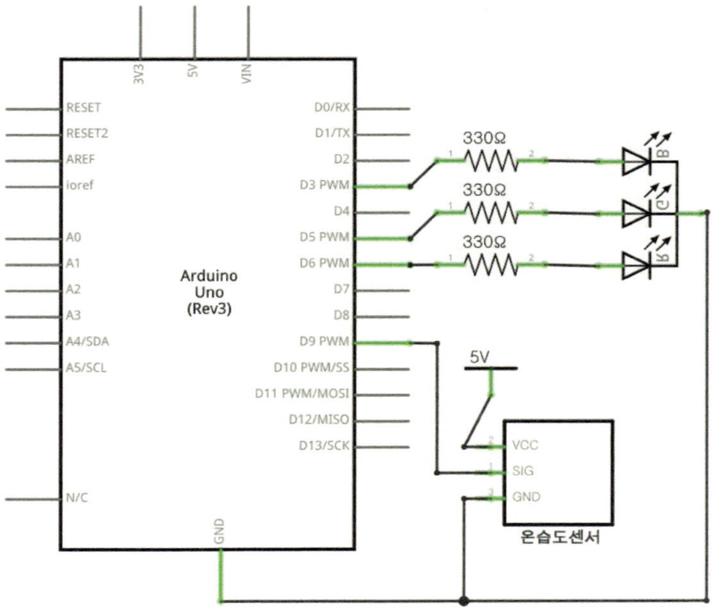

그림 4-15 3색 LED로 온습도 값에 따른 불쾌지수를 표현하는 회로도

그림 4-16 3색 LED로 온습도 값에 따른 불쾌지수 표현

다음 소스코드는 온습도 값을 읽어 들여 불쾌지수를 3색 LED로 표현하는 것이다. 불쾌지수가 80이상은 빨간불, 80미만이면 파란불이 켜지게 한다.

```
//온습도 값을 읽어 들여 불쾌지수 표현(불쾌지수 80이상은 빨간불, 80미만은 파란불)
#include<DHT.h>
#define DHT_pin 9              // 온습도 센서가 연결된 핀
DHT dht(DHT_pin, DHT11);       // 온습도 센서 지정
#define R_pin 6                // rgbLED의 R핀 연결
#define G_pin 5                // rgbLED의 G핀 연결
```

```
7  #define B_pin 3              // rgbLED의 B핀 연결
8  #define delay_time 1000
9  
10 void setup(){
11    dht.begin();
12 }
13 
14 void loop(){
15   delay(2000);
16   float humi = dht.readHumidity();
17   float temp = dht.readTemperature();
18   if(isnan(humi) || isnan(temp) ){
19     Serial.println("센서 연결에 오류!");
20     return;
21   }
22   float discomfort_index = (1.8*temp)-(0.55*(1-humi/100.0)*(1.8*temp-26))+32; //불쾌지수
23   if((int)discomfort_index >= 80){
24     analogWrite(R_pin,255); analogWrite(G_pin,0); analogWrite(B_pin,0);
25     delay(delay_time);
26   }
27   else{
28     analogWrite(R_pin,0); analogWrite(G_pin,0); analogWrite(B_pin,255);
29     delay(delay_time);
30   }
31 }
```

코드분석

- 22행이 불쾌지수 공식이다.
- 23행은 불쾌지수가 80이상이면 24행으로 빨간불이 켜진다.
- 불쾌지수가 80미만이면 28행으로 파란불이 켜진다.

실험 23-3 LCD + I^2C 모듈로 온습도 센서의 값을 출력하기

실습내용	준비물	
1. LCD + I^2C 모듈로 온습도를 출력해본다.	1. 아두이노 우노 보드 1개 2. 브레드보드 1개	3. 온습도센서 1개 4. LCD + I^2C 모듈 1개

회로구성

표 4-11 아두이노 우노 보드와 부품과의 결선표

아두이노 보드	GND	5V	A4	A5	D5
LCD + I^2C 모듈	GND	VCC	SDA	SCL	
DHT11 또는 DHT22	GND	VCC			DATA

그림 4-17 LCD+I2C 모듈로 온습도 센서의 값을 출력하기

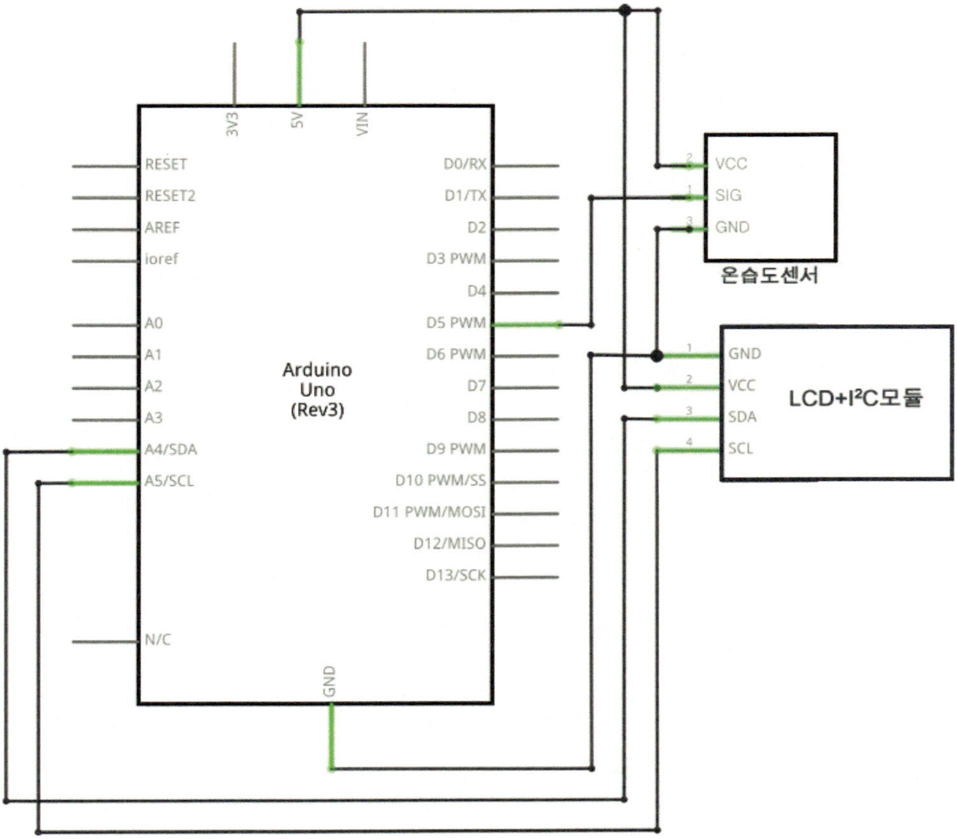

그림 4-18 LCD + I²C 모듈로 온습도 센서의 값을 출력하는 회로도

다음 소스코드는 온습도 센서의 값을 LCD+I^{2}C 모듈로 출력하는 프로그램이다.

```
//LCD+I2C 모듈로 온습도 센서의 값을 출력하는 프로그램
#include<LiquidCrystal_I2C.h>          // 라이브러리 관리에서 LiquidCrystal_I2C.h 추가
#include<Wire.h>                       // I2C통신을 위해 Wire.h 추가
LiquidCrystal_I2C lcd(0x27,16,2);      // LCD 화면이 안 뜨면 0x27을 0x3F로 수정.
#include<DHT.h>                        // 온습도 센서 DHT를 위해 라이브러리 추가
#define DHT_pin 5                      // 온습도 센서가 연결된 핀
DHT dht(DHT_pin, DHT11);               // 온습도 센서 지정

void setup(){
  lcd.init();                          // LCD 초기화
  lcd.backlight();
  dht.begin();
}

void loop(){
  int temp = dht.readTemperature();
  int humi = dht.readHumidity();
  lcd.setCursor(0,0);             //첫열, 첫행 지정
  lcd.print("Temperature "); lcd.print(temp); lcd.print((char)223); lcd.print("C");
  lcd.setCursor(0,1);             //첫열, 둘째행 지정
  lcd.print("Humidity "); lcd.print(humi);  lcd.print("%");
  delay(2000);
}
```

4.2.3 온도센서(TMP36)

그림 4-19의 TMP36 온도센서는 저전압 IC로 2.7~5.5V의 전원에서 작동한다. 측정범위가 -40~125℃이다. 측정범위의 온도 변화에 따라서 저항값이 변한다. 대부분의 측정 센서와 마찬가지로 TMP36은 5V, GND로 전원을 공급하고, 센서에서 측정한 값은 V_{out} 단자로 출력된다. 그러므로 V_{out}의 전압 값을 다음의 온도 계산 공식에 대입하여 온도를 계산한다.

그림 4-19 TMP36

$$T = 100V - 50$$

여기서, T는 온도이고, V는 TMP36의 V_{out} 단자로 출력되는 전압이다. 따라서 출력전압이 1V라면 온도는 50℃가 되고, 0.5V라면 25℃가 된다.

실험 24TINKERCAD TMP36으로 측정한 온도를 시리얼모니터로 출력하기

실습내용	준비물
1. TMP36 온도센서로 온도를 측정한다. 2. 측정한 값을 온도 계산 공식을 이용하여 계산한다. 3. 섭씨, 화씨온도를 시리얼모니터로 확인한다.	1. 아두이노 우노 보드 1개 2. 브레드보드 1개 3. 0.1μF 세라믹 커패시터 1개 4. 온도센서 TMP36 1개

회로구성

표 4-12 아두이노 우노 보드와 부품과의 결선표

아두이노 우노 보드	GND	5V	A0
TMP36	GND	VCC	가운데 단자

- 0.1μF 세라믹 커패시터를 IC의 VCC와 GND에 최대한 가깝게 연결한다. 커패시터를 연결하는 이유는 이 온도센서는 매우 적은 공급 전류로 작동하고 매우 열악한 전기 환경에 노출될 수 있으므로 RFI(무선 주파수 간섭)와 같은 영향을 최소화하기 위해서다.

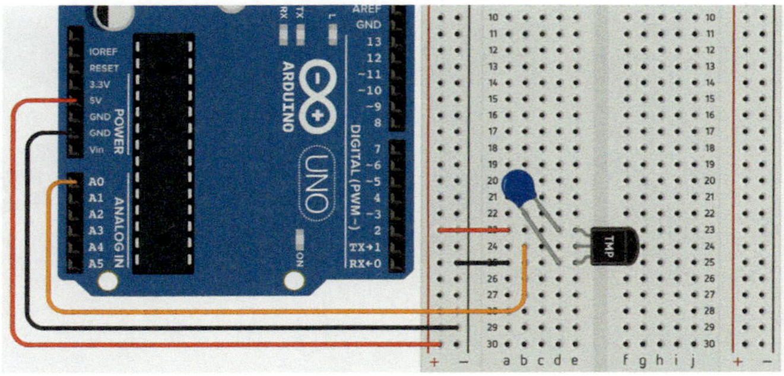

그림 4-20 TMP36으로 온도 측정하기(브레드보드)

다음 소스코드는 TMP36 온도센서로 측정한 값을 섭씨온도와 화씨온도로 시리얼모니터에 출력하는 프로그램이다.

```
1  //TMP36으로 측정한 온도를 시리얼모니터로 출력하기
2  #define input_pin A0
3  
4  void setup(){
5    pinMode(input_pin, INPUT);
6    Serial.begin(9600);                    //시리얼통신 시작
7  }
8  
9  void loop(){
10   int reading = analogRead(input_pin);
11   float V = reading*5.0/1023;
12   float temp_C = 100*V-50;               // T = 100*V-50
13   float temp_F = temp_C*9.0/5.0+32;      //화씨 F = 9/5*C+32, 섭씨 C = 5/9*(F-32)
14   Serial.print("Temperature : ");
15   Serial.print(temp_C); Serial.print("C\t");
16   Serial.print(temp_F); Serial.println("F");
17   delay(1000);
18 }
```

코드분석

- 11행은 TMP36 센서의 측정 값(0~1023)을 전압(0~5V)으로 변환한다.

- 12행은 TMP36 센서의 측정된 전압을 계산식 $T = 100V - 50$을 사용하여 온도로 변환한다.
- 13행은 화씨 공식 $F = \frac{9}{5}C + 32$을 사용하여 화씨온도를 계산한다.

TMP36은 데이터시트에 ±2℃의 오차 범위라고 명시되어 있지만 서미스터와 정확도가 비슷한 아날로그 온도 측정 IC 센서다. 좀 더 정확한 온도를 측정하고 싶다면 ±0.5℃ 오차범위의 온도 측정 센서인 DS18B20 디지털 IC를 사용한다.

4.2.4 방수 온도센서

그림 4-21 방수 온도센서

DHT11은 대기의 기상 온습도 측정용이고, 액체의 온도를 측정할 수는 없다. 반면에 방수 처리된 밀폐형 DS18B20 IC는 액체의 온도도 측정할 수 있는 방수 온도센서이다. 다음 그림 4-21과 같이 방수 온도센서 3개의 배선 중 검정색은 GND, 빨간색은 VCC이며 노란색이 신호선이다. 라이브러리 설치과정이 필요하다. 라이브러리 관리에서 DS1820을 검색하여 DallasTemperature를 설치한다. 측정 범위는 −55~125℃이고, 오차 범위는 ±0.5℃(−10~85℃일 때)이다. 1선(one wire) 인터페이스 버스로 정보를 주고받으면서 온도를 측정한다. 1선 버스를 사용해서 최대 255개까지 하나의 GPIO 핀에 연결할 수 있다. 회로구성에서 유의할 점은 1선 버스를 안정적으로 작동시키기 위해 신호선에 4.7kΩ의 풀업저항[26]을 연결해야 한다는 것이다.

실험 25 수온을 방수 온도센서로 측정하기

실습내용	준비물	
1. 방수 온도센서로 수온을 측정해본다. 2. 측정한 수온을 시리얼모니터로 확인한다.	1. 아두이노 우노 보드 1개 2. 브레드보드 1개	3. 저항 4.7kΩ 1개 4. 방수온도센서 1개

회로구성

표 4-13 아두이노 우노 보드와 부품과의 결선표

아두이노 우노 보드	GND	5V	D7
방수 온도센서	검은선	빨간선	노란선
4.7kΩ 저항(풀업 형태)		한쪽 단자	다른 쪽 단자

26) 회로의 입출력 단자와 VCC 사이에 접속되어 있는 저항. 자세한 내용은 5.1.2절 참조

그림 4-22 방수온도센서(브레드보드)

다음 소스코드는 방수 온도센서로 수온을 측정하여 시리얼모니터에 출력하는 것이다.

```
1  // 방수온도센서로 측정하기
2  #include <OneWire.h>
3  #include <DallasTemperature.h>          //DS1820을 검색하여 라이브러리 설치
4  OneWire oneWire(7);                     // 센서 연결 핀
5  DallasTemperature sensors(&oneWire);
6
7  void setup(void){
8    Serial.begin(9600);
9    sensors.begin();
10 }
11 void loop(void){
12   sensors.requestTemperatures();        // 온도 측정을 요구
13   float tempC = sensors.getTempCByIndex(0);
14   if(tempC != DEVICE_DISCONNECTED_C)  Serial.println("측정 섭씨온도:"+String(tempC));
15   else    Serial.println("측정 불가");
16 }
```

코드분석

- 12행은 온도 측정을 요구하고 13행에서 측정한 온도를 저장한다. 신호선으로 온도 측정을 요구하고 온도를 측정한다.
- 13행의 getTempCByIndex(0) 함수의 매개 변수는 센서의 개수이다. 0부터 시작한다.

다음 그림 4-23은 커피포트로 끓인 물을 방수 온도센서로 측정한 값이다.

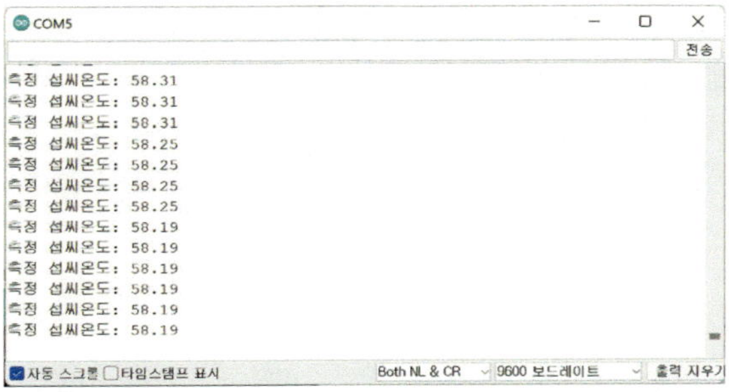

그림 4-23 방수 온도센서로 측정한 온도(시리얼모니터)

4.2.5 비접촉 온도센서

그림 4-24의 MLX90614 비접촉 온도센서는 가까이 있는 물체에서 방출되는 적외선을 통해 온도를 측정한다. 측정범위는 -40℃~125℃이고 오차범위는 0.5℃, 분해능은 0.02℃이다. 소형의 저렴한 가격으로 교육용 또는 테스트용으로 사용하기 적합하다. I^2C통신방식으로 작동한다.

그림 4-24 비접촉 온도센서

실험 26-1 비접촉 온도센서로 측정한 체온을 시리얼모니터로 출력하기

실습내용	준비물
1. 비접촉 온도센서로 온도를 측정해본다. 2. 측정한 체온을 시리얼모니터로 확인한다.	1. 아두이노 우노 보드 1개 2. 브레드보드 1개 3. 비접촉 온도센서(MLX90614) 1개

회로구성

표 4-14 아두이노 우노 보드와 부품과의 결선표

아두이노 우노 보드	GND	5V	A4	A5
비접촉 온도센서(MLX90614)	GND	VCC	SDA	SCL

그림 4-25 비접촉 온도센서로 측정한 체온을 시리얼모니터로 출력하기(브레드보드)

다음 소스코드는 비접촉온도센서로 5회 측정한 체온의 평균값을 시리얼모니터로 출력하는 것이다.

```
// 비접촉온도센서로 체온을 재는 프로그램
#include <Wire.h>
#include <Adafruit_MLX90614.h>    // 라이브러리 관리에서 MLX90614를 설치한다.
Adafruit_MLX90614 mlx = Adafruit_MLX90614();
```

```
5  const int num_Avg=5; // 5회 측정의 평균치
6
7  void setup(){
8    mlx.begin();
9    Serial.begin(9600);
10   Serial.println("체온 측정하기(measure body temperature)");
11 }
12
13 void loop(){
14   Serial.print("\n체온(body temperature):");
15   Serial.print(reading_Avg(num_Avg)); Serial.println("℃");
16   delay(500);
17 }
18
19 float reading_Avg(int num_Readings){
20   float reading = 0;
21   for(int i = 0; i < num_Readings; i++)    reading += mlx.readObjectTempC();
22   reading /= num_Readings;
23   return(reading);
24 }
```

코드분석

- 15행의 reading_Avg(num_Avg) 함수는 매개변수 num_Avg 수만큼 측정하여 평균을 내는 것이다. 평균값을 float형으로 리턴한다. reading_Avg() 함수는 19~24행이다.

다음 그림 4-26은 비접촉 온도센서로 측정한 값을 시리얼모니터로 출력한 이미지이다.

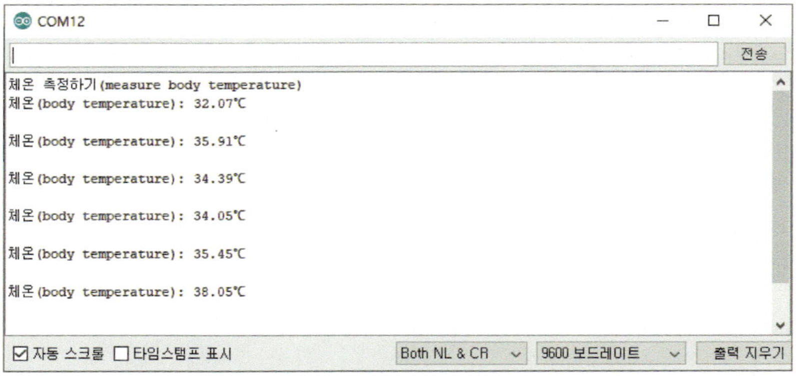

그림 4-26 비접촉 온도센서로 측정한 체온(시리얼모니터)

실험 26-2 비접촉 온도센서로 측정한 체온을 LCD 모듈로 출력하기

실습내용	준비물
1. 비접촉 온도센서로 측정한 체온을 LCD + I^2C 모듈로 표시해본다. 2. 비접촉 온도센서와 LCD 모듈의 SDA, SCL을 함께 아두이노의 A4, A5 핀에 연결할 수 있음을 확인한다.	1. 아두이노 우노 보드 1개 2. 브레드보드 1개 3. LCD + I^2C 모듈 1개 4. 비접촉 온도센서 1개

회로 구성

표 4-15 아두이노 우노 보드와 부품과의 결선표

아두이노 우노 보드	GND	5V	A4	A5
비접촉 온도센서(MLX90614)	GND	VCC	SDA	SCL
LCD + I^2C 모듈	GND	VCC	SDA	SCL

그림 4-27 비접촉 온도센서로 측정한 체온을 LCD 모듈로 출력하기

다음 소스코드는 비접촉온도센서로 측정한 체온을 LCD 모듈로 표현하는 것이다.

```
// 비접촉온도센서로 측정한 체온을 LCD 모듈로 표현하기
#include <Wire.h>
#include <Adafruit_MLX90614.h>          // 라이브러리 관리에서 MLX90614를 설치한다.
Adafruit_MLX90614 mlx = Adafruit_MLX90614();
#include<LiquidCrystal_I2C.h>           // 라이브러리 관리에서 LiquidCrystal_I2C.h 추가
LiquidCrystal_I2C lcd(0x27,16,2);       // LCD 화면이 안 뜨면 0x3F로 수정.
const int num_Avg=5;

void setup(){
  mlx.begin();
  lcd.init();                 // LCD 초기화
  lcd.backlight();
  lcd.setCursor(0,0);         //첫열, 첫행 지정
  lcd.print("Body Temperature");
  Serial.begin(9600);
}

void loop(){
  Serial.print("\n체온(body temperature):");
  Serial.print(reading_Avg(num_Avg)); Serial.println("℃");
  lcd.setCursor(4,1);     //5열, 2행 지정
  lcd.print(reading_Avg(num_Avg)); lcd.print((char)223); lcd.print("C");
  delay(500);
}

float reading_Avg(int num_Readings){
  float reading = 0;
  for(int i = 0; i < num_Readings; i++)    reading += mlx.readObjectTempC();
  reading /= num_Readings;
```

```
  return(reading);
}
```

4.2.6 서모커플

서모커플(thermocouple)은 열을 뜻하는 서모와 2개를 뜻하는 커플이 합쳐진 단어로 열전대라고도 한다. 2종류의 다른 금속 또는 반도체를 고리모양으로 붙여서, 두 군데 접합부에 온도 차이를 주면 기전력이 생기는 제베크효과[27]를 이용한 온도 측정용의 센서이다.

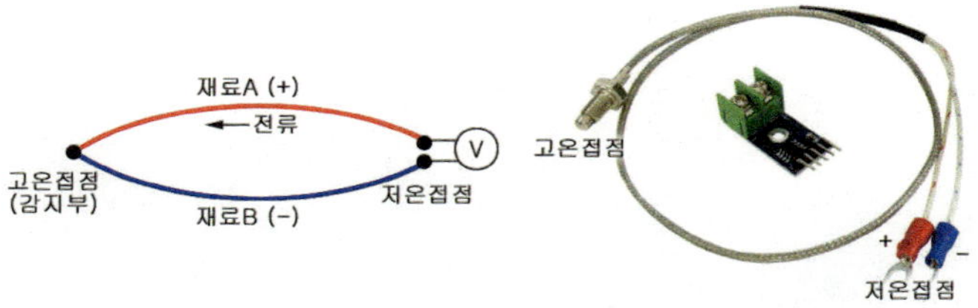

그림 4-28 서모커플의 구조와 실험에 사용한 K형 서모커플

그림 4-28에서 보듯이 서모커플은 온도를 감지하는 고온접점에서 2개의 다른 금속 또는 반도체로 구성하여, 저온접점 부분에서의 전위차(일반적으로 μV)로 온도를 측정한다. 재료 A, B의 유형에 따라 서모커플은 J, K, T 등으로 분류되는데, 상온에서 J, K, T 형의 전압은 각각 52 ㎶/℃, 41 ㎶/℃, 그리고 41 ㎶/℃ 정도 변화한다. K형이 가장 많이 사용되는데, 재료A는 10% Ni/Cr이고, 재료B는 5% Ni/Al/Si이다.

IC 기반 온도 센서와 서미스터는 모두 150℃ 미만의 온도 측정에 효과적인데, 서모커플은 -200~1700℃까지 넓은 범위의 온도범위를 0.1~1%의 오차로 측정할 수 있는 유일한 센서이다. 0.001초의 빠른 응답속도를 위해 머리카락보다 가는 서모커플도 있지만, 보통은 직경이 0.5~1mm 정도의 선으로 만들어진다. 접합부의 단순한 구조로 인해 측정 대상과 직접 접촉할 수 있으며, 전원을 필요로 하지 않는 수동(패시브) 디바이스이다. 발전소, 제철소 등에서 온도를 측정하기 위해 사용한다.

실험 27-1 서모커플로 측정한 온도를 시리얼모니터로 확인하기

실습내용	준비물
1. 서모커플을 사용해본다. 2. 서모커플로 측정한 온도를 시리얼모니터로 확인한다.	1. 아두이노 우노 보드 1개 2. 브레드보드 1개 3. 서모커플(MAX6675) 모듈 1개

27) 제베크 효과(Seebeck effect)는 어떤 물체의 양쪽 끝에 온도 차를 주면 기전력이 생기는 현상, 즉, 온도 차에 의해 열이 전기로 바뀌는 현상이다. 이와는 반대로 양쪽에 전위차를 걸어 주면 열이 흘러서 양쪽 끝에 온도 차를 만들어 내는 효과를 펠티어 효과라고 한다. 이 두 효과를 묶어서 제베크-펠티어 효과라고 부르고, 열과 전기가 서로 변화되는 효과이므로 열전 효과(thermoelectric effect)라고 부른다. 출처 : 물리학백과

회로구성

표 4-16 아두이노 우노 보드와 부품과의 결선표

서모커플 증폭기(MAX6675)	GND	VCC	SO	CS	SCK	T+	T-
아두이노 우노 보드	GND	5V	D5	D6	D7		
서모커플						크로멜(빨간)선	알루멜(파란)선

- 서모커플 증폭기의 T+와 T-에 연결되는 것은 서모커플의 저온접점의 크로멜 선과 알루멜 선이다.

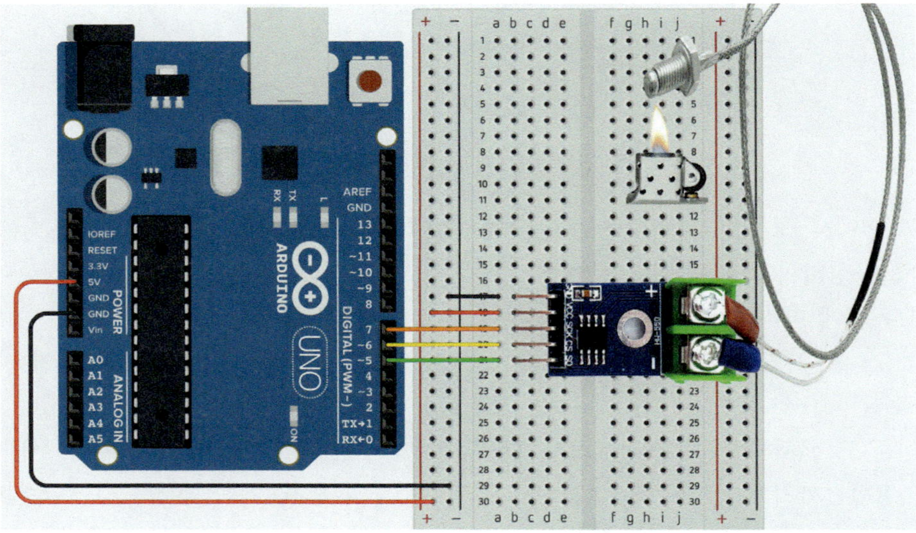

그림 4-29 서모커플로 측정한 온도를 시리얼모니터로 확인하기(브레드보드)

다음 소스코드는 K형의 서모커플(MAX6675) 모듈로 측정한 온도를 시리얼모니터로 출력하는 프로그램이다.

```
// 서모커플로 측정한 온도를 시리얼모니터로 출력하기
#include <max6675.h>                    // 라이브러리 관리에서 'MAX6675 library'를 설치한다.
const int SO_pin = 5;                   // MAX6675의 SO핀 지정
const int CS_pin = 6;                   // MAX6675의 CS핀 지정
const int SCK_pin = 7;                  // MAX6675의 SCK핀 지정
MAX6675 thermocouple(SCK_pin, CS_pin, SO_pin);

void setup(){
  Serial.begin(9600);
  delay(500);
}

void loop(){
  Serial.print("서모커플 측정온도 : ");
  Serial.print(thermocouple.readCelsius());
```

```
16    Serial.println("℃");
17    delay(500);                          // MAX6675는 최소 250ms가 필요
  }
```

코드분석

- 15행의 함수로 섭씨온도를 출력한다.
- 17행의 delay(500)은 MAX6675 증폭기가 최소 250ms가 필요하므로 시간지연을 준다.

다음 그림 4-30은 서모커플의 고온 접점부에 라이터 불을 20초가량 갖다 댄 다음 측정한 온도를 시리얼모니터로 나타낸 것이다.

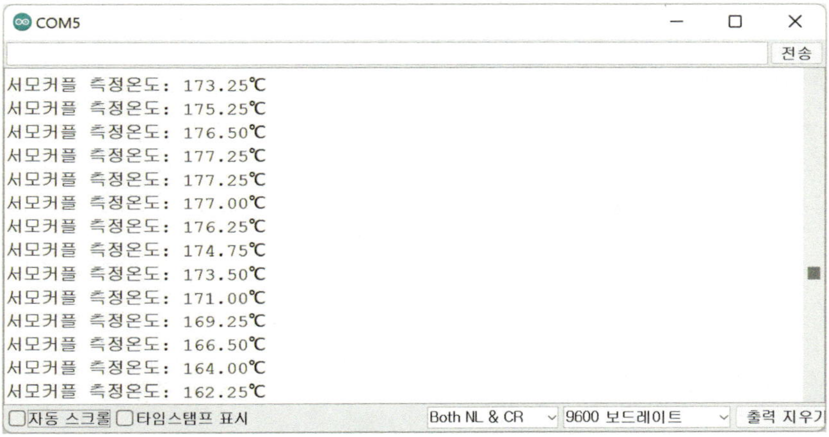

그림 4-30 서모커플로 측정한 온도(시리얼모니터)

실험 27-2 서모커플로 측정한 온도를 LCD 모듈로 출력하기

실습내용	준비물	
1. 서모커플로 측정한 온도를 LCD+I^2C 모듈로 표시해본다.	1. 아두이노 우노 보드 1개 2. 브레드보드 1개	3. LCD+I^2C 모듈 1개 4. 서모커플 센서 1개

회로구성

표 4-17 아두이노 우노 보드와 부품과의 결선표

서모커플 증폭기(MAX6675)	GND	VCC	SO	CS	SCK	T+	T-		
아두이노 우노 보드	GND	5V	D5	D6	D7			A4	A5
서모커플						빨간선	파란선		
LCD+I^2C 모듈	GND	VCC						SDA	SCL

다음 소스코드는 서모커플로 측정한 온도를 LCD 모듈로 출력하는 것이다.

```
// 서모커플로 측정한 온도를 LCD 모듈로 표현하기
#include <Wire.h>
#include<LiquidCrystal_I2C.h>            // 라이브러리 관리에서 LiquidCrystal_I2C.h 추가
LiquidCrystal_I2C lcd(0x27,16,2);        // LCD 화면이 안 뜨면 0x3F로 수정.
#include <max6675.h>                     // 라이브러리 관리에서 'MAX6675 library'를 설치한다.
const int SO_pin = 5;                    // MAX6675의 SO핀 지정
const int CS_pin = 6;                    // MAX6675의 CS핀 지정
const int SCK_pin = 7;                   // MAX6675의 SCK핀 지정
MAX6675 thermocouple(SCK_pin, CS_pin, SO_pin);

void setup() {
  lcd.init();                            // LCD 초기화
  lcd.backlight();
  lcd.setCursor(2,0);                    //2열, 첫행 지정
  lcd.print("Thermocouple");
}

void loop() {
  lcd.setCursor(4,1);                    //5열, 2행 지정
  lcd.print(thermocouple.readCelsius());
  lcd.print((char)223);
  lcd.print("C  ");
  delay(500);                            // MAX6675는 최소 250ms가 필요
}
```

CHAPTER 05

스위치와 7세그먼트

학습목표

1. 택트스위치의 특성과 용도를 설명할 수 있다.
2. 풀업/풀다운 저항에 대해서 설명할 수 있다.
3. 디바운스란 무엇이며, 디바운싱하는 방법에 대해 설명을 할 수 있다.
4. 슬라이드스위치의 특성과 용도를 설명할 수 있다.
5. 마이크로스위치의 특성과 용도를 설명할 수 있다.
6. 7세그먼트의 특성과 용도를 설명할 수 있다.

5.1 스위치

스위치(Switch)는 전기를 연결하거나 끊는 부품이다. 스위치는 온/오프용 기능만 있거나, 온/오프뿐만 아니라 중립 상태가 있는 스위도 있고, 누를 때만 온 또는 오프가 되는 택트스위치도 있고, 온 상태와 오프 상태를 유지하는 슬라이드 스위치도 있다. 또한 물체의 위치에 따라 온/오프되는 마이크로스위치도 있다.

5.1.1 택트스위치

택트스위치는 일종의 푸시버튼이다. 버튼이 눌릴 때 개방되거나 폐쇄된다. 내부에는 스프링이 들어 있어 눌렀다 떼면 원상태로 돌아간다. 스위치의 버튼이 눌려 있는 순간의 상태는 괄호로 표시했다. 버튼이 풀리면 괄호를 표기하지 않은 상태로 되돌아간다. OFF-(ON)은 평상시에 접점이 열려 있으며 버튼을 누를 때만 닫힌다. A형 푸시버튼이라고 불린다. 상시열림(Normally Open)을 줄여서 NO라고 부르기도 한다. ON-(OFF)은 평상시에 접점이 닫혀 있으며 버튼을 누를 때만 열린다. B형 푸시버튼이라고 불린다. 상시닫힘(Normally Close) 또는 줄여서 NC라고도 부른다. 다음 그림 5-1에서 스위치를 누르지 않더라도 ①과 ②단자는 하나이고, ③과 ④단자가 하나로 연결되어 있다. 스위치가 눌려지면 ①, ②, ③, ④단자는 모두 연결되어진다.

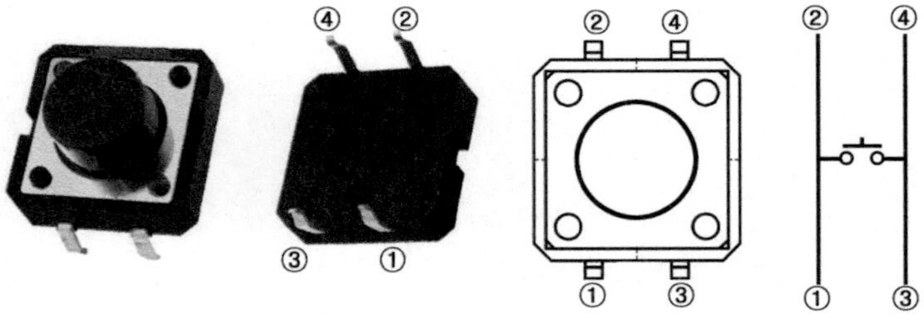

그림 5-1 택트스위치

실험 28 TINKERCAD 택트스위치로 LED 스위칭하기

실습내용	준비물	
1. 택트스위치를 사용해본다. 2. LED의 온/오프 반응을 보면서 택트스위치의 특성을 이해한다.	1. AA 또는 AAA 4개와 배터리홀더 1개 2. LED 1개	3. 저항 330Ω 1개 4. 택트스위치 1개

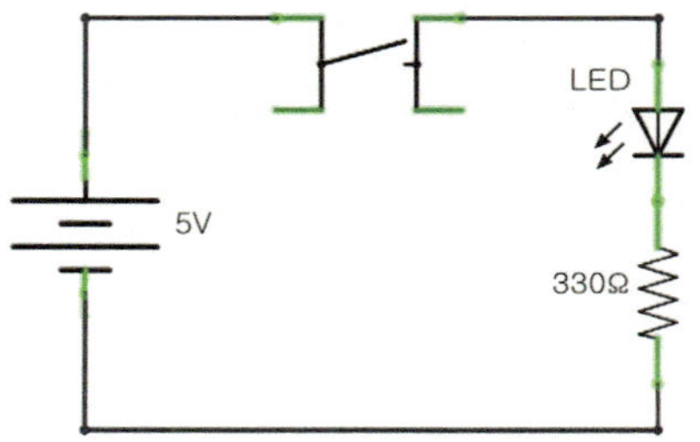

그림 5-2 택트스위치로 LED 스위칭 (회로도)

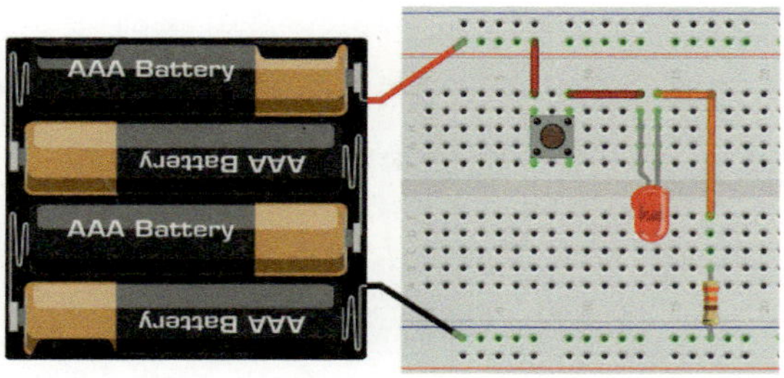

그림 5-3 택트스위치로 LED 스위칭(브레드보드)

택트스위치를 누르고 있는 동안 LED가 켜지고 손을 떼면 꺼진다. 330Ω 저항은 LED의 안전저항 역할을 한다. 배터리의 전압이 5V보다 높으면 좀 더 큰 저항을 연결해야 한다. LED와 저항은 서로 위치가 바뀌어도 상관없다.

5.1.2 풀업/풀다운 저항

풀업/풀다운 저항은 수 kΩ ~ 수백 kΩ 정도로 높은 저항을 건다. 저항이 너무 높으면 플로팅 상태나 마찬가지가 되고 너무 낮다면 과전류로 소비 전력이 높아지고 부품 파손의 위험이 있다. 그러므로 공급전압과 수 mA 정도의 목표 전류를 옴의 법칙에 대입시켜 적절한 값의 저항을 사용해야 한다.

풀업/풀다운 저항을 사용하는 이유는 다음과 같이 크게 두 가지이다.

① 아두이노 보드를 과전류에서 보호한다.

② 플로팅 현상(HIGH나 LOW가 아닌 중간 상태)을 방지한다.

- 풀업(PULL-UP) : 저항을 VCC쪽에 붙여서 플로팅[28] 현상을 해결하는 방식이다. 그림 5-4의 스위치가 오프이면 전류는 전원에서 I/O핀으로 흘러 I/O핀의 값은 1(HIGH)이 되고, 스위치가 온이면 I/O핀의 전위는 LOW가된다.

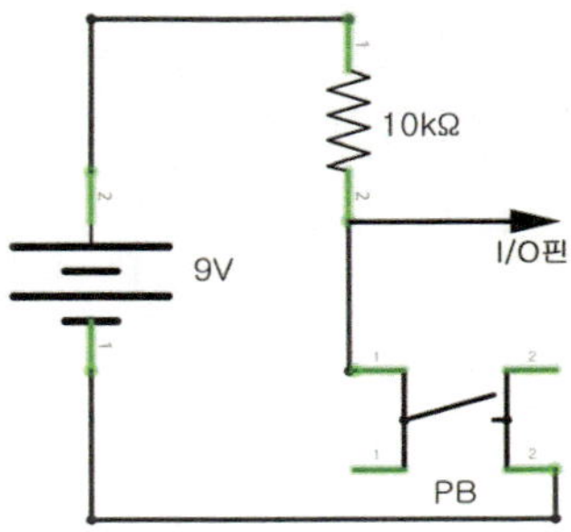

그림 5-4 풀업 저항

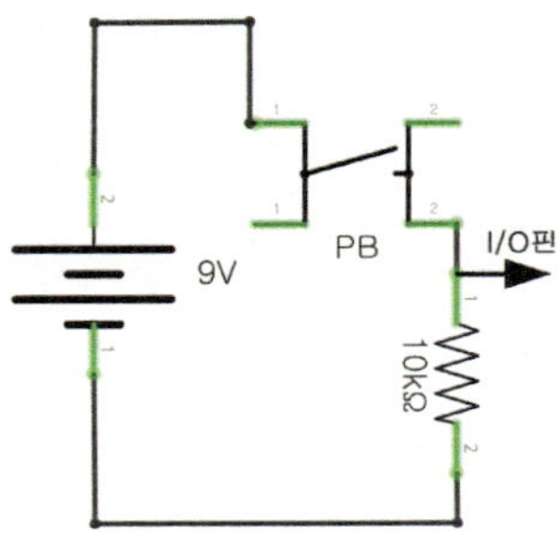

그림 5-5 풀다운 저항

28) 'Float = 떠있다'의 의미로, 신호가 Low(0)과 High(1)사이에 애매한 위치에 떠있어서 나타나는 현상

• 풀다운(PULL-DOWN) : 저항을 GND쪽에 붙여서 플로팅 현상을 해결하는 방식이다. 그림 5-5의 스위치가 오프이면 전류는 I/O핀에서 GND로 흐르고 I/O핀의 값은 0(LOW)이 되고, 스위치가 온이면 I/O핀의 전위는 HIGH가된다.

다음 그림 5-6과 그림 5-7은 팅커캐드에서 택트스위치(누름 버튼)에 10kΩ 풀업저항을 연결하고, 택트스위치를 온/오프할 때 I/O핀에 전달된 전압을 멀티미터로 측정한 것이다. 스위치 ON일 때 0V이고 OFF일 때 9V가 측정된다. 이처럼 풀업저항일 경우 스위치를 누르면 OFF, 손을 떼면 ON으로 작동하게 된다(NC; b접점; 상시닫힘).

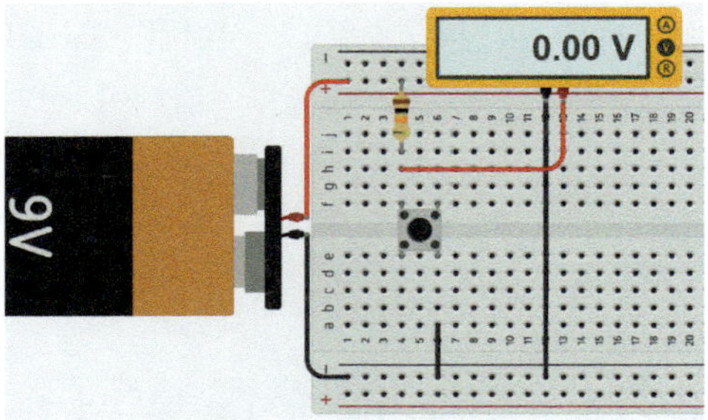

그림 5-6 풀업 저항일 경우 택트스위치 ON

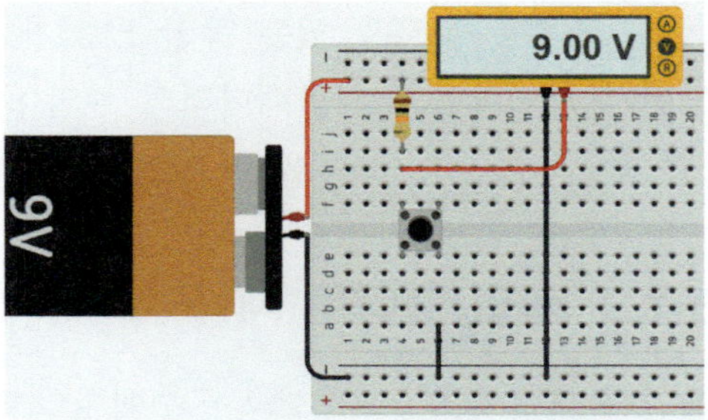

그림 5-7 풀업 저항일 경우 택트스위치 OFF

다음 그림 5-8과 그림 5-9는 팅커캐드에서 택트스위치(누름 버튼)에 10kΩ 풀다운저항을 연결하고, 택트스위치를 온/오프할 때 I/O핀에 전달된 전압을 멀티미터로 측정한 것이다. 풀업저항 형태일 때와는 반대로 스위치 ON일 때 9V이고 OFF일 때 0V가 측정된다. 이처럼 풀다운저항일 경우 스위치를 누르면 ON, 손을 떼면 OFF로 작동하게 된다(NO ; a접점 ; 상시열림). 이 책에서 택트스위치를 사용할 경우는 직관적인 형태인 스위치를 누를 때 ON이 되는 풀다운 형태를 사용한다.

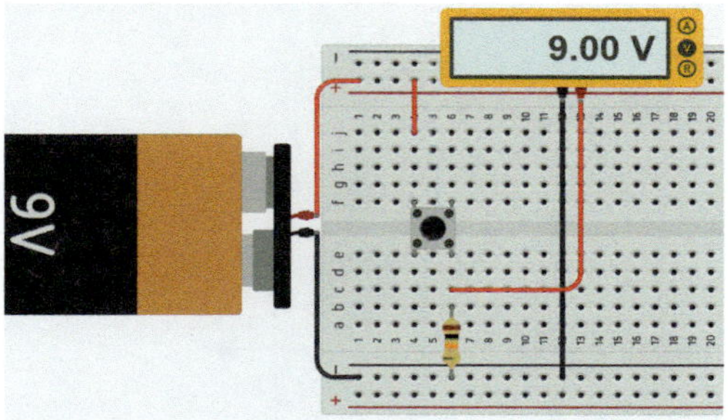

그림 5-8 풀다운 저항일 경우 택트스위치 ON

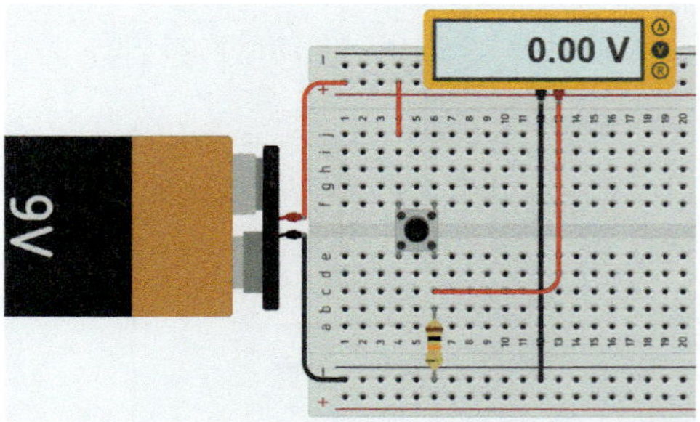

그림 5-9 풀다운 저항일 경우 택트스위치 OFF

아두이노에서는 자체적으로 pinMode() 에서 INPUT_PULLUP이라는 소프트웨어적인 풀업 모드를 제공한다. 아두이노의 각 핀에는 내부 풀업저항이 달려있기 때문에 선언을 통해 자동으로 풀업을 사용할 수 있다. 일반적으로 풀다운 보다는 풀업이 노이즈나 충격에 강하기 때문에 풀업을 많이 사용한다. 풀업과 풀다운저항의 두 가지 형태는 상황에 따라 적용할 필요가 있다.

실험 29-1 택트스위치를 10번 누를 때마다 LED 켜기

실습내용	준비물	
1. 택트스위치의 '바운스' 현상을 살펴본다. 2. 택트스위치의 누른 횟수가 정확하지 않음에도 LED가 켜지는 것을 확인한다.	1. 아두이노 우노 보드 1개 2. 브레드보드 1개 3. 저항 330Ω, 10kΩ 각 1개	4. LED 1개 5. 택트스위치 1개

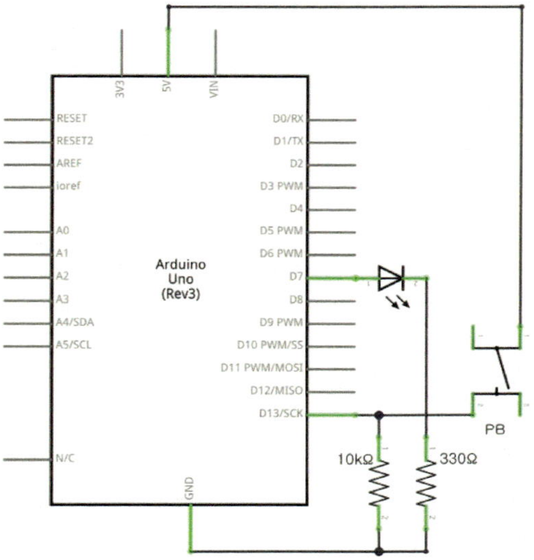

그림 5-10 택트스위치를 10번 누를 때마다 LED 켜기(회로도)

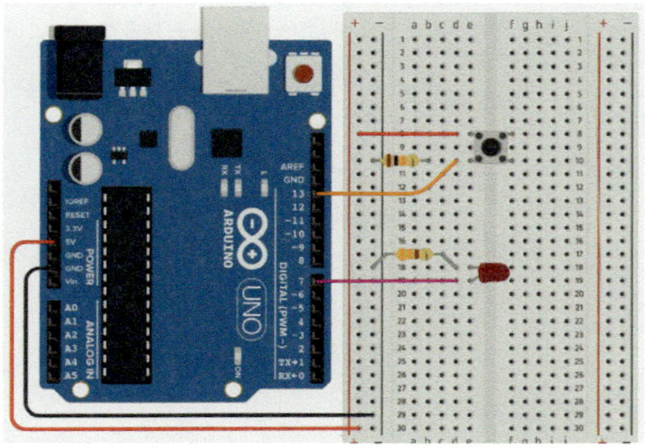

그림 5-11 택트스위치를 10번 누를 때마다 LED 켜기(브레드보드)

회로구성

표 5-1 아두이노 우노 보드와 부품과의 결선표

아두이노 우노 보드	5V	D7	D13
택트스위치	핀1 또는 핀2		핀3 또는 핀4
LED		+단자	

- 10kΩ 저항을 풀다운 형태로 택트스위치와 GND에 연결한다.
- 330Ω 저항도 풀다운 형태로 LED(−) 단자와 GND에 연결한다.

다음 소스코드는 택트스위치를 10번 누를 때마다 LED 켜는 프로그램이다. 이 프로그램은 소프트웨어적으로 이상이 없지만 택트스위치의 바운스(채터링)로 인해 정확한 카운터가 되지 않을 수 있다. 택트스위치를 부주위하게 마구 눌러보면 횟수가 정확하지 않을 것이다.

```
1  //택트스위치를 10번 누를 때마다 LED 켜기
2  const int pb_pin = 13;          // 택트스위치 연결 핀 번호
3  const int led_pin = 7;          // LED 연결 핀 번호
4  int cnt = 0;
5  int reading = 0;
6  int ButtonState = 0;
7  
8  void setup(){
9     pinMode(pb_pin, INPUT);
10    pinMode(led_pin, OUTPUT);
11    Serial.begin(9600);
12 }
13 
14 void loop(){
15    reading = digitalRead(pb_pin);
16    if(reading != ButtonState){
17      if(reading == HIGH){
18         cnt++;
19         Serial.println("버튼이 눌려짐");
20         Serial.println("버튼을 누른 횟수 :" + String(cnt));
21      }
22      else       Serial.println("버튼이 떼짐");
23    }
24    ButtonState = reading;
25    if(cnt !=0 && cnt%10 == 0){
26      digitalWrite(led_pin, HIGH);
27    }
28    else digitalWrite(led_pin, LOW);
29 }
```

코드분석

- 2행에서 택트스위치를 아두이노의 디지털핀 어디라도 상관없지만, 13번 핀으로 연결한 것은 버튼이 눌려짐을 내장 '13LED'로 확인하기 위함이다.

5.1.3 디바운스

스위치는 회로를 '차단'하거나 '접속'시키는 단속(斷續) 역할을 한다. 스위치의 종류는 토글 스위치, 로커스위치, 택트스위치, 마이크로스위치(리밋스위치), 리드스위치, 릴레이가 있다. 이들 스위치는 온/오프되는 과정에서 바운스되는 특성이 있다. 바운스는 채터링이라고도 하는데 스위치의 기계적인 접점 부분의 진동으로 말미암아 몇 차례 HIGH와 LOW 상태를 오가는 단속 상태가 반복되는 것을 말한다. 일반적으로 바운스는 회로에 미치는 영향이 없거나 미미하지만, 디지털 회로가 반복적으로 떨리는 진동을 감지하여 단속 역할을 한다면 심각한 결과가 초래될 수도 있다. 이러한 바운스의 영향을 하드웨어 또는 소프트웨어로 없앨

수 있다. 이를 '디바운스'라고 한다. 업계에서는 오랫동안 하드웨어 디바운스를 실행해 왔지만 최근에는 점차 소프트웨어 기반의 디바운스 접근법으로 바뀌는 추세이다.

실험 29-2 택트스위치를 10번 누를 때마다 LED 켜기(소프트웨어 디바운싱 해결)

실습내용	준비물
1. 택트스위치의 '바운스' 현상을 소프트웨어로 해결해본다. 2. 택트스위치의 누른 횟수가 정확히 10번일 때 LED가 켜지는지를 확인한다.	1. [실험 29–1]의 회로도와 동일함

다음 소스코드는 스위치의 접점이 고정될 때까지 기다리기 위해서 50밀리초(ms)의 지연시간을 두는 프로그램이다.

```
1  //택트스위치를 10번 누를 때마다 LED 켜기(소프트웨어 디바운싱 해결 )
2  const int pb_pin = 13;  // 택트스위치 연결 핀 번호
3  const int led_pin =7;  // LED 연결 핀 번호
4  int buttonState;
5  int lastButtonState = LOW;
6  unsigned long lastDebounceTime = 0;
7  unsigned long debounceDelay = 50;     // 디바운스 시간
8  int cnt = 0;
9  
10 void setup(){
11   pinMode(pb_pin, INPUT);
12   pinMode(led_pin, OUTPUT);
13   Serial.begin(9600);
14 }
15 
16 void loop(){
17   int reading = digitalRead(pb_pin);
18   if(reading != lastButtonState){
19     lastDebounceTime = millis();
20   }
21   if((millis() - lastDebounceTime) > debounceDelay){
22     if(reading != buttonState){
23       buttonState = reading;
24       if(buttonState == HIGH){
25         cnt++;
26         Serial.println("버튼이 눌려짐");        Serial.println("버튼을 누른 횟수 :" + String(cnt));
27       }
28       else        Serial.println("버튼이 떼짐");
29     }
30   }
31   if(cnt!=0 && cnt%10==0)    digitalWrite(led_pin, HIGH);
32   else digitalWrite(led_pin, LOW);
33   lastButtonState = reading;
34 }
```

코드분석

- 7행의 디바운스 시간 50ms는 버튼을 누른 것보다 횟수가 많아질 경우 증가하면 된다.

- 19행은 디바운스 타이머를 리셋하는 것이다.
- 21~30행이 디바운스 시간이 지난 다음 버튼의 상태를 확인하여 카운터값(cnt)을 증가한다.
- 33행은 다음 루프를 위하여 버튼상태를 lastButtonState 변수에 저장한다.

실험 29-3 택트스위치를 10번 누를 때마다 LED 켜기(캐퍼시터와 슈미터트리거로 디바운싱 해결)

([실험 29-1] 프로그램을 수정하지 않고 그대로 사용)

실험 30-1 TINKERCAD 택트스위치를 누를 때마다 3색 LED 색상을 바꾸기

실습내용	준비물	
1. 택트스위치를 누를 때마다 3색 LED 색상을 바꿔 본다. 2. 랜덤 함수를 사용하여 무작위로 색상을 바꿔본다.	1. 아두이노 보드 1개 2. 브레드보드 1개 3. 3색 LED 1개	4. 저항 330Ω 3개, 10kΩ 1개 5. 택트스위치 1개

회로구성

표 5-2 아두이노 우노 보드와 부품과의 결선표

아두이노 우노 보드	GND	5V	D13	D9	D6	D5
택트스위치		핀1 또는 핀2	핀3 또는 핀4			
3색 LED	GND			R	G	B

- 10kΩ 저항을 풀다운 형태로 택트스위치와 GND에 연결한다.
- 3색 LED의 R, G, B 단자는 330Ω 저항을 통해 아두이노 보드에 연결한다.

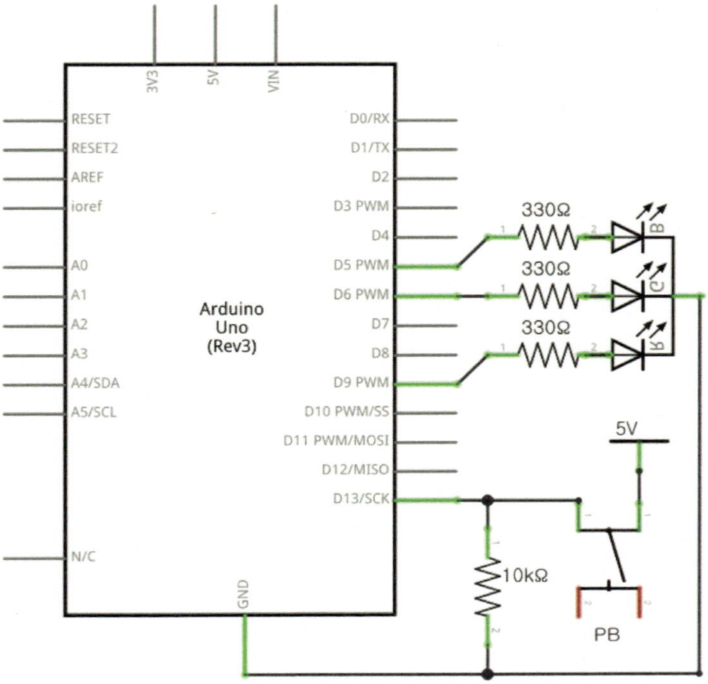

그림 5-12 택트스위치를 누를 때마다 3색 LED 색상을 바꾸기(회로도)

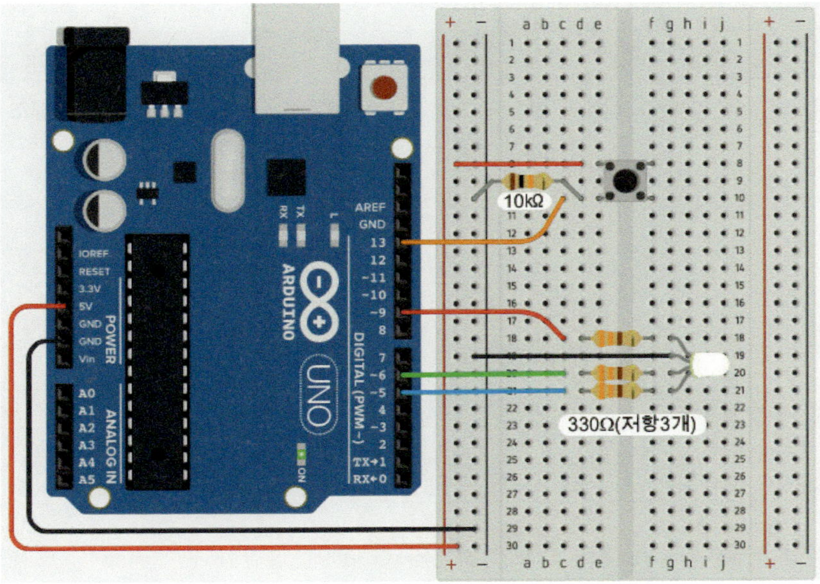

그림 5-13 택트스위치를 누를 때마다 3색 LED 색상을 바꾸기

다음 소스코드는 택트스위치를 누를 때마다 3색 LED의 색상을 바꾸는 프로그램이다.

```
1  //택트스위치를 누를 때마다 3색 LED 색상을 바꾸는 프로그램
2  #define R 9
3  #define G 6
4  #define B 5
5  #define BUTTON 13
6  
7  void setup(){
8     pinMode(R, OUTPUT);
9     pinMode(G, OUTPUT);
10    pinMode(B, OUTPUT);
11    pinMode(BUTTON, INPUT);
12 }
13 
14 void loop(){
15   if(digitalRead(BUTTON)==HIGH){
16    analogWrite(R,randcm(255));          // random(255) :0~255 값을 무작위로 발생
17    analogWrite(G,randcm(255));
18    analogWrite(B,randcm(255));
19    delay(500);
20   }
21 }
```

코드분석

- 16~18행은 R, G, B 3색을 random() 함수로 무작위 지정한다.
- 15행의 택트스위치는 색을 랜덤하게 지정할 것이라서, 디바운싱 처리는 하지 않는다.

실험 30-2TINKERCAD 택트스위치의 스위칭에 소리 추가하기

실습나용	준비물	
1. 택트스위치를 누를 때마다 피에조 부저에 소리가 나게 한다.	1. 아두이노 보드 1개 2. 브레드보드 1개 3. 저항 10kΩ 1개	4. 피에조 부저 1개 5. 택트스위치 1개

회로구성

표 5-3 아두이노 우노 보드와 부품과의 결선표

아두이노 우노 보드	GND	5V	D13	D7
택트스위치		핀1 또는 핀2	핀3 또는 핀4	
피에조 부저	–핀			+핀

- 10kΩ 저항을 풀다운 형태로 택트스위치와 GND에 연결한다.

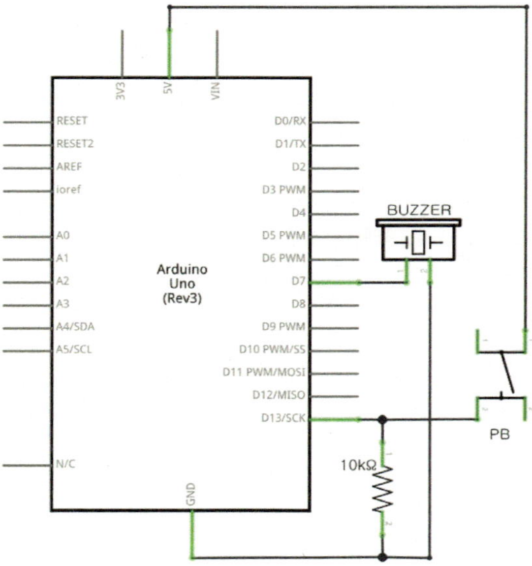

그림 5-14 택트스위치를 누르면 소리 내는 회로도

그림 5-15 택트스위치를 누르면 소리내기

다음 소스코드는 택트스위치를 누르고 있는 동안 소리를 내는 프로그램이다.

```
1  //택트스위치를 누르면 소리내기
2  #define buzzer 7
3  #define BUTTON 13
4  
5  void setup(){
6     pinMode(BUTTON, INPUT);
7     pinMode(buzzer, OUTPUT);
8  }
9  
10 void loop(){
11   if(digitalRead(BUTTON)){
12      tone(buzzer, 400, 500);          // tone(부저 핀번호, 주파수, 소리 내는 시간)
13   }
14   else    noTone(buzzer);             // 피에조 부저 OFF
15 }
```

코드분석

- 12행의 tone(연결핀, 주파수, 지속시간)함수는 3개의 매개변수를 사용할 수 있다. 최소 2개는 사용해야 한다. tone(buzzer, 400, 500)의 매개변수는 2행에서 지정한 buzzer의 7번 핀, 주파수 400Hz, 지속시간 500ms(0.5초)이다.

실험 30-3TINKERCAD	택트스위치를 토글버튼으로 만들어 LED 깜박이기

실습내용	준비물	
1. 택트스위치를 토글버튼처럼 작동되도록 프로그램을 작성해본다.	1. 아두이노 우노 보드 1개 2. 브레드보드 1개 3. 저항 330Ω 1개, 10kΩ 1개	4. LED 1개 5. 택트스위치 1개

회로구성

표 5-1 아두이노 우노 보드와 부품과의 결선표

아두이노 우노 보드	5V	D13	D7
택트스위치	핀1 또는 핀2	핀3 또는 핀4	
LED			+단자

- 10kΩ 저항을 풀다운 형태로 택트스위치와 GND에 연결한다.
- LED(−) 단자는 330Ω 저항을 통해 아두이노의 GND에 연결한다. 결국 330Ω 저항은 풀다운 형태가 된다.

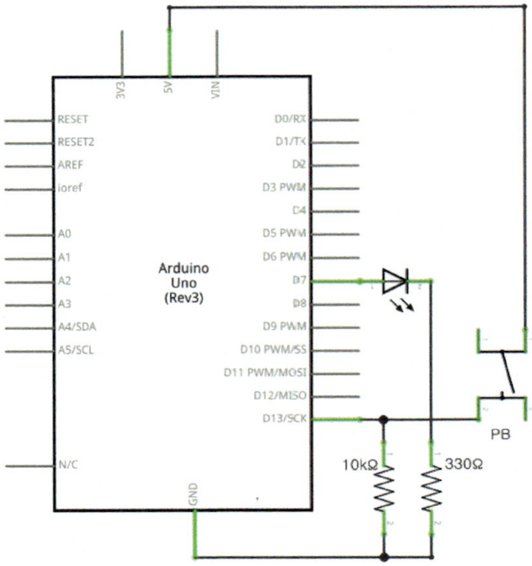

그림 5-16 택트스위치를 토글버튼으로 만들어 LED 깜박이기(회로도)

그림 5-17 택트스위치를 토글버튼으로 만들어 LED 깜박이기(브레드보드)

다음 소스코드는 택트스위치를 토글버튼으로 만들어 LED를 온/오프하는 프로그램이다.

```
1  //택트스위치를 토글버튼으로 만들어 LED를 켰다 껐다하는 프로그램
2  int ButtonState = 0;
3  int cnt = 0;
4  
5  const int sw_pin =13;           // 스위치를 핀 13번에 연결
6  const int led_pin = 7;
7  
8  void setup (){
9    pinMode(led_pin, OUTPUT);
10   pinMode(sw_pin, INPUT);
11 }
12 
13 void loop(){
14   int reading = digitalRead(sw_pin);
15   if(reading != ButtonState){
16     if(reading == HIGH)       cnt++;
17     delay(5);
18   }
19   ButtonState = reading;
20   if(cnt % 2 == 0)     digitalWrite(led_pin, LOW);
21   else     digitalWrite(led_pin, HIGH);
22 }
```

코드분석

- 20행의 if(cnt % 2 == 0)은 짝수를 감지하기 위한 조건문이다. % 연산자는 나눈 나머지를 출력하므로 if(cnt % 2 == 0)은 "cnt 변수값을 2로 나눈 나머지가 0이면"이라는 뜻이므로 cnt값이 짝수인지를 알아낼 수 있다.

5.1.4 슬라이드 스위치

그림 5-18의 슬라이드 스위치에는 3개의 단자가 있다. 가운데 핀을 기준으로 왼쪽 핀 또는 오른쪽 핀과 연결하여 온/오프의 두 상태로 전환가능하다.

그림 5-18 슬라이드 스위치

실험 31-1 TINKERCAD 슬라이드 스위치로 LED 스위칭

실습내용	준비물	
1. 슬라이드 스위치를 사용해본다. 2. LED의 온/오프 반응을 보면서 슬라이드 스위치의 특성을 이해한다.	1. AA 또는 AAA 4개와 배터리홀더 1개 2. 슬라이드 스위치 1개	3. LED 1개 4. 저항 330Ω 1개

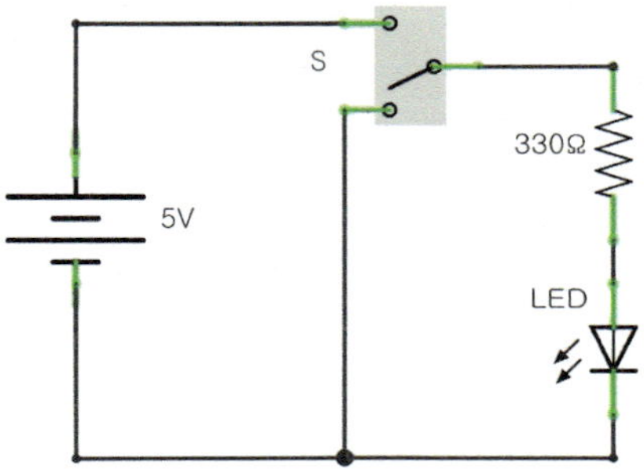

그림 5-19 스위치로 LED 제어(회로도)

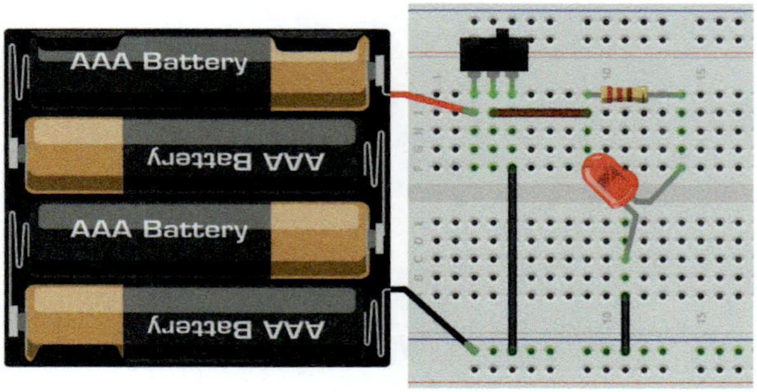

그림 5-20 스위치로 LED 제어(브레드보드)

그림 5-19 회로도의 스위치 상태는 OFF로서 LED가 꺼진 상태이다. OFF 상태의 스위치 단자가 배터리의 '–' 극에 연결되어 있는데, 연결 안 된 상태여도 상관없다. 여기서 택트스위치를 사용한다면 LED를 켜기 위해 계속 누르고 있어야 한다. 그리고 LED와 저항 330Ω은 서로 위치가 바뀌어도 상관없다. LED가 순방향의 직렬연결이면 된다.

실험 31-2 TINKERCAD 두 지점에서 LED 제어 가능

실습내용	준비물	
1. 슬라이드 스위치 2개를 사용해서 두 곳에서 LED를 스위칭할 수 있게 한다.	1. AA 또는 AAA 4개와 배터리홀더 1개 2. 슬라이드 스위치 2개	3. LED 1개 4. 저항 330Ω 1개

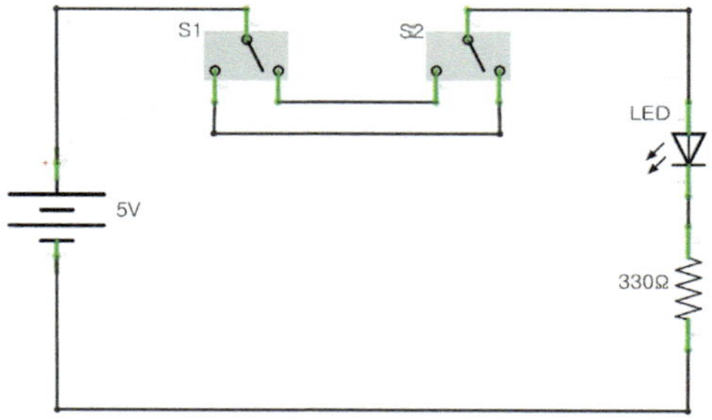

그림 5-21 두 스위치 사용_계단의 위 아래 (회로도)

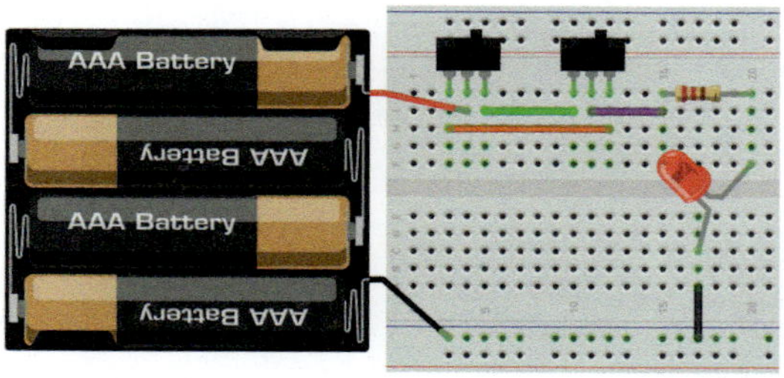

그림 5-22 두 스위치 사용_계단의 위 아래 (브레드보드)

그림 5-21은 2개의 슬라이드 스위치를 사용하여 두 지점에서 LED를 온/오프할 수 있도록 회로를 구성한 것이다. 이 회로의 사용 예는 빌딩의 위층과 아래층 두 곳의 계단 벽스위치에서 점등 또는 소등할 수 있는 경우이다. 그림 5-21의 회로에서 슬라이드 스위치가 벽스위치와 같은 기능을 한다.

5.1.5 마이크로스위치

그림 5-23 마이크로스위치

마이크로스위치(microswitch)는 사람이 직접 버튼을 누르는 대신 선형 액추에이터와 연동되어 작동하는 스위치다. 전자레인지의 문이 닫혔는지 물체가 정해진 위치에 왔는지를 확인하는 감지 스위치이다. 문이 닫히거나 물체가 도달하여 전기 접점을 개폐(온/오프)한다. 기계적 자동제어에 사용되어 리밋스위치(limit switch)와 혼용되고 있다. 그림 5-23처럼 개폐동작을 하는 접점이 케이스로 덮여져있고 그 외부에 접점을 개폐하는 핀이나 레버로 조합된 소형 스위치이다. 마이크로스위치는 NO, COM, NC의 3개의 단자가 있다. 눌려지면 작동을 하도록 평상시에는 열린 상태로 연결한다. 마이크로스위치는 신뢰성이 높고, 성능이 우수하고, 소형, 높은 용량, 저가격으로 보수점검이 용이하다. 마이크로스위치는 6.1.1절의 2개의 DC모터를 구동하는 [실험 35-2]에서 다루어본다.

5.2 7세그먼트

5.2.1 1자리 FND

그림 5-24 7세그먼트

7세그먼트(segment) 또는 FND(Flexible Numeric Display)라고도 하는 표시장치는 자체 발광으로 어두운 곳에서도 식별하기 쉽고 가격이 저렴하다는 장점이 있다. 10진수와 일부 문자를 표현하기 위한 7개의 LED가 숫자 8 모양으로 배치되어있고, 소수점을 표현하기 위해 점(dot) LED가 붙어 있기도 하다. 그림 5-24의 7세그먼트에는 10개의 핀이 있는데 8개의 LED 핀은 선택적으로 온/오프하여 숫자를 표시하고, 나머지 2개의 핀은 8개의 LED를 공통으로 양극(애노드)이나 음극(캐소드)에 연결한다. 다음 그림 5-25는 '공통양극(Common Anode)'의 핀 접속도와 LED의 방향을 보여준다. 그림 5-26은 '공통음극(Common Cathode)'의 핀 접속도와 LED의 방향을 보여준다. 세그먼트 위아래 두 군데를 GND에 연결하는 공통음극 7세그먼트를 이 책의 실험에서 사용한다.

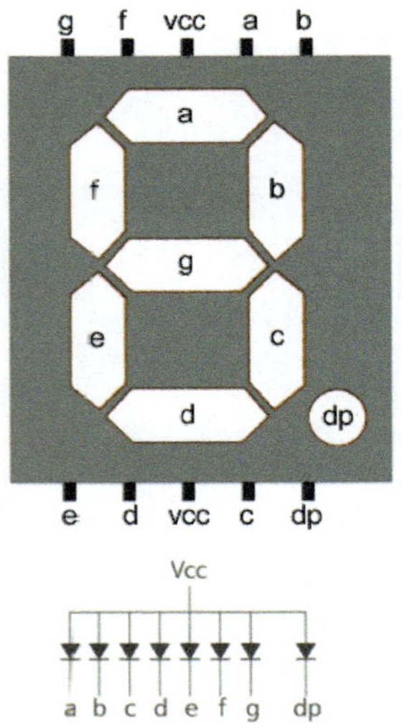

그림 5-25 공통양극

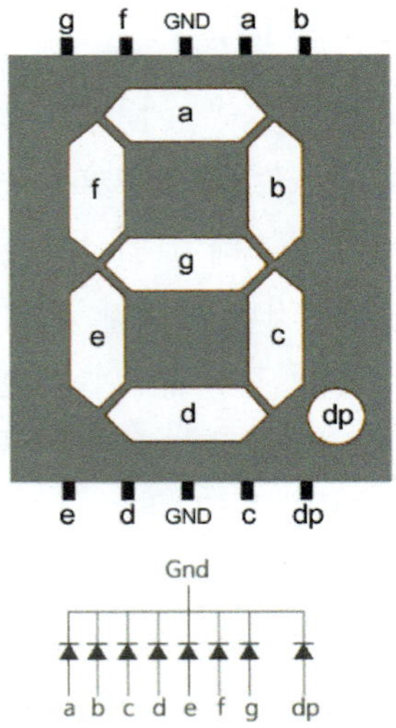

그림 5-26 공통음극

실험 33-1 TINKERCAD 7세그먼트의 값을 0~9까지 출력하기

실습내용	준비물	
1. 7세그먼트를 사용해본다. 2. 7세그먼트의 값을 0~9까지 숫자를 출력해본다.	1. 아두이노 우노 보드 1개 2. 브레드보드 1개	3. 저항 330Ω 8개 4. 7세그먼트 1개

회로구성

표 5-4 아두이노 우노 보드와 부품과의 결선표

아두이노 우노 보드	GND	D2	D3	D4	D5	D6	D7	D8	D9
7세그먼트	3, 8 GND	5 dp	4 c	2 d	1 e	10 g	9 f	7 a	6 b

- 이 실험에서는 공통음극의 세그먼트를 사용한다.
- 공통음극의 7세그먼트이므로 위 5개 핀과 아래의 5개 핀 가운데에 있는 핀3과 핀8은 아두이노의 GND에 연결한다.
- 8개의 330Ω 저항은 7세그먼트의 위아래 가운데 핀3과 핀8을 제외하고, 7세그먼트 8개 핀(a~g, dp핀)에 풀다운 형태로 연결한다.
- 팅커캐드에서 시뮬레이션을 할 경우, 공통음극의 7세그먼트를 지정하기 위하여 마우스로 7세그먼트를 눌러 나타나는 팝업창에서 '음극'을 선택한다.
- 소수점을 출력하는 7세그먼트의 핀5(dp)를 연결하지 않아도 된다.

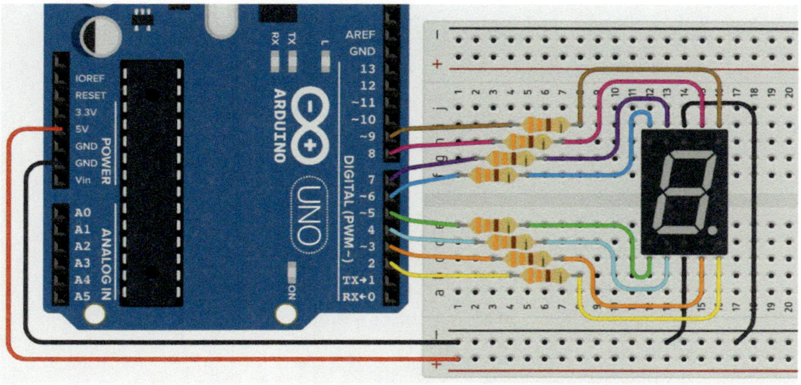

그림 5-27 7세그먼트의 값을 0~9까지 출력하기

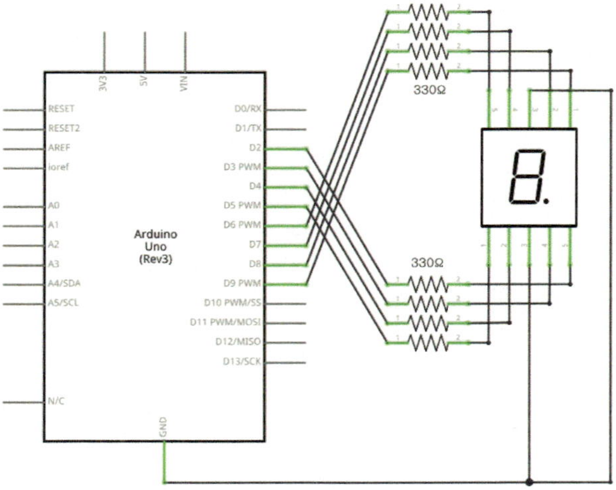

그림 5-28 7세그먼트의 값을 0~9까지 출력하는 회로도1

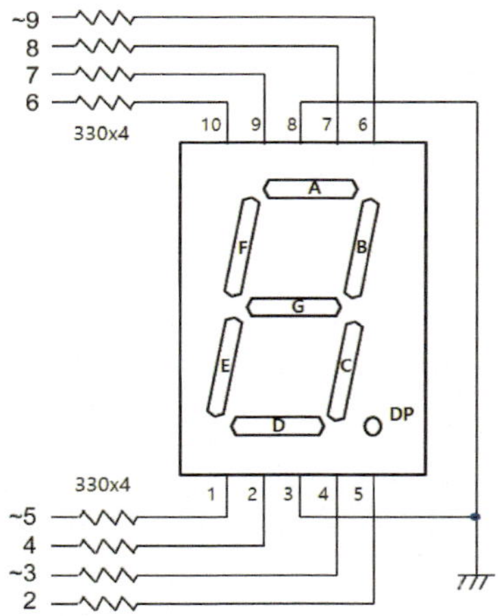

그림 5-29 7세그먼트의 값을 0~9까지 출력하는 회로도2

팅커캐드에서 시뮬레이션을 할 경우, 반드시 7세그먼트를 마우스로 눌러 '음극'으로 지정한다. 다음 소스코드는 7세그먼트에 0부터 9까지의 숫자를 출력한다.

```
// 7세그먼트의 값을 0~9까지 출력하는 프로그램
#define dp 2
#define c 3
#define d 4
#define e 5
#define g 6
#define f 7
#define a 8
#define b 9
int segmentLEDs[] = {a, b, c, d, e, f, g, dp};
int LEDsNum = 8;

int digitForNum[10][8] = {
  {1, 1, 1, 1, 1, 1, 0, 0}, //0
```

```
15    {0, 1, 1, 0, 0, 0, 0, 0}, //1
16    {1, 1, 0, 1, 1, 0, 1, 0}, //2
17    {1, 1, 1, 1, 0, 0, 1, 0}, //3
18    {0, 1, 1, 0, 0, 1, 1, 0}, //4
19    {1, 0, 1, 1, 0, 1, 1, 0}, //5
20    {0, 0, 1, 1, 1, 1, 1, 0}, //6
21    {1, 1, 1, 0, 0, 0, 0, 0}, //7
22    {1, 1, 1, 1, 1, 1, 1, 0}, //8
23    {1, 1, 1, 0, 0, 1, 1, 0}  //9
24  };
25
26  void setup(){
27    for(int i = 0 ; i < LEDsNum ; i++)    pinMode(segmentLEDs[i], OUTPUT);
28  }
29
30  void loop(){
31    for(int i = 0 ; i < 10 ; i++){
32      for(int j = 0 ; j < LEDsNum ; j++)
33        digitalWrite(segmentLEDs[j], digitForNum[i][j]);
34      delay(1000);
35    }
36  }
```

코드분석

- 13~24행의 배열은 7세그먼트의 숫자표현을 위한 LED를 온/오프하여 해당되는 숫자모양이 디스플레이 되도록 한다.
- 27행의 for() 문을 통해 8개의 LED를 출력(OUTPUT) 모드로 지정한다.

실험 33-2 TINKERCAD 리모컨에서 누른 값을 7세그먼트에서 출력하기

실습내용	준비물	
1. 적외선 리모컨으로 7세그먼트를 제어해본다. 2. 적외선 리모컨으로 누른 숫자가 7세그먼트에 출력되는지를 확인한다.	1. 아두이노 보드 1개 2. 브레드보드 1개 3. 저항 330Ω 8개	4. 7세그먼트 1개 5. 적외선 수신기, 리모컨 각 1개

회로구성

표 5-5 아두이노 우노 보드와 부품과의 결선표

아두이노 보드	GND	5V	D2	D3	D4	D5	D6	D7	D8	D9	D10
7세그먼트	3, 8 GND		5 dp	4 c	2 d	1 e	10 g	9 f	7 a	6 b	
IR 센서	−단자	+단자									S단자

- 7세그먼트의 위아래 가운데 핀3과 핀8을 제외한 8개 핀은 각각 330Ω 저항을 거쳐서 아두이노에 연결한다.

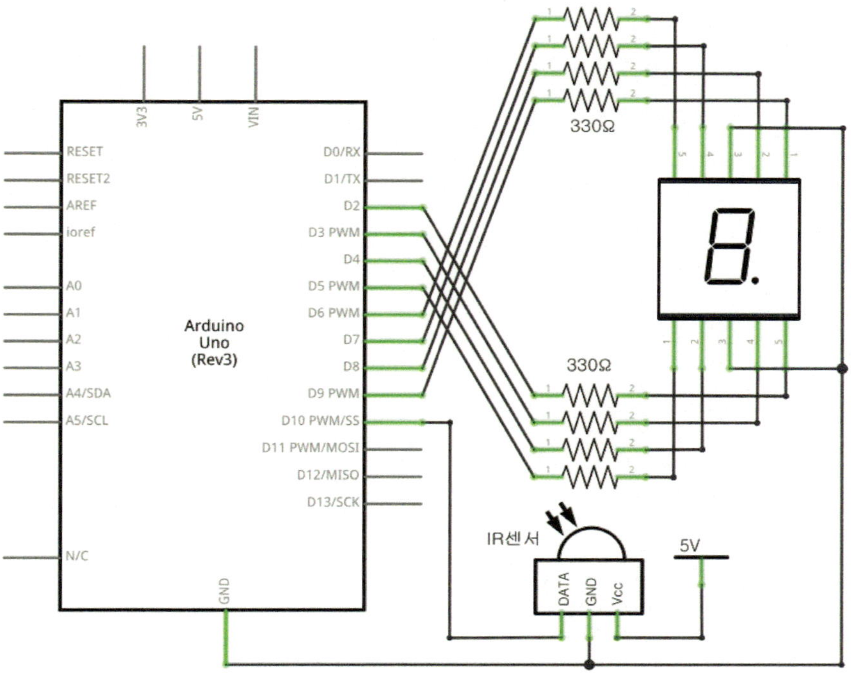

그림 5-30 리모컨에서 누른 값을 FND(7세그먼트)에서 출력하는 회로도

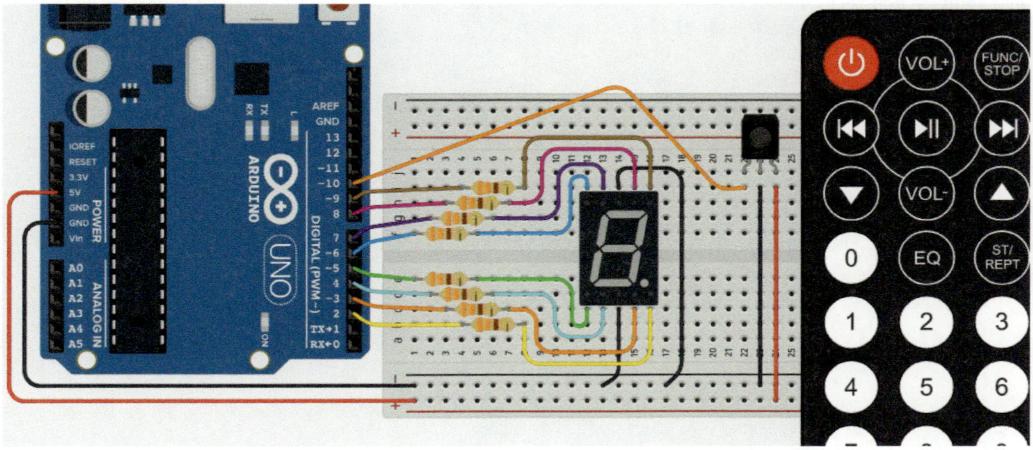

그림 5-31 리모컨에서 누른 값을 FND(7세그먼트)에서 출력

다음 소스코드는 리모컨에서 누른 값을 FND(7세그먼트)에 출력하는 프로그램이다.

```
// 리모컨에서 누른 값을 FND(7세그먼트)에 출력하기 예제
#include <IRremote.h>          // 메뉴 툴>라이브러리 관리...에서 IRremote를 찾아 설치
const byte IR_pin = 10;        // IR 센서의 시그널 핀은 아두이노 10
#define dp 2
#define c 3
#define d 4
```

```
#define e 5
#define g 6
#define f 7
#define a 8
#define b 9
int segmentLEDs[] = {a, b, c, d, e, f, g, dp};
int LEDsNum = 8;
int i;
int digitForNum[11][8] = {
  {1, 1, 1, 1, 1, 1, 0, 0}, //0
  {0, 1, 1, 0, 0, 0, 0, 0}, //1
  {1, 1, 0, 1, 1, 0, 1, 0}, //2
  {1, 1, 1, 1, 0, 0, 1, 0}, //3
  {0, 1, 1, 0, 0, 1, 1, 0}, //4
  {1, 0, 1, 1, 0, 1, 1, 0}, //5
  {0, 0, 1, 1, 1, 1, 1, 0}, //6
  {1, 1, 1, 0, 0, 0, 0, 0}, //7
  {1, 1, 1, 1, 1, 1, 1, 0}, //8
  {1, 1, 1, 0, 0, 1, 1, 0}, //9
  {0, 0, 0, 0, 0, 0, 0, 1} //dot
};

void setup(){
  for(i=0; i<LEDsNum; i++)    pinMode(segmentLEDs[i], OUTPUT);
  IrReceiver.begin(IR_pin, ENABLE_LED_FEEDBACK);
  Serial.begin(9600);
  dot();
}

void loop(){
  if(IrReceiver.decode()){
    Serial.println(IrReceiver.decodedIRData.command, HEX);   //리모컨 값을 시리얼모니터에 16진수로 표시
    switch (IrReceiver.decodedIRData.command){
      case 0x0C:     one();      break;
      case 0x18:     two();      break;
      case 0x5E:     three();    break;
      case 0x08:     four();     break;
      case 0x1C:     five();     break;
      case 0x5A:     six();      break;
      case 0x42:     seven();    break;
      case 0x52:     eight();    break;
      case 0x4A:     nine();     break;
      case 0x16:     zero();     break;
      default:       clr();      break;
    }
  IrReceiver.resume(); // 다음 값을 받을 준비
  }
}

void clr(){  //Clears the 7 Segment
  for(i=0; i<LEDsNum; i++)
    digitalWrite(segmentLEDs[i], LOW);
}
void one(){  //디스플레이 1
  for(i=0; i<LEDsNum; i++)
    digitalWrite(segmentLEDs[i], digitForNum[1][i]);
}
void two(){  //디스플레이 2
for(i=0; i<LEDsNum; i++)
    digitalWrite(segmentLEDs[i], digitForNum[2][i]);
}
void three(){  //디스플레이 3
```

```
69  for(i=0; i<LEDsNum; i++)
70     digitalWrite(segmentLEDs[i], digitForNum[3][i]);
71  }
72  void four(){ //디스플레이 4
73  for(i=0; i<LEDsNum; i++)
74     digitalWrite(segmentLEDs[i], digitForNum[4][i]);
75  }
76  void five(){ //디스플레이 5
77  for(i=0; i<LEDsNum; i++)
78     digitalWrite(segmentLEDs[i], digitForNum[5][i]);
79  }
80  void six(){ //디스플레이 6
81  for(i=0; i<LEDsNum; i++)
82     digitalWrite(segmentLEDs[i], digitForNum[6][i]);
83  }
84  void seven(){ //디스플레이 7
85  for(i=0; i<LEDsNum; i++)
86     digitalWrite(segmentLEDs[i], digitForNum[7][i]);
87  }
88  void eight(){ //디스플레이 8
89  for(i=0; i<LEDsNum; i++)
90     digitalWrite(segmentLEDs[i], digitForNum[8][i]);
91  }
92  void nine(){ //디스플레이 9
93  for(i=0; i<LEDsNum; i++)
94     digitalWrite(segmentLEDs[i], digitForNum[9][i]);
95  }
96  void zero(){ //디스플레이 0
97  for(i=0; i<LEDsNum; i++)
98     digitalWrite(segmentLEDs[i], digitForNum[0][i]);
99  }
100 void dot(){ //디스플레이 dot
101 for(i=0; i<LEDsNum; i++)
102    digitalWrite(segmentLEDs[i], digitForNum[10][i]);
103 }
```

코드분석

- 40~49행의 switch-case문에서 0x0C와 같은 16진수는 리모컨에 따라 다른 값이므로 시리얼모니터로 확인한 값이어야 한다.

다음 소스코드는 팅커캐드용 프로그램이다.

```
// ((( 팅커캐드용 ))) 리모컨에서 누른 값을 FND(7세그먼트)에서 출력하기 예제
#include <IRremote.h>
#define dp 2
#define c 3
#define d 4
#define e 5
#define g 6
#define f 7
#define a 8
#define b 9
#define IR_pin  10  //IR 센서의 시그널 핀은 아두이노 10
IRrecv irrecv(IR_pin);
decode_results results;
int segmentLEDs[] = {a, b, c, d, e, f, g, dp};
int LEDsNum = 8;
```

```
int i, t=500;
int digitForNum[11][8] = {
  {1, 1, 1, 1, 1, 1, 0, 0}, //0
  {0, 1, 1, 0, 0, 0, 0, 0}, //1
  {1, 1, 0, 1, 1, 0, 1, 0}, //2
  {1, 1, 1, 1, 0, 0, 1, 0}, //3
  {0, 1, 1, 0, 0, 1, 1, 0}, //4
  {1, 0, 1, 1, 0, 1, 1, 0}, //5
  {0, 0, 1, 1, 1, 1, 1, 0}, //6
  {1, 1, 1, 0, 0, 0, 0, 0}, //7
  {1, 1, 1, 1, 1, 1, 1, 0}, //8
  {1, 1, 1, 0, 0, 1, 1, 0}, //9
  {0, 0, 0, 0, 0, 0, 0, 1} //dot
};

void setup(){
  for(i=0; i<LEDsNum; i++)
    pinMode(segmentLEDs[i], OUTPUT);
  Serial.begin(9600);
  irrecv.enableIRIn(); // 적외선 센서 활성화
  dot();
}

void loop(){
  if(irrecv.decode(&results)){
    Serial.println(results.value, HEX); //리모컨을 눌렀을 때 시리얼모니터에 16진수로 표시
  switch (results.value){
    case 0xFD08F7:     one();      break;
    case 0xFD8877:     two();      break;
    case 0xFD48B7:     three();    break;
    case 0xFD28D7:     four();     break;
    case 0xFDA857:     five();     break;
    case 0xFD6897:     six();      break;
    case 0xFD18E7:     seven();    break;
    case 0xFD9867:     eight();    break;
    case 0xFD58A7:     nine();     break;
    case 0xFD30CF:     zero();     break;
    case 0xFFFFFFFF:   delay(t);   break;
    default:dot(); delay(t); clr(); break;
  }
  delay(t);
  irrecv.resume(); // Receive the next value
  }
}

void clr(){  //Clears the 7 Segment
  for(i=0; i<LEDsNum; i++)
    digitalWrite(segmentLEDs[i], LOW);
}
void one(){  //디스플레이 1
  for(i=0; i<LEDsNum; i++)
    digitalWrite(segmentLEDs[i], digitForNum[1][i]);
}
void two(){  //디스플레이 2
for(i=0; i<LEDsNum; i++)
    digitalWrite(segmentLEDs[i], digitForNum[2][i]);
}
void three(){  //디스플레이 3
for(i=0; i<LEDsNum; i++)
    digitalWrite(segmentLEDs[i], digitForNum[3][i]);
}
void four(){  //디스플레이 4
```

```
78  for(i=0; i<LEDsNum; i++)
79     digitalWrite(segmentLEDs[i], digitForNum[4][i]);
80  }
81  void five(){ //디스플레이 5
82  for(i=0; i<LEDsNum; i++)
83     digitalWrite(segmentLEDs[i], digitForNum[5][i]);
84  }
85  void six(){ //디스플레이 6
86  for(i=0; i<LEDsNum; i++)
87     digitalWrite(segmentLEDs[i], digitForNum[6][i]);
88  }
89  void seven(){ //디스플레이 7
90  for(i=0; i<LEDsNum; i++)
91     digitalWrite(segmentLEDs[i], digitForNum[7][i]);
92  }
93  void eight(){ //디스플레이 8
94  for(i=0; i<LEDsNum; i++)
95     digitalWrite(segmentLEDs[i], digitForNum[8][i]);
96  }
97  void nine(){ //디스플레이 9
98  for(i=0; i<LEDsNum; i++)
99     digitalWrite(segmentLEDs[i], digitForNum[9][i]);
100 }
101 void zero(){ //디스플레이 0
102 for(i=0; i<LEDsNum; i++)
103    digitalWrite(segmentLEDs[i], digitForNum[0][i]);
104 }
105 void dot(){ //디스플레이 dot
106 for(i=0; i<LEDsNum; i++)
107    digitalWrite(segmentLEDs[i], digitForNum[10][i]);
108 }
```

코드분석

- 43~52행의 switch-case문에서 0xFD08F7과 같은 16진수는 팅커캐드 시리얼모니터로 확인한 값이어야 한다.

실험 33-3 TINKERCAD 계란 삶기 타이머(설정값에 가까워질수록 LED는 빠르게 깜박임)

실습내용	준비물
1. 아두이노로 타이머(9분까지) 기능을 실현해본다. 2. 타이머의 남은시간을 7세그먼트로 출력해본다. 3. 10번 핀에 연결된 PB1 택트스위치는 0~9까지 숫자를 지정한다. 4. 11번 핀에 연결된 PB2 택트스위치는 '시작' 버튼으로 작동시킨다. 5. 설정시간이 임박할수록 LED의 깜박임을 점점 빠르게 한다.	1. 아두이노 우노 보드 1개 2. 브레드보드 1개 3. 저항 330Ω 9개, 10kΩ 2개 4. 7세그먼트 1개 5. 택트스위치 2개 6. LED 1개

회로구성

표 5-6 아두이노 우노 보드와 부품과의 결선표

아두이노 보드	GND	5V	D2	D3	D4	D5	D6	D7	D8	D9	D10	D11	D12
7세그먼트	3, 8 GND		5 dp	4 c	2 d	1 e	10 g	9 f	7 a	6 b			
PB1 택트스위치		핀2									핀3		
PB2 택트스위치		핀2										핀3	
LED													+

- 2개의 10kΩ 저항은 2개의 택트스위치에 풀다운 형태로 연결한다.
- 330Ω 저항은 LED(−)와 GND 사이에 연결한다.

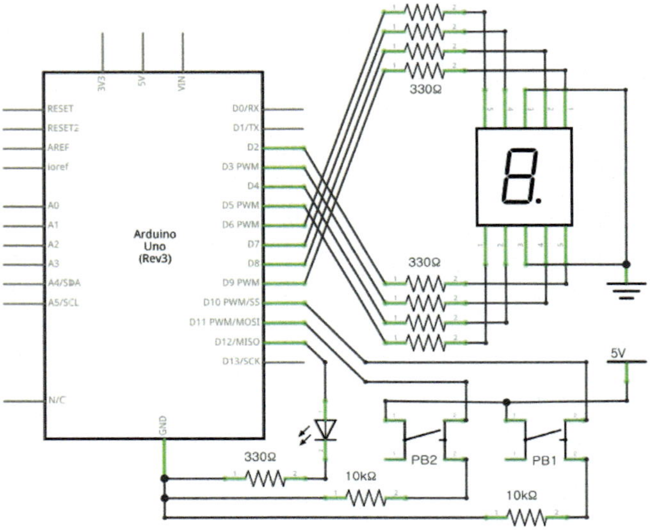

그림 5-32 계란삶기 타이머 회로도

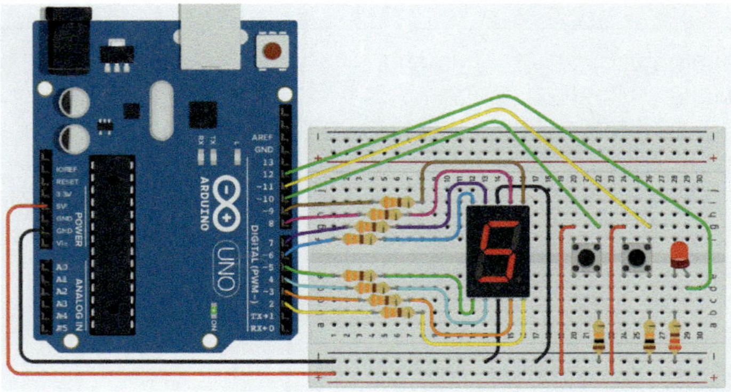

그림 5-33 계란삶기 타이머(브레드보드)

다음 소스코드는 1자리 7세그먼트에 9분짜리 타이머를 표현하는 것이다. 2개의 택트스위치 중에 하나의 택트스위치는 시작 버튼이고, 다른 하나는 0부터 9까지 타이머 시간을 지정하는 스위치이다. 지정한 타이머 시간에 임박할수록 LED가 빠르게 깜박인다.

```
// 계란 삶기 타이머(설정값에 가까워질수록 LED는 빠르게 깜박임)
#define dp 2
#define c 3
#define d 4
#define e 5
#define g 6
#define f 7
#define a 8
#define b 9
int segmentLEDs[] = {a, b, c, d, e, f, g, dp};
int LEDsNum = 8;
int digitForNum[10][8] = {
  {1, 1, 1, 1, 1, 1, 0, 0}, //0
  {0, 1, 1, 0, 0, 0, 0, 0}, //1
  {1, 1, 0, 1, 1, 0, 1, 0}, //2
  {1, 1, 1, 1, 0, 0, 1, 0}, //3
  {0, 1, 1, 0, 0, 1, 1, 0}, //4
  {1, 0, 1, 1, 0, 1, 1, 0}, //5
  {0, 0, 1, 1, 1, 1, 1, 0}, //6
  {1, 1, 1, 0, 0, 0, 0, 0}, //7
  {1, 1, 1, 1, 1, 1, 1, 0}, //8
  {1, 1, 1, 0, 0, 1, 1, 0}  //9
};
const int pb_cnt = 10;
const int pb_start = 11;
const int led_pin = 12;
int flag=0;
int setting=0;
int i, counter;
int timer=0;
int cnt_state=0;
int start_state=0;
extern volatile unsigned long timer0_millis; // millis함수 초기화를 위한 변수 선언
unsigned long ms;

void setup(){
  for(int i = 0; i < LEDsNum; i++)    pinMode(segmentLEDs[i], OUTPUT);
  pinMode(pb_cnt, INPUT);
  pinMode(pb_start, INPUT);
  pinMode(led_pin, OUTPUT);
}

void loop(){
  int reading1 = digitalRead(pb_cnt);
  if(reading1 != cnt_state){
    if(reading1 == HIGH){
      timer++;
      if(timer >9) timer=0;
      setting=1;
      flag=0;
      counter=timer;
    }
    cnt_state=reading1;
  }
  for(i = 0; I < LEDsNum; i++)     digitalWrite(segmentLEDs[i], digitForNum[timer][i]);
  int reading2 = digitalRead(pb_start);
```

```
57    if(reading2 != start_state){
58      if(reading2 == HIGH)
59        flag=1;
60      start_state = reading2;
61    }
62    if(flag == 1 && setting == 1){
63       cnt_state =1;
64       ms=millis();
65       if(ms >0 && ms < ccunter*60000){
66         timer = (counter*60000 -ms)/60000+1;
67         digitalWrite(led_pin, HIGH);
68         delay(counter*200);
69         digitalWrite(led_pin, LOW);
70         delay(counter*200);
71       }
72       else{
73         timer=0;
74         timer0_millis=0;
75         setting=0;
76         flag=0;
77       }
78    }
79  }
```

코드분석

- 44~55행은 계란을 삶기 위한 시간 설정을 위한 택트스위치(pb_cnt)의 동작과 7세그먼트 디스플레이 작동 코드이다.
- 56~78행은 아두이노의 11번에 연결된 시작버튼(pb_start)으로 분 단위로 줄어드는 값을 7세그먼트에 디스플레이하고, LED는 점차 빨리 깜빡이게 한다. 68행과 70행의 delay() 함수로 깜박임을 조정한다.
- 아두이노에는 시작되면서부터 시간이 흐르는 64행의 millis() 함수가 있다. 이 millis() 함수는 74행처럼 timer0_millis라는 변수의 값을 0으로 하여 millis()를 초기화할 수 있다. 이 timer0_millis 변수를 사용하려면 33행과 같이 extern volatile unsigned long timer0_millis;라고 선언해 주어야 한다.

5.2.2 4자리 FND

4자리 FND는 1자리 FND를 묶어놓은 것이다. 그림 5-34의 com1~com4 핀으로 1자리 FND 하나만 선택하여 표시할 수 있다. 4자리 FND를 모두 표시하려면 각 자리의 FND를 번갈아 켜주면서 눈의 잔상효과로 계속 켜져 있는 것처럼 보이게 한다. 형광등이 주파수 60Hz로 깜박일 때, 인간이 모르고 자연스럽게 켜져 있는 걸로 인식하는 것처럼 FND도 번갈아 빠르게 켜준다.

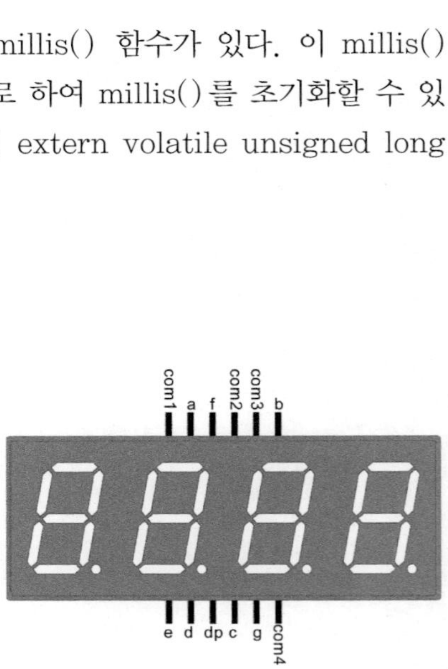

그림 5-34 4자리 7세그먼트

실험 34-1 TINKERCAD 4자리 FND에 0부터 9999까지 출력하기

실습내용	준비물	
1. 4자리 FND를 사용해본다. 2. 4자리 FND에 0~9999까지 출력됨을 확인한다.	1. 아두이노 우노 보드 1개 2. 브레드보드 1개	3. 저항 330Ω 8개 4. 4자리 FND 1개

회로구성

표 5-7 아두이노 우노 보드와 부품과의 결선표

아두이노 보드	D2	D3	D4	D5	D6	D7	D8	D9	D10	D11	D12	D13
4자리 7세그먼트	6 com4	5 g	4 c	3 dp	2 d	1 e	12 com1	11 a	10 f	9 com2	8 com3	7 b

- 330Ω 저항은 com1, com2, com3, com4 단자를 제외하고 7세그먼트에 연결한다.

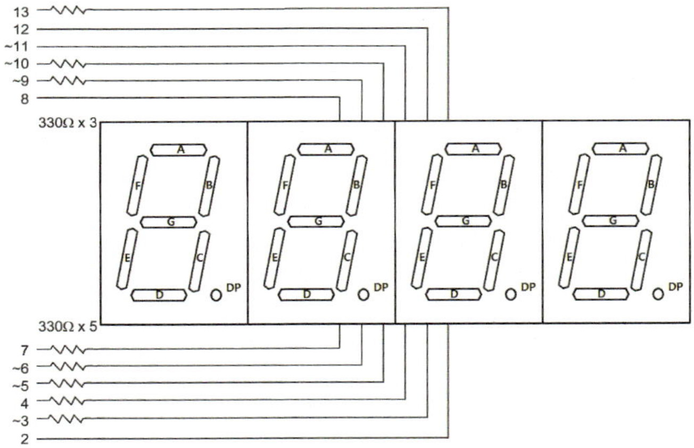

그림 5-35 4자리 FND로 0부터 9999까지 출력하는 회로도

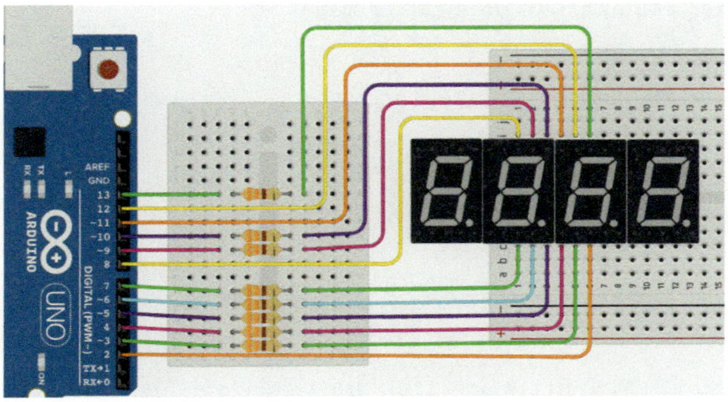

그림 5-36 4자리 FND로 0부터 9999까지 출력하기

다음 소스코드는 4자리 FND로 0부터 9999까지 출력하는 프로그램이다.

```
//4자리 FND로 0부터 9999까지 출력하는 프로그램
const int a = 9;      //세그먼트의 각 단자에 대해 선언
const int b = 13;
const int c = 4;
const int d = 6;
const int e = 7;
const int f = 10;
const int g = 3;
const int dp = 5;
const int d4 = 2;    //COM4
const int d3 = 12;   //COM3
const int d2 = 11;   //COM2
const int d1 = 8;    //COM1
int i, cnt = 0, LEDsNum = 8;
int afterimage = 5;  //FND 잔상효과를 위한 시간(5/1000초) 지연
int segmentLEDs[] = {a, b, c, d, e, f, g, dp,d1,d2,d3,d4};
int digitForNum[10][8] = {
  {1, 1, 1, 1, 1, 1, 0, 0}, //0
  {0, 1, 1, 0, 0, 0, 0, 0}, //1
  {1, 1, 0, 1, 1, 0, 1, 0}, //2
  {1, 1, 1, 1, 0, 0, 1, 0}, //3
  {0, 1, 1, 0, 0, 1, 1, 0}, //4
  {1, 0, 1, 1, 0, 1, 1, 0}, //5
  {0, 0, 1, 1, 1, 1, 1, 0}, //6
  {1, 1, 1, 0, 0, 0, 0, 0}, //7
  {1, 1, 1, 1, 1, 1, 1, 0}, //8
  {1, 1, 1, 0, 0, 1, 1, 0}  //9
};

void setup(){
  for(int i = 0 ; i < 12 ; i++)
    pinMode(segmentLEDs[i], OUTPUT);
}

void loop(){
  int num_1000,num_100,num_10,num_1;
  clearLEDs();
  num_1000=(cnt / 1000) % 10;                  //천 자리 숫자추출
  digit(1);   disp_FND(num_1000);  delay(afterimage);
  clearLEDs();
  num_100=(cnt / 100) % 10;                    //백 자리 숫자추출
  digit(2);   disp_FND(num_100);  delay(afterimage);
  clearLEDs();
  num_10=(cnt / 10) % 10;                      //십 자리 숫자추출
  digit(3);   disp_FND(num_10);  delay(afterimage);
  clearLEDs();
  num_1=cnt % 10;                              //일 자리 숫자추출
  digit(4);   disp_FND(num_1);  delay(afterimage);
  cnt++;
}

void digit(int x){                             //세그먼트의 4개의 출력 중 변수X에 따라 1개가 정해진다.
  switch (x){
    case 1:
      digitalWrite(d1,0); digitalWrite(d2,1); digitalWrite(d3,1); digitalWrite(d4,1);
      break;
    case 2:
      digitalWrite(d1,1); digitalWrite(d2,0); digitalWrite(d3,1); digitalWrite(d4,1);
      break;
```

```
    case 3:
      digitalWrite(d1,1); digitalWrite(d2,1); digitalWrite(d3,0); digitalWrite(d4,1);
      break;
    default:
      digitalWrite(d1,1); digitalWrite(d2,1); digitalWrite(d3,1); digitalWrite(d4,0);
      break;
  }
}
void disp_FND(int x){          //변수x의 값에 따라서 0부터 9까지를 출력
  switch (x){
    case 1:one(); break;
    case 2:two(); break;
    case 3:three(); break;
    case 4:four(); break;
    case 5:five(); break;
    case 6:six(); break;
    case 7:seven(); break;
    case 8:eight(); break;
    case 9:nine(); break;
    default:zero(); break;
  }
}
void clearLEDs(){              // 7세그먼트 클리어
  for(i=0; i<LEDsNum; i++)
    digitalWrite(segmentLEDs[i], LOW);
}
void one(){    //디스플레이 1
  for(i=0; i<LEDsNum; i++)
    digitalWrite(segmentLEDs[i], digitForNum[1][i]);
}
void two(){    //디스플레이 2
  for(i=0; i<LEDsNum; i++)
    digitalWrite(segmentLEDs[i], digitForNum[2][i]);
}
void three(){    //디스플레이 3
  for(i=0; i<LEDsNum; i++)
    digitalWrite(segmentLEDs[i], digitForNum[3][i]);
}
void four(){    //디스플레이 4
  for(i=0; i<LEDsNum; i++)
    digitalWrite(segmentLEDs[i], digitForNum[4][i]);
}

void five(){    //디스플레이 5
  for(i=0; i<LEDsNum; i++)
    digitalWrite(segmentLEDs[i], digitForNum[5][i]);
}
void six(){    //디스플레이 6
  for(i=0; i<LEDsNum; i++)
    digitalWrite(segmentLEDs[i], digitForNum[6][i]);
}
void seven(){    //디스플레이 7
  for(i=0; i<LEDsNum; i++)
    digitalWrite(segmentLEDs[i], digitForNum[7][i]);
}
void eight(){    //디스플레이 8
  for(i=0; i<LEDsNum; i++)
    digitalWrite(segmentLEDs[i], digitForNum[8][i]);
}
void nine(){    //디스플레이 9
  for(i=0; i<LEDsNum; i++)
    digitalWrite(segmentLEDs[i], digitForNum[9][i]);
```

```
122  }
123  void zero() {      //디스플레이 0
124    for(i=0; i<LEDsNum; i++)
125      digitalWrite(segmentLEDs[i], digitForNum[0][i]);
126  }
```

코드분석

- 38~47행의 '%'는 나눈 나머지를 출력하는 모듈연산자이다.
- 38행의 (cnt / 1000) % 10은 cnt 숫자의 천 자리 숫자 추출식이다.
- 41행의 (cnt / 100) % 10은 cnt 숫자의 백 자리 숫자 추출식이다.
- 44행의 (cnt / 10) % 10은 cnt 숫자의 십 자리 숫자 추출식이다.
- 47행의 cnt % 10은 일의 자리 숫자 추출식이다.

실험 34-2 TINKERCAD 입장객 수를 세어 4자리 FND로 출력하기

실습내용	준비물
1. 택트스위치로 4자리 FND를 제어해본다. 2. 카운터 버튼을 누를 때다다 4자리 FND의 출력 수치가 올라감을 확인한다. 3. 리셋 버튼으로 4자리 FND의 값을 0으로 만들어본다.	1. 아두이노 우노 보드 1개 2. 브레드보드 1개 3. 저항 330Ω 8개, 10kΩ 2개 4. 택트스위치 2개 5. 4자리 FND 1개

회로구성

표 5-8 아두이노 우노 보드와 부품과의 결선표

아두이노 보드	D2	D3	D4	D5	D6	D7	D8	D9	D10	D11	D12	D13	A0	A1
4자리 7세그먼트	6 com4	5 g	4 c	3 dp	2 d	1 e	12 com1	11 a	10 f	9 com2	8 com3	7 b		
택트스위치(리셋)													B	
택트스위치(카운터)														B

- 330Ω 저항은 com1, com2, com3, com4 단자를 제외하고 7세그먼트에 연결한다.
- 2개의 10kΩ 저항은 2개의 택트스위치에 풀다운 형태로 연결한다.

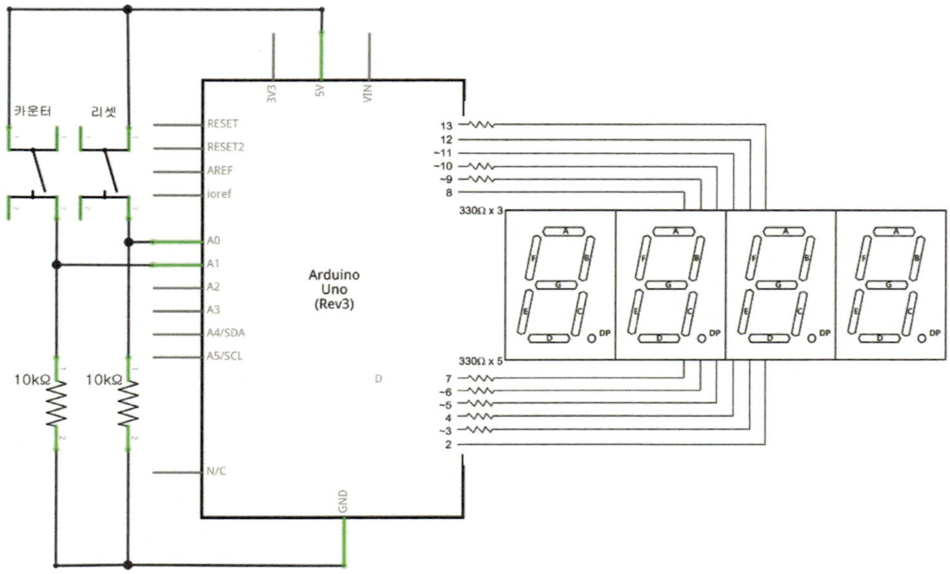

그림 5-37 스위치로 입장객 수 세기 회로도(카운터 버튼과 리셋 버튼으로 4자리 FND에 표시)

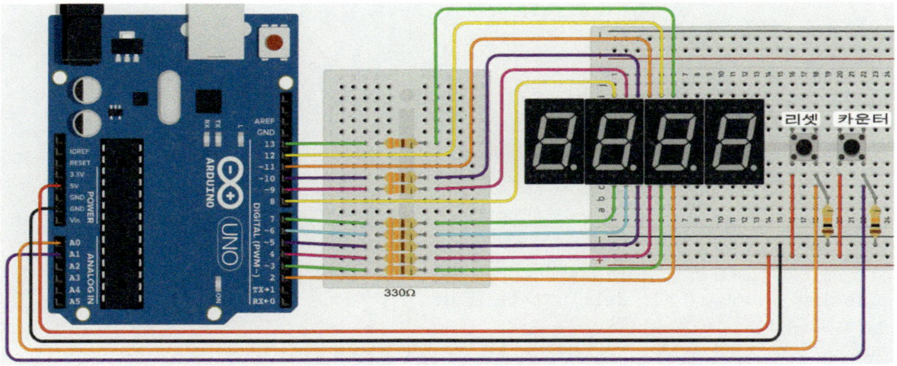

그림 5-38 스위치로 입장객 수 세기(카운터 버튼과 리셋 버튼으로 4자리 FND에 표시)

다음 소스코드는 스위치로 입장객 수를 세는 프로그램이다. 카운터 버튼과 리셋 버튼으로 4자리 FND에 표시한다.

```
//스위치로 입장객 수 세기 프로그램(카운터 버튼과 리셋 버튼으로 4자리 FND에 표시)
const int a = 9;                //7세그먼트의 각 단자에 대해 선언
const int b = 13;
const int c = 4;
const int d = 6;
const int e = 7;
const int f = 10;
const int g = 3;
const int dp = 5;
const int d4 = 2;               // COM4
const int d3 = 12;              // COM3
const int d2 = 11;              // COM2
const int d1 = 8;               // COM1
```

```
const int pb_reset = A0;
const int pb_cnt = A1;
int I, cnt = 0, cnt_state = 0;
int afterimage = 5;             //FND 잔상효과를 위한 시간(5/1000초) 지연
int segmentLEDs[] = {a, b, c, d, e, f, g, dp, d1, d2, d3, d4};
int LEDsNum = 8;
int digitForNum[10][8] = {
  {1, 1, 1, 1, 1, 1, 0, 0}, //0
  {0, 1, 1, 0, 0, 0, 0, 0}, //1
  {1, 1, 0, 1, 1, 0, 1, 0}, //2
  {1, 1, 1, 1, 0, 0, 1, 0}, //3
  {0, 1, 1, 0, 0, 1, 1, 0}, //4
  {1, 0, 1, 1, 0, 1, 1, 0}, //5
  {0, 0, 1, 1, 1, 1, 1, 0}, //6
  {1, 1, 1, 0, 0, 0, 0, 0} //7
  {1, 1, 1, 1, 1, 1, 1, 0}, //8
  {1, 1, 1, 0, 0, 1, 1, 0} //9
};

void setup(){
  for(int i = 0; i < 12; i++){
    pinMode(segmentLEDs[i], OUTPUT);
  }
  pinMode(pb_reset, INPUT);
  pinMode(pb_cnt, INPUT);
}

void loop(){
  int num_1000, num_100, num_10, num_1;
  clearLEDs();
  num_1000=(cnt / 1000) % 10;            //천 자리 숫자추출
  digit(1);
  if(num_1000==0 && cnt<1000) clearLEDs();
  else disp_FND(num_1000); delay(afterimage);
  clearLEDs();
  num_100=(cnt / 100) % 10;              //백 자리 숫자추출
  digit(2);
  if(num_100==0 && cnt<100) clearLEDs();
  else disp_FND(num_100); delay(afterimage);
  clearLEDs();
  num_10=(cnt / 10) % 10;                //십 자리 숫자추출
  digit(3);
  if(num_10==0 && cnt<10) clearLEDs();
  else disp_FND(num_10); delay(afterimage);
  clearLEDs();
  num_1=cnt % 10;                        //일 자리 숫자추출
  digit(4);   disp_FND(num_1); delay(afterimage);
//------------< 카운터 버튼과 리셋 버튼>-----------------------------
  if(digitalRead(pb_cnt)==LOW)    cnt_state=0;
  if(cnt_state == 0 && digitalRead(pb_cnt)==HIGH){
      cnt++;
      cnt_state=1;
  }
  if(digitalRead(pb_reset) == HIGH)    cnt = 0;
//------------------------------------------------------------
}

void digit(int x){ //세그먼트의 4개의 출력 중 변수X에 따라 1개가 정해진다.
  switch (x){
    case 1:
      digitalWrite(d1,0); digitalWrite(d2,1); digitalWrite(d3,1); digitalWrite(d4,1);
      break;
```

```
    case 2:
      digitalWrite(d1,1); digitalWrite(d2,0); digitalWrite(d3,1); digitalWrite(d4,1);
      break;
    case 3:
      digitalWrite(d1,1); digitalWrite(d2,1); digitalWrite(d3,0); digitalWrite(d4,1);
      break;
    default:
      digitalWrite(d1,1); digitalWrite(d2,1); digitalWrite(d3,1); digitalWrite(d4,0);
      break;
  }
}

void disp_FND(int x){                    //변수X의 값에 따라서 0부터 9까지를 출력
  switch (x){
    case 0:   zero();        break;
    case 1:   one();               break;
    case 2:   two();               break;
    case 3:   three();       break;
    case 4:   four();        break;
    case 5:   five();        break;
    case 6:   six();         break;
    case 7:   seven();       break;
    case 8:   eight();       break;
    case 9:   nine();        break;
    default:  break;
  }
}

void clearLEDs(){                        // 7세그먼트 클리어
  for(i=0; i<LEDsNum; i++)
    digitalWrite(segmentLEDs[i], LOW);
}
void one(){                              //디스플레이 1
  for(i=0; i<LEDsNum; i++)
    digitalWrite(segmentLEDs[i], digitForNum[1][i]);
}
void two(){                              //디스플레이 2
  for(i=0; i<LEDsNum; i++)
    digitalWrite(segmentLEDs[i], digitForNum[2][i]);
}
void three(){                            //디스플레이 3
  for(i=0; i<LEDsNum; i++)
    digitalWrite(segmentLEDs[i], digitForNum[3][i]);
}
void four(){                             //디스플레이 4
  for(i=0; i<LEDsNum; i++)
    digitalWrite(segmentLEDs[i], digitForNum[4][i]);
}
void five(){                             //디스플레이 5
  for(i=0; i<LEDsNum; i++)
    digitalWrite(segmentLEDs[i], digitForNum[5][i]);
}
void six(){                              //디스플레이 6
  for(i=0; i<LEDsNum; i++)
    digitalWrite(segmentLEDs[i], digitForNum[6][i]);
}
void seven(){                            //디스플레이 7
  for(i=0; i<LEDsNum; i++)
    digitalWrite(segmentLEDs[i], digitForNum[7][i]);
}
void eight(){                            //디스플레이 8
  for(i=0; i<LEDsNum; i++)
```

```
      digitalWrite(segmentLEDs[i], digitForNum[8][i]);
  }
  void nine(){                              //디스플레이 9
    for(i=0; i<LEDsNum; i++)
      digitalWrite(segmentLEDs[i], digitForNum[9][i]);
  }
  void zero(){                              //디스플레이 0
    for(i=0; i<LEDsNum; i++)
      digitalWrite(segmentLEDs[i], digitForNum[0][i]);
  }
```

실험 34-3 TINKERCAD 서미스터로 디지털체온계 만들기

실습내용	준비물	
1. 서미스터로 측정한 온도를 4자리 FND로 출력해본다.	1. 아두이노 우노 보드 1개 2. 브레드보드 1개 3. 저항 330Ω 8개, 10kΩ 1개	4. 서미스터 1개 5. 4자리 FND 1개

회로구성

표 5-9 아두이노 우노 보드와 부품과의 결선표

아두이노 보드	D2	D3	D4	D5	D6	D7	D8	D9	D10	D11	D12	D13	A0
4자리 FND	6 com4	5 g	4 c	3 dp	2 d	1 e	12 com1	11 a	10 f	9 com2	8 com3	7 b	

- 330Ω 저항은 com1, com2, com3, com4 단자를 제외하고 7세그먼트에 연결한다.
- 서미스터는 아두이노의 A0에 연결하고, 10kΩ 저항은 서미스터에 풀다운 형태로 연결한다.

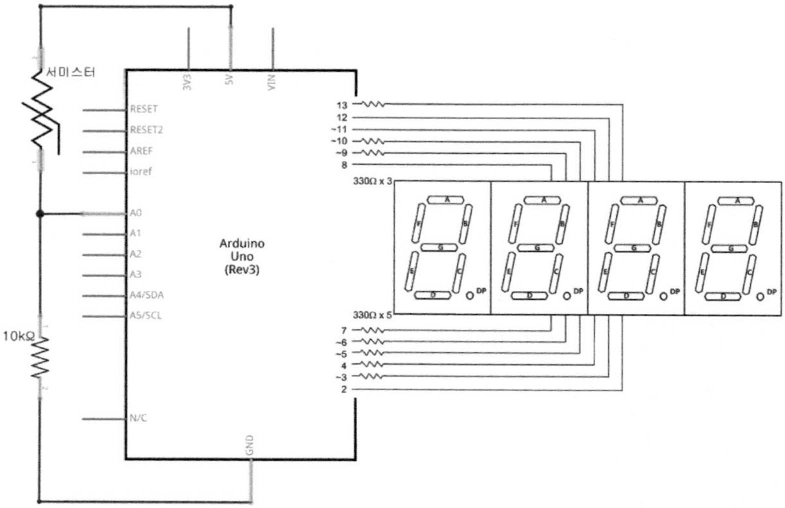

그림 5-39 체온을 4자리 FND로 표시하기(디지털체온계) 회로도

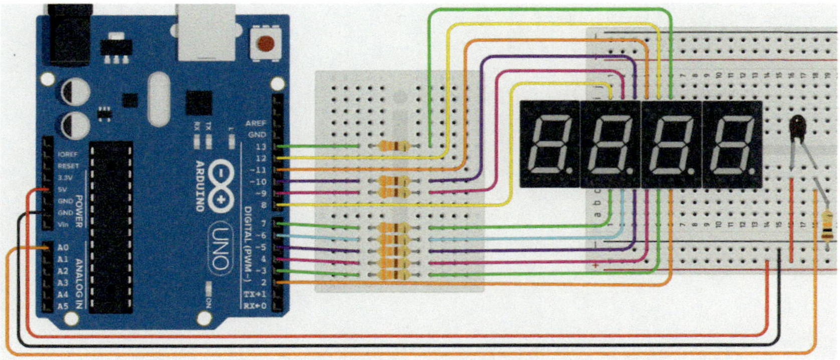

그림 5-40 체온을 4자리 FND로 표시하기(디지털체온계)

다음 소스코드는 서미스터로 측정한 체온을 4자리 FND로 표시하는 디지털체온계 프로그램이다.

```
//체온을 4자리 FND로 표시하기(디지털체온계)
const int a = 9;        //7세그먼트의 각 단자에 대해 선언
const int b = 13;
const int c = 4;
const int d = 6;
const int e = 7;
const int f = 10;
const int g = 3;
const int dp = 5;
const int d4 = 2;     // COM4
const int d3 = 12;    // COM3
const int d2 = 11;    // COM2
const int d1 = 8;     // COM1
const int NTC_pin = A0;
int afterimage = 5; //FND 잔상효과를 위한 시간(5/1000초) 지연
int segmentLEDs[] = {a, b, c, d, e, f, g, dp, d1, d2, d3, d4};
int i, LEDsNum = 8;
int digitForNum[11][8] = {
  {1, 1, 1, 1, 1, 1, 0, 0}, //0
  {0, 1, 1, 0, 0, 0, 0, 0}, //1
  {1, 1, 0, 1, 1, 0, 1, 0}, //2
  {1, 1, 1, 1, 0, 0, 1, 0}, //3
  {0, 1, 1, 0, 0, 1, 1, 0}, //4
  {1, 0, 1, 1, 0, 1, 1, 0}, //5
  {0, 0, 1, 1, 1, 1, 1, 0}, //6
  {1, 1, 1, 0, 0, 0, 0, 0}, //7
  {1, 1, 1, 1, 1, 1, 1, 0}, //8
  {1, 1, 1, 0, 0, 1, 1, 0}, //9
  {0, 0, 0, 0, 0, 0, 0, 1} //dp
};

void setup(){
  for(int i = 0; i < 12; i++)    pinMode(segmentLEDs[i], OUTPUT);
  pinMode(NTC_pin, INPUT);
}

void loop(){
  int reading=analogRead(NTC_pin);
  float t =Thermistor(reading);
  clearLEDs();
```

```
  int val_1 = (int)((int)t /10)%10;  //십 자리 숫자추출
  digit(1); disp_FND(val_1);  delay(afterimage);
  clearLEDs();
  int val_2 = (int)((int)t %10);      //일 자리 숫자추출
  digit(2); dot();  delay(afterimage); disp_FND(val_2);    delay(afterimage);
  clearLEDs();
  int val_3 = (int)((int)((t-(int)t)*10) % 10); //소수점 첫째 자리 숫자추출
  digit(3); disp_FND(val_3);  delay(afterimage);
  clearLEDs();
  int val_4 = (int) ((int)((t-(int)t)*100) % 10); //소수점 둘째 자리 숫자추출
  digit(4); disp_FND(val_4);  delay(afterimage);
}

float Thermistor(int reading){// 서미스터로 온도측정
  float Vo = reading * (5.0/1023.0);
  float R1 = (10000.0 * (5.0 -Vo)) / Vo;
  float T = 1.0/ (1.0/(273.15 + 25) +(1.0/3435.0) * log(R1/10000.0));
  float Temp_C = T - 273.15;
  return Temp_C;
}

void digit(int x){        //세그먼트의 4개의 출력 중 변수X에 따라 1개가 정해진다.
  switch (x){
    case 1:
      digitalWrite(d1,0); digitalWrite(d2,1); digitalWrite(d3,1); digitalWrite(d4,1);
      break;
    case 2:
      digitalWrite(d1,1); digitalWrite(d2,0); digitalWrite(d3,1); digitalWrite(d4,1);
      break;
    case 3:
      digitalWrite(d1,1); digitalWrite(d2,1); digitalWrite(d3,0); digitalWrite(d4,1);
      break;
    default:
      digitalWrite(d1,1); digitalWrite(d2,1); digitalWrite(d3,1); digitalWrite(d4,0);
      break;
  }
}
void disp_FND(int x){     //변수X의 값에 따라서 0부터 9까지를 출력
  switch (x){
    case 0:    zero(); break;
    case 1:    one();  break;
    case 2:    two();  break;
    case 3:    three();  break;
    case 4:    four(); break;
    case 5:    five(); break;
    case 6:    six();   break;
    case 7:    seven();  break;
    case 8:    eight();  break;
    case 9:    nine(); break;
    default:    break;
  }
}
void clearLEDs() {       // 7세그먼트 클리어
  for(i=0; i<LEDsNum; i++)
    digitalWrite(segmentLEDs[i], LOW);
}
void one() {       //디스플레이 1
  for(i=0; i<LEDsNum; i++)
    digitalWrite(segmentLEDs[i], digitForNum[1][i]);
}
void two() {       //디스플레이 2
  for(i=0; i<LEDsNum; i++)
```

```
    digitalWrite(segmentLEDs[i], digitForNum[2][i]);
}
void three(){       //디스플레이 3
  for(i=0; i<LEDsNum; i++)
    digitalWrite(segmentLEDs[i], digitForNum[3][i]);
}
void four(){        //디스플레이 4
  for(i=0; i<LEDsNum; i++)
    digitalWrite(segmentLEDs[i], digitForNum[4][i]);
}
void five(){        //디스플레이 5
  for(i=0; i<LEDsNum; i++)
    digitalWrite(segmentLEDs[i], digitForNum[5][i]);
}
void six(){       //디스플레이 6
  for(i=0; i<LEDsNum; i++)
    digitalWrite(segmentLEDs[i], digitForNum[6][i]);
}
void seven(){       //디스플레이 7
  for(i=0; i<LEDsNum; i++)
    digitalWrite(segmentLEDs[i], digitForNum[7][i]);
}
void eight(){       //디스플레이 8
  for(i=0; i<LEDsNum; i++)
    digitalWrite(segmentLEDs[i], digitForNum[8][i]);
}
void nine(){        //디스플레이 9
  for(i=0; i<LEDsNum; i++)
    digitalWrite(segmentLEDs[i], digitForNum[9][i]);
}
void zero(){        //디스플레이 0
  for(i=0; i<LEDsNum; i++)
    digitalWrite(segmentLEDs[i], digitForNum[0][i]);
}
void dot(){       //디스플레이 dot
  for(i=0; i<LEDsNum; i++)
    digitalWrite(segmentLEDs[i], digitForNum[10][i]);
}
```

CHAPTER 06

모터와 조이스틱

학습목표

1. DC모터의 특성과 용도를 설명할 수 있다.
2. L293D 모터드라이버에 대해 설명할 수 있다.
3. L9110 모터드라이버에 대해 설명할 수 있다.
4. 유니폴라 스텝모터의 특성과 용도를 설명할 수 있다.
5. 바이폴라 스텝모터의 특성과 용도를 설명할 수 있다.
6. 서보모터의 특성과 용도를 설명할 수 있다.
7. 조이스틱의 특성과 용도를 설명할 수 있다.

6.1 DC모터

DC모터는 어댑터나 배터리로 구동되는 직류 전동기이다. 구동이 쉽고 상대적으로 저렴하며, 소형으로 제작이 가능하다. AC모터보다 수명이 짧고 힘이 약해 단시간 사용에 적합하다. 완구류부터 자동차의 부품 등에 이르기까지 우리 주변에서 다양하게 활용되고 있다. 그림 6-1의 DC모터는 일반적으로 아두이노가 허용하는 전류보다 많은 전류를 사용하므로 추가적인 회로가 필요하다. 트랜지스터를 사용한 모터 구동회로는 14.2.3절에서 설명하고, 이 절에서는 DC모터 2개까지 가능한 L293D IC와 L9110 모터 드라이버로 DC모터를 작동시키는 실험을 해본다.

그림 6-1 DC모터

6.1.1 모터 드라이버(L293D)

그림 6-2의 듀얼 반 브리지 IC인 L293D는 DC모터 2개를 구동하거나 서보모터 1개 또는 스텝모터 1개를 작동시킬 수 있다. 서로 다른 모터를 함께 쓸 수는 없다. 푸시풀 드라이버 2개로 구성된 반 브리지(H-bridge) 회로를 사용하면 DC모터의 회전 방향을 제어할 수 있다. 이 칩은 600mA정도의 출력을 가질 수 있으며, 최대 1.2A까지 버틸 수 있다. 그림 6-3의 L293D 핀 배치도에서 보듯이 IC 칩을 위한 VCC1과 별도로 모터 구동을 위한 전원 VCC2를 각각 제공한다. VCC2로 외부전원을 사용함으로써 모터로 인한 전기 잡음의 문제를 줄일 수 있다.

그림 6-2 L293D

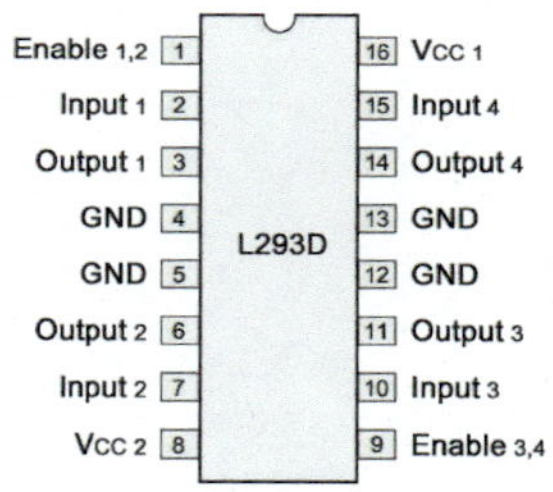

그림 6-3 L293D 핀 배치도

표 6-1 L293D의 진리표

Input1(핀2) Input3(핀10)	Input2(핀7) Input4(핀15)	모터 M1 모터 M2
LOW(0)	LOW(0)	꺼짐
LOW(0)	HIGH(1)	시계방향
HIGH(1)	LOW(0)	반시계방향
HIGH(1)	HIHG(1)	급정지

표 6–2 L293D 기본사양

핀 명	핀 번호	유 형	설 명
VCC 1	16	Power	공급 전압(4.5~7V)
VCC 2	8	Power	모터를 구동하기 위한 전압(4.5~36V)
GND	4,5,12,13	Power	접지(0V)
Enable	1, 9	Input	HIGH/LOW 값을 이용하여 모터에 대한 전압을 허용/차단 할 수 있음. 아날로그 값으로 전압을 넣으면 모터의 속도 조절이 가능.
Input1 Input2	2 7	Input	모터 M1을 제어. INPUT1,2에 들어가는 값에 따라서 OUTPUT1,2 핀에 연결된 M1 모터가 작동.
Input3 Input4	10 15	Input	모터 M2를 제어. INPUT3,4에 들어가는 값에 따라서 OUTPUT3,4 핀에 연결된 M2 모터가 작동.
Output1 Output2	3 6	Output	모터 M1의 '+/–'에 연결
Output3 Output4	11 14	Output	모터 M2의 '+/–'에 연결

표 6–2의 L293D의 기본사양에서 보듯이 VCC1(핀16)에는 아두이노의 5V 연결이 가능하고, VCC2(핀8)에는 36V까지 외부전원을 연결할 수 있다. 핀1을 5V에 연결하여 활성화하면 모터 M1을 구동할 수 있고, 핀9를 5V에 연결하여 활성화하면 모터 M2를 구동할 수 있다. 표 6–1은 2개의 모터 M1과 M2에 대한 L293D의 진리표이다. 동일하므로 M1에 대해서 설명하면, 핀2와 핀7 둘 다 LOW이면 꺼지고, HIGH이면 급정지한다. 핀2가 LOW이고 핀7이 HIGH이면 시계방향으로 회전하고, 반대로 핀2를 HIGH, 핀7을 LOW로 하면 반시계방향으로 회전한다.

실험 35-1 TINKERCAD L293D로 하나의 DC모터 구동하기

실습내용	준비물	
1. 듀얼 반 브리지 IC인 L293D로 DC모터를 제어해본다. 2. 모터의 구동전류를 위해 외부전원 사용을 결정한다. 3. DC모터의 방향과 속도가 제어됨을 확인한다.	1. 아두이노 보드 1개 2. 브레드보드 1개 3. DC모터 1개	4. L293D 1개 5. 세라믹 커패시터 100nF 1개

회로구성

표 6–3 아두이노 우노 보드와 부품과의 결선표

L293D	1	2	3	4	5	6	7	8	9	12	13	16
아두이노 우노 보드	5V	D11		GND	GND		D10		GND	GND	GND	5V
DC모터			–			+						
외부전원								+				

- L293D의 핀8에 36V까지의 외부전원을 연결할 수 있다.
- 외부전원의 −단자와 아두이노의 GND는 서로 연결한다.
- 하나의 모터를 사용할 경우 L293D의 핀1은 5V에 연결하고 핀9는 GND에 연결한다.
- 100nF의 세라믹 커패시터는 모터의 안정된 출력을 위해 사용한다.
- L293D의 핀2와 핀7은 아두이노의 PWM 핀에 연결한다.

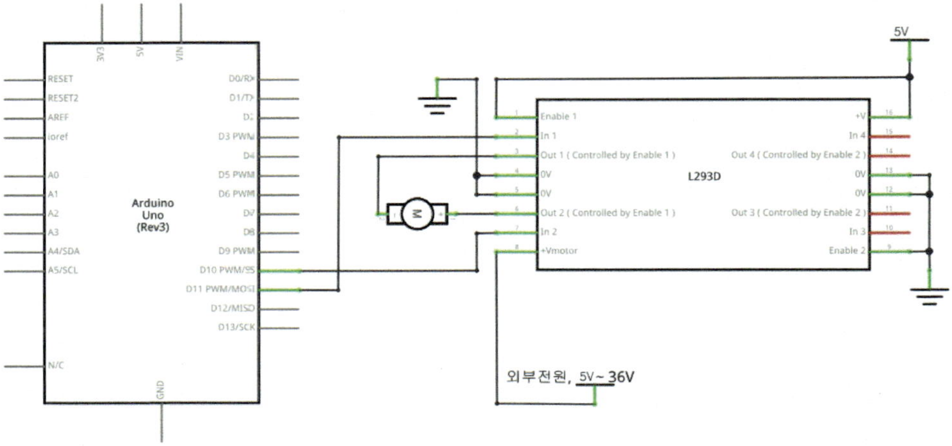

그림 6-4 L293D로 DC모터의 방향과 속도 조절하기(회로도)

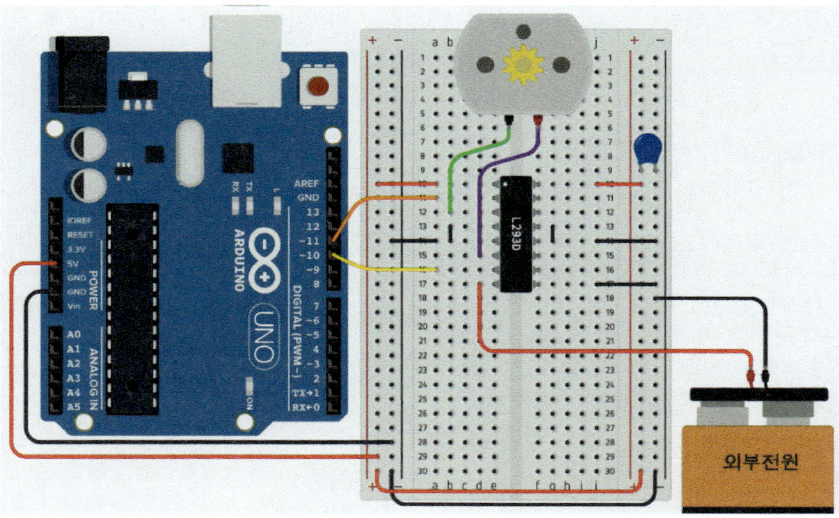

그림 6-5 L293D로 DC모터의 방향과 속도 조절하기(브레드보드)

다음 소스코드는 DC 모터 하나를 시계방향으로 회전시킨다.

```
// 하나의 DC모터 구동하기
const int M1_A=11;          // L293D의 핀2
const int M1_B=10;          // L293D의 핀7
```

```
4
5  void setup(){
6    pinMode(M1_A, OUTPUT);
7    pinMode(M1_B, OUTPUT);
8  }
9
10 void loop(){
11   analogWrite(M1_A, 0);
12   analogWrite(M1_B, 255);
13 }
```

코드분석

- 11행과 12행은 표 6-1의 L293D의 진리표에서 핀2에 LOW, 핀7에 HIGH값을 주어 M1 모터를 시계방향으로 회전시킨다.
- 11행의 0을 255로 12행의 255를 0으로 바꿔 업로드시키면 M1 모터는 반시계방향으로 회전한다. 255는 DC 모터의 최대속도이다. 수치를 낮추면 회전속도를 변경할 수 있다.

다음 소스코드는 시리얼모니터로 방향(f 또는 r)과 속도(0~255)를 입력하여 하나의 DC모터를 구동하기 위한 것이다.

```
// DC모터의 방향과 속도를 제어하기. 시리얼모니터로 방향과 속도를 입력받는다.
const int M1_A=9;                    // L293D의 핀2
const int M1_B=6;                    // L293D의 핀7

void setup(){
  pinMode(M1_A, OUTPUT);
  pinMode(M1_B, OUTPUT);
  Serial.begin(9600);
  Serial.println("Enter the direction(f or r) and speed(0~255) of the motor");
  Serial.println("For example :f100 or r255");
}

void loop(){
  if(Serial.available()){
    char cmd = Serial.read();
    int speed = Serial.parseInt();
    if(speed <256){
      if(cmd == 'f'){
        analogWrite(M1_A, 0);
        analogWrite(M1_B, speed);
      }
      else if(cmd == 'r'){
        analogWrite(M1_A, speed);
        analogWrite(M1_B, 0);
      }
      else{
        analogWrite(M1_A, 0);
        analogWrite(M1_B, 0);
      }
    }
  }
}
```

코드분석

- 19, 20행은 시리얼모니터에 'f'가 입력되면 시계방향으로 회전해야 하므로 19행의 핀2에 0값을 입력, 20행의 핀7에 0~255의 speed값을 입력한다.
- 23, 24행은 시리얼모니터에 'r'이 입력되면 반시계방향으로 회전해야 하므로 24행의 핀7에 0값을 입력, 23행의 핀2에 0~255의 speed값을 입력한다.

다음 그림 6-6과 6-7은 업로드 후 시리얼모니터를 띄운 상태이다. 첫 줄에 DC모터의 방향과 속도를 입력한다. 입력할 때는 'f' 또는 'r'로 시작하여 방향을 지정하고, 그 다음 255 이하의 숫자를 입력한다. 예를 들면 'f100' 또는 'r255'처럼 입력한다. 그리고 그림 6-6처럼 시리얼모니터 아래쪽에서 'line ending 없음'으로 지정하면 DC모터는 계속 회전하고, 그림 6-7처럼 그 외의 것을 지정하면 일시적으로 회전하다가 멈춘다.

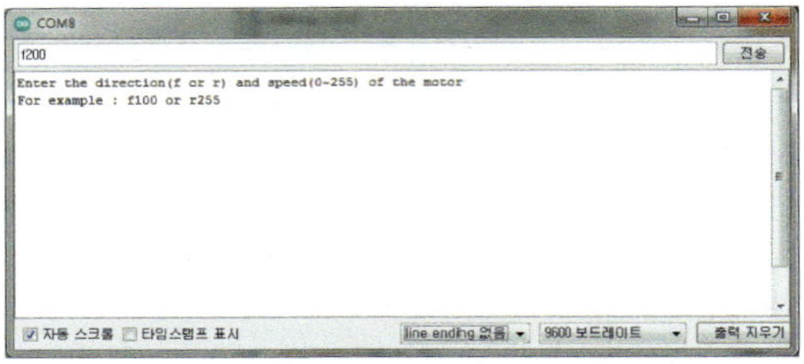

그림 6-6 'line ending 없음' 지정

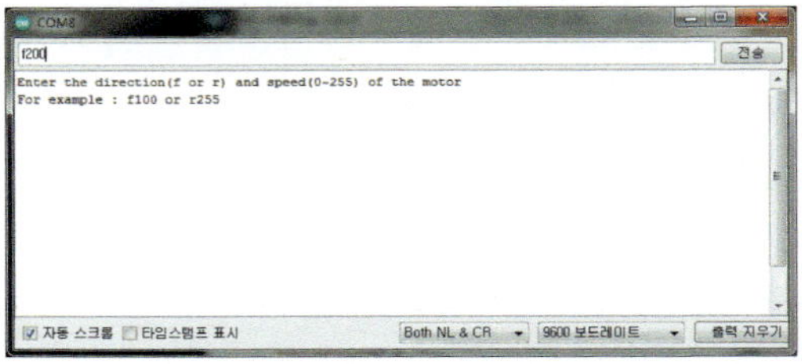

그림 6-7 'Both NL & CR' 지정

실험 35-2 TINKERCAD L293D로 2개의 DC모터를 구동하기

실습내용	준비물
1. 듀얼 반 브리지 IC인 L293D로 2개의 DC모터를 제어해본다. 2. 모터의 구동전류를 위해 외부전원을 사용한다. 3. 2개의 DC모터가 서로 반대 방향으로 움직임을 확인한다. 4. 리밋스위치를 사용하여 2개의 모터를 구동해 본다.	1. 아두이노 우노 보드 1개 2. 브레드보드 1개 3. 세라믹 커패시터 100nF 1개 4. L293D 1개와 DC모터 2개 5. 마이크로스위치(리밋스위치) 1개

회로구성

표 6-4 아두이노 우노 보드와 부품과의 결선표

L293D	1	2	3	4	5	6	7	8	9	10	11	12	13	14	15	16
아두이노 보드	5V	D11		GND	GND		D10		5V	D9		GND	GND		D6	5V
M1 모터			−			+										
M2 모터											−			+		
리밋스위치								com								

- L293D의 핀8번에 외부전원을 연결한다. 외부전원은 36V까지 가능하다.
- 2개의 모터를 사용할 경우 L293D의 핀1과 핀9 둘 다를 5V에 연결하여 활성화한다.
- 리밋스위치의 com과 NO 단자를 외부전원과 L293D의 핀8에 연결한다.
- M1 모터의 입력은 핀2, 핀7이고 출력은 핀3, 핀6이다.
- M2 모터의 입력은 핀10, 핀15이고 출력은 핀11, 핀14이다.

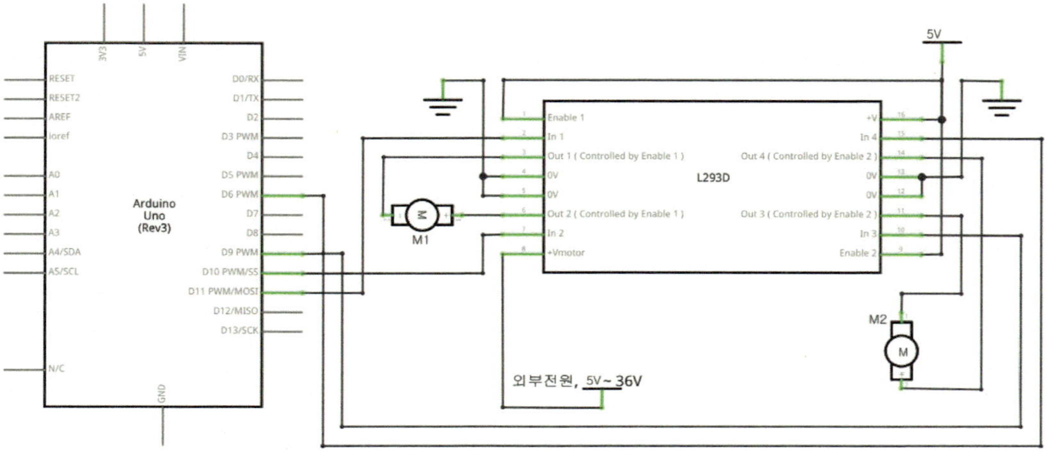

그림 6-8 L293D로 2개의 DC모터의 구동하기(회로도)

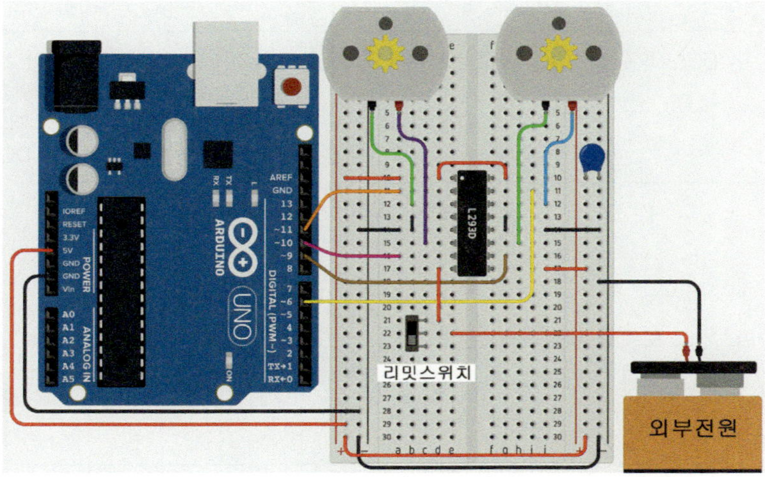

그림 6-9 L293D로 2개의 DC모터의 구동하기(브레드보드)

다음 소스코드는 L293D로 2개의 DC모터를 서로 반대방향으로 회전시키기 위한 것이다.

```
// 2개의 DC모터 구동하기
const int M1_A=11;
const int M1_B=10;
```

```
4  const int M2_A=9;
5  const int M2_B=6;
6
7  void setup(){
8    pinMode(M1_A, OUTPUT);
9    pinMode(M1_B, OUTPUT);
10   pinMode(M2_A, OUTPUT);
11   pinMode(M2_B, OUTPUT);
12 }
13
14 void loop(){
15   analogWrite(M1_A, 0);        analogWrite(M1_B, 255);
16   analogWrite(M2_A, 255);      analogWrite(M2_B, 0);
17 }
```

코드분석

- 15행은 M1 모터를 구동시키고, 16행은 M2 모터를 구동시킨다. 회전방향은 서로 반대이다.
- 15, 16행의 255 수치는 최고 속도이다. 수치를 낮추어 업로드하면 회전속도를 낮출 수 있다.

실험 36-1 TINKERCAD 택트스위치(누름 버튼)로 DC모터를 정회전, 역회전시키기

실습내용	준비물	
1. 누름 버튼으로 DC모터를 정회전, 역회전 시켜본다.	1. 아두이노 보드 1개 2. 브레드보드 1개 3. 세라믹 커패시터 100nF 1개	4. L293D 1개 5. 택트스위치 1개 6. 저항 10kΩ 1개 7. DC모터 1개

회로구성

표 6-5 아두이노 우노 보드와 부품과의 결선표

L293D	1	2	3	4	5	6	7	8	9	12	13	16
아두이노 보드	5V	D9		GND	GND		D6		5V	GND	GND	GND
DC모터 M1			−			+						
외부전원								+				

- 누름 버튼은 풀다운 저항을 연결하여 아두이노 보드의 D2에 연결한다.
- 외부전원을 사용하지 않을 경우는 아두이노의 5V에 연결한다.

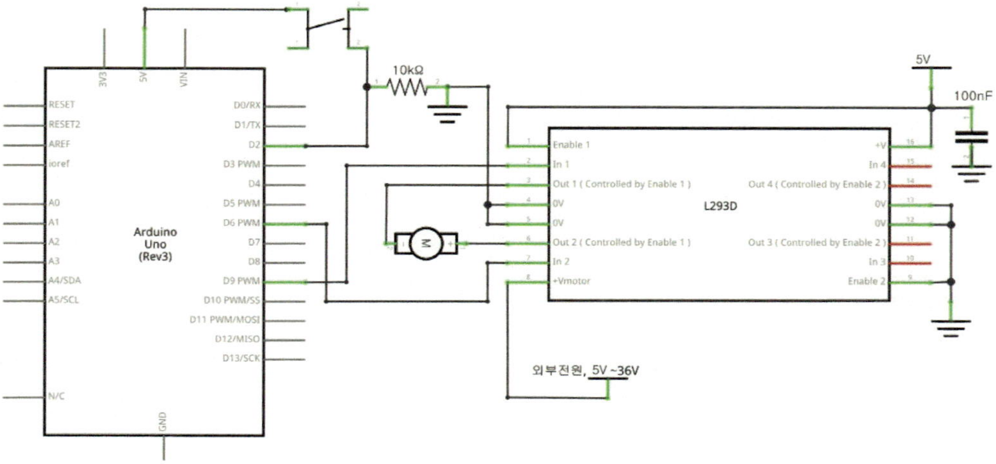

그림 6-10 택트스위치로 모터를 정회전, 역회전시키는 모터 정역 회로도

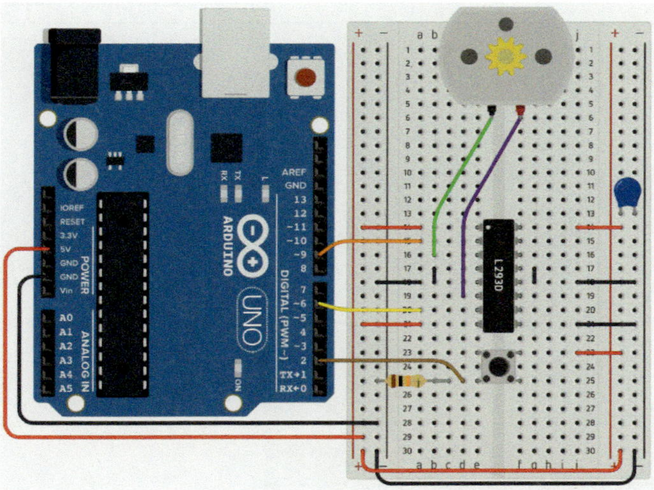

그림 6-11 택트스위치로 모터를 정회전, 역회전시키기

다음 소스코드는 택트스위치로 DC모터를 정회전 또는 역회전시킨다.

```
//택트스위치로 모터를 정회전, 역회전시키는 프로그램
const int M1_B=6;
const int M1_A=9;
const int PB=2;

void setup(){
  pinMode(M1_B, OUTPUT);
  pinMode(M1_A, OUTPUT);
  pinMode(PB, INPUT);
}

void loop(){
  int button=digitalRead(PB);
```

```
  if(button==HIGH){
    analogWrite(M1_B, 0);
    analogWrite(M1_A, 125); //DC모터의 속도는 0~255
  }
  else {
    analogWrite(M1_B, 125); //DC모터의 속도는 0~255
    analogWrite(M1_A, 0);
  }
}
```

실험 36-2TINKERCAD 리모컨으로 DC모터를 정회전, 역회전시키기

실습내용	준비물
1. 리모컨으로 DC모터를 제어해본다. 2. 리모컨에 따라 IR센서에 수신되는 코드가 다름을 유의한다. 3. 팅커캐드로 시뮬레이션할 때는 다른 소스코드를 사용한다.	1. 아두이노 우노 보드 1개 2. 브레드보드 1개 3. 세라믹 커패시터 100nF 1개 4. L293D 1개와 DC모터 1개 5. IR센서, IR 리모컨 각 1개

회로 구성

표 6-6 아두이노 우노 보드와 부품과의 결선표

L293D	1	2	3	4	5	6	7	8	9	12	13	16
아두이노 보드	5V	D9		GND	GND		D6		5V	GND	GND	GND
DC모터 M1			−			+						
외부전원								+				

- IR 센서의 S단자를 아두이노 보드의 D3에 연결한다.

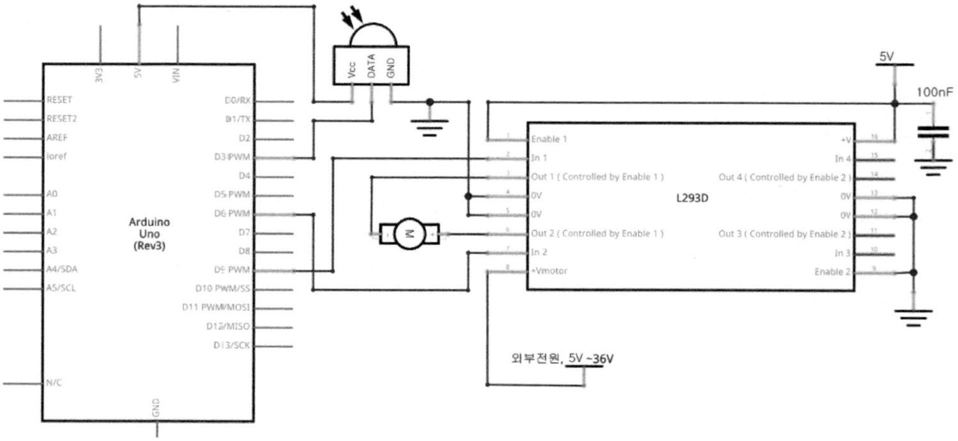

그림 6-12 모터의 정회전, 역회전을 리모컨으로 제어하는 모터 정역회로도

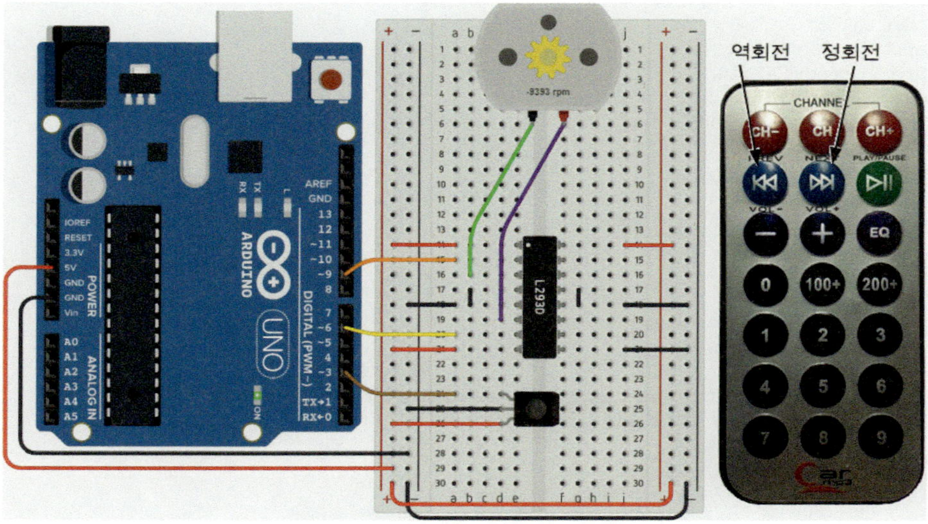

그림 6-13 모터의 정회전, 역회전을 리모컨으로 제어하기

다음 소스코드는 리모컨으로 DC모터를 정회전 또는 역회전시킨다.

```
// 리모컨으로 제어하는 모터_정역회로 프로그램
#include <IRremote.h>
const byte IR_receive_pin = 10;  //IR 센서의 시그널 핀은 아두이노 3
const byte M1_B=6;
const byte M1_A=9;
const byte PB=2;

void setup(){
  Serial.begin(9600);
  pinMode(M1_B, OUTPUT);
  pinMode(M1_A, OUTPUT);
  pinMode(PB, INPUT);
  IrReceiver.begin(IR_receive_pin, ENABLE_LED_FEEDBACK);
}

void loop(){
  if(IrReceiver.decode()){
    Serial.println(IrReceiver.decodedIRData.command, HEX);
    switch (IrReceiver.decodedIRData.command){
      case 0x44:analogWrite(M1_B, 125); analogWrite(M1_A, 0); break;
      case 0x40:analogWrite(M1_B, 0); analogWrite(M1_A, 125); break;
      default:analogWrite(M1_B, 0); analogWrite(M1_A, 0); break;
    }
    IrReceiver.resume(); // 다음 신호 수신
  }
}
```

다음 소스코드는 팅커캐드용 프로그램이다.

```
// 모터_정역회로_리모컨
#include <IRremote.h>
#define IR_pin  3  //IR 센서의 시그널 핀은 아두이노 3
const int M1=6;
```

```
const int M2=9;
const int PB=2;
IRrecv irrecv(IR_pin);
decode_results results;

void setup(){
  pinMode(M1, OUTPUT);
  pinMode(M2, OUTPUT);
  irrecv.enableIRIn(); // 적외선 센서 활성화
}

void loop(){
  if(irrecv.decode(&results)){
    switch (results.value){
      case 0xFD609F:analogWrite(M1, 255); analogWrite(M2, 0); break;
      case 0xFD20DF:analogWrite(M1, 0); analogWrite(M2, 255); break;
      default:analogWrite(M1, 0); analogWrite(M2, 0); break;
    }
    irrecv.resume(); // 다음 신호 수신
  }
}
```

실험 37TINKERCAD 온도에 따라 모터제어하기(포토커플러 사용)

실습내용	준비물	
1. 포토커플러를 사용하여 모터를 구동해 본다. 2. 온도센서로 감지한 고온에서 모터를 제어(온/오프)해본다.	1. 아두이노 우노 보드 1개 2. 브레드보드 1개 3. 저항 1kΩ, 330Ω 각 1개	4. L293D와 모터 각 1개 5. 온도센서 TMP36 1개 6. 옵토커플러 4N35 1개

회로구성

표 6-7 아두이노 우노 보드와 부품과의 결선표

아두이노 우노 보드	GND	5V	A0	D13
TMP36	GND	VCC	가운데 단자	
4N35		5번(컬렉터)		1번(애노드)

- 옵토커플러(4N35)의 2번 핀(캐소드)은 저항 330Ω을 통해 GND에 연결한다.
- 모터드라이버(L293D)의 10번 핀(입력3)은 GND에 연결하고, L293D의 15번 핀(입력4)은 반전 형태로 모터를 구동하려면 옵토커플러의 5번 핀(컬렉터)과 연결하고, 비반전 형태로 모터를 구동하려면 옵토커플러의 4번 핀(이미터)과 연결한다.
- 옵토커플러의 핀 배치와 자세한 내용은 3.1.5절의 포토커플러를 참조한다.

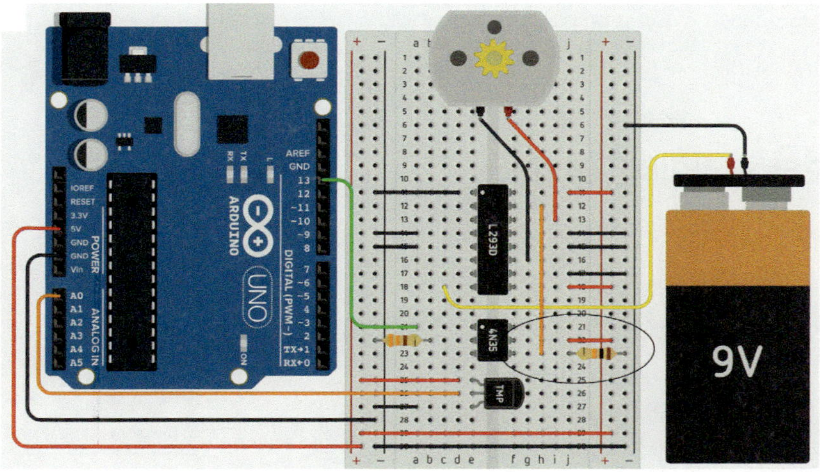

그림 6-14 포토커플러를 사용하여 온도에 따라 모터 On하기(이미터 쪽을 사용)

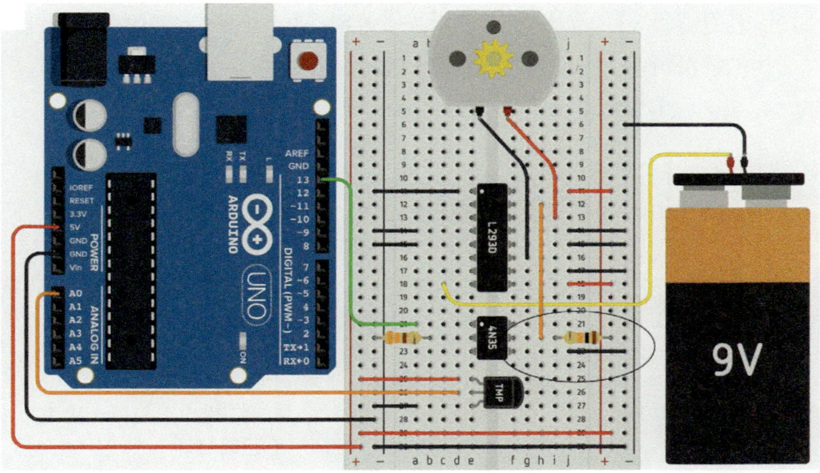

그림 6-15 포토커플러를 사용하여 온도에 따라 모터 Off하기(컬렉터 쪽을 사용)

다음 소스코드는 포토커플러를 사용하여 온도에 따라 모터를 온/오프하는 프로그램이다.

```
//포토커플러로 모터제어하기
#define TMP_pin A0                              // 온도센서 핀 번호
#define Opto_pin 13                             // 옵토커플러 핀 번호

void setup(){
  pinMode(Opto_pin, OUTPUT);
  pinMode(TMP_pin, INPUT);
}

void loop(){
  int reading = analogRead(TMP_pin);
  float v = reading*5.0/1023;
  float temp_C = (v-0.5)*100;
```

```
    if(temp_C>30)    digitalWrite(Opto_pin, HIGH);    // 섭씨 30도를 초과하면 옵토커플러 On
    else      digitalWrite(Opto_pin, LOW);            // 섭씨 30도 이하이면 옵토커플러 Off
    delay(1000);
}
```

6.1.2 모터 드라이버(L9110)

2개의 DC모터 또는 1개의 양극성(바이폴라) 스텝모터의 구동이 가능한 모터드라이버 모듈이다. DC모터의 공급전압은 2.5~12V이며 모터당 최고 800mA의 연속 전류를 허용한다. 아두이노의 5V 출력이나 외부전원을 입력받아 모터에 공급해줄 수 있다. 그림 6-16의 L9110 모터드라이버 핀 배치도의 아래쪽 가운데 VCC와 GND가 있는 전원부에는 모터 구동을 위한 전원(2.5~12V)을 연결한다. 위쪽의 Motor A와 Motor B핀은 2개의 모터를 연결하기 위한 단자이다. 아래쪽 전원부 양쪽에 위치한 2개씩의 핀은 각각의 모터를 아두이노의 PWM 핀에 연결한다.

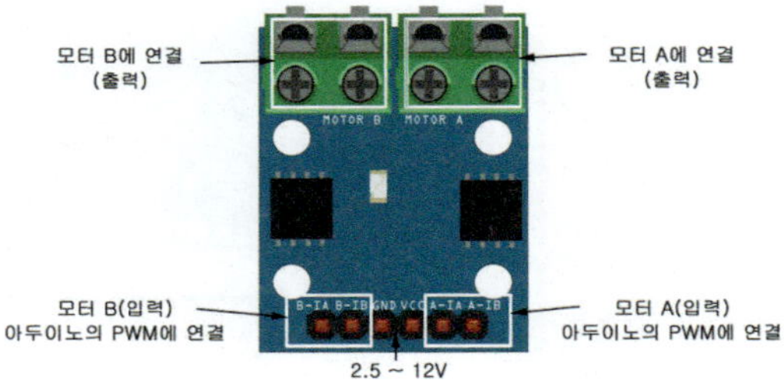

그림 6-16 L9110모듈의 핀 배치도

실험 38-1 L9110 모터드라이버로 DC모터의 방향과 속도 조절하기

실습내용	준비물
1. 모터드라이버 L9110을 사용해본다. 2. 시리얼모니터로 방향과 속도를 설정하고 모터의 방향과 속도가 조절됨을 확인한다.	1. 아두이노 우노 보드 1개 2. 브레드보드 1개 3. 모터드라이버 모듈 L9110 1개 4. DC모터 1개

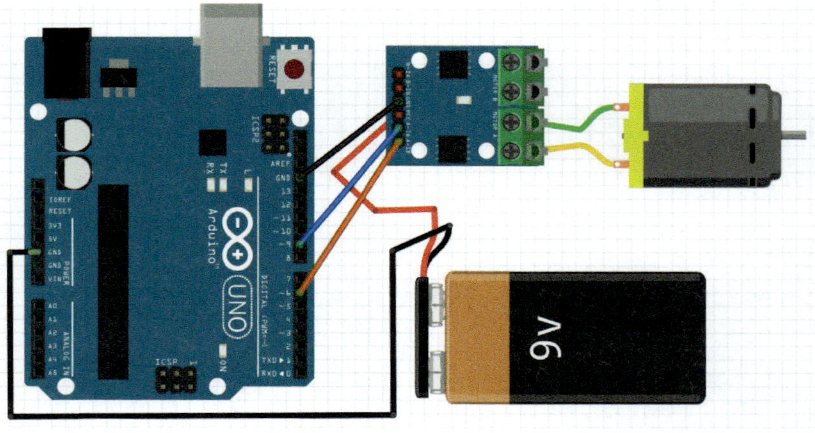

그림 6-17 L9110 모터드라이버로 DC모터의 방향과 속도 조절하기

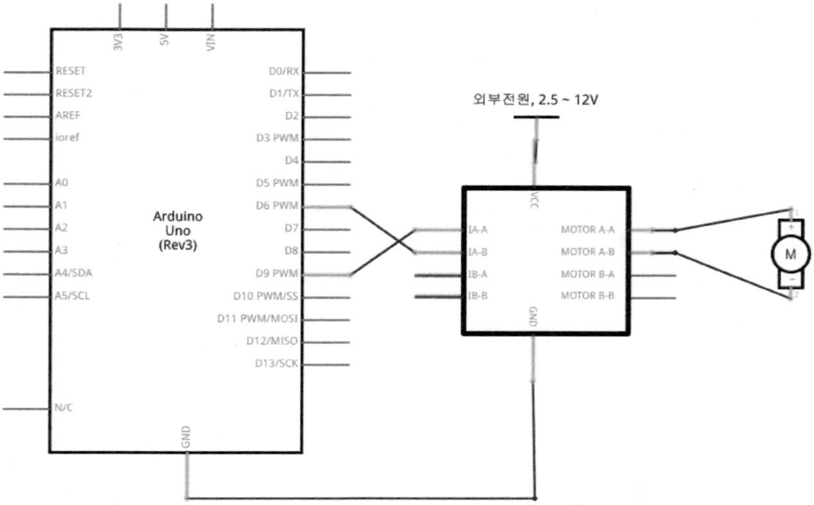

그림 6-18 L9110 모터드라이버로 DC모터의 방향과 속도 조절하기(회로도)

회로구성

표 6-8 아두이노 우노 보드와 부품과의 결선표

L9110 모듈	GND	VCC	A-IA	A-IB	MOTOR A-A	MOTOR A-B
아두이노 보드	GND		D9	D6		
DC모터 A					–	+
외부전원	–	+				

- 외부전원(~12V)의 -단자와 아두이노의 GND는 서로 연결한다.

다음 소스코드는 시리얼모니터로 방향과 속도를 입력받아 DC모터의 방향과 속도를 제어하는 프로그램이다.

```
// DC모터의 방향과 속도를 제어하기. 시리얼모니터로 방향과 속도를 입력받는다.
const int A_1A=9;
const int A_1B=6;

void setup(){
  pinMode(A_1B, OUTPUT);
  pinMode(A_1A, OUTPUT);
  Serial.begin(9600);
  Serial.println("모터의 방향(f 또는 r)과 속도(0~255)를 입력하시오");
  Serial.println("예를 들면 f100 또는 r255");
}

void loop(){
  if(Serial.available()){
    char cmd = Serial.read();
    int speed = Serial.parseInt();
    if(speed <256){
```

```
      if(cmd == 'f'){
        analogWrite(A_1A, 0);
        analogWrite(A_1B, speed);
      }
      else if(cmd == 'r'){
        analogWrite(A_1A, speed);
        analogWrite(A_1B, 0);
      }
      else{
        analogWrite(A_1A, 0);
        analogWrite(A_1B, 0);
      }
    }
  }
}
```

위 실험에서 보듯이 L293D 모터드라이버를 사용할 때와 차이가 없음을 알 수 있다. 모터의 입출력 핀의 위치만 바뀌었을 뿐 작동 방법은 똑같다. 그러므로 L9110이나 그 외에 많이 사용하는 L298N과 같은 성능이 좋은 모터드라이버 모듈도 많지만 사용방법은 대동소이하므로 별도설명은 생략하도록 하겠다. 모터의 출력에 맞는 모터 드라이버를 구입해 사용하면 될 것이다. 모터 2개를 구동하는 것 역시 반복적으로 똑같이 또 하나의 모터를 연결하면 된다. L9110은 L293D 모터드라이버와 마찬가지로 양극성 스텝모터도 구동할 수 있다.

6.2 조이스틱

조이스틱(JoyStick)은 일종의 방향키로서 컴퓨터의 방향 커서를 쉽게 움직이기 위한 포인팅 장치이다. 그림 6-19의 조이스틱 모듈은 물체를 움직이는 입력장치로서 GND, 5V, VRx, VRy, SW의 5개 핀이 있다. x, y 2개의 축만 사용할 때는 VRx, VRy를 아날로그 핀에 연결하고, SW를 디지털 핀에 연결해 스위치로 사용한다. x, y, z 3개의 축을 사용할 때는 VRx, VRy, SW를 모두 아날로그 핀에 연결한다.

그림 6-19 조이스틱

실험 39 조이스틱의 x축, y축, 스위치 값을 시리얼모니터로 출력하기

실습내용	준비물
1. 조이스틱을 사용해본다. 2. 조이스틱의 x축, y축, 스위치 값을 시리얼모니터로 확인한다.	1. 아두이노 우노 보드 1개 2. 브레드보드 1개 3. 조이스틱 1개

회로구성

표 6-9 아두이노 우노 보드와 부품과의 결선표

아두이노 보드	GND	5V	A0	A1	A2
조이스틱 모듈	GND	VCC	VRx	VRy	SW

- 조이스틱의 VRx과 VRy, SW를 아두이노의 A0핀, A1핀, A2핀에 연결한다.

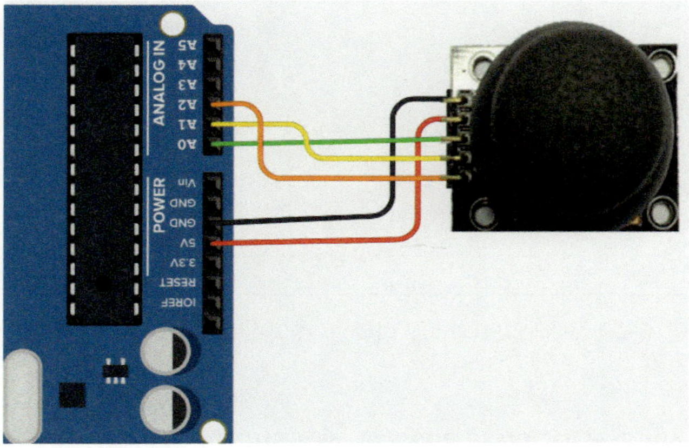

그림 6-20 조이스틱의 x축, y축, 스위치 값을 시리얼모니터로 출력하기

다음 소스코드는 조이스틱의 x, y축과 스위치 값을 시리얼모니터로 출력하는 프로그램이다.

```
//조이스틱의 x축, y축, 스위치 값을 시리얼모니터로 출력하는 프로그램
const int joystick_x = A0;                //조이스틱 X축을 저장
const int joystick_y = A1;                //조이스틱 Y축을 저장
const int joystick_sw= A2;                //조이스틱 스위치를 저장

void setup() {
  pinMode(joystick_x, INPUT);             // x를 입력모드로
  pinMode(joystick_y, INPUT);             // y를 입력모드로
  pinMode(joystick_sw, INPUT);            // sw를 입력모드로
  Serial.begin(9600);                     // 시리얼통신을 9600속도로
}

void loop() {
  int x = analogRead(joystick_x);         // 조이스틱 X축의 아날로그 신호를 x에 저장
  int y = analogRead(joystick_y);         // 조이스틱 Y축의 아날로그 신호를 y에 저장
  int sw = analogRead(joystick_sw);       // 조이스틱 스위치의 디지털 신호를 sw에 저장
  Serial.print("x : ");
  Serial.print(x);                        //시리얼모니터에 'X : x값'을 표기
  Serial.print("\t y : ");
  Serial.print(y);                        //시리얼모니터에 '  Y : y값'을 표기
  Serial.print("\t sw : ");
  Serial.println(sw);                     //시리얼모니터에 '  sw : sw값'을 표기하고 줄넘김
  delay(500);                             // 0.5초 지연
}
```

다음 그림 6-21처럼 조이스틱 모듈의 값을 시리얼모니터로 확인할 수 있다. x축의 경우는 조이스틱을 왼쪽으로 밀수록 값이 작아지고, 오른쪽으로 밀수록 값이 커진다. y축의 경우는 앞쪽으로 밀수록 값이 작아지고, 뒤쪽으로 당길수록 값이 커진다. z축의 경우 조이스틱을 아래로 누를수록 값이 작아지고, 조이스틱을 떼어 위로 오를수록 값이 커진다. VRx, VRy, SW 모두 가장 작은 값은 0, 가장 큰 값은 1023이 출력된다.

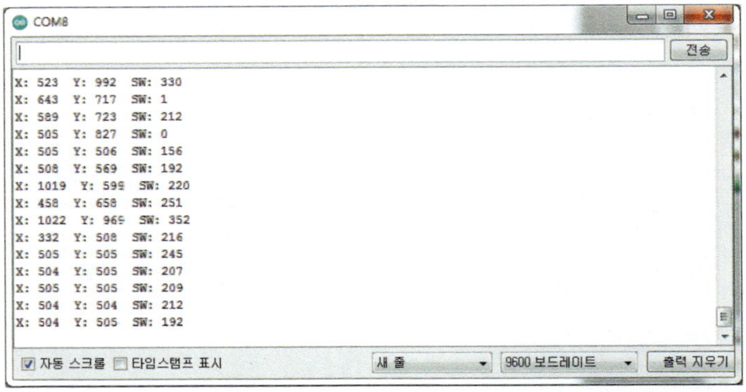

그림 6-21 시리얼모니터에 나타난 조이스틱의 x축, y축, 스위치 값

실험 36-3 조이스틱으로 DC모터(L293D)를 정회전/역회전시키기

실습내용	준비물	
1. 조이스틱으로 DC모터(L293D)를 정회전/역회전시켜본다.	1. 아두이노 우노 보드 1개 2. 브레드보드 1개 3. 모터드라이버 L293D 1개	4. DC모터 1개 5. 조이스틱 1개

회로구성

표 6-10 아두이노 우노 보드와 부품과의 결선표

아두이노 우노 보드	GND	5V	A0
조이스틱 모듈	GND	VCC	VRx

표 6-11 아두이노 우노 보드와 부품과의 결선표

L293D	1	2	3	4	5	6	7	8	9	12	13	16
아두이노 우노 보드	5V	D9		GND	GND		D6		GND	GND	GND	5V
DC모터			−			+						
외부전원								+				

- 외부전원(~36V)의 -단자와 아두이노의 GND는 서로 연결한다.

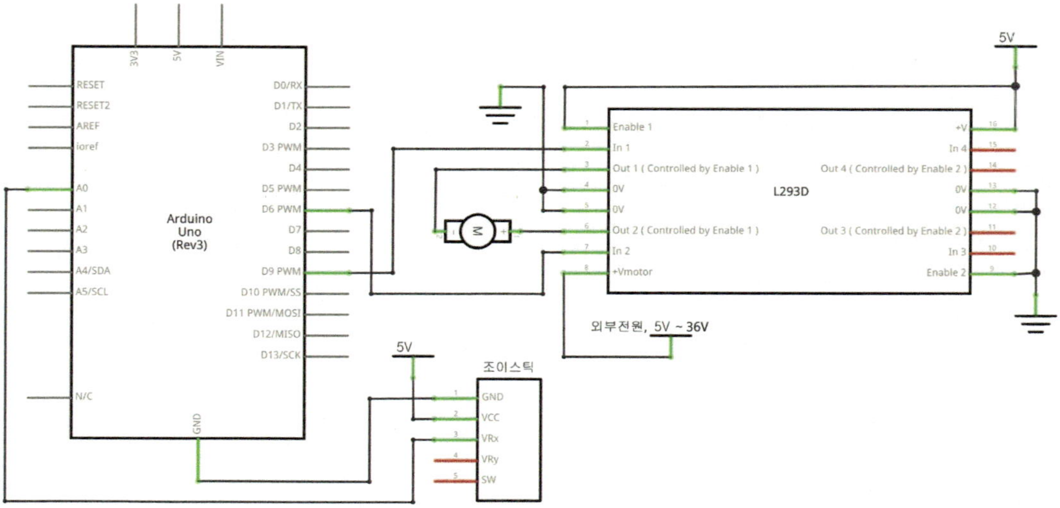

그림 6-22 조이스틱으로 DC모터(L293D)를 정회전/역회전시키는 회로도

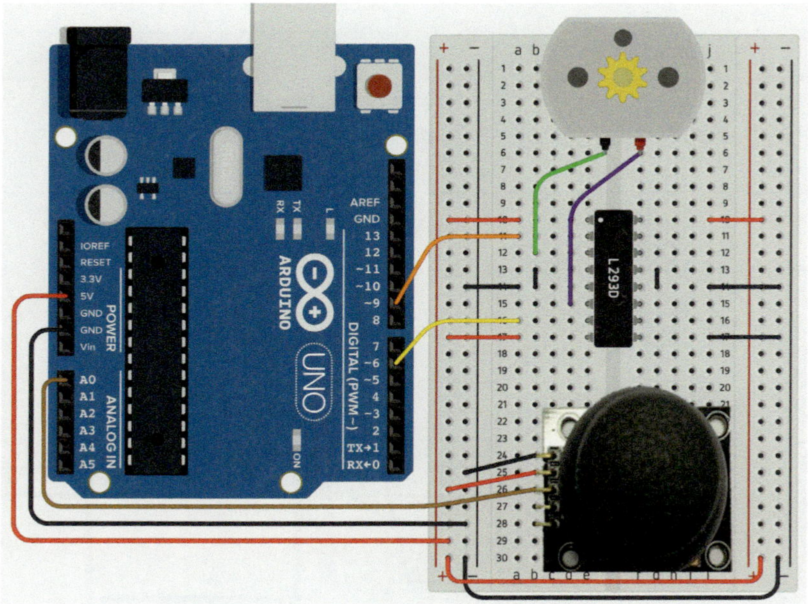

그림 6-23 조이스틱으로 DC모터를 정회전/역회전시키기

다음 소스코드는 조이스틱으로 모터를 정회전 또는 역회전시키는 프로그램이다.

```
//조이스틱으로 모터의 정회전, 역회전 제어하는 프로그램
const int M1_A=9;
const int M1_B=6;
const int joystick_x = A0;

void setup(){
```

```
  pinMode(M1_A, OUTPUT);
  pinMode(M1_B, OUTPUT);
  pinMode(joystick_x, INPUT);
}

void loop(){
  int x = analogRead(joystick_x);      // 조이스틱 X축의 아날로그 신호를 x에 저장
  int motorSpeed = map(x, 0, 1023, 0, 255);

  if(motorSpeed>130){
    analogWrite(M1_B, 0);    analogWrite(M1_A, motorSpeed);
  }
  else if(motorSpeed<120){
    analogWrite(M1_B, 255-motorSpeed);    analogWrite(M1_A, 0);
  }
  else {
    analogWrite(M1_B, 0);    analogWrite(M1_A, 0);
  }
  delay(500);
}
```

실험 38-2 조이스틱으로 DC모터(L9110)를 정회전/역회전시키기

실습내용	준비물	
1. 조이스틱으로 DC모터(L9110)를 정회전/역회전시켜본다.	1. 아두이노 우노 보드 1개 2. 브레드보드 1개 3. 모터드라이버 모듈 L9110 1개	4. DC모터 1개 5. 조이스틱 1개

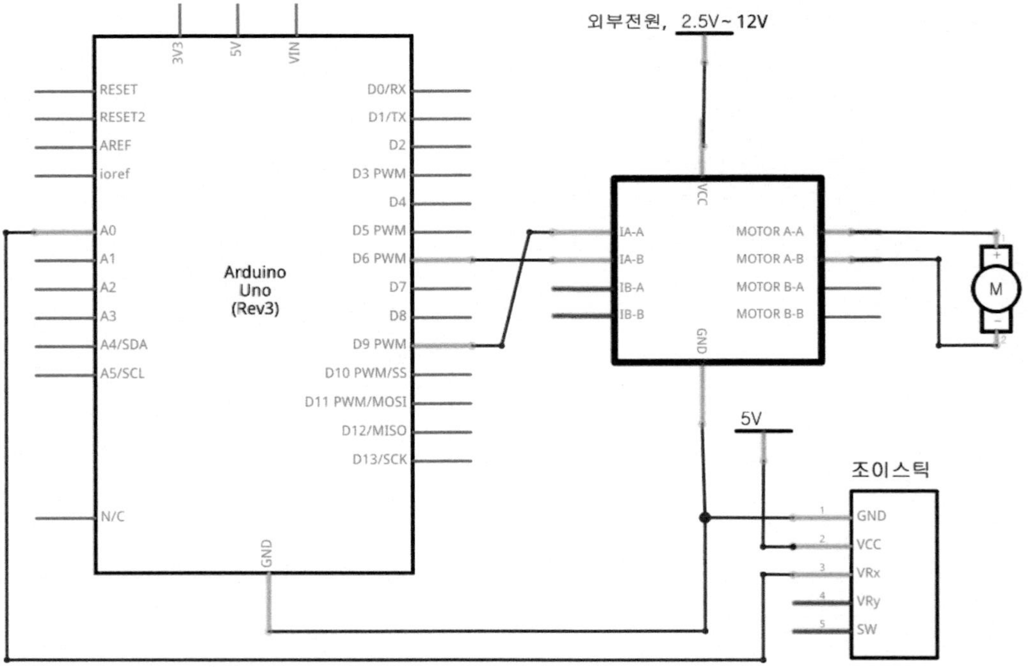

그림 6-24 조이스틱으로 DC모터(L9110모듈)를 정회전/역회전시키는 회로도

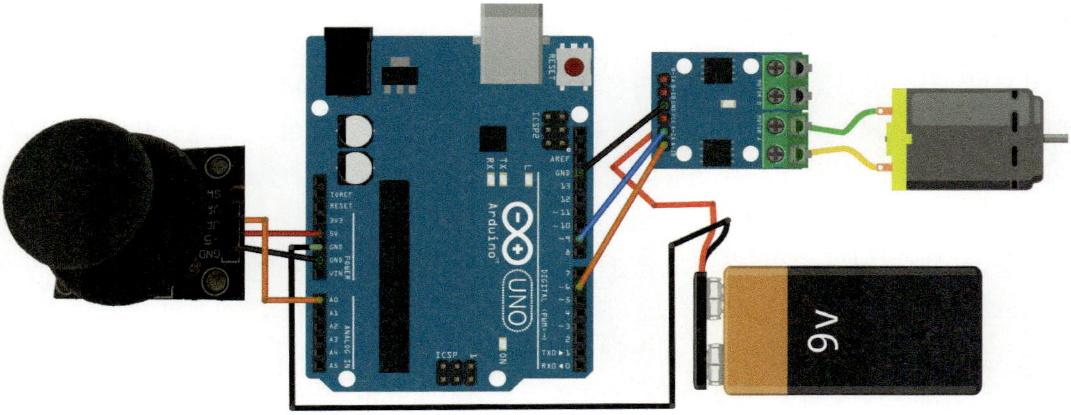

그림 6-25 조이스틱으로 DC모터(L9110모듈)를 정회전/역회전시키는 결선도

6.3 스텝모터

그림 6-26 다양한 스텝 모터
[출처 : http://embeddedsystemengineering.blogspot.com]

스텝모터(step motor)는 스테퍼 모터(stepper motor) 또는 스테핑 모터(stepping motor)라고도 부른다. 일정한 각도만큼의 스텝으로 회전하는 브러시리스 직류 전동기이다. 회전 위치는 어떤 피드백 장치 없이도 정확한 조절이 가능하다. 이러한 특성으로 NC공작기계나 산업용 로봇, 프린터 등의 사무용 기기에 사용된다. 이 중에 선형운동을 하는 것은 리니어 스텝모터라고 한다. 스텝모터는 DC모터와 서보모터의 중간정도의 성질을 가진다. 정교한 위치를 조절로 한 번에 한 스텝씩 정/역회전이 가능하다. 일반적인 서보모터가 180도만 회전하는 것과는 달리 360도 회전할 수 있다. 스텝모터는 '유니폴라(Unipolar)' 방식 또는 '바이폴라(Bipolar)' 방식으로 구동된다. 유니폴라 구동방식은 구동회로가 간단하고, 모터에 흐르는 전류의 방향이 항상 일정하다. 장점으로는 고속으로 구동될 때 토크가 높아 탈조 위험이 적다. 단점은 모터 코일에 저장된 에너지가 회생되지 않아 효율성이 떨어진다. 바이폴라 구동방식은 구동회로가 복잡하고 모터에 흐르는 전류의 방향이 변한다. 장점으로는 저속으로 구동될 때 토크가 높아 모터 코일에 저장된 에너지를 회생하여 효율성이 높다. 단점은 고속으로 구동될 때 토크가 낮아 탈조 위험이 높다.

6.3.1 유니폴라 스텝모터

스텝모터는 한 바퀴를 회전하는데 많은 수의 스텝으로 나누어 회전한다. 그림 6-27 (a)의 28BYJ-48 유니폴라 스텝모터는 한 바퀴 회전하는데 2048 스텝이다. 작동 전압은 DC 5V 이고, 회전속도는 15rpm까지 가능하지만 외부전원을 사용하지 않을 경우는 10rpm 정도로 작동할 것을 권장한다.

유니폴라 스텝모터는 코일 권선의 중간 탭에서 추가로 선이 인출되어 있다. 인출된 선이 6 가닥으로 2상 6선식이다. 그림 6-28의 유니폴라 스텝모터는 권선 중간 탭의 선을 묶어 하나로 결선한 것이다. 결과적으로 28BYJ-48은 5가닥의 2상 5선식의 유니폴라 스텝모터이다. 유니폴라 스텝모터의 경우 전류 방향은 중간 탭의 선을 통해서 한 방향으로만 흐르게 된다. 전류는 코일 권선의 절반(1/2 구간)만 통과하게 된다. 따라서 유니폴라(단극성)라는 이름은 전류가 한쪽 방향으로만 흐르게 되는 특성으로 인해 붙여졌다.

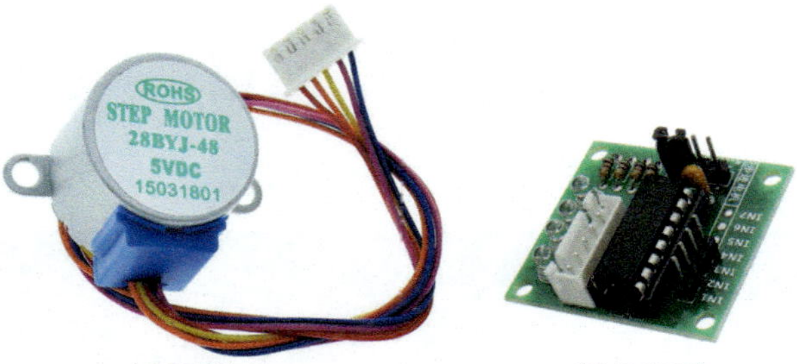

(a) 28BYJ-48 (b) ULN2003

그림 6-27 유니폴라 스텝모터

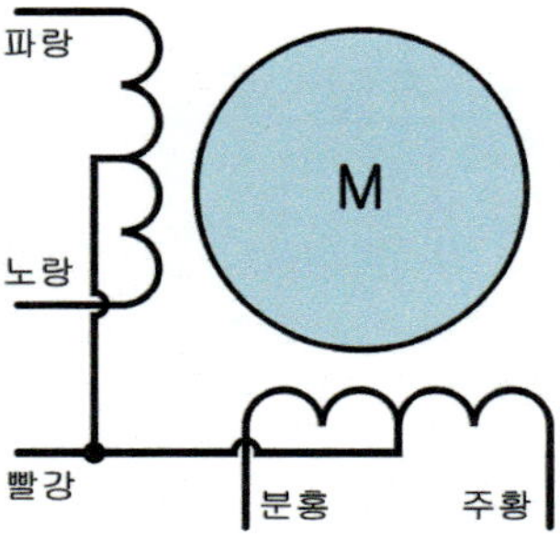

그림 6-28 28BYJ-48 유니폴라(5선)

모터드라이버(ULN2003)

그림 6-27 (b)의 ULN2003 모터드라이버는 오픈 컬렉터 달링턴 트랜지스터가 7개 내장되어 있고, 각각의 싱크 전류가 약 500mA이므로 ULN2003을 사용하여 단극성 스텝모터 1개를 구동시킬 수 있다. 유니폴라 스텝모터 2개를 구동시키려면 8채널의 ULN2803을 사용하면 된다.

실험 40 ULN2003 모터드라이버로 유니폴라 5선 스텝모터를 구동하기

실습내용	준비물
1. ULN2003 모터드라이버로 유니폴라 5선 스텝모터를 구동해본다. 2. 스텝모터는 정해진 시간(5초) 이후에 작동되도록 한다. 3. 스텝모터의 회전속도, 회전방향, 회전시간을 확인한다.	1. 아두이노 우노 보드 1개 2. 브레드보드 1개 3. 모터드라이버(ULN2003) 1개 4. 유니폴라 5선 스텝모터 1개

회로구성

표 6-12 아두이노 우노 보드와 부품과의 결선표

아두이노 보드	GND	5V	D11	D10	D9	D8
ULN2003 모듈	0V	5V	IN1	IN3	IN2	IN4

- 그림 6-29의 ULN2003 모터드라이버의 전원부에 3, 4번 핀은 점퍼소켓 또는 암암 점퍼선으로 서로 연결한다. 그림 6-30의 회로도에서 보면 ULN2003의 on/off단자를 서로 연결하여 ON시키는 것이다.
- 표 6-12의 결선표에서 ULN2003 모터드라이버의 입력핀을 아두이노에 연결할 때 IN1, IN3, IN2, IN4 순서로 연결해야 함을 유의한다.

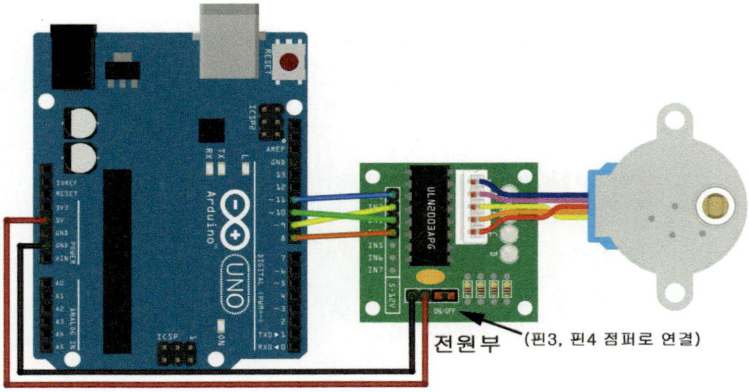

그림 6-29 ULN2003 모터드라이버로 유니폴라 5선 스텝모터를 구동하기

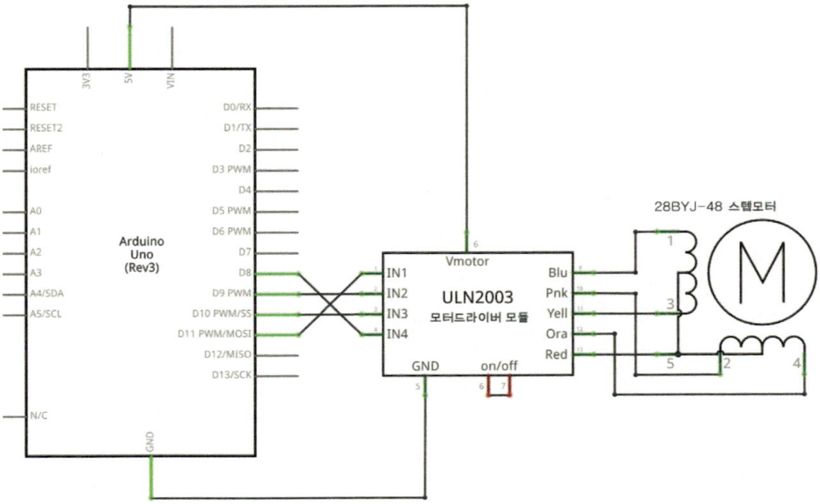

그림 6-30 ULN2003 모터드라이버로 유니폴라 5선 스텝모터를 구동하기(회로도)

다음 소스코드는 유니폴라 5선 스텝모터를 구동하기 위한 프로그램이다.

```
1  //정해진 시간 이후에 스텝모터 작동시키기(회전 속도와 회전 방향 및 회전 시간도 설정가능)
2  #include <Stepper.h>
3  extern volatile unsigned long timer0_millis; // millis함수 초기화를 위한 변수 선언
4  unsigned long ms;
5  unsigned long timer_ms=5000; // 설정시간(5초) 이후 작동
6  int cnt=0;
7  const int steps = 2048;          // 모터별 1바퀴 스텝 수 설정(28BYJ-48의 경우 2048)
8  const int rpm = 10;              // 스텝모터 속도 설정(10이하 권장)
9  #define IN1 11                   // IN1
10 #define IN2 10                   // IN2
11 #define IN3 9                    // IN3
12 #define IN4 8                    // IN4
13 Stepper myStepper(steps, IN1, IN2, IN3, IN4);    // 모터드라이버에 연결할 때는 1,3,2,4순으로
14 
15 void setup()   {
16   myStepper.setSpeed(rpm);
17 }
18 
19 void loop()  {
20   ms = millis();
21   if(ms >= timer_ms){
22     if(ms < (timer_ms+6000)){     // 6초 시계 방향으로 회전
23       myStepper.step(steps);
24     }
25     else if(ms < (timer_ms+12000)){  // 6초 반시계 방향으로 회전
26       myStepper.step(-steps);
27     }
28     else timer0_millis = 0;     // millis() 함수 초기화
29     delay(10);
30   }
31 }
```

코드분석

- 13행의 mySteppe r(steps, IN1, IN2, IN3, IN4) 함수는 1회전 당 스텝수와 모터의 출력 핀을 지정한다. 매개변수의 첫 번째가 1회전 당 스텝수이고, 뒤에 4개의 매개변수가 모터의 출력 핀이다.
- 16행의 myStepper.setSpeed(rpm) 함수는 회전속도를 지정한다.
- 23행과 26행의 매개변수는 회전할 스텝 수이다. '–'값을 가지면 반대로 회전한다.
- 22행과 25행으로 6초간 시계방향, 반시계방향으로 회전한다.

6.3.2 바이폴라 스텝모터

바이폴라(양극성) 구동 방식은 모터의 코일 권선에 흐르는 전류의 방향이 바뀌는 방식이다. 바이폴라 스텝모터는 그림 6-31처럼 중간 탭에서 선을 인출하지 않으므로 2상 4선식이다. 바이폴라 스텝모터는 DC모터 구동 실험과 마찬가지로 L293D 모터 드라이버와 L9110 드라이버 모듈로 각각 실험을 해본다. 다음 그림 6-32의 리니어 스텝모터는 바이폴라 스텝모터이다.

그림 6-27(a)의 28BYJ-48 유니폴라 스텝모터를 바이폴라 결선으로 작동할 수도 있다. 28BYJ-48스텝모터의 가운데 빨간색 선을 제외하고 나머지 4가닥의 선을 사용한다. 유니폴라 스텝모터를 구동하기 위한 그림 6-27(b)의 ULN2003 모터드라이버는 사용하지 않는다.

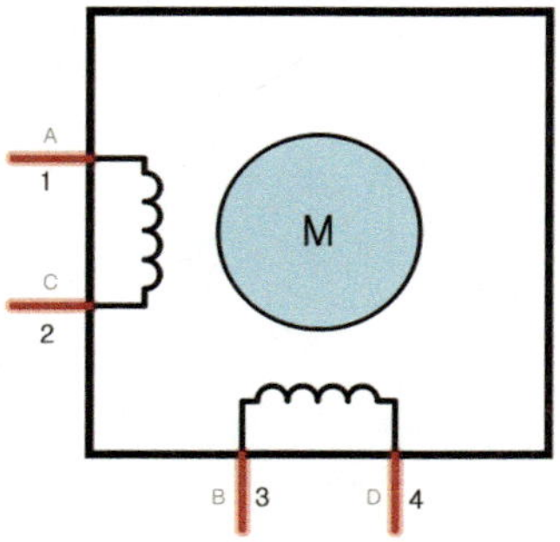

그림 6-31 바이폴라 스텝모터

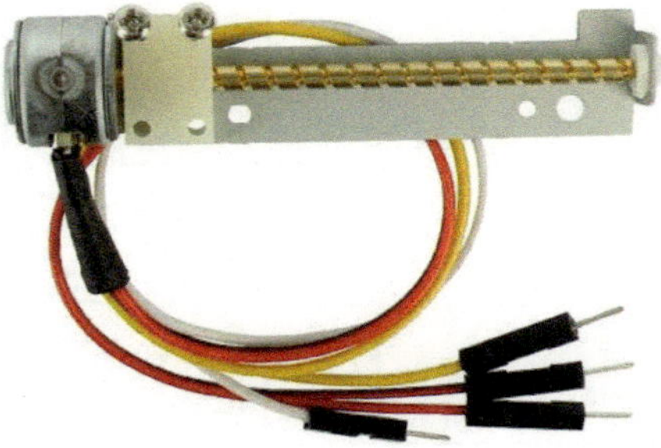

그림 6-32 리니어 스텝모터

실험 41 28BYJ-48 유니폴라 스텝모터를 바이폴라 결선으로 작동시키기

실습내용	준비물
1. L293D 모터드라이버로 유니폴라 5선 스텝모터를 구동해본다. 2. 유니폴라 5선 스텝모터의 빨간선(전원연결선)을 제외한 나머지 4가닥의 선으로 바이폴라 스텝모터로 작동시켜본다. 3. 스텝모터 4가닥을 출력 핀에 연결할 때 회로도의 선 색깔을 보면서 1, 3, 2, 4순으로 연결하는 것에 유의한다.	1. 아두이노 우노 보드 1개 2. 브레드보드 1개 3. 모터드라이버(L293D) 1개 4. 유니폴라 스텝모터 1개

회로구성

표 6-13 아두이노 우노 보드와 부품과의 결선표

L293D	1	2	3	4	5	6	7	8	9	10	11	12	13	14	15	16
아두이노 보드	5V	D8		GND	GND		D9		5V	D10		GND	GND		D11	5V
스텝모터			파랑			노랑					분홍			주황		
외부전원								+								

- 외부전원(~36V)의 -단자와 아두이노의 GND는 서로 연결한다.
- 유니폴라 5선 스텝모터의 빨간선(전원연결선)은 사용하지 않는다.

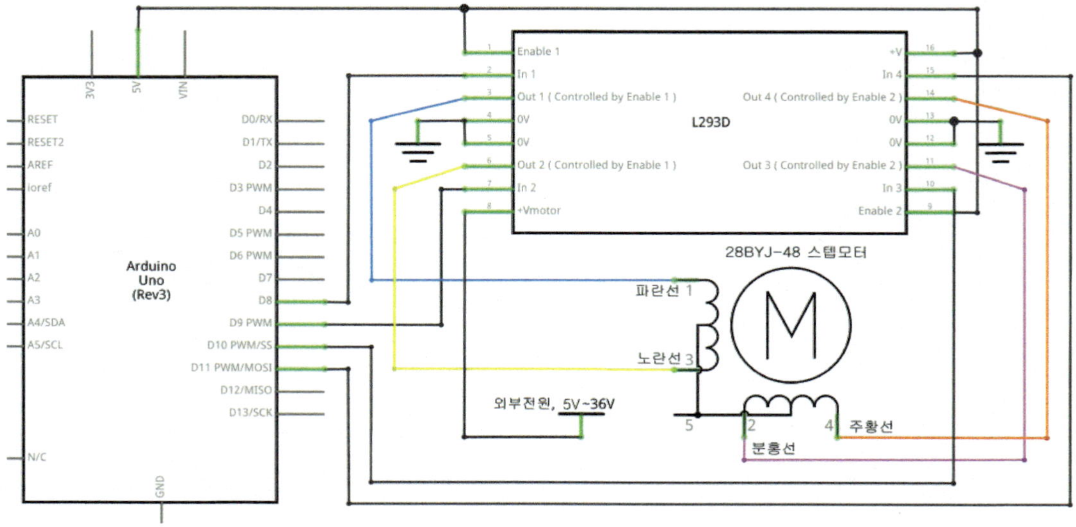

그림 6-33 L293D로 스텝모터(유니폴라) 작동시키기(회로도)

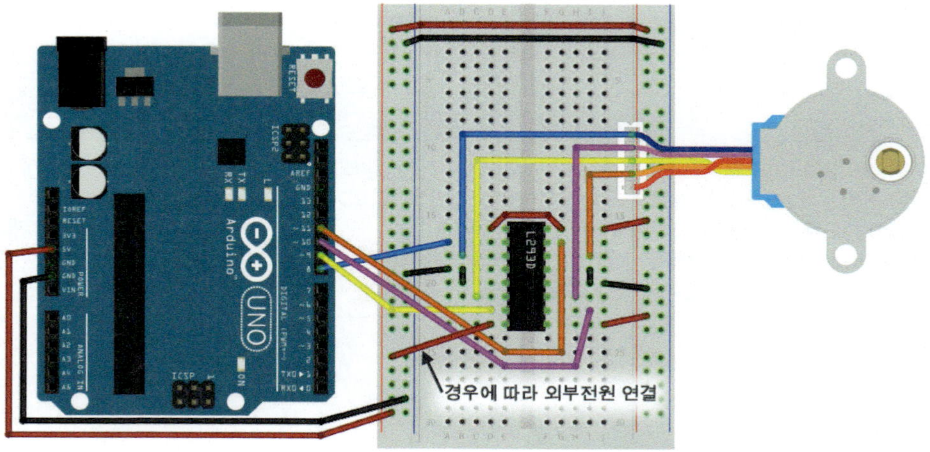

그림 6-34 L293D로 스텝모터(유니폴라) 작동시키기

다음 소스코드는 5초 후에 스텝모터가 작동한다. 6초간 시계방향으로 회전하고, 6초간 반시계방향으로 회전한다.

```
//정해진 시간 이후에 스텝모터 작동시키기(회전 속도와 회전 방향 및 회전 시간도 설정가능)
#include <Stepper.h>
extern volatile unsigned long timer0_millis;  // millis함수 초기화를 위한 변수 선언
unsigned long ms;
unsigned long timer_ms=5000;  // 설정시간(5초) 이후 작동
int cnt=0;
const int steps = 2048;       // 모터별 1바퀴 스탭 수 설정(28BYJ-48의 경우 2048)
const int rpm = 10;           // 스텝모터 속도 설정(10이하 권장)
#define IN1 8                 // IN1
#define IN2 9                 // IN2
```

```
#define IN3 10                  // IN3
#define IN4 11                  // IN4
Stepper myStepper(steps, IN1, IN2, IN3, IN4);   // 모터드라이버에 연결할 때는 1,3,2,4순으로

void setup()   {
  myStepper.setSpeed(rpm);
}

void loop()  {
  ms = millis();
  if(ms >= timer_ms){
    if(ms < (timer_ms+6000)){     // 6초 시계 방향으로 회전
      myStepper.step(steps);
    }
    else if(ms < (timer_ms+12000)){  // 6초 반시계 방향으로 회전
      myStepper.step(-steps);
    }
    else timer0_millis = 0;     // millis() 함수 초기화
    delay(10);
  }
}
```

실험 42 L9110 드라이버 모듈로 바이폴라 리니어 스텝모터 작동시키기

실습내용	준비물	
1. L9110 드라이버 모듈로 바이폴라 리니어 스텝모터를 구동해본다.	1. 아두이노 보드 1개 2. 브레드보드 1개	3. L9110 드라이버1개 4. 리니어 스텝모터 1개

회로구성

표 6-14 아두이노 우노 보드와 부품과의 결선표

L9110 모듈	B-IA	B-IB	GND	VCC	A-IA	A-IB	MOTOR A-A	MOTOR A-B	MOTOR B-A	MOTOR B-B
아두이노 보드	D10	D11	GND	5V	D8	D9				
리니어 스텝모터							A(1)	B(3)	C(2)	D(4)

- 외부전원(~12V)의 -단자와 아두이노의 GND는 서로 연결한다.
- 스텝모터 4가닥을 연결할 때 1, 3, 2, 4순으로 연결하는 것에 유의한다.

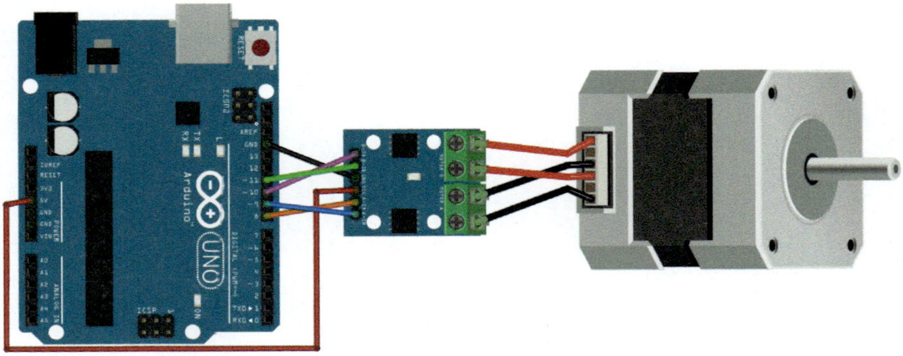

그림 6-35 L9110으로 스텝모터(바이폴라) 작동시키기(회로도)

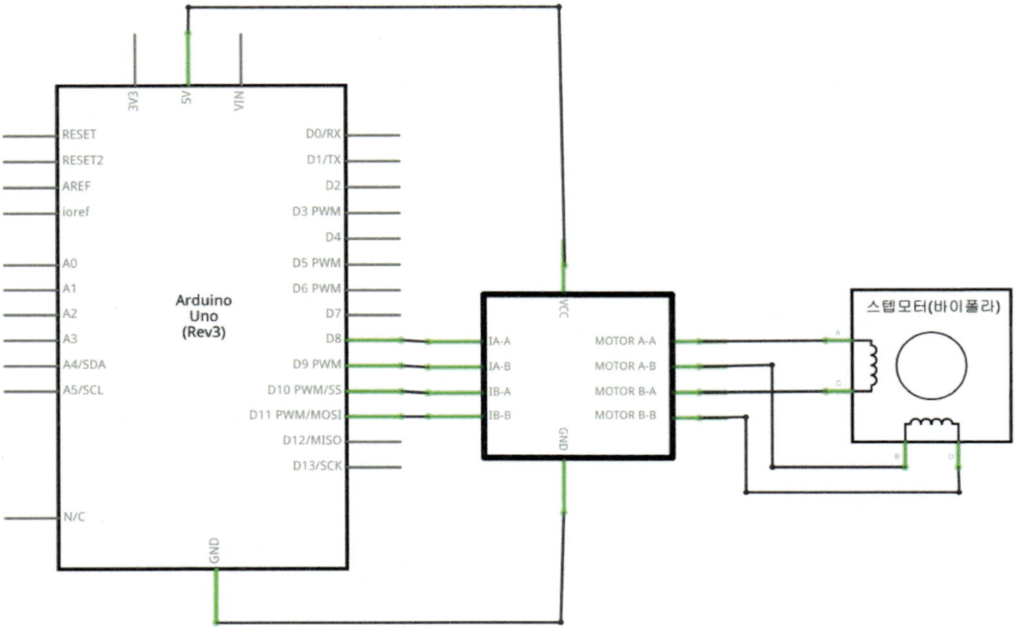

그림 6-36 L9110으로 스텝모터(바이폴라) 작동시키기(회로도)

다음 소스코드는 바이폴라 리니어 스텝모터를 작동시키는 프로그램이다. 모터 한 바퀴 스텝 수를 160으로 하고, 분당 회전수(rpm)를 60으로 설정한다. 스텝수와 rpm을 변경하면서 작동시켜본다.

```
//리니어 스텝모터 작동시키기
#include <Stepper.h>
unsigned long ms;
unsigned long timer_ms=5000;  // 설정시간(5초) 이후 작동
int cnt=0;
const int steps = 160;        // 모터별 1바퀴 스텝 수 설정
const int rpm = 60;           // 스텝모터 속도 설정
#define IN1 8                 // IN1
```

```
#define IN2 9                    // IN2
#define IN3 10                   // IN3
#define IN4 11                   // IN4
Stepper myStepper(steps, IN1, IN2, IN3, IN4);
extern volatile unsigned long timer0_millis;  // millis함수 초기화를 위한 변수 선언

void setup()  {
  myStepper.setSpeed(rpm);
}

void loop()  {
  ms = millis();
  if(ms >= timer_ms){
    if(ms < (timer_ms+6000)){              // 6초 시계 방향으로 회전
      myStepper.step(steps);
    }
    else if(ms < (timer_ms+12000)){        // 6초 반시계 방향으로 회전
      myStepper.step(-steps);
    }
    else timer0_millis = 0;                // millis() 함수 초기화
    delay(10);
  }
}
```

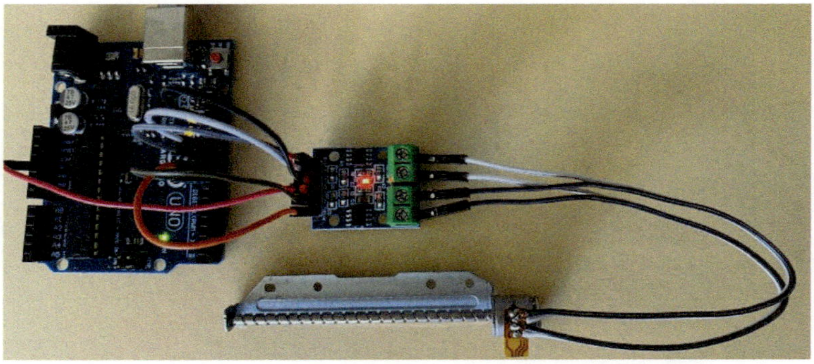

그림 6-37 L9110으로 리니어 스텝모터 작동시키는 이미지

6.4 서보모터

그림 6-38 서보모터 SG-90

서보모터는 모터, 기어박스 및 제어회로로 구성되어있다. 서보모터는 무한정 회전이 가능한 DC모터와 달리 회전 반경이 정해져 있는 경우가 대부분이다. 그림 6-38의 서보모터 SG-90은 약 180도(각 방향으로 90도씩) 범위로 회전한다. 그렇기 때문에 180도 이상으로 돌리려고 무리한 힘을 가하게 되면 서보모터가 손상된다. 표 6-15

SG-90의 기본사양에서 보듯이 작고 가벼우면서 고출력인 SG-90 서보모터에는 3개의 연결선이 있다. 3개의 연결선은 적색(빨강), 갈색, 주황색(노랑)이다. 적색선은 +전원, 갈색선이 접지 연결이며, 주황색선이 서보모터의 동작을 제어하는 신호용이다.

표 6-15 서보모터 SG-90의 기본사양

동작 전압	4.8V~6.0V
동작 속도	0.12sec/60 degree(4.8V); 0.11sec/60degree(6V)
출력 토크	1.2kg/cm(4.8V); 1.6kg/cm(6V)
크기	21.5 x 11.8 x 22.7mm
무게	9g

서보모터가 PWM의 원리를 사용하기 때문에 서보모터는 아두이노에서 PWM을 사용할 수 있는 곳에 연결해야 한다고 보통 생각하게 된다. 하지만 서보모터는 PWM핀이 아닌 디지털 핀에 연결해도 무방하다. 서보모터를 제어하는 PWM 신호가 아두이노의 PWM 신호와는 차이가 있다. 서보모터는 별도의 PWM을 생성하여 제어하게 된다. 단 아두이노에서 서보모터를 사용하는 동안에는 디지털 9, 10번 핀에서는 PWM을 사용할 수 없다. 앞선 실험에서 예를 들면, 1장의 '무작정 따라하기' 실험에서 LED의 불빛 밝기를 조정하는 핀을 6번 핀에 연결해서 사용했는데, 다른 PWM핀에 꽂아도 무방하지만 9, 10번만은 안 된다.

실험 43-1 TINKERCAD 서보모터를 0도부터 180도까지 왕복 회전시키기

실습내용	준비물
1. 서보모터를 구동해본다. 2. 서보모터가 0도부터 180도까지 왕복 회전함을 확인한다.	1. 아두이노 우노 보드 1개 2. 브레드보드 1개 3. 서보모터 1개

회로구성

표 6-16 아두이노 우노 보드와 부품과의 결선표

아두이노 우노 보드	GND	5V	D11
서보모터	GND(갈색)	VCC(적색)	SIG(황색)

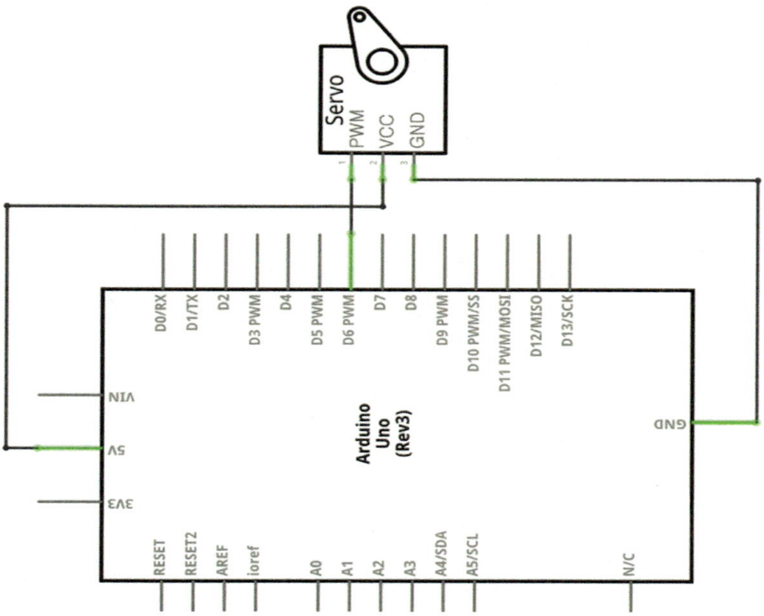

그림 6-39 서보모터를 0도부터 180도까지 왕복 회전시키는 회로도

그림 6-40 서보모터를 0도부터 180도까지 반복 회전시키기(브레드보드)

다음 소스코드는 서보모터를 회전하기 전에 서보모터의 날개를 0도에 맞춰 끼우기 위한 프로그램이다. 날개를 0도에 맞춘 후 다음의 180도 회전 소스코드를 업로드하면 된다. 회전하는 서보모터의 날개를 인위적으로 돌리지 않도록 한다. 서보모터는 180도까지만 회전하도록 기어로 만든 것이라 억지로 돌리면 서보모터가 망가진다.

```
// 서보모터 날개를 0도에 맞춰 끼우기
#include <Servo.h>
Servo servo;                    // servo 오브젝터 생성. 서보 오브젝트는 12개 생성할 수 있다.
```

```
4  int pos = 0;                        // 서보모터 위치 변수
5  const int servo_pin = 6;
6
7  void setup(){
8    servo.attach(servo_piㄱ);         // 서보모터 핀 설정
9    servo.write(pos);                 // 서보모터 위치를 0으로 초기화
10 }
11
12 void loop(){
13 }
```

코드분석

- 9행은 서보모터의 회전각을 0도로 한다.

다음 소스코드는 서보모터를 0도에서 180도까지 반복 회전시키는 예제이다.

```
1  // 서보모터를 0도부터 180도까지 반복 회전시키는 프로그램
2  #include <Servo.h>
3  Servo servo;                              // servo 오브젝터 생성. 서보 오브젝트는 12개 생성할 수 있다.
4  int pos = 0;                              // 서보 위치 변수
5  const int servo_pin = 6;
6
7  void setup(){
8    servo.attach(servo_pin);                // 서보모터 핀 설정
9  }
10
11 void loop(){
12   for(pos = 0; pos <= 180; pos++){        // 0도부터 180도까지 1도씩 증가
13     servo.write(pos);                     // 서보모터에 위치 'pos' 전달
14     delay(50);                            // 50ms 지연
15   }
16   for(pos = 180; pos >= 0; pos--){        // 180도부터 0도까지 1도씩 감소
17     servo.write(pos);                     // 서보모터에 위치 'pos' 전달
18     delay(50);                            // 50ms 지연
19   }
20 }
```

코드분석

- 12~15행은 서보모터의 회전각을 1도씩 증가하여 0도에서 180도까지 회전한다.
- 16~19행은 서보모터의 회전각을 1도씩 감소하여 거꾸로 180도에서 0도까지 회전한다.

실험 43-2 TINKERCAD 가변 저항으로 서보모터의 회전각 설정하기

실습내용	준비물	
1. 가변 저항으로 서보모터의 회전각 설정해본다. 2. 가변저항에 따른 서보모터의 회전각을 확인한다.	1. 아두이노 보드 1개 2. 브레드보드 1개	3. 퍼텐쇼미터 10kΩ 1개 4. 서보모터 1개 1

회로구성

표 6-17 아두이노 우노 보드와 부품과의 결선표

아두이노 우노 보드	GND	5V	D6	A0
서보모터	GND(갈색)	VCC(적색)	SIG(황색)	
퍼텐쇼미터	왼쪽 핀	오른쪽 핀		가운데 핀

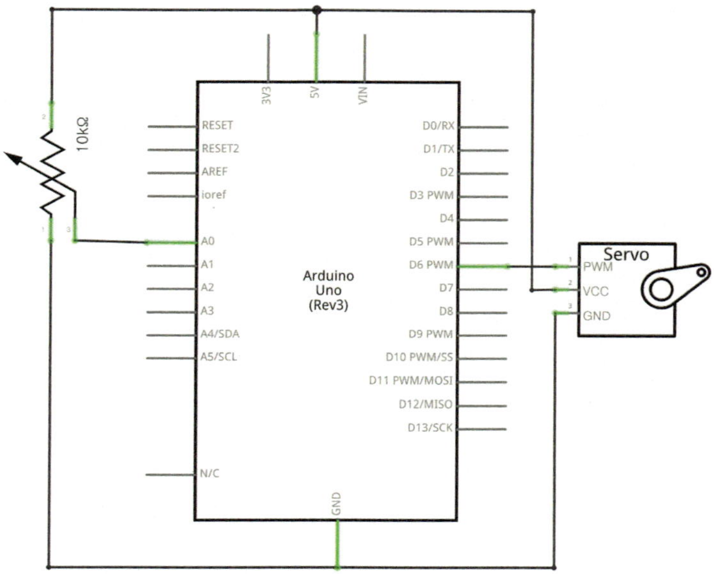

그림 6-41 가변 저항으로 서보모터의 회전각 설정하기(회로도)

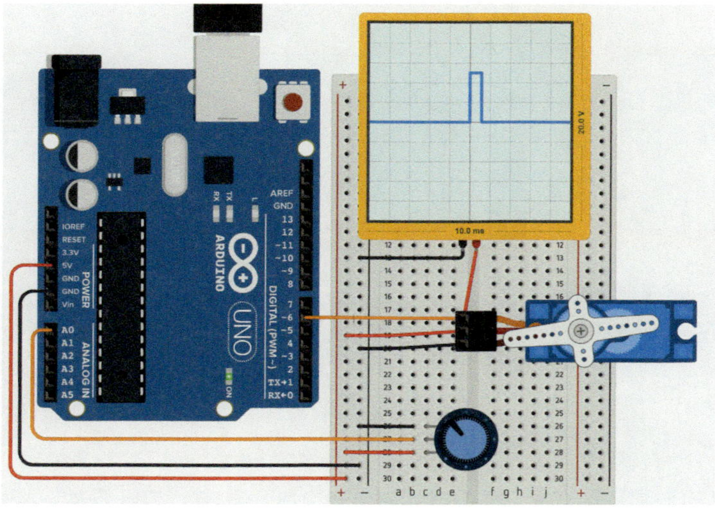

그림 6-42 가변 저항으로 서보모터의 회전각 설정하기(브레드보드)

다음 소스코드는 퍼텐쇼미터의 저항값을 서보모터의 회전각으로 표현하는 프로그램이다.

```
1  // 가변 저항으로 서보모터의 회전각 설정하기
2  #include <Servo.h>
3  const int servo_pin = 6;
4  const int input_pin =A0;
5  Servo servo;                              // servo 오브젝터 생성
6  int pos = 0;                              // 서보 위치 변수
7
8  void setup() {
9    servo.attach(servo_pin);                // 서보모터 핀 설정
10   servo.write(pos);                       // 서보모터 위치를 0으로 초기화
11 }
12
13 void loop() {
14   int reding = analogRead(input_pin);     // 퍼텐쇼미터 입력
15   pos = map(reding, 0, 1023, 0, 180);     // 퍼텐쇼미터의 입력을 회전각으로 변환
16   servo.write(pos);                       // 서보모터 제어
17   delay(100);
18 }
```

코드분석

- 15행은 퍼텐쇼미터의 입력값(0~1023)을 서보모터의 회전각(0~180)으로 변환한다.

퍼텐쇼미터의 회전에 따른 저항값(0~1023)으로 서보모터를 구동하고, 서보모터의 SIG(신호)핀이 연결된 아두이느의 6번 핀을 오실로스코프로 확인하면 그림 6-43, 6-44, 6-45와 같다. 퍼텐쇼미터의 저항값이 커질수록 듀티비가 커짐을 알 수 있다. 듀티비에 대한 자세한 내용은 2.4절의 PWM을 참조한다. 서보모터는 매 20ms마다 펄스를 받게 된다. 주기가 20ms이다. 이 주기에서 HIGH값을 갖는 T_{ON} 시간이 0.55ms의 펄스이면 서보모터는 0도, 1.475ms이면 90도, 2.4ms이면 180도를 회전하게 된다. 듀티비로 표현하면 서보모터

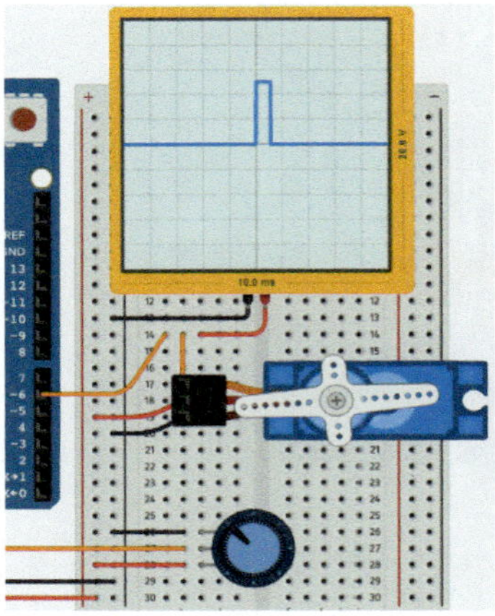

그림 6-43 서보모터 회전각 0°, T_{ON} = 0.55mS, 가변저항 0Ω

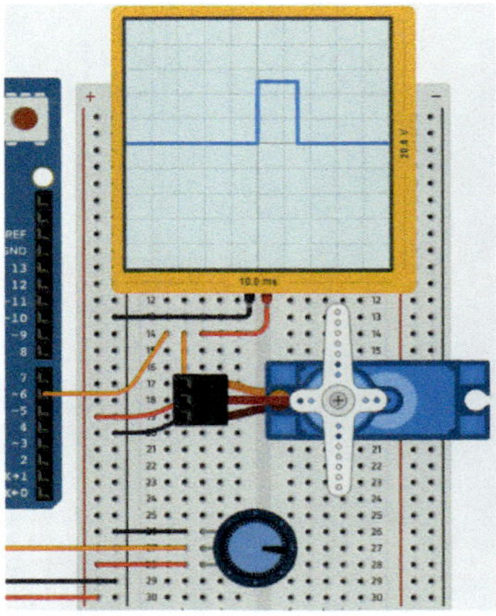

그림 6-44 서보모터 회전각 90°, T_{ON} = 1.47mS, 가변저항 5kΩ

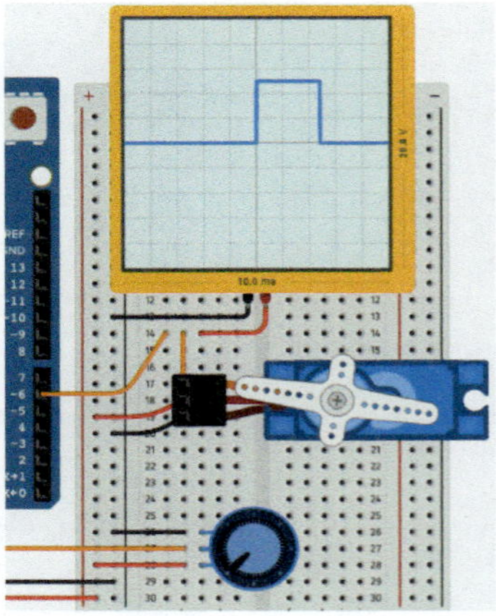

그림 6-45 서보모터 회전각 180°, T_{ON} = 2.4mS, 가변저항 10kΩ

의 회전각이 0도이면 2.75%, 90도이면 7.35%, 180도이면 12%이다. 위에서는 언급한 T_{ON}시간은 팅커캐드의 오실로스코프로 측정한 시간이다. 회전각이 0도일 때보다 90도일 때가 T_{ON} 시간이 0.925ms 크고, 회전각 90도와 180도를 비교해 봐도 180도일 때가 90도일 때 보다 T_{ON} 시간이 0.925ms 크다. 이처럼 T_{ON} 시간이 회전각에 비례하여 증가하므로 듀티비도 회전각에 비례하여 증가한다.

CHAPTER 07

초음파 센서와 동작센서

학습목표

1. 초음파 센서의 특성과 용도를 설명할 수 있다.
2. PIR 센서의 특성과 용도를 설명할 수 있다.
3. 레이더 모션센서의 특성과 용도를 설명할 수 있다.
4. 시프트 레지스터(74HC595)에 대해 설명할 수 있다.
5. 십진 카운터(74HC4017)에 대해 설명할 수 있다.
6. 세그먼트디코더(CD4511)에 대해 설명할 수 있다.

7.1 초음파 센서

사람들은 가청주파수(20~20,000Hz 범위)를 갖는 소리를 들을 수 있으며, 일반적으로 사람이 듣지 못하는 20,000Hz 이상의 소리를 '초음파(supersonic wave)'라고 부른다. 초음파는 소나, 초음파 진단기, 거리 탐사 등 광범위한 영역에서 사용되고 있다.

그림 7-1 초음파 센서 (HC-SR04)

로봇을 주행시켜 작업을 수행함에 있어 주변 물체와의 충돌 등을 방지하기 위해 접촉 센서, 초음파 센서, 적외선 센서, 레이저 센서, 비전 센서, 마이크로웨이브 센서 등의 다양한 방법이 있다. 그러나 적외선 및 레이저는 유리 등의 투명 물체에 적용하기 곤란하고 비전 센서는 어두울 경우 적용이 곤란하며, 접촉 센서는 사전에 물체의 정보를 알아내기 어려운 점, 그리고 마이크로웨이브는 기기의 가격이 고가이며 안테나를 이용하므로 소형화가 곤란하다는 단점이 있다. 따라서 이동 로봇에서는 초음파 센서를 주로 이용하여 0.1~10m 정도에서의 물체와의 거리 측정 및 충돌회피, 물체인식 등에 이용한다. 그러나 가격이 문제가 되는 초저가형 로봇 응용에서는 접촉 센서 및 적외선 센서를 이용하는 경향이 있다.[29)]

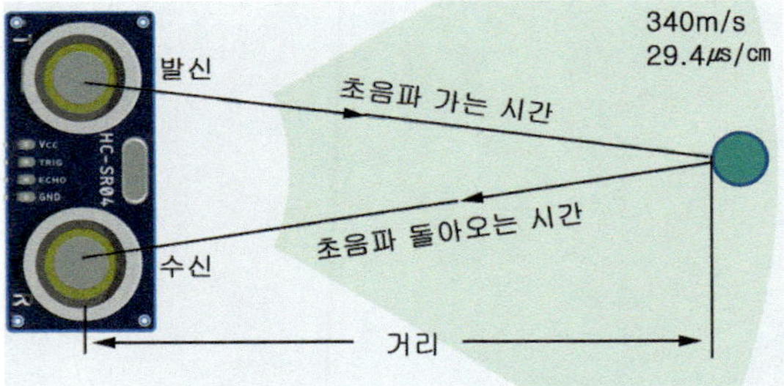

그림 7-2 초음파 센서 거리 측정

초음파 센서는 그림 7-2에서 보는 것처럼 음파가 물체에 부딪쳐 되돌아 올 때까지의 시간을 측정함으로써 물체까지의 거리를 계산한다. 음속이 약 340m/s이므로 1초에 34,000cm 거리에 소리가 도달한다. 다시 말해, 소리가 1cm를 가는데 걸리는 시간은 비례식으로 풀어 보면 29.4μs이다. 그러므로 거리는 측정한 시간과 음속(29.4μs/cm)을 사용하여 구할 수 있다. 측정시간은 초음파를 송신하여 돌아오는데 걸린 왕복시간이므로 계산한 거리 값을 2로 나누어 주어야 한다. 다음 표 7-1 HC-SR04의 기본사양에서 보듯이 2cm에서 4m까지의 거리측정을 위해 그림 7-1의 HC-SR04 초음파 센서 모듈을 사용한다.

---

29) 출처 : https://www.itfind.or.kr/WZIN/jugidong/1241/124103.htm

표 7-1 초음파 센서(HC-SR04)의 기본사양

특성	내용
동작 전원	5V
소모 전류	20mA 이하
측정 각도	15도
측정 범위	2cm ~ 400cm
트리거 입력 신호	10μs

HC-SR04 초음파 센서 모듈을 작동하려면 Trig핀을 출력 모드로 Echo핀을 입력 모드로 지정하여야 한다.

실험 44-1 TINKERCAD 초음파 센서로 거리 측정하기

실습내용	준비물
1. 초음파 센서를 사용해본다. 2. 초음파 센서로 측정한 거리를 시리얼모니터에서 확인한다.	1. 아두이노 우노 보드 1개 2. 브레드보드 1개 3. HC-SR04 초음파 센서 1개

회로구성

표 7-2 아두이노 우노 보드와 부품과의 결선표

아두이노 우노 보드	GND	5V	D5	D6	D12	D13
HC-SR04 초음파 센서	GND	VCC			ECHO	TRIG

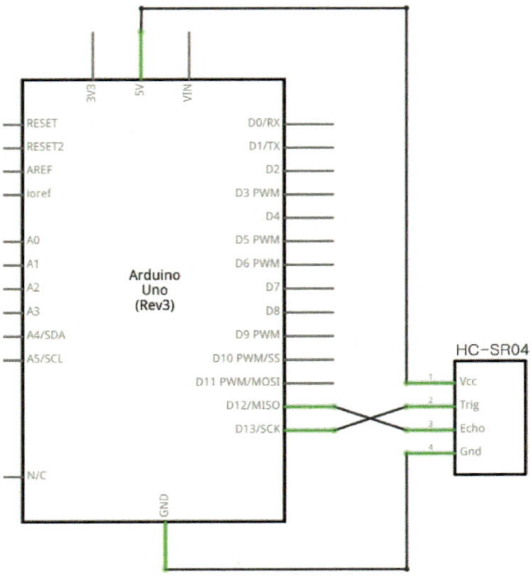

그림 7-3 초음파 센서로 거리 측정하기(회로도)

그림 7-4 초음파 센서로 거리 측정하기(브레드보드)

다음 소스코드는 측정범위가 4m인 초음파 센서로 거리 측정하는 프로그램이다.

```
1  //초음파 센서로 거리 측정하는 프로그램
2  const int Trig_pin = 13;        // trig 핀을 13번에 저장
3  const int Echo_pin = 12;        // echo 핀을 12번에 저장
4
5  void setup() {
6    Serial.begin (9600);          // 시리얼통신을 9600속도로 함(숫자 조정 할 수 있음)
7    pinMode(Trig_pin, OUTPUT);  // trig 핀을 출력모드로
8    pinMode(Echo_pin, INPUT);   // echo 핀을 입력모드로
9  }
10
11 void loop() {
12   float distance = measure_Distance() ;
13   if(distance >= 400 ){          // 4m 범위 안에서(HC-SR04 초음파 센서의 측정 가능 범위)
14       Serial.println("범위를 벗어남(out of range)");
15   }
16   else {
17     Serial.print("측정한 거리 : ");  Serial.println((int)distance + String("cm"));
18   }
19   delay(500);                    // 작동을 500ms 동안 지연
20 }
21
22 float measure_Distance() {
23   digitalWrite(Trig_pin, HIGH);                        // Trig_pin이 high 신호를 주면
24   delayMicroseconds(10);                               // 10us 만큼 지연
25   digitalWrite(Trig_pin, LOW);
26   delayMicroseconds(200);                              // 200us 동안 반사된 신호는 무시
27   long duration = pulseIn(Echo_pin, HIGH);             // duration을 밑의 공식을 대입
28   float distance = (duration/2) / 29.4;                // 초음파의 왕복을 고려하여 거리/2를 함
29   return distance;
30 }
```

코드분석

- 22~30행은 거리를 측정하는 함수이다.
- 27행에서 마이크로초 단위의 왕복시간을 계산하고, 28행에서 왕복시간을 2로 나눈 다음 29.4로 나누어 거리를 계산한다. 29.4로 나눈 이유는 초음파가 1cm 가는데 29.4마이크로초가 걸리기 때문이다. 거리는 cm 단위로 출력된다.

다음 그림 7-5는 초음파로 측정한 거리를 시리얼모니터로 출력한 이미지이다. 거리는 cm 단위로 출력하고 4m를 벗어나면 "범위를 벗어남"이란 메시지를 출력한다.

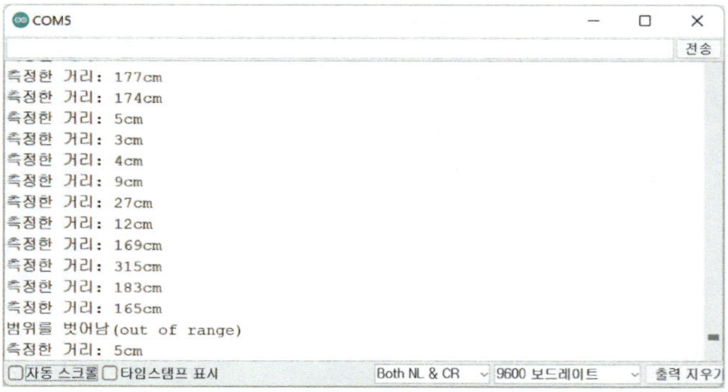

그림 7-5 초음파로 측정한 거리(시리얼모니터)

실험 44-2TINKERCAD　초음파 센서로 측정한 거리에 따라 LED의 색상을 달리하기

실습내용	준비물	
1. 초음파 센서로 측정한 거리에 따라 LED의 색상이 달리 켜지는 것을 확인한다. 2. 시리얼모니터로 측정한 거리를 확인한다.	1. 아두이노 보드 1개 2. 브레드보드 1개 3. 저항 330Ω 2개	4. LED 빨강, 초록 각 1개 5. 초음파 센서 1개

회로 구성

표 7-3 아두이노 우노 보드와 부품과의 결선표

아두이노 우노 보드	GND	5V	D5	D6	D12	D13
HC-SR04 초음파 센서	GND	VCC			ECHO	TRIG
LED(빨강)			+			
LED(초록)				+		

- 2개의 LED(−) 단자와 GND 사이에 2개의 330Ω 저항을 풀다운 형태로 연결한다.

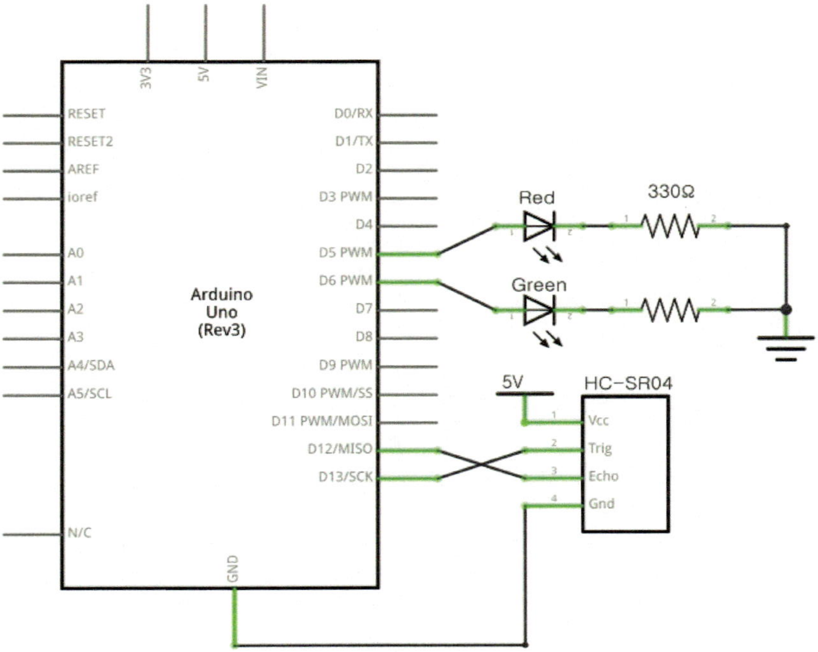

그림 7-6 초음파 센서로 거리 측정하는 회로도

그림 7-7 초음파 센서로 거리 측정하기

다음 소스코드는 거리가 10cm 이상이면 초록 LED를 켜고, 10cm 미만이면 빨강 LED를 켜는 프로그램이다.

```
//초음파 센서로 측정한 거리에 따라 LED의 색상을 달리하기
const int Trig_pin = 13;                        // trig 핀을 13번에 저장
const int Echo_pin = 12;                        // echo 핀을 12번에 저장
const int led1 = 5;                             // 빨간 LED를 5번에 저장
const int led2 = 6;                             // 초록 LED를 6번에 저장

void setup(){
  Serial.begin (9600);                          // 시리얼통신을 9600속도로 함(숫자 조정 할 수 있음)
  pinMode(Trig_pin, OUTPUT);                    // trig 핀을 출력모드로
  pinMode(Echo_pin, INPUT);                     // echo 핀을 입력모드로
  pinMode(led1, OUTPUT);                        // led1을 출력모드로
  pinMode(led2, OUTPUT);                        // led2를 출력모드로
}

void loop(){
  float distance = measure_Distance();
  if(distance >= 400 ){           // 4m 범위 안에서(HC-SR04 초음파 센서의 측정 가능 범위)
      Serial.println("범위를 벗어남(out of range)");
  }
  else {
    Serial.print("측정한 거리 : ");  Serial.println((int)distance + String("cm"));
  }
//-------------------------- LED로 표시하기 ----------------------------------
  if(distance < 10){                            // 거리가 10cm보다 작아지면
    digitalWrite(led1, HIGH);                   // 빨간 LED가 켜지고
    digitalWrite(led2, LOW);                    // 초록 LED가 꺼진다
  }
  else {                                        // 거리가 10cm 이상일 경우
```

```
29     digitalWrite(led1,LOW);                // 빨간 LED가 꺼지고
30     digitalWrite(led2,HIGH);               // 초록 LED가 켜짐
31   }
32 //-----------------------------------------------------------------------
33   delay(500);     // 작동을 500ms 동안 지연
34 }
35
36 float measure_Distance(){
37   digitalWrite(Trig_pin, HIGH);                    // Trig_pin이 high 신호를 주면
38   delayMicroseconds(10);                           // 10us 만큼 지연
39   digitalWrite(Trig_pin, LOW);
40   delayMicroseconds(200);                          // 200us 동안 반사된 신호는 무시
41   long duration = pulseIn(Echo_pin, HIGH);         // duration을 밑의 공식을 대입
42   float distance = (duration/2) / 29.4;            // 초음파의 왕복을 고려하여 거리/2를 함
43   return distance;
44 }
```

코드분석

- 24~31행은 거리에 따라 다른 색깔의 LED로 표시한다.

실험 44-3 TINKERCAD 초음파 센서로 측정한 거리를 서보모터로 표현하기

실습내용	준비물
1. 초음파 센서로 측정한 거리를 서보모터로 표현해본다. 2. 시리얼모니터로 측정한 거리와 각도를 확인한다.	1. 아두이노 우노 보드 1개 2. 브레드보드 1개 3. HC-SR04 초음파 센서 1개 4. 서보모터 1개

회로구성

표 7-4 아두이노 우노 보드와 부품과의 결선표

아두이노 우노 보드	GND	5V	D11	D12	D13
HC-SR04 초음파 센서	GND	VCC		ECHO	TRIG
서보모터	GND(갈색)	VCC(적색)	SIG(황색)		

다음 소스코드는 초음파 센서로 측정한 거리를 서보모터로 표현하는 프로그램이다.

```
// 초음파 센서로 측정한 거리를 서보모터로 표현하는 프로그램
#include <Servo.h>
#define Limit 400                          // 400cm 안에서 측정
const int Trig_pin = 13;                   // trig 핀을 13번에 저장
const int Echo_pin = 12;                   // echo 핀을 12번에 저장
const int servoPin = 11;                   // 서보모터 제어신호 핀을 11번으로 지정
Servo servo;
float Previous=0;
```

```
9  int rad;
10
11 void setup(){
12   Serial.begin (9600);                        // 시리얼통신을 9600속도로 함(숫자 조정 할 수 있음)
13   pinMode(Trig_pin, OUTPUT);          // trig 핀을 출력모드로
14   pinMode(Echo_pin, INPUT);           // echo 핀을 입력모드로
15   servo.attach(servoPin);
16 }
17
18 void loop(){
19   float distance = measure_Distance();
20 //-------------------- 서보모터로 표현 ------------------------------------------------
21   if(distance <Limit && Previous != distance){
22     rad = map(distance, 0, Limit, 0, 180); // 서보모터 각도로 매핑
23     servo.write(rad);                      // 서보모터에 각도 'rad' 전달
24     Previous=distance;
25     Serial.print("거리(distance) : ");        Serial.print((int)distance);
26     Serial.print("cm 각도(rad) : ");          Serial.println(rad);
27   }
28 //----------------------------------------------------------------------------------
29   delay(100);
30 }
31
32 float measure_Distance(){
33   digitalWrite(Trig_pin, HIGH);                  // Trig_pin이 high 신호를 주면
34   delayMicroseconds(10);                         // 10us 만큼 지연
35   digitalWrite(Trig_pin, LOW);
36   delayMicroseconds(200);                        // 200us 동안 반사된 신호는 무시
37   long duration = pulseIn(Echo_pin, HIGH);       // duration을 밑의 공식을 대입
38   float distance = (duration/2) / 29.4;          // 초음파의 왕복을 고려하여 거리/2를 함
39   return distance;
40 }
```

코드분석

- 21~27행은 서보모터로 4m까지의 거리를 180도까지의 회전각으로 표현하는 프로그램이다.

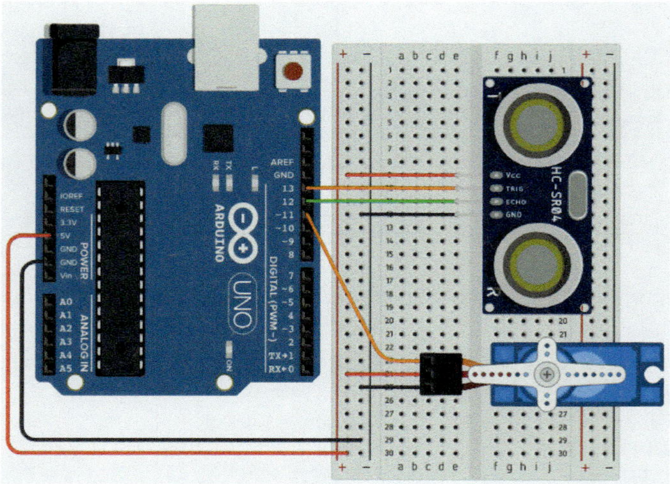

그림 7-8 초음파 센서로 측정한 거리를 서보모터로 표현하기

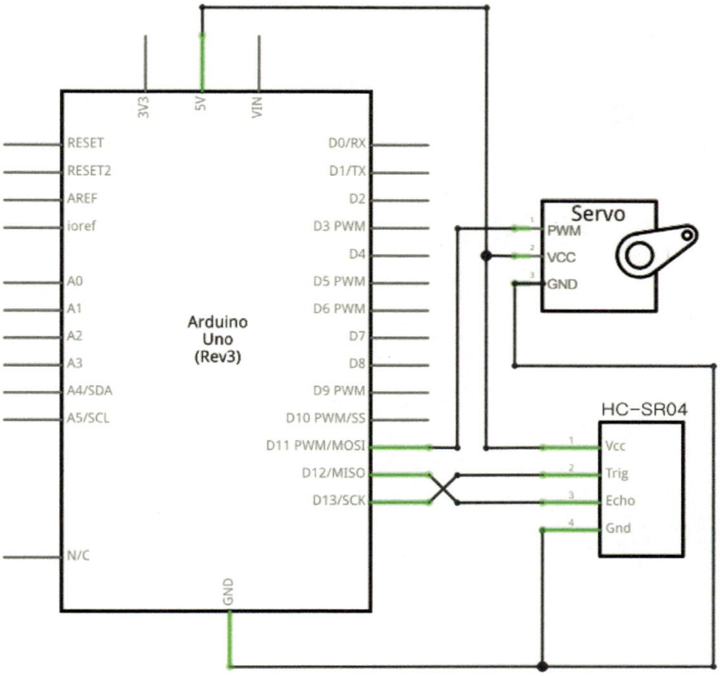

그림 7-9 초음파 센서로 측정한 거리를 서보모터로 표현하는 회로도

다음 그림 7-10은 측정한 거리와 거리에 비례하는 서보모터의 회전각을 시리얼모니터로 출력한 이미지이다. 그림 7-11은 4m까지의 거리를 180도까지의 회전각으로 표현하는 것에 대한 이해를 돕기 위한 개념도이다.

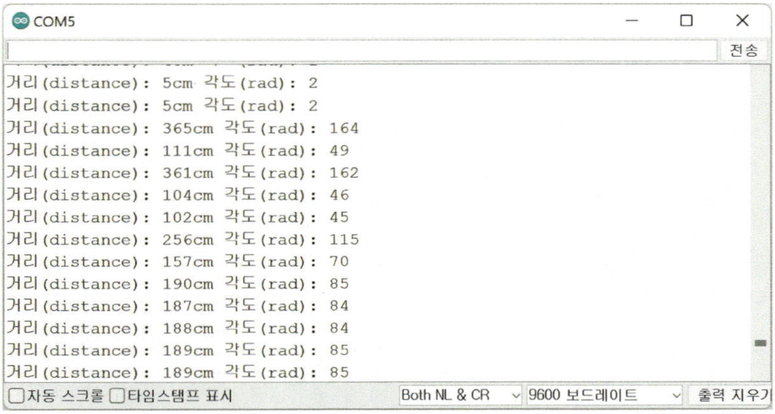

그림 7-10 측정한 거리를 서보모터로 표현(시리얼모니터)

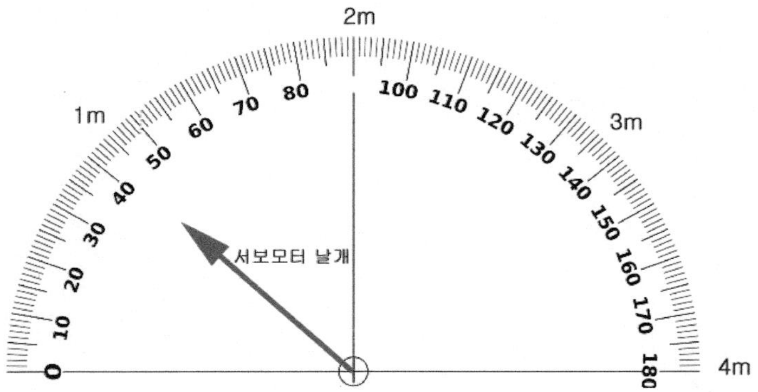

그림 7-11 4m의 거리를 180도 움직이는 서보모터로 표현하는 개념도

7.2 동작센서

7.2.1 PIR 센서

'적외선 인체감지 센서(PIR 센서, Passive Infrared Sensor)'는 피동형 적외선 센서를 의미하며 프레넬 렌즈[30]를 통해 9~12도의 예각으로 일정 구간의 인체 이동을 감지한다. 센서의 특성상 마스크 효과 등으로 인해 계수인원의 오차가 발생(약 15% 내외) 할 수 있으나 통계적 기법으로 장기적으로 오차의 범위를 줄일 수 있는 알고리즘을 채택하고 있다. 대신 매우 적은 전류 소모량으로 외부 전원 없이 장기간 운영이 가능하며 소형 제작이 가능하므로 방수 방적설계가 용이하고 특별한 유지보수 없이 1년 이상 운영할 수 있는 장점이 있다.[31]

그림 7-13의 PIR 센서(HC-SR501) 뒷면의 감지 거리 조절과 출력 타이밍 조절을 위한 가변저항기는 시계방향으로 들리면 최댓값으로 설정할 수 있고, 반시계방향으로 돌리면 최솟값으로 설정 가능하다. 출력 타이밍 조절이란 출력되는 시간을 연장시킨다는 뜻이다. 반복적으로 감지(Repeat trigger)하려면 3핀 중에 H로 표기된 쪽 두개의 핀을 점퍼[32]로 연결한다. 반복적이 아닌 한번만 감지하고자 할 경우(Can't repeat trigger)는 기판에 표기된 L 쪽의 2개의 핀을 점퍼로 연결하면 된다. 반복 감지는 움직임이 포착되는 동안 지속적으로 OUT 단자에 3.3V의 전압이 나타난다. 단일 감지는 계속 움직여도 OUT 단자에 3.3V가 나타나다가 잠시 후 0V로 꺼진다. 표 7-5 HC-SR501 센서의 기본사양을 보면 20V까지 전원 입력이 가능하고, 감지된 경우의 출력은 3.3V가 나온다. 감지되는 각도는 최대 110도 이다.

---

30) 집광 렌즈의 하나로서 볼록 렌즈처럼 빛을 모아주는 역할을 하면서도 두께는 줄인 렌즈이다.

31) 출처 : 위키백과, 우리 모두의 백과사전.

32) 점퍼 소켓은 접속시키거나 끊기 위한 저렴한 임시 스위치이다. 일반적으로 점퍼는 회로기판을 설계할 때, 회로가 의도된 기능을 하도록 반영구적으로 사용하는 부품이다. 딥스위치를 이용하면 점퍼처럼 분실 우려 없이 동일한 기능을 수행할 수 있다. 2개의 핀 위에 눌러 꽂으면 점퍼를 통해 핀이 서로 연결된다. 점퍼를 이용해 연결하는 핀들을 헤더라고 한다. 헤더는 한 줄 또는 두 줄의 핀으로 나열되어 있다.

그림 7-12 PIR 센서(HC-SR501)

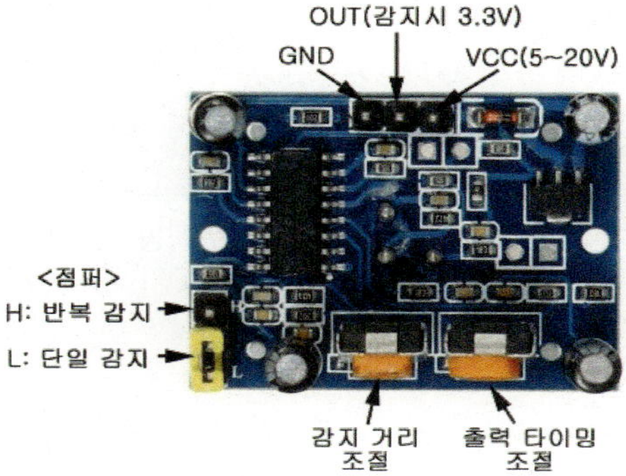

그림 7-13 HC-SR501의 기능 및 핀 정보 설명

표 7-5 HC-SR501의 기본사양

특 성	내 용
입력 전압	4.5V ~ 20V
감지 각도	110도 이하
감지 거리(Sensitivity)	3m ~ 7m (시계방향 최대, 반시계방향 최소 조절가능)
출력 타이밍(Output timing)	3초 ~ 5분 (시계방향 최대, 반시계방향 최소 조절가능)

실험 45 TINKERCAD 현관 센서등 구현하기

실습내용	준비물
1. PIR 센서를 사용해본다. 2. PIR 센서가 인체를 감지하면 LED가 켜지게 한다. 3. 감지 거리와 지연 시간을 조절해본다. 4. 반복 감지와 단일 감지를 비교 검토해본다.	1. AA 또는 AAA 4개와 배터리홀더 1개 2. LED 1개 3. 저항 100Ω 1개 4. PIR 센서 1개

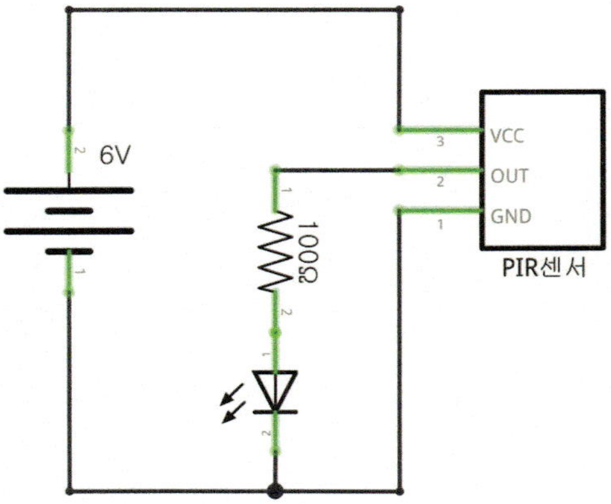

그림 7-14 현관 센서등 회로도

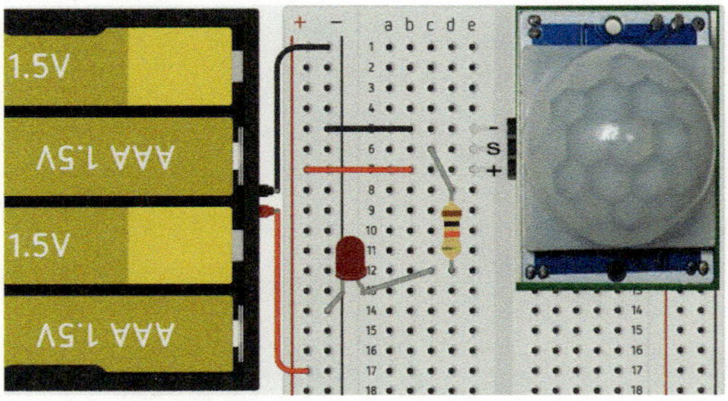

그림 7-15 현관 센서등

실험 46 TINKERCAD 스위치 겸용 현관 센서등 구현하기

실습내용	준비물	
1. PIR 센서와 스위치를 겸용으로 작동시켜본다 2. PIR 센서로 인체를 감지되던 LED가 켜지거나 스위치로 온/오프 한다.	1. AA 또는 AAA 4개와 배터리홀더 1개 2. 슬라이드 스위치 1개	3. LED 1개 4. 저항 100Ω 1개 5. PIR 센서 1개

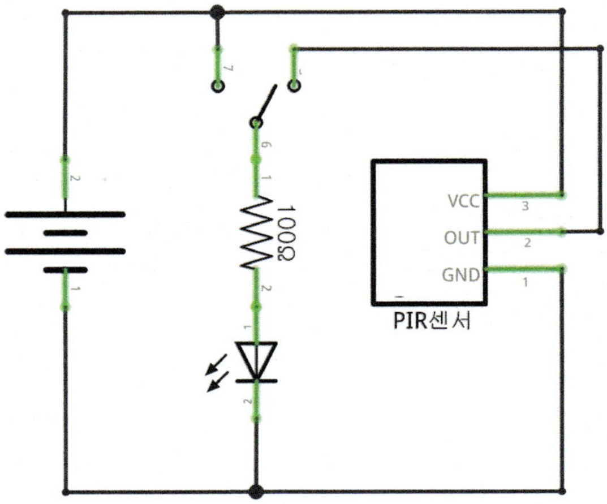

그림 7-16 현관 센서등(스위치겸용) 회로도

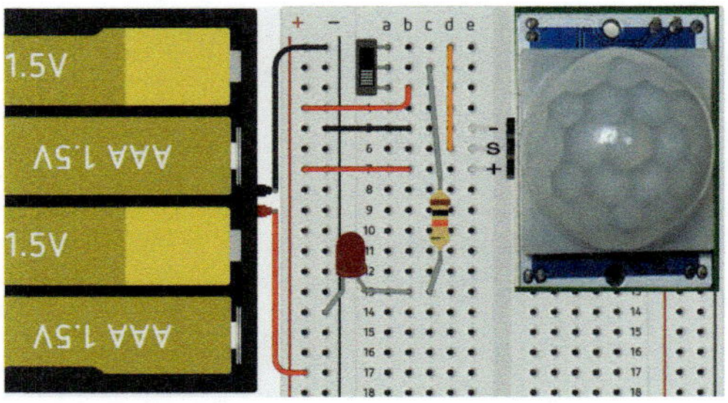

그림 7-17 현관 센서등(스위치겸용)

실험 47 TINKERCAD PIR 센서의 동작 감지 여부에 따라 LED와 시리얼모니터로 출력하기

실습내용	준비물	
1. PIR 센서를 아두이노로 제어해본다. 2. PIR 센서로 동작감지를 LED와 시리얼모니터로 확인한다.	1. 아두이노 우노 보드 1개 2. 브레드보드 1개 3. PIR 센서 1개	4. 저항 330Ω 1개 5. LED 1개

회로구성

표 7-6 아두이노 우노 보드와 부품과의 결선표

아두이노 우노 보드	GND	5V	D7	D13
PIR 센서	−핀	+핀	S핀	
LED				+단자

- LED(−) 단자와 GND 사이에 330Ω 저항을 풀다운 형태로 연결한다.

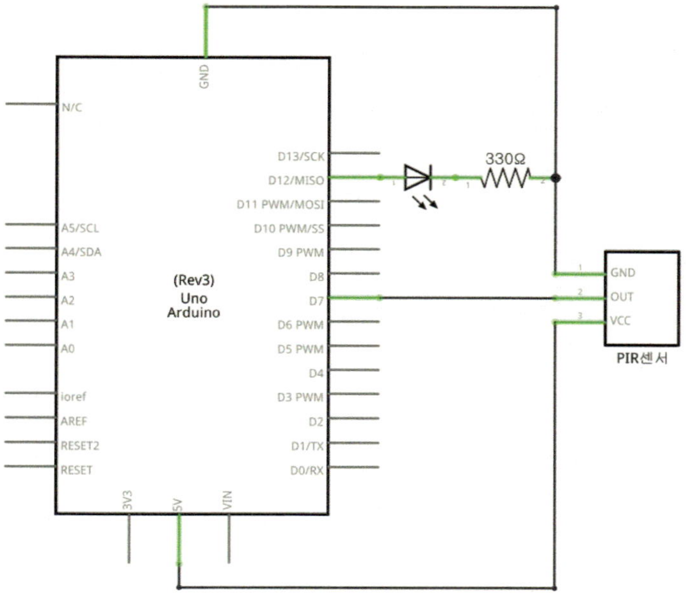

그림 7-18 PIR 센서의 동작 감지 여부에 따라 LED와 시리얼모니터로 출력하기 회로도

그림 7-19 PIR 센서의 동작 감지 여부에 따라 LED와 시리얼모니터로 출력하기(브레드보드)

다음 소스코드는 PIR 센서의 동작감지 여부에 따라 LED와 시리얼모니터로 출력하는 프로그램이다.

```
//PIR 센서로 동작의 감지 여부에 따라 LED와 시리얼모니터로 출력하는 프로그램
const int led_pin = 12;                              // LED 연결핀
const int PIR_pin = 7;                               // 센서 신호(SIG)핀
int pirState = LOW;                                  // PIR 초기상태

void setup(){
```

```
  pinMode(PIR_pin, INPUT);                         // 센서 Input 설정
  pinMode(led_pin, OUTPUT);
  Serial.begin(9600);
}

void loop(){
  int reading = digitalRead(PIR_pin);              // 센서값 읽기
  if(reading == HIGH){
    digitalWrite(led_pin, HIGH);                   // LED ON
    if(pirState == LOW){
      Serial.println("동작 감지(Motion detected)");
      pirState = HIGH;
    }
  }
  else{
    digitalWrite(led_pin, LOW);                    // LED OFF
    if(pirState == HIGH){
      Serial.println("동작 멈춤(Motion ended)");
      pirState = LOW;
    }
  }
  delay(100);
}
```

7.2.2 레이더 모션센서

그림 7-20은 마이크로웨이브를 사용하여 도플러효과로 감지하는 레이더(Doppler RADAR) 모션센서이다. 표 7-7의 기본사양을 보면 동작 전압은 28V까지이고, 측정범위는 5~9m까지의 반경 안의 지역이다. RCWL-9196 칩을 사용하여 반복 트리거를 지원하고, 어두울 때만 작동시키려면 CdS 조도센서를 사용한다. 7.2.1절의 PIR 센서는 움직이는 열감지 센서인데, 레이더 모션센서는 체온이 있는 동물뿐만 아니라 움직이는 물체는 모두 감지할 수 있다. 표 7-8의 레이더 모션센서 핀 기능을 보면 움직임이 감지되었을 때 OUT 핀에서 3.3V의 HIGH 레벨을 출력한다. 3V3 핀은 3.3V의 전압을 출력해주는 핀이다. 입력 핀이 아니다.

표 7-7 레이더 모션센서 기본사양

특 성	내 용
동작 전압	4 ~ 28VDC
동작 전류	2.8mA ; 최대 3mA
측정범위(Detection Range)	5 ~ 9m까지
주파수	~ 3.2GHz
송신 전력(Transmitting Power)	20mW ; 최대 30mW
출력 레벨	LOW 0.7V, HIGH 3.3V
트리거 방식	반복 감지
출력 타이밍(Output Timing)	~ 2sec
측정 가능 온도	−20 ~ 80℃
어두울 때만 작동하려면 CdS 조도센서를 선택적으로 사용할 수 있다.	

그림 7-20 레이더 모션센서

표 7-8 레이더 모션센서 핀 기능

핀	기능
3V3	3.3VDC 출력(입력단자가 아님)
GND	접지, 공통(Common)
OUT	감지되면 HIGH
VIN	입력 전압(4~28VDC)
CDS	외부 포토레지스터 활성화 : LOW

실험 48-1 레이더 모션센서의 동작 감지 여부를 시리얼모니터로 출력하기

실습내용	준비물
1. 레이더 모션센서를 아두이노로 제어해본다. 2. 레이더 모션센서로 동작 감지를 시리얼모니터로 확인한다.	1. 아두이노 우노 보드 1개 2. 브레드보드 1개 3. 레이더 모션센서 1개

회로 구성

표 7-9 아두이노 우노 보드와 부품과의 결선표

아두이노 우노 보드	GND	5V	D13
레이더 모션센서	GND	VIN	OUT

그림 7-21 레이더 모션센서의 동작 감지 여부를 시리얼모니터로 출력하기(브레드보드)

다음 소스코드는 레이더 모션센서로 동작 감지한 결과를 시리얼모니터로 확인하는 프로그램이다.

```
//레이더 모션센서로 감지됨을 시리얼모니터로 확인하기
const int rcwl_pin = 13;    // 센서와 연결된 핀 번호
String str ="";         // 출력용 문자열 저장 변수

void setup(){
  pinMode(rcwl_pin, INPUT);
  Serial.begin(9600);
  Serial.println("동작이 감지됨을 확인하기(Waiting for motion)");
}

void loop(){
  str = (digitalRead(rcwl_pin))? "동작감지(Motion detected)" :"동작 멈춤(Motion ended)";
  Serial.println(str);
}
```

실험 48-2 레이더 모션센서의 동작 감지 여부를 LCD와 부저로 출력하기

실습내용	준비물	
1. 레이더 모션센서로 동작 감지를 LCD모듈로 출력해본다. 2. 동시에 감지되면 능동부저가 울리게 한다.	1. 아두이노 보드 1개 2. 브레드보드 1개 3. 레이더 모션센서 1개	4. 능동부저 1개 5. LCD 모듈 1개

회로구성

표 7-10 아두이노 우노 보드와 부품과의 결선표

아두이노 우노 보드	GND	5V	A4	A5	D7	D13
레이더 모션센서	GND	VIN				OUT
LCD	GND	VCC	SDA	SCL		
능동부저	−				+	

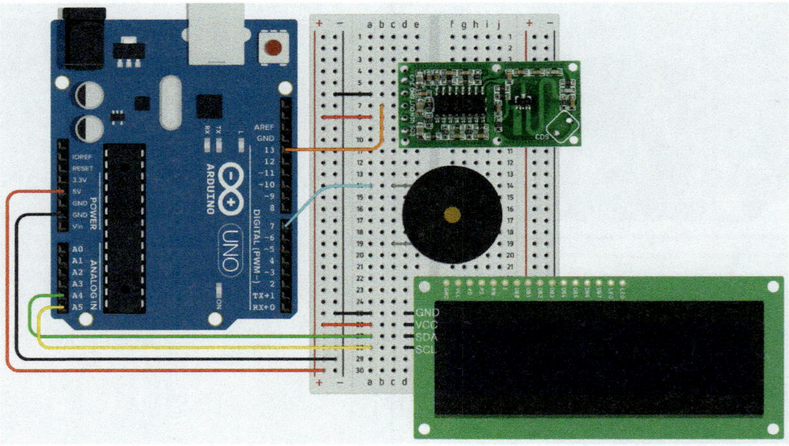

그림 7-22 레이더 모션센서의 동작 감지 여부를 LCD와 부저로 출력하기(브레드보드)

다음 소스코드는 레이더 모션센서의 감지여부를 LCD로 출력하는 프로그램이다.

```
//레이더 모션센서의 감지여부를 LCD로 출력하는 프로그램
#include<LiquidCrystal_I2C.h> // 라이브러리 관리에서 LiquidCrystal_I2C.h 추가
#include<Wire.h>      // I2C통신을 위해 Wire.h 추가
LiquidCrystal_I2C lcd(0x27,16,2); // LCD 화면이 안 뜨면 0x3F로 수정.
#define rcwl_pin 13    // 센서 OUT핀 연결 번호
#define buzzer 7    // 능동부저 +핀 연결 번호
int rcwlState = LOW;        // rcwl 초기상태

void setup(){
   pinMode(rcwl_pin, INPUT);
   pinMode(buzzer, OUTPUT);
   lcd.init();     // LCD 초기화
   lcd.backlight();
   lcd.setCursor(0,0);
   lcd.print("Motion Sensor");
}

void loop(){
   int reading = digitalRead(rcwl_pin);              // 센서값 읽기
   if(reading == HIGH){
      digitalWrite(buzzer, HIGH);                    // 능동부저 ON
      if(rcwlState == LOW){
         lcd.setCursor(0,1);                         // 첫열, 둘째행 지정
         lcd.print("Motion detected");
         rcwlState = HIGH;
      }
   }
   else{
      digitalWrite(buzzer, LOW);                     // 능동부저 OFF
      if(rcwlState == HIGH){
         lcd.setCursor(0,1);                         // 첫열, 둘째행 지정
         lcd.print("Motion ended    ");
         rcwlState = LOW;
      }
   }
   delay(100);
}
```

7.3 GPIO[33] 핀 수 줄이기

7.3.1 시프트 레지스터(74HC595)

아두이노를 사용하다 보면 입출력 핀이 부족할 경우가 있다. 입출력 포트가 많은 마이크로 컨트롤러(MCU)로 바꾸거나 MCP23017과 같은 입출력 확장 IC(I/O expander IC)를 사용하면 해결할 수 있다. 출력 핀만의 부족일 경우는 그림 7-23의 74HC595 시프트 레지스터

33) GPIO(General Purpose Input/Ouput)는 마이크로프로세서가 주변장치와 통신하기 위해 범용으로 사용되는 입출력 포트이다. 마이크로컨트롤러의 핀을 입력 또는 출력 용도로 사용할 수 있게 하는 기능이다. GPIO는 하드웨어적으로 하나의 핀이 입력 또는 출력으로 모두 사용가능하도록 3가지 상태를 구현한다. 3상태란 HIGH(1), LOW(0), Open(High impedance)이다. Open은 임피던스가 높은 상태로서 전기적으로 절연된 상태이다.

(shift register) IC 등을 사용하는 것이 저렴하게 해결하는 방안중 하나이다.

그림 7-23 74HC595

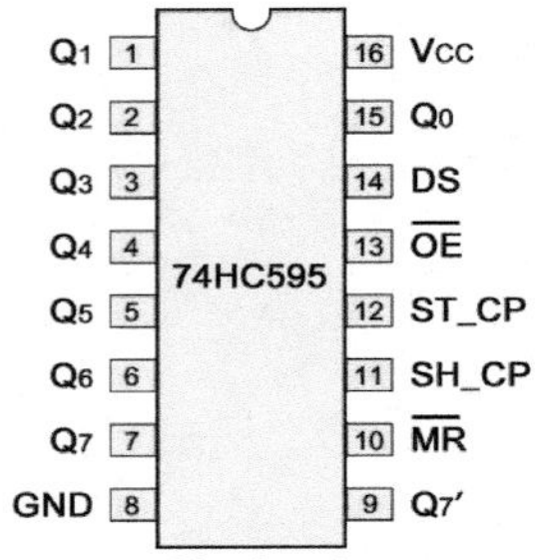

그림 7-24 74HC595 핀 배치도

표 7-11 입력 핀에 따른 기능

입력					기 능
DS	*SH_CP*	$\overline{MR}$	*ST_CP*	$\overline{OE}$	
×	×	×	×	H	• Q0~Q7의 출력이 비활성화
×	×	×	×	L	• Q0~Q7의 출력이 활성화
×	×	L	×	×	• 시프트 레지스터 리셋(소거)
L	↑	H	×	×	• 시프트 레지스터의 첫 단계는 LOW • 다른 단계는 전 단계를 저장
H	↑	H	×	×	• 시프트 레지스터의 첫 단계는 HIGH • 다른 단계는 전 단계를 저장
×	×	×	↑	×	• 시프트 레지스터의 데이터를 래치 레지스터에 저장

표 7-12 74HC595의 핀 기능

핀 명	핀 번호	유 형	설 명
VCC	16	Power	공급 전압(4.5~7V)
GND	8	Power	접지 (0V)
Q0~Q7	1~7, 15	Output	출력 핀
$\overline{MR}$ 리셋 핀	10	Input	LOW로 리셋한다. 비활성화 시킬 때는 5V에 연결
SH_CP 클락 핀	11	Input	시프트 레지스터로 데이터가 전달되도록 하는 클락(Clock)신호
ST_CP 래치 핀	12	Input	수신한 데이터를 기억 레지스터에 저장
$\overline{OE}$	13	Input	LOW이면 출력 전체(Q0~Q7)를 보낼 수 있다.
DS 데이터 핀	14	Input	시리얼 데이터 입력. 클락에 맞춰 데이터를 전송.
Q7'	9	Output	시리얼 데이터 출력. 추가하는 시프트 레지스터의 DS 핀에 연결한다.

표 7-12의 74HC595의 핀 기능을 보면 Q7' 핀(핀 9)을 다른 74HC595 IC의 DS 핀으로 입력시키면, 여러 개의 74HC595 IC를 직렬로 연결해서 확장할 수 있다. ST_CP 래치 핀(핀 12)에는 0.1nF의 커패시터를 GND와 연결한다. 이 커패시터는 래치 핀의 클락 펄스가 약간의 깜박임이 있는 경우 균일하게 할 수 있다. SH_CP 핀에 클락 신호가 들어오면, 데이터 핀에서는 8개의 데이터를 전송한다. 이 후 래치 레지스터에 저장하고, 클락 핀(ST_CP)을 LOW로 바꿔주면 외부로 데이터를 전송할 수 있다. 데이터 전송이 끝나면 다시 HIGH로 올려준다.

실험 49-1 TINKERCAD 시프트레지스터로 LED 불빛 이동하기

실습내용	준비물	
1. 시프트레지스터의 사용으로 아두이노의 사용 핀 수를 줄여본다. 2. 시프트레지스터로 LED의 불빛을 하나씩 이동시켜본다.	1. 아두이노 우노 보드 1개 2. 브레드보드 1개 3. 세라믹 커패시터 0.1nF 1개 4. 시프트레지스터 74HC595 1개	5. 저항 330Ω 8개 6. LED 8개

회로구성

표 7-13 시프트레지스터(74HC595)와 아두이노 우노 보드 및 부품과의 결선표

74HC595	1	2	3	4	5	6	7	8	10	11	12	13	14	15	16
아두이노 보드								GND	5V	12	11	GND	10		5V
저항, 왼쪽부터 1~8	7	6	5	4	3	2	1							8	

- Q0~Q7(15, 1~7번핀) 출력 핀에 8개의 LED를 330Ω의 저항과 함께 연결한다.
- 74HC595의 12번 래치 핀은 0.1nF의 커패시터를 연결한다.

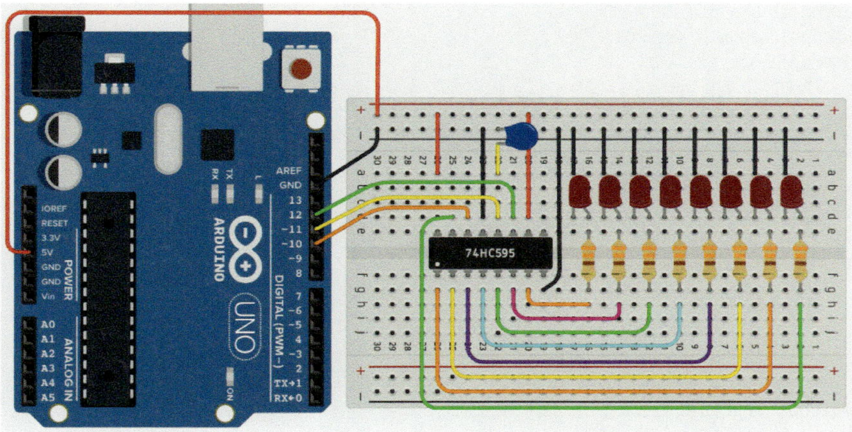

그림 7-25 시프트레지스터로 LED 불빛 이동하기

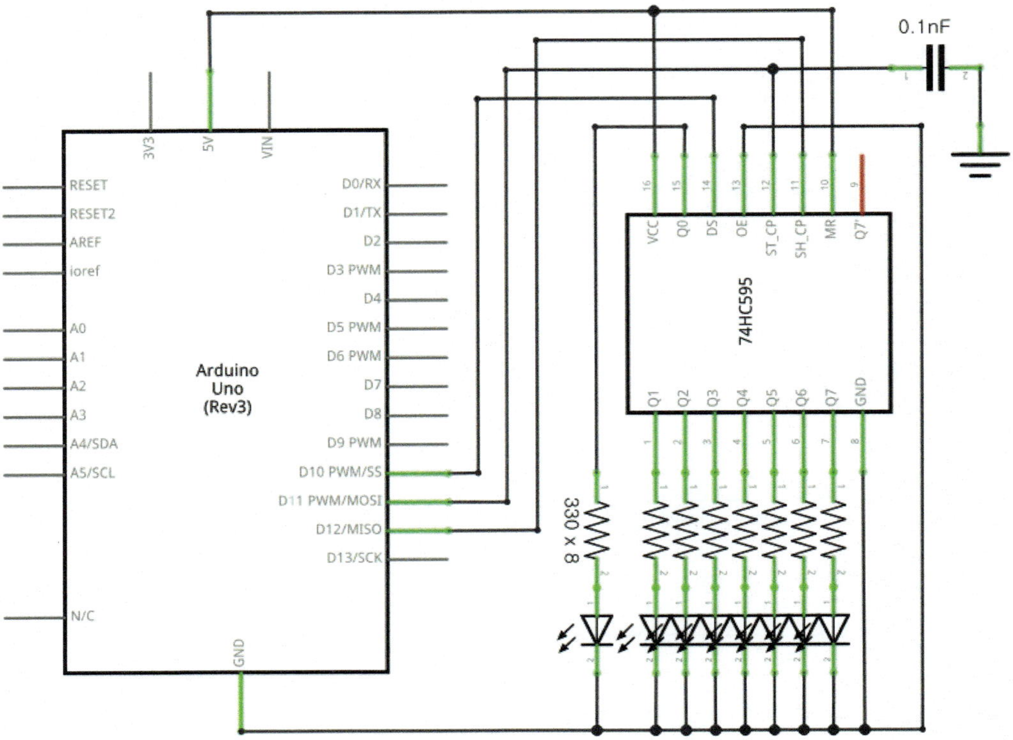

그림 7-26 시프트레지스터로 LED 불빛 이동하기(회로도)

다음 소스코드는 시프트레지스터로 LED 불빛을 이동하는 프로그램이다.

```
//시프트레지스터로 LED 불빛 이동하기
int latch_pin = 12;                //74HC595의 Latch 핀
int clock_pin = 11;                //74HC595의 Clock 핀
int data_pin = 10;                 //74HC595의 Data 핀
byte leds = 0;

void setup(){
  pinMode(latch_pin, OUTPUT);
  pinMode(data_pin, OUTPUT);
  pinMode(clock_pin, OUTPUT);
}

void loop(){
  leds = 0;
  for(int i = 0; i < 8; i+-){
    bitSet(leds, i);
    updateShiftRegister();
    delay(500);
  }
}

void updateShiftRegister(){
   digitalWrite(latch_pin, LOW);
   shiftOut(data_pin, clock_pin, LSBFIRST, leds);
   digitalWrite(latch_pin, HIGH);
}
```

코드분석

- 2~4행 코드는 74HC595의 래치 핀, 클락 핀, 데이터 핀을 아두이노의 10~12핀과 연결함을 설정한다.
- 16행의 bitSet() 함수는 이진수로 표현했을 때 오른쪽부터 0으로 시작하여 n 번째 해당 비트를 1로 설정하는 함수이다. 예를 들어, x값이 8일 때, bitSet(x, 2)라면 x값은 00001000에서 00001100로 셋팅된다. 10진수로는 8에서 12로 값이 바뀐다. 2번째 매개변수의 자릿수는 0부터 시작함을 유의하자. 16행의 bitSet(leds, i)를 통해서 00000000에서 00000001, 00000010, ..., 10000000 순으로 차례대로 오른쪽 에서 왼쪽으로 1값이 셋팅된다.
- 22행의 updateShiftRegister() 함수는 사용자가 만든 함수로서 8비트 데이터를 업데이트해서 8개의 LED를 켜거나 끄는 기능을 한다.
- 24행의 shiftOut() 함수는 데이터 바이트 안의 비트를 한 번에 하나씩 출력한다. 4개의 매개변수 중 3번째를 LSBFIRST로 지정하면 바이트의 최하위 비트(Least Significant Bit First, 가장 오른쪽)에서 시작하고, MSBFIRST로 지정하면 최상위 비트(Most Significant Bit First, 가장 왼쪽)에서 시작한다.
- 23행과 25행의 digitalWrite() 함수로 래치 핀을 LOW에서 HIGH로 변화해준다. 래치 핀(ST_CP)을 LOW로 바꿔주면 외부로 데이터를 전송할 수 있고, 데이터 전송이 끝나면 다시 HIGH로 올려준다.

7.3.2 십진 카운터

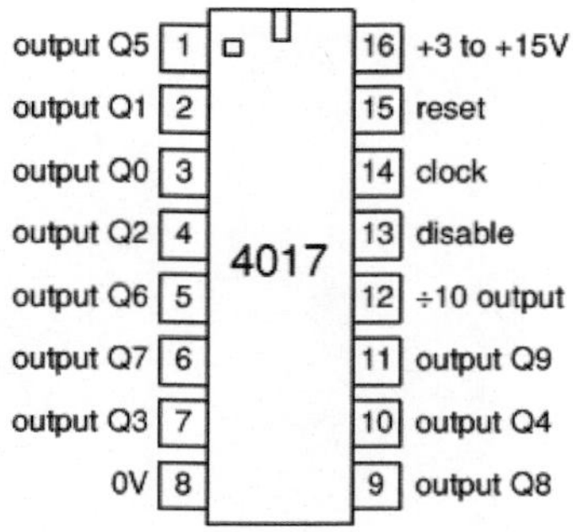

그림 7-27 4017 핀배치

십진 카운터 74HC4017은 출력을 디코딩한다. 그림 7-27 십진카운터의 클럭(핀14)이 HIGH(상승에지)가 되면 카운트가 증가하여 출력값이 그 다음 출력으로 이동한다. Q0~Q9의 출력은 카운팅이 진행됨에 따라 차례로 HIGH가 된다. 다시 말해 Q0가 HIGH이면 그다음은 Q1이 HIGH가 되고, 또 그다음은 Q2가 되는 식으로 차례대로 출력이 이어진다. 리셋(핀15)은 정상 작동을 위해 LOW 상태로 하고, 카운터를 처음 출력인 Q0로 되돌리려면 HIGH를 입력한다. 수동으로 리셋을 시키려면 리셋과 +Vs 사이에 스위치를 연결하고 리셋과 GND 사이에 10kΩ 풀다운 저항을 연결한다. 이 카운터는 9까지 카운트가 되는데, 9 미만으로 카운트하려면 해당 출력을 리셋에 연결한다. 예를 들어 0,1,2,3,4,5,6을 카운트하려면 Q7을 리셋에 연결한다. 비활성화 입력(핀13)은 LOW로 설정되지 않으면 클록 펄스를 무시하고 카운터 상태가 멈춰버린다. ÷10 출력(핀12)은 카운트 Q0~Q4에 있을 때는 HIGH이고, Q5~Q9에 있을 때는 LOW 상태로 클록 주파수의 1/10에 해당하는 출력을 제공한다. 십의 자리를 계산하기 위한 다른 십진카운터 74HC4017의 클록 입력을 구동하는 데 사용할 수 있다.

실험 49-2[TINKERCAD] 10진 카운터(74HC4017)를 사용하여 LED 하나씩 불 밝히기

실습내용	준비물	
1. 10진 카운터의 사용으로 아두이노의 사용 핀 수를 줄여본다. 2. 10진 카운터로 LED의 불빛을 하나씩 이동시켜본다.	1. 아두이노 우노 보드 1개 2. 브레드보드 1개 3. 세라믹 커패시터 0.1nF 1개 4. 10진 카운터 74HC4017 1개	5. 저항 330Ω 10개 6. LED 10개

회로구성

표 7-14 10진 카운터(74HC4017)와 아두이노 우노 보드 및 부품과의 결선표

74HC4017	1	2	3	4	5	6	7	8	9	10	11	13	14	15	16
아두이노 보드								GND				GND	12	11	5V
저항, 왼쪽부터 1~10	5	9	10	8	4	3	7		2	6	1				

- Q0~Q9 출력 핀에 10개의 LED를 330Ω의 저항과 함께 연결한다.
- 74HC4017의 VCC와 GND에 0.1nF의 커패시터를 연결한다.

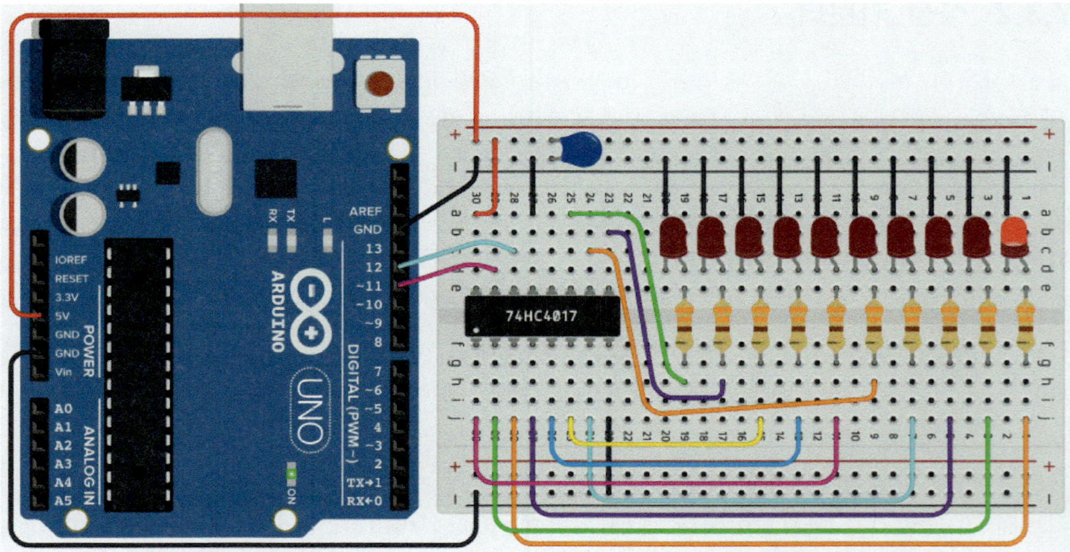

그림 7-28 10진 카운터를 사용하여 LED 하나씩 불 밝히기

다음 소스코드는 십진 카운터를 사용하여 차례대로 LED를 하나씩 이동하면서 불을 밝히는 프로그램이다.

```
//LED 하나씩 불 밝히기(74HC4017 10진 카운터를 사용)
const int reset_pin = 11;
const int clock_pin = 12;

void setup(){
  pinMode(reset_pin, OUTPUT);
  pinMode(clock_pin, OUTPUT);
  Serial.begin(9600);
  Serial.println("숫자 입력 (0~9)");
}

void loop(){
  if(Serial.available()){
    int digit = Serial.parseInt();
    setDigit(digit);
  }
}

void setDigit(int x){
  digitalWrite(reset_pin, HIGH);
  delayMicroseconds(1);
  digitalWrite(reset_pin, LOW);
  for(int i=0; i < x; i++){
    digitalWrite(clock_pin, HIGH);
    delayMicroseconds(1);
    digitalWrite(clock_pin, LOW);
    delayMicroseconds(1);
  }
}
```

7.3.3 세그먼트디코더(CD4511)

그림 7-29 CD4511

그림 7-29의 CD4511은 BCD[34] 코드를 7세그먼트로 표시해 주는 세그먼트디코더 칩이다. CD4511은 CMOS 형태로 소비 전력이 매우 낮다. 표 7-15는 4비트 BCD로 표현할 수 있는 16가지 경우에 대응하는 7비트 7세그먼트의 값과 출력될 숫자와 영문자이다. 7세그먼트로 숫자를 표시하려면 아두이노 보드의 7개 핀이 필요하지만, CD4511칩을 사용하면 필요한 핀 수가 BCD 4비트를 연결하기 위한 4개 핀으로 줄게 된다.

34) BCD(Binary-Coded Decimal) 코드는 0~9까지의 숫자를 4비트의 2진수로 표현한 것이다. 10진수를 나타낼 경우 8-4-2-1이라는 자리값을 부여한 4비트의 2진수로 표현하고, 각 자리값의 합이 10진수이다.

표 7-15 BCD에 따른 7세그먼트의 출력

BCD				7세그먼트							출력
D_3	D_2	D_1	D_0	a	b	c	d	e	f	g	
0	0	0	0	1	1	1	1	1	1	0	abcdef
0	0	0	1	0	1	1	0	0	0	0	bc
0	0	1	0	1	1	0	1	1	0	1	abdeg
0	0	1	1	1	1	1	1	0	0	1	abcdg
0	1	0	0	0	1	1	0	0	1	1	bcfg
0	1	0	1	1	0	1	1	0	1	1	acdfg
0	1	1	0	0	0	1	1	1	1	1	acdefg
0	1	1	1	1	1	1	0	0	0	0	abcf
1	0	0	0	1	1	1	1	1	1	1	abcdefg
1	0	0	1	1	1	1	0	0	1	1	abcdfg
1	0	1	0	1	1	1	0	1	1	1	abcefg
1	0	1	1	0	0	1	1	1	1	1	cdefg
1	1	0	1	0	0	0	1	1	0	1	deg
1	1	1	0	0	1	1	1	1	0	1	bcdeg
1	1	1	1	1	0	0	1	1	1	1	adefg

그림 7-30의 핀 배치도와 표 7-16 CD4511의 기본 사양을 보면 핀9부터 핀15까지의 7개 핀은 7세그먼트에 연결될 a~g이다. 핀7(D_0), 핀1(D_1), 핀2(D_2), 핀6(D_3)은 아두이노에 연결될 BCD 핀이다. $\overline{LT}$와 $\overline{BL}$ 핀은 7세그먼트 테스트용 핀이다. $\overline{LT}$ 핀은 LOW 값을 주면 모든 세그먼트(a~g)를 켜고, $\overline{BL}$ 핀은 LOW 값을 주면 모든 세그먼트(a~g)를 끈다. LE핀은 LOW 레벨로 활성화시킬 수 있다.

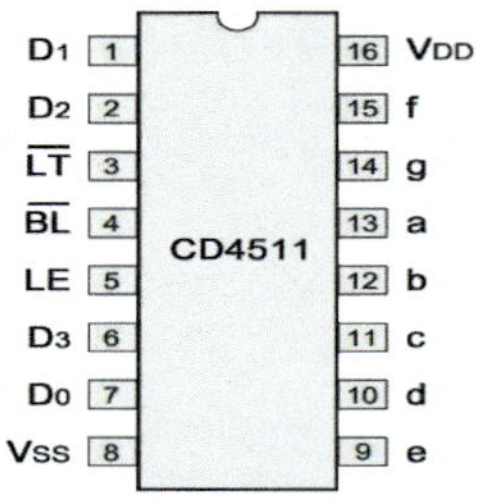

그림 7-30 CD4511 핀 배치도

표 7-16 CD4511의 기본 사양

핀 명	핀 번호	설 명
VDD	16	공급 전압 (3V부터 15V까지)
GND	8	접지 (0V)
a~f	9~15	7세그먼트 제어를 위한 출력
D_0, D_1, D_2, D_3	7,1,2,6	4 비트 BCD 입력
$\overline{LT}$	3	LOW이면 모든 세그먼트(a~g)를 켠다.
$\overline{BL}$	4	LOW이면 모든 세그먼트(a~g)를 끈다.
LE	5	래치 활성화. HIGH이면 현상태를 유지한다.

실험 50[TINKERCAD] 세그먼트디코더 4511을 사용하여 7세그먼트의 값을 0~9까지 출력하기

실습내용	준비물	
1. 세그먼트디코더(CD4511)을 사용해본다. 2. 아두이노의 GPIO핀을 적게 사용하면서도 7세그먼트를 작동시킬 수 있음을 확인한다.	1. 아두이노 보드 1개 2. 브레드보드 1개 3. CD4511 1개	4. 저항 330Ω 7개 5. 7세그먼트 1개

회로구성

표 7-17 아두이노 우노 보드와 부품과의 결선표

아두이노 보드	GND	5V	D2	D3	D4	D5
CD4511	5, 8핀	3,4,16핀	7핀	1핀	2핀	6핀

표 7-18 아두이노 우노 보드와 부품과의 결선표

7세그먼트	1 e	2 d	3 GND	4 c	5 dp	6 b	7 a	8 GND	9 f	10 g
CD4511	9	10		11		12	13		15	14
아두이노 보드			GND		GND			GND		
330Ω 저항은 7세그먼트에 연결한다. 7세그먼트는 반드시 공통 음극을 사용해야 한다.										

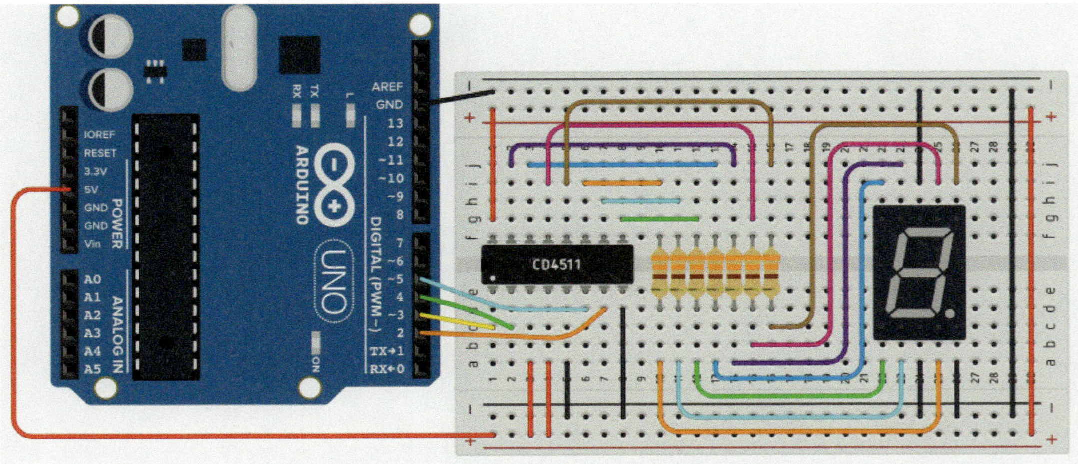

그림 7-31 세그먼트디코더 4511을 사용하여 7세그먼트의 값을 0~9까지 출력하기(브레드보드)

다음 소스코드는 세그먼트디코더 4511을 사용하여 7세그먼트의 값을 0부터 9까지 출력하는 프로그램이다.

```
// 세그먼트디코더 4511을 사용하여 7세그먼트의 값을 0~9까지 출력하는 프로그램
#define A 2
#define B 3
#define C 4
#define D 5
int data_pin[] = {D, C, B, A};

int digitForNum[10][4] = {
  {0, 0, 0, 0}, //0
  {0, 0, 0, 1}, //1
  {0, 0, 1, 0}, //2
  {0, 0, 1, 1}, //3
  {0, 1, 0, 0}, //4
  {0, 1, 0, 1}, //5
  {0, 1, 1, 0}, //6
  {0, 1, 1, 1}, //7
  {1, 0, 0, 0}, //8
  {1, 0, 0, 1}  //9
};

void setup(){
  for(int i = 0 ; i < 4; i++)
    pinMode(data_pin[i], OUTPUT);
}

void loop(){
  for(int i=0; i<10; i++){
    for(int j=0; j<4; j++)
      digitalWrite(data_pin[j], digitForNum[i][j]);
      delay(1000);
  }
}
```

CHAPTER 08

RTC 센서 및 압력센서

학습목표

1. TM1637 FND의 특성과 용도를 설명할 수 있다.
2. RTC 센서의 특성과 용도를 설명할 수 있다.
3. 압력 센서의 특성과 용도를 설명할 수 있다.
4. 힘센서의 특성과 용도를 설명할 수 있다.
5. 로드셀 센서의 특성과 용도를 설명할 수 있다.

8.1 FND (TM1637)

5.2절에서 살펴본 7세그먼트(FND)로 표시하기서 사용되는 핀이 많아, 일반적으로 통신을 지원하는 모듈을 사용한다. 그림 8-1의 TM1637 FND는 2선(CLK, DIO) 시리얼통신을 한다. I^2C통신과 달리 주소가 없다. I^2C통신으로 사용할 수 없다.

그림 8-1 TM1637 FND

실험 51-1 TM1637 FND에 '1234' 출력하기

실습내용	준비물
1. 아두이노로 4자리 TM1637 FND를 사용해본다 2. TM1637 FND에 문자를 바꿔가면서 출력해본다.	1. 아두이노 우노 보드 1개 2. 브레드보드 1개 3. TM1637(시계 FND) 1개

회로 구성

표 8-1 아두이노 우노 보드와 부품과의 결선표

아두이노 우노 보드	GND	5V	D7	D8
TM1637 FND	GND	VCC	CLK	DIO

그림 8-2 TM1637 FND에 '1234' 출력하기(브레드보드)

다음 소스코드는 TM1637 FND에 '1234'를 출력하는 프로그램이다.

```
//TM1637 FND에  '1234'  출력하기
#include <TM1637Display.h>              // 라이브러리 관리에서 'TM1637' 을 설치
#define CLK 7                           // 시계FND의 CLK 핀과 아두이노 보드 핀 연결
```

```
4  #define DIO 8                            // 시계FND의 DIO 핀과 아두이노 보드 핀 연결
5  TM1637Display dsp(CLK, DIO);             // 오브젝트 생성하고 초기화
6
7  void setup() {
8    dsp.setBrightness(7);
9    dsp.showNumberDec(1234);
10 }
11
12 void loop() {
13 }
```

코드분석

- 8행의 setBrightness() 함수의 매개변수는 2개이다. 첫 번째는 FND의 밝기를 조절한다. 0~7의 숫자로 지정한다. 두 번째 매개변수는 FND를 켜고 끌 수 있는데 생략 가능하다. 8행은 밝기를 최고로 지정하고, 두 번째 매개변수를 생략한 것이다.
- 9행의 showNumberDec() 함수는 10진수를 출력한다.

실험 51-2 TM1637 FND에 '12 : 34' 출력하기

실습내용	준비물
1. 배열을 사용하여 TM1637 FND에 문자를 출력해본다. 1. TM1637 FND에 해당 자리를 지정하여 문자를 출력해본다. 2. TM1637 FND에 콜론(:)을 깜박여 본다.	3. 아두이노 우노 보드 1개 4. 브레드보드 1개 5. TM1637 FND 1개

회로구성

표 8-2 아두이노 우노 보드와 부품과의 결선표

아두이노 우노 보드	GND	5V	D7	D8
TM1637 FND	GND	VCC	CLK	DIO

다음 소스코드는 TM1637 FND에 가운데 콜론(:)을 깜박이는 프로그램이다.

```
//시계FND에 '12:34' 출력하기
#include <TM1637Display.h>                // 라이브러리 관리에서 'TM1637' 을 설치
#define CLK 7                             // 시계FND의 CLK 핀과 아두이노 보드 핀 연결
#define DIO 8                             // 시계FND의 DIO 핀과 아두이노 보드 핀 연결
TM1637Display dsp(CLK, DIO);              // 오브젝트 생성하고 초기화
byte data[4] = { 0, 0, 0, 0 };

void setup() {
  dsp.setBrightness(7);
}
```

```
11
12 void loop(){
13     data[0] = dsp.encodeDigit(1);         // 첫 번째 7세그먼트에 '1' 출력을 위해 배열에 입력
14     dsp.setSegments(data);                // 배열의 값을 출력
15     data[2] = dsp.encodeDigit(3);         // 세 번째 7세그먼트에 '3' 출력 위해 배열에 입력
16     dsp.setSegments(data);
17     data[3] = dsp.encodeDigit(4);         // 네 번째 7세그먼트에 '4' 출력 위해 배열에 입력
18     dsp.setSegments(data);
19     data[1] = dsp.encodeDigit(2);         // 두 번째 7세그먼트에 '2' 출력 위해 배열에 입력
20     data[1] = data[1] | 0x80;             // 콜론 켜기 위해 배열에 입력
21     dsp.setSegments(data);
22     delay(1000);                          // 1초 동안 콜론 켜기
23     data[1] = data[1] & 0x7f;             // 콜론 끄기 위해 배열에 입력
24     dsp.setSegments(data);
25     delay(1000);                          // 1초 동안 콜론 끄기
26 }
```

코드분석

- TM1637 FND에 콜론(:)은 두 번째 자리의 FND에서 표시할 수 있다. 20행은 두 번째 자리의 FND에 콜론을 켜기 위해 두 번째 배열의 값과 0x80을 논리합(OR)한다.
- 23행은 콜론을 끄기 위해 두 번째 배열의 값과 0x7F를 논리곱(AND)한다.
- 22행과 25행의 delay(1000) 함수는 콜론이 켜진 시간과 꺼진 시간이다.

실험 51-3 TM1637 FND에 '분:초'로 표현하기

실습내용	준비물	
1. TM1637 FND에 분, 초 단위로 표시해본다.	1. 아두이노 보드 1개 2. 브레드보드 1개	3. TM1637 FND 1개

회로구성

표 8-3 아두이노 우노 보드와 부품과의 결선표

아두이노 우노 보드	GND	5V	D7	D8
TM1637 FND	GND	VCC	CLK	DIO

다음 소스코드는 TM1637 FND에 '분:초'를 출력하는 프로그램이다.

```
//시계FND에 '분:초' 표현하기
#include <TM1637Display.h>            // 라이브러리 관리에서 'TM1637' 을 설치
#define CLK 7                         // 시계FND의 CLK 핀과 아두이노 보드 핀 연결
#define DIO 8                         // 시계FND의 DIO 핀과 아두이노 보드 핀 연결
TM1637Display dsp(CLK, DIO);          // 오브젝트 생성하고 초기화
unsigned long cTime = 0;              // 현재 시간 저장
unsigned long pTime = 0;              // 1초마다 시간 증가
```

```
8  const int bTime = 1000;                  // 콜론의 깜박이는 시간
9  byte data[4] = { 0, 0, 0, 0 };
10 int second = 0;
11 int minute = 0;
12
13 void setup(){
14   dsp.setBrightness(7);
15   for(int i=0; i<4; i++)    data[i]= dsp.encodeDigit(0);
16   dsp.setSegments(data);
17 }
18
19 void loop(){
20   cTime = millis();
21   if(cTime - pTime >= 1000){
22     second++;
23     if(second == 60){
24       second = 0;
25       minute++;
26       if(minute == 60) minute = 0;
27     }
28     data[3] = dsp.encodeDigit(second - second / 10 * 10);
29     data[2] = dsp.encodeDigit(second / 10);
30     data[1] = dsp.encodeDigit(minute - minute / 10 * 10);
31     data[0] = dsp.encodeDigit(minute / 10);
32     pTime = cTime;
33   }
34   data[1] = data[1] | 0x80;              // 콜론 켜기 위해 배열에 입력
35   dsp.setSegments(data);
36   delay(bTime);                          // bTime 동안 콜론 켜기
37   data[1] = data[1] & 0x7f;              // 콜론 끄기 위해 배열에 입력
38   dsp.setSegments(data);
39   delay(bTime);                          // bTime 동안 콜론 끄기
40 }
```

코드분석

- 20~27행에서 millis() 함수로 분/초를 계산한다.
- 28, 29행은 초를 배열에 입력하고, 30, 31행은 분을 배열에 입력한다.

실험 51-4 TM1637 FND에 입장객 수를 표시하기

실습내용	준비물	
1. 택트스위치로 클릭한 누적 값을 TM1637 FND로 표시해본다. 2. 카운터 버튼으로 입장객 수를 카운트한다. 3. 리셋 버튼은 TM1637 FND의 값을 '0'으로 초기화한다.	1. 아두이노 보드 1개 2. 브레드보드 1개 3. TM1637 FND 1개	4. 10kΩ 저항 2개 5. 택트스위치 2개

회로구성

표 8-4 아두이노 우노 보드와 부품과의 결선표

아두이노 우노 보드	GND	5V	A0	A1	D7	D8
TM1637 FND	GND	VCC			CLK	DIO
택트스위치(카운터)		핀1 or 핀2		핀3 or 핀4		
택트스위치(리셋)		핀1 or 핀2	핀3 or 핀4			

- 2개의 10kΩ 저항은 2개의 택트스위치에 풀다운 형태로 연결한다.

그림 8-3 TM1637 FND에 입장객 수를 표시하기(브레드보드)

다음 소스코드는 TM1637 FND에 입장객 수를 표시하는 프로그램이다.

```
//시계FND에 입장객 수 표시하기 프로그램
#include <TM1637Display.h>         // 라이브러리 관리에서 'TM1637' 을 설치
#define CLK 7                      // 시계FND의 CLK 핀과 아두이노 보드 핀 연결
#define DIO 8                      // 시계FND의 DIO 핀과 아두이노 보드 핀 연결
TM1637Display dsp(CLK, DIO);       // 오브젝트 생성하고 초기화
const int pb_reset = A0;
const int pb_cnt = A1;
int cnt = 0;
int cnt_state = 0;
int num_1000, num_100, num_10, num_1;

void setup(){
  dsp.setBrightness(7);
}

void loop(){
  num_1000=(cnt / 1000) % 10;  //천 자리 숫자추출
```

```
18   dsp.showNumberDec(num_1000, false, 1, 0);
19   num_100=(cnt / 100) % 10;   //백 자리 숫자추출
20   dsp.showNumberDec(num_100, false, 1, 1);
21   num_10=(cnt / 10) % 10;   //십 자리 숫자추출
22   dsp.showNumberDec(num_10, false, 1, 2);
23   num_1=cnt % 10;     //일 자리 숫자추출
24   dsp.showNumberDec(num_1, false, 1, 3);
25  //------------< 카운터 버튼과 리셋 버튼>----------------------------
26   if(digitalRead(pb_cnt)==LOW)    cnt_state=0;
27     if(cnt_state == 0 && digitalRead(pb_cnt)==HIGH){
28        cnt++;
29        cnt_state=1;
30   }
31   if(digitalRead(pb_reset) == HIGH)     cnt = 0;
32  //------------------------------------------------------------
33  }
```

코드분석

- 17, 19, 21, 23행의 모듈연산자(%)로 각 자리에 해당하는 숫자를 추출한다.
- 5.2.2절의 4자리 FND 실험과 동일하다.

실험 51-5 TM1637 FND로 스톱워치 구현하기

실습내용	준비물
1. 택트스위치를 토글버튼으로 작동시켜 스톱워치 기능이 되게한다. 2. millis( ) 함수를 사용하여 0.1초 간격으로 스톱워치를 작동시킨다.	1. 아두이노 우노 보드 1개 2. 브레드보드 1개 3. TM1637(시계 FND) 1개

그림 8-4 TM1637 FND로 스톱워치 구현하기

다음 소스코드는 TM1637 FND로 스톱워치를 구현한 프로그램이다.

```
//시계FND로 스톱워치 구현하기 프로그램
#include <TM1637Display.h>                // 라이브러리 관리에서 'TM1637' 을 설치
#define CLK 7                             // 시계FND의 CLK 핀과 아두이노 보드 핀 연결
#define DIO 8                             // 시계FND의 DIO 핀과 아두이노 보드 핀 연결
TM1637Display dsp(CLK, DIO);              // 오브젝트 생성하고 초기화
const int sw_pin = A0;
int ButtonState = 0, cnt = 0, flag=0;
int num_1000, num_100, num_10, num_1;
unsigned long cTime = 0, pTime = 0;
int cnt3=0, cnt2=0, cnt1=0, cnt0=0;

void setup(){
  dsp.setBrightness(7);
}

void loop(){
  dsp.showNumberDec(cnt3, false, 1, 3);
  dsp.showNumberDec(cnt2, false, 1, 2);
  dsp.showNumberDec(cnt1, false, 1, 1);
  dsp.showNumberDec(cnt0, false, 1, 0);
  int reading = digitalRead(sw_pin);
  if(reading != ButtonState){
    if(reading == HIGH)      cnt++;
    delay(5);
  }
  ButtonState = reading;
  if(cnt % 2 != 0){
    cTime = millis();
    if(cTime - pTime >= 100){            // 0.1초 간격으로 카운터
      dsp.showNumberDec(cnt3, false, 1, 3);
      cnt3++;
      pTime = cTime;
    }
    if(cnt3 >= 10){
      dsp.showNumberDec(cnt2, false, 1, 2);
      cnt2++;
      cnt3 = 0;
    }
    if(cnt2 >= 10){
      dsp.showNumberDec(cnt1, false, 1, 1);
      cnt1++;
      cnt2 = 0;
    }
    if(cnt1 >= 10){
      dsp.showNumberDec(cnt0, false, 1, 0);
      cnt0++;
      cnt1 = 0;
    }
    flag=1;
  }
  else if(flag == 1){
    cnt3=0; cnt2=0; cnt1=0; cnt0=0; pTime =0; cTime=0;
    delay(1000);
    flag=0;
  }
}
```

코드분석

- 30, 35, 40, 45행의 showNumberDec() 함수의 첫 번째 매개변수는 표시하고자하는 숫자이고, 두 번째의 false는 앞자리에 0을 표시 안하고 true면 0으로 표시한다. 세 번째는 1~4를 넣을 수 있는데 표시하려는 자리수이다. 1이면 일의 자리만 표시하고, 4이면 천의 자리까지의 숫자를 표시한다. 네 번째는 표시하려는 FND를 선택하는 것이다. 0이면 왼쪽 첫 번째 이고, 1은 두 번째, 2는 세 번째, 3은 네 번째 자리의 FND를 지정한다.

실험 52 비접촉 온도센서로 측정한 체온을 TM1637 FND로 출력하기

실습내용	준비물	
1. 비접촉 온도센서로 측정한 체온을 TM1637 FND로 표시해본다.	1. 아두이노 보드 1개 2. 브레드보드 1개	3. TM1637 FND 1개 4. 비접촉 온도센서 1개

회로구성

표 8-5 아두이노 우노 보드와 부품과의 결선표

아두이노 우노 보드	GND	5V	A4	A5	D7	D8
비접촉 온도센서(MLX90614)	GND	VCC	SDA	SCL		
TM1637 FND	GND	VCC			CLK	DIO

그림 8-5 비접촉 온도센서로 측정한 체온을 TM1637 FND로 출력하기(브레드보드)

다음 소스코드는 비접촉 온도센서로 측정한 체온을 TM1637 FND로 출력하는 프로그램이다.

```
1  // 비접촉온도센서의 체온을 TM1637 FND에 표현하기
2  #include <Wire.h>
3  #include <Adafruit_MLX90614.h>
4  #include <Arduino.h>
5  Adafruit_MLX90614 mlx = Adafruit_MLX90614();
6  #include <TM1637Display.h>
7  #define CLK 7
8  #define DIO 8
9  TM1637Display display(CLK, DIO);
10 float heat=0;
11 int cnt = 0;
12 
13 void setup(){
14   display.setBrightness(7);
15   mlx.begin();
16 }
17 
18 void loop(){
19   heat += mlx.readObjectTempC();    // 체온 측정한 값을 누적
20   cnt++;
21   if(cnt >= 5){       // 5회 누적값을 출력
22     heat = heat/cnt;
23     display.showNumberDec((int)heat, true, 2, 0); //정수부분
24     display.showNumberDec((int)(heat*100) % 100, true, 2, 2); //소수점부분
25     heat = 0;
26     cnt =0;
27   }
28   delay(500);
29 }
```

코드분석

- 22행의 5회 측정한 온도의 평균값의 정수부분 두 자리를 23행에서 출력하고, 소수부분 두 자리를 24행에서 출력한다.
- 비접촉 온도 센서의 다른 실험은 4.2.5절을 참조한다.

8.2 RTC 센서

RTC 모듈은 컴퓨터의 타이머와 별도로 실시간으로 시간을 제공하기 위한 부품이다. 그림 8-6 왼쪽에 코인배터리를 끼워 전원이 꺼지더라도 계속 카운트하여 실시간을 유지한다.

그림 8-6 DS1307

실험 53-1 RTC 모듈로 실시간을 시리얼모니터에 출력하기

실습내용	준비물
1. RTC(실시간 클락) 모듈을 사용해본다. 2. RTC 모듈의 시간을 시리얼모니터로 확인한다.	1. 아두이노 우노 보드 1개 2. 브레드보드 1개 3. RTC 모듈(DS1307) 1개

회로구성

표 8-6 아두이노 우노 보드와 부품과의 결선표

아두이노 우노 보드	GND	5V	A4	A5
RTC 모듈(DS1307)	GND	VCC	SDA	SCL

그림 8-7 RTC(실시간 클락) 모듈로 실시간을 시리얼모니터에 출력하기(브레드보드)

다음 소스코드는 RTC(실시간 클락) 모듈로 실시간을 시리얼모니터에 출력하는 것이다. 12행의 주석 처리한 '//'를 지운 후 업로드를 한다. 현재 시간을 RTC에 기억시키기 위함이다. 그런 다음 다시 주석처리를 한 후 업로드한다. 배터리가 장착된 RTC 모듈이 시간을 기억하므로 12행은 다시 실행시킬 필요가 없기 때문이다.

```
1  //RTC(DS1307) 모듈로 실시간을 시리얼모니터에 출력하기
2  #include <Wire.h>
3  #include <RTClib.h>
4  RTC_DS1307 RTC;
5  char daysOfTheWeek[7][12]={"일요일","월요일","화요일","수요일","목요일","금요일","토요일"};
6
7  void setup(){
8    Serial.begin(9600);
9    Wire.begin();
10   RTC.begin();
```

```
11   //현재시간 설정을 위해 앞의 //를 지운 후 업로드한 후 다시 //를 넣고 업로드.
12   //RTC.adjust(DateTime(__DATE__, __TIME__)); // 현재시간 설정
13 }
14
15 void loop(){
16   DateTime now = RTC.now();
17   Serial.print(now.year(), DEC); // 년
18   Serial.print("년 ");
19   Serial.print(now.month(), DEC); // 월
20   Serial.print("월 ");
21   Serial.print(now.day(), DEC);   // 일
22   Serial.print("일 ");
23   Serial.print(now.hour(), DEC); // 시간
24   Serial.print(':');
25   Serial.print(now.minute(), DEC); // 분
26   Serial.print(':');
27   Serial.print(now.second(), DEC); // 초
28   Serial.print(' ');
29   Serial.print(daysOfTheWeek[now.dayOfTheWeek()]); // 요일
30   Serial.println();
31   delay(1000);
32 }
```

코드분석

- 5행은 요일을 출력하기 위해 문자를 배열에 저장한다. 시리얼모니터에서 한글 출력이 가능하여 한글로 저장한다.
- 17행의 연도 표시를 위한 year() 함수부터 27행의 초를 표시하는 second() 함수까지 시리얼 모니터로 출력한다. 29행은 앞서 배열에 저장한 요일을 출력하는 함수이다.

실험 53-2 RTC(실시간 클락) 모듈의 실시간을 TM1637 FND로 출력하기

실습내용	준비물	
1. RTC(실시간 클락) 모듈의 시간을 TM1637 FND로 출력해본다.	1. 아두이노 보드 1개 2. 브레드보드 1개	3. RTC 모듈 1개 4. TM1637 1개

회로구성

표 8-7 아두이노 우노 보드와 부품과의 결선표

아두이노 우노 보드	GND	5V	A4	A5	D7	D8
RTC 모듈(DS1307)	GND	VCC	SDA	SCL		
TM1637 FND	GND	VCC			CLK	DIO

그림 8-8 RTC(실시간 클락) 모듈의 실시간을 TM1637 FND로 출력하기 (브레드보드)

다음은 실시간(시, 분)을 TMP1637 FND로 출력하는 소스코드이다. 앞선 실험과 마찬가지로 15행의 주석을 지우고 업로드한 후 다시 주석처리하고 업로드한다.

```
1  // 콜론(:)없이 실시간을 TM1637 FND로 출력
2  #include <Wire.h>
3  #include <RTClib.h>
4  RTC_DS1307 RTC;
5  #include <TM1637Display.h>
6  #define CLK 7
7  #define DIO 8
8  TM1637Display dsp(CLK, DIO);
9
10 void setup(){
11   dsp.setBrightness(7);
12   Wire.begin();
13   RTC.begin();
14   //현재시간 설정을 위해 앞의 //를 지운 후 업로드한 후 다시 //를 넣고 업로드.
15   //RTC.adjust(DateTime(__DATE__, __TIME__)); // 현재시간 설정
16 }
17
18 void loop(){
19   DateTime now = RTC.now();
20   dsp.showNumberDec(now.hour(), true, 2, 0);
21   dsp.showNumberDec(now.minute(), true, 2, 2);
22   delay(1000);
23 }
```

다음은 실시간을 '시:분'으로 콜론을 포함하여 TM1637 FND로 출력하는 소스코드이다.

```
// 실시간을 '시:분' 으로 TM1637 FND로 출력
#include <Wire.h>
#include <RTClib.h>
RTC_DS1307 RTC;
#include <TM1637Display.h>
#define CLK 7
#define DIO 8
TM1637Display dsp(CLK, DIO);
```

```
byte data[4] = { 0, 0, 0, 0 };

void setup() {
  dsp.setBrightness(7);
  Wire.begin();
  RTC.begin();
  //현재시간 설정을 위해 앞의 //를 지운 후 업로드한 후 다시 //를 넣고 업로드.
  //RTC.adjust(DateTime(__DATE__, __TIME__));  // 현재시간 설정
}

void loop() {
  DateTime now = RTC.now();
  data[3] = dsp.encodeDigit(now.minute() % 10);
  data[2] = dsp.encodeDigit(now.minute() / 10);
  data[1] = dsp.encodeDigit(now.hour() % 10);
  data[1] = data[1] | 0x80;                                    // 콜론 켜기 위해 배열에 입력
  data[0] = dsp.encodeDigit(now.hour() / 10);
  dsp.setSegments(data);
  delay(1000);
}
```

실험 53-3 RTC(실시간 클락) 모듈의 실시간을 LCD로 출력하기

실습내용	준비물	
1. RTC(실시간 클락) 모듈의 시간을 LCD 모듈로 출력해본다.	1. 아두이노 보드 1개 2. 브레드보드 1개	3. RTC 모듈 1개 4. LCD 모듈 1개

회로구성

표 8-8 아두이노 우노 보드와 부품과의 결선표

아두이노 우노 보드	GND	5V	A4	A5
RTC 모듈(DS1307)	GND	VCC	SDA	SCL
LCD 모듈	GND	VCC	SDA	SCL

그림 8-9 RTC(실시간 클락) 모듈의 실시간을 LCD로 출력하기(브레드보드)

다음 소스코드는 RTC(실시간 클락) 모듈로 실시간을 LCD 모듈로 출력하는 것이다.

```
1  // 실시간을 LCD 모듈로 출력
2  #include <Wire.h>
3  #include <RTClib.h>
4  RTC_DS1307 RTC;
5  char daysOfTheWeek[7][12]={"Sun","Mon","Tue","Wed","Thu","Fri","Sat"};
6  #include<LiquidCrystal_I2C.h>          // 라이브러리 관리에서 LiquidCrystal_I2C.h 추가
7  LiquidCrystal_I2C lcd(0x27,16,2);      // LCD 화면이 안 뜨면 0x3F로 수정.
8
9  void setup(){
10   lcd.init();                          // LCD 초기화
11   lcd.backlight();
12   Wire.begin();
13   RTC.begin();
14   //현재시간 설정을 위해 앞의 //를 지운 후 업로드한 후 다시 //를 넣고 업로드.
15   //RTC.adjust(DateTime(__DATE__, __TIME__));
16 }
17
18 void loop(){
19   DateTime now = RTC.now();
20   lcd.setCursor(1,0);                              //첫열, 첫행 지정
21   lcd.print(now.year()); lcd.print("/");
22   lcd.print(now.month()); lcd.print("/");
23   lcd.print(now.day()); lcd.print("  ");
24   lcd.print(daysOfTheWeek[now.dayOfTheWeek()]);
25   lcd.setCursor(4,1);                              //5열, 2행 지정
26   Set_lowThanTen(now.hour()); lcd.print(":");
27   Set_lowThanTen(now.minute()); lcd.print(":");
28   Set_lowThanTen(now.second());
29   delay(1000);
30 }
31
32 void Set_lowThanTen(int x){            //10보다 작은 수를 출력할 때 앞에 0을 출력하게 하는 함수
33   if(x < 10){
34     lcd.print("0");   lcd.print(x);
35   }
36   else   lcd.print(x);
37 }
```

코드분석

- 32~37행은 10보다 작은 수를 출력할 때 앞에 0을 출력하기 위한 함수이다.

8.3 스트레인게이지

물체는 외부에서 힘이 작용하면 저항력이 생겨 형태가 바뀐다. 물체의 형태가 바뀐 정도를 스트레인(strain)이라 한다. 다시 말해 물체를 압축하면 줄어들고, 인장시키면 늘어나는데 물체의 원래 길이에 비해 늘어나거나 줄어든 비율을 스트레인이라 한다. 스트레인게이지는 스트레인을 측정하기 위하여 물체의 표면에 부착하는 게이지(gage)이다. 물체의 형태가 바뀌면

부착된 스트레인게이지의 전기 저항이 바뀐다. 금속물체는 늘어나면 저항이 커지고 압축되면 저항이 작아지는 성질을 갖고 있다. 반도체는 금속에 비해 저항값의 변화가 더 크게 나타난다. 이처럼 물체의 변형에 따라 저항이 달라지는 물리현상을 압저항 효과(piezoresistive effect)라고 한다. 스트레인게이지를 이용한 압력(force)센서, 휨(flex)센서, 하중센서(로드셀) 등이 있다.

8.3.1 압력 센서

압력은 두 물체가 맞닿은 면에서 단위 면적당 수직으로 누르는 힘 또는 그 힘의 크기를 말한다. 따라서 누르는 힘이 크거나, 같은 크기의 힘이더라도 면적이 작을수록 압력은 크다. 압력을 수식으로 표현하면 다음과 같다.

$$P = \frac{F}{A}$$

여기서 A는 힘이 작용하는 면적이고 F는 면에 수직으로 누르는 힘이다. 기체가 누르는 힘을 기압, 물이 누르는 힘을 수압이라고 한다. 국제단위계에서는 압력의 단위로 파스칼(Pa)을 채택하고 있으며, $1Pa = 1\mathrm{N/m^2}$ 이다. 즉, 1파스칼은 1뉴턴의 힘이 1제곱미터의 면적에 작용하는 압력이다.

압력센서는 액체 또는 기체의 압력을 검출하고, 계측이나 제어에 사용하기 쉬운 전기신호로 변환하여 전송하는 장치 및 소자이다. 압력센서는 유량, 액면 및 온도센서와 함께 프로세스 오토메이션을 지탱하는 4대 센서의 하나이다. 압력범위는 인공 다이아몬드 합성의 105기압 단위부터 질량분석계나 전자현미경의 10-10Torr까지 널리 쓰이고 있다. 측정의 원리는 변위나 변형을 비롯하여 분자밀도의 열전도율을 이용하는 것 등 매우 많은 종류가 쓰이고 있다. 주된 측정원리와 변환기를 종합하면 다음 표 8-9와 같다. 실리콘을 재료로 한 스트레인게이지형의 압력센서가 개발되어 정밀한 압력계측에 사용되고 있다. 또 집적회로를 동일한 기판 위에 만들어 넣어 신호처리까지 하는 집적화 압력센서도 개발되어 있다.[35)]

이 책의 실험에 사용된 다음 그림 8-10의 압력센서(FSR ; Force Sensitive Resister)는 정밀도가 뛰어나진 않지만 간단한 구조와 저렴한 가격으로 물리적인 압력이나 무게 등을 측정할 수 있다. 다만 저울과 같이 정밀한 단위의 측정은 로드셀을 사용해야하며, 해당 센서는 터치 감지 및 무게에 반응하기 위한 목적의 응용에 적합하다. FSR 압력센서는 몇 개의 레이어로 구성되어 있고, 측정하는 부위에 닿은 면적이 증가하면서 저항이 줄어드는 원리이다. 압력이 없을 경우에는 센서는 무한대의 저항값을 가진다. 약간의 압력을 가해서 100kΩ의 저항이 발생하며, 압력이 커질수록 저항값이 떨어지게 된다.

그림 8-10 압력센서

35) 출처 : 센서용어사전, 2011. 1. 20., 손병기

표 8-9 압력센서의 측정원리와 변환기 [출처 : 센서용어사전, 2011. 1. 20., 손병기]

수압기구	검출량	변화량	변환기	소자 · 장치
다이어프램 벨로즈 부르동관	변위	용량	전극거리변화와 용량변화	커패시터
		인덕턴스	자력변화와 상호인덕턴스 변화	차동 트랜스
		저항	저항변화	포텐셔미터
		광강도	빛의 반사 + 간섭	광섬유
다이어프램 캡슐	변형	**저항**	**형상변화 압저항효과**	**스트레인게이지 반도체 스트레인게이지**
		전압	압전효과	압전소자 압전 시트
			압전효과 + 전계효과	압전소자 + MOS 트랜지스터
			홀 효과	홀 소자
		전압–전류	pn접합의 압력효과	다이오드 트랜지스터
		지연시간	표면 탄성파의 전파속도	표면파(SAW)소자
		색	마이크로 캡슐 파괴와 염료의 발색	감압 필름
(집적)	온도	열기전력	열전도율의 분자밀도(압력) 의존성	열전대 진공계
		저항	위와 같다	피라니 게이지 서미스터 진공계
	방전	전압	방전 개시전압의 압력 의존성	가이슬러관 필립스 게이지
	이온	이온전류	기체의 전리현상	전리진공계
			기체의 전리현상 + 자계	마그네트론형 전리진공계
	빛	위상	빛의 간섭	석영계 유리
		광강도	마이크로 밴드 손실	모드 스트리퍼

실험 54-1 TINKERCAD 압력센서로 측정된 값을 시리얼모니터로 출력하기

실습내용	준비물	
1. 아두이노의 A0 핀에 연결한 압력센서의 값을 시리얼모니터로 확인한다.	1. 아두이노 우노 보드 1개 2. 브레드보드 1개	3. 저항 10kΩ 1개 4. 압력센서 1개

회로 구성

표 8-10 아두이노 우노 보드와 부품과의 결선표

아두이노 우노 보드	GND	5V	A0
압력센서		한쪽 단자	다른 쪽 단자
10kΩ 저항	한쪽 단자		다른 쪽 단자

- 10kΩ 저항을 풀다운 저항으로 사용한다. 즉, 10kΩ 저항의 한 쪽 단자는 아두이노의 GND에 다른 쪽 단자는 압력센서의 한 쪽 단자에 연결한다. 압력센서의 다른 쪽 단자는 아두이노의 5V에 연결한다.
- 저항 10kΩ과 연결된 압력센서의 단자는 아두이노의 아날로그 핀 A0에 연결한다.

다음 소스코드는 압력센서로 측정된 값을 시리얼모니터로 출력하는 프로그램이다.

```
//압력센서로 측정한 값을 시리얼코니터로 출력하기
const int Force_pin = A0;    //센서 연결 핀 번호

void setup(){
  pinMode(Force_pin, INPUT);
  Serial.begin(9600);     //시리얼모니터 전송 시작
}

void loop(){
  int reading= analogRead(Force_pin); //센서의 값을 읽기
  Serial.print("Force(압력 센서 저항기) 측정치 :");
  Serial.println(reading);
  delay(1000);
}
```

실험 54-2 TINKERCAD 압력센서의 측정값을 LED 밝기로 표현하기

실습내용	준비물	
1. 압력센서의 측정값을 LED로 표현해본다.	1. 아두이노 우노 보드 1개 2. 브레드보드 1개 3. 저항 10kΩ, 330Ω각 1개	4. LED 1개 5. 압력센서 1개

회로구성

표 8-11 아두이노 우노 보드와 부품과의 결선표

아두이노 우노 보드	GND	5V	A0	D5
압력센서		한쪽 단자	다른 쪽 단자	
10kΩ 저항	한쪽 단자		다른 쪽 단자	
LED	풀다운 330Ω			+

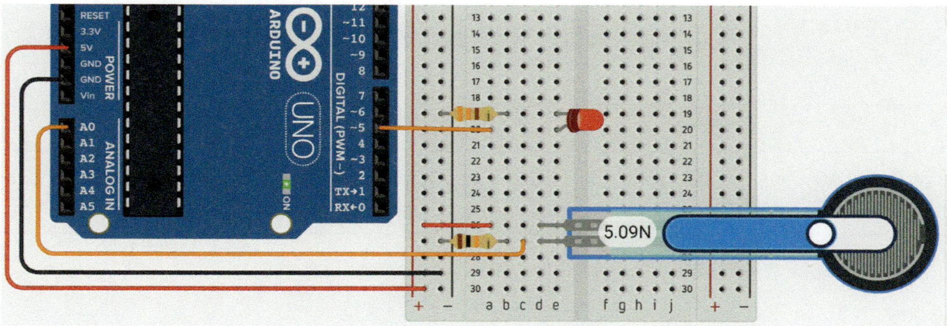

그림 8-11 압력센서의 측정값을 LED 밝기로 표현하기(브레드보드)

다음 소스코드는 압력센서로 측정된 값을 LED 밝기로 표현하는 프로그램이다.

```
// 압력센서의 측정값을 LED 밝기로 표현하기
const int led_pin = 5;    // LED 핀 지정, PWM핀
const int Force_pin = A0; //센서 연결 핀 번호

void setup(){
  pinMode(led_pin, OUTPUT);
}

void loop(){
  int reading= analogRead(Force_pin); //센서의 값을 읽기
  int Force = map(reading, 0, 1023, 0, 255);
  analogWrite(led_pin, Force);
  delay(500);
}
```

8.3.2 휨 센서

휨(Flex) 센서는 편향이나 구부러진 정도를 측정하는 센서다. 보통 센서가 표면에 붙어 있고, 센서 소자의 저항은 표면을 구부려서 변화한다. 저항은 굽힘의 양에 비례하기 때문에 각도계로 사용되며, 흔히 플렉시블 전위차계라고 부른다. 즉, 휨 센서는 구부러짐에 따라 저항이 변화하는 가변저항인 것인데, 이를 이용하여 아날로그 값을 디지털 값으로 바꾸고(ADC) 그 값에 따라 LED나 서보모터 등을 제어하면 된다.

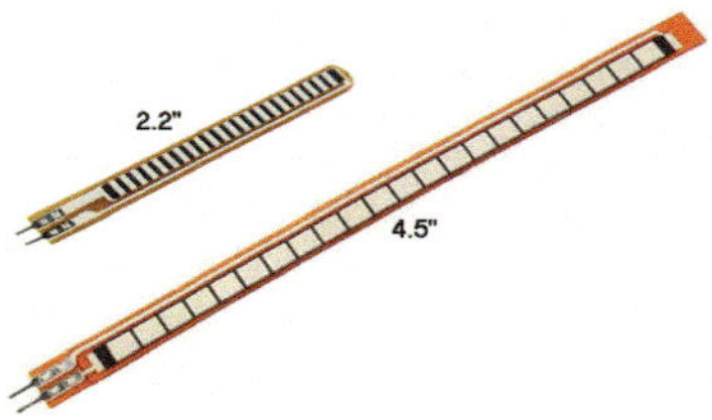

그림 8-12 휨 센서

휨 센서마다 저항값이 다르겠지만 그림 8-12의 4.5인치 휨 센서의 경우 평상시 15kΩ이고, 90°정도 구부러졌을 때 25kΩ, 180°정도 구부러졌을 때 50kΩ 정도이다. 반대쪽으로 휘면 12kΩ 정도로 낮아진다. 장갑에 장착하여 손가락의 움직임 정도를 파악할 수 있을 것이다.

실험 55-1 TINKERCAD 휨 센서로 측정된 값을 시리얼모니터로 출력하기

실습내용	준비물	
1. 아두이노의 A0 핀에 연결한 휨센서의 값을 시리얼모니터로 확인한다.	1. 아두이노 우노 보드 1개 2. 브레드보드 1개	3. 저항 10kΩ 1개 4. 휨센서 1개

회로구성

표 8-12 아두이노 우노 보드와 부품과의 결선표

아두이노 우노 보드	GND	5V	A0
휨센서	한쪽 단자		다른 쪽 단자
10kΩ 저항		한쪽 단자	다른 쪽 단자

- 10kΩ 저항을 풀업 저항으로 사용한다. 즉, 10kΩ 저항의 한 쪽 단자는 아두이노의 5V에 다른 쪽 단자는 휨센서의 한 쪽 단자에 연결한다. 휨센서 FSR의 다른 쪽 단자는 아두이노의 GND에 연결한다.
- 저항 10kΩ과 연결된 휨센서의 단자는 아두이노의 아날로그 핀 A0에 연결한다.

다음 소스코드는 휨센서로 측정된 값을 시리얼모니터로 출력하는 프로그램이다.

```
//휨센서로 측정한 값을 시리얼모니터로 출력하기
const int Flex_pin = A0;    //센서 연결 핀 번호

void setup(){
  pinMode(Flex_pin, INPUT);
  Serial.begin(9600);      //시리얼모니터 전송 시작
}

void loop(){
  int reading= analogRead(Flex_pin); //센서의 값을 읽기
  Serial.print("Flex(휨 센서 저항기) 측정치 :");
  Serial.println(reading);
  delay(1000);
}
```

실험 55-2 TINKERCAD 휨센서의 구부러진 정도를 서보모터로 표현하기

실습내용	준비물	
1. 휨센서의 휜 정도를 서보모터로 표현해본다.	1. 아두이노 우노 보드 1개 2. 브레드보드 1개	3. 저항 10kΩ 1개 4. 휨센서 1개 5. 서보모터 1개

회로구성

표 8-13 아두이노 우노 보드와 부품과의 결선표

아두이노 우노 보드	GND	5V	A0	D9
휨센서	한쪽 단자		다른 쪽 단자	
10kΩ 저항		한쪽 단자	다른 쪽 단자	
서보모터	GND(갈색)	VCC(적색)		SIG(황색)

그림 8-13 휨센서의 구부러진 정도를 서보모터로 표현하기(브레드보드)

다음 소스코드는 휨센서의 구부러진 정도를 서보모터로 표현하는 프로그램이다.

```
// 휨센서의 구부러진 정도를 서보모터로 표현하기
#include <Servo.h>
Servo servo;
const int servoPin = 9;    // 서보모터 제어신호 핀을 11번으로 지정
const int Flex_pin = A0;    //센서 연결 핀 번호

void setup(){
  pinMode(Flex_pin, INPUT);
  servo.attach(servoPin);
}

void loop(){
  int reading= analogRead(Flex_pin); //센서의 값을 읽기
  int rad = map(reading, 0, 1023, 180, 0); // 보는 관점에 따라 방향을 달리함
  servo.write(rad);    // 서보모터에 각도 'rad' 전달
  delay(100);
}
```

8.3.3 로드셀 센서

로드셀은 하중을 재는 방식에 따라 압축형과 인장형이 있다. 압축형은 바닥이나 힘이 주어지는 위치보다 낮은 곳에서 하중을 재는 방식이고, 인장형은 천정이나 힘이 주어지는 위치보다 높은 곳에서 하중을 재는 방식이다. 로드셀은 압축 방식의 그림 8-14와 같은 전자저

울(체중계), 인장 방식의 그림 8-15와 같은 크레인스케일[36] 등의 하중계 센서로 쓰인다.

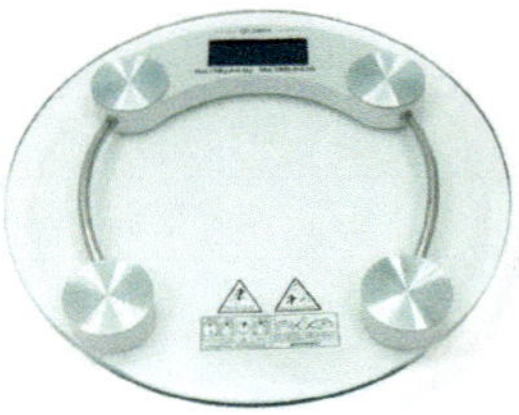

그림 8-14 전자체중계

그림 8-15 크레인스케일

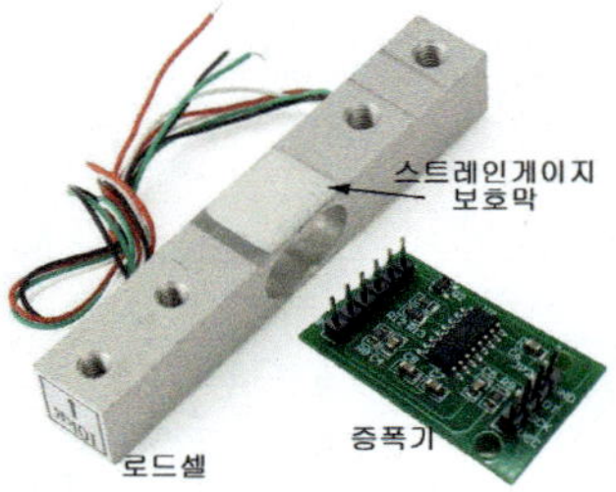

그림 8-16 로드셀 센서

다음 그림 8-16의 로드셀은 이 책의 실험에서 사용되는 휨형 로드셀 센서이다. 가장 많이 사용하는 소용량의 단순한 구조로 가격이 저렴하다. 최대변형이 일어나는 가운데 부분에 보호막을 씌운 포일형의 스트레인게이지가 부착되어 있다. 이 구조는 스트레인게이지가 부착된 가운데 부분을 얇게 하고 나머지 부분은 두껍게 하여 감도를 좋게 하였고, 높은 안정성과 우수한 직선성(linearity)[37]이 특징이다. 힘을 위에서 아래로 주는 압축방식의 로드셀이다.

실험 56-1 로드셀로 측정한 무게를 시리얼모니터로 출력하기

실습내용	준비물
1. 로드셀을 사용해본다. 2. 로드셀로 측정한 무게를 시리얼모니터로 확인한다.	1. 아두이노 우노 보드 1개 2. 브레드보드 1개 3. 로드셀과 센서증폭기 1개

회로구성

표 8-14 로드셀과 센서 증폭기의 결선표

로드셀	빨간색	검은색	흰색	초록색
로드셀 센서 증폭기	E+	E–	A–	A+

표 8-15 아두이노 우노 보드와 부품과의 결선표

아두이노 우노 보드	GND	5V	D2	D3
로드셀 센서 증폭기	GND	VCC	DT	SCK

36) 상부 크레인의 Hook 및 Drum 사이에 Sensor가 취부되어 Ladle 및 각종 Coil을 계량하는 장치다. [출처 : 철강용어사전]
37) 로드셀에 가해지는 하중에 비례하여 저항 값이 직선적으로 변화함. 1.1절의 센서의 이해 참조

다음 소스코드는 로드셀로 측정한 무게를 시리얼모니터로 출력하는 프로그램이다.

```
// 로드셀로 측정한 무게를 시리얼모니터로 출력하기
#include <HX711.h>
const int DT_pin = 2;
const int SCK_pin = 3;
const int led_pin = 13;
HX711 scale;
float value = 23600.f;
float weight = 0;

void setup() {
  Serial.begin(9600);
  scale.begin(DT_pin, SCK_pin);
  scale.set_scale(value);
  scale.tare() ;               // reset the scale to 0
  pinMode(led_pin,OUTPUT); //LED
}

void loop() {
  weight = scale.get_units(10);
  Serial.print("Weight:");
  Serial.println(weight, 2);
  if(weight > 1)    digitalWrite(led_pin, HIGH);
  else    digitalWrite(led_pin, LOW);
  delay(100);
}
```

실험 56-2 로드셀로 측정한 무게를 4자리 FND로 출력하기

실습내용	준비물	
1. 로드셀로 측정한 무게를 4자리 FND로 출력해 본다.	1. 아두이노 우노 보드 1개 2. 브레드보드 1개	3. 로드셀 센서 1개 4. 4자리 FND 1개

회로구성

표 8-16 아두이노 우노 보드와 부품과의 결선표

아두이노 우노 보드	GND	5V	D2	D3	D7	D8
로드셀 센서 증폭기	GND	VCC	DT	SCK		
TM1637 FND	GND	VCC			CLK	DIO

다음 소스코드는 로드셀로 측정한 무게를 4자리 FND로 출력하는 프로그램이다.

```
// 로드셀로 측정한 무게를 4자리 FND로 출력하기
#include <HX711.h>
const int DT_pin = 2;
const int SCK_pin = 3;
```

```
HX711 scale;
float value = 23600.f;
#include <TM1637Display.h>    // 라이브러리 관리에서 'TM1637' 을 설치
#define CLK 7      // 시계FND의 CLK 핀과 아두이노 보드 핀 연결
#define DIO 8      // 시계FND의 DIO 핀과 아두이노 보드 핀 연결
TM1637Display dsp(CLK, DIO);    // 오브젝트 생성하고 초기화

void setup() {
  Serial.begin(9600);
  scale.begin(DT_pin, SCK_pin);
  scale.set_scale(value);
  scale.tare();              // reset the scale to 0
  dsp.setBrightness(7);
}

void loop() {
  int weight = scale.get_units(10)*1000;
  dsp.showNumberDec(weight);
  delay(100);
}
```

실험 56-3 로드셀로 측정한 무게를 서보모터로 표현하기

실습내용	준비물	
1. 로드셀로 측정한 무게를 서보모터로 출력해 본다.	1. 아두이노 우노 보드 1개 2. 브레드보드 1개	3. 로드셀 센서 1개 4. 서보모터 1개

회로구성

표 8-17 아두이노 우노 보드와 부품과의 결선표

아두이노 우노 보드	GND	5V	D2	D3	D4
로드셀 센서 증폭기	GND	VCC	DT	SCK	
서보모터	GND(갈색)	VCC(적색)			SIG(황색)

다음 소스코드는 로드셀로 측정한 무게를 서보모터로 표현하는 프로그램이다.

```
// 로드셀로 측정한 무게를 서보모터로 표현하기
#include <HX711.h>
const int DT_pin = 2;
const int SCK_pin = 3;
HX711 scale;
float value = 23600.f;
float weight = 0;
#include <Servo.h>
Servo servo;
const int servoPin = 4;    // 서보모터 제어신호 핀을 지정

float Limit = 5;
float Previous =0;

void setup() {
```

```
  scale.begin(DT_pin, SCK_pin);
  scale.set_scale(value);
  scale.tare() ;              // reset the scale to 0
  servo.attach(servoPin);
  servo.write(0);
}

void loop(){
  weight = scale.get_units(10);
//-------------------- 서보모터로 표현 ----------------------------------------------
  if(weight <Limit && Previous != weight){
    int rad = map(weight, 0, Limit, 0, 180); // 보는 관점에따라 방향을 달리함
    servo.write(rad);      // 서보모터에 각도 'rad' 전달
    Previous=weight;
  }
//--------------------------------------------------------------------------------
  delay(100);
}
```

다음 그림 8-17은 5kg 로드셀로 측정한 무게를 서보모터의 180도 회전각으로 표시해보는 개념이다.

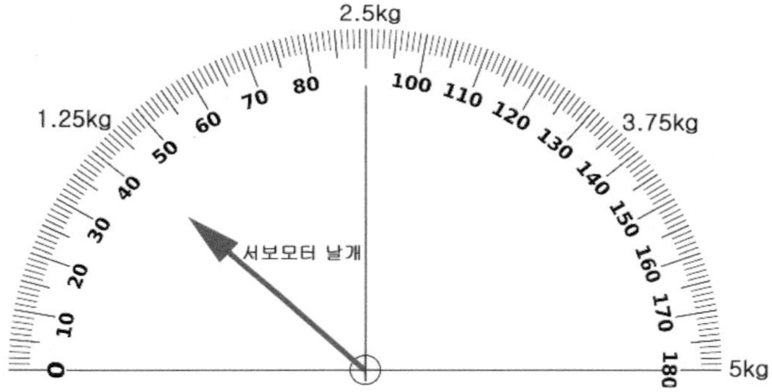

그림 8-17 측정한 무게를 서보모터로 표현하는 개념

8.3.4 대기압 센서

그림 8-18 대기압 센서

그림 8-18의 BMP180 센서는 정밀한 기압 및 온도를 측정할 수 있다. 고도에 따라 기압은 달라지므로 기압을 바탕으로 고도를 측정할 수 있다. 고도가 높아지면 기압이 낮아지고 고도가 낮아지면 기압이 높아지는 원리를 이용하는 것이다. 이를 기압고도(Pressure Altitude)라고 한다. 표 8-18의 기본사양을 보면 BMP180 센서는 I^2C통신 프로토콜을 통해서 데이터를 추출 할 수 있다. 초저전력, 저전압으로 휴대폰 적용에 최적화되어 있는 정밀 디지털 압력 센서이다. 0.25m에 불과한 저고도 소음으로 빠른 변환 시간으로 우수한 성능을 제공한다. 대기압 센서는 내부에 3.3V전원 레귤레이터와 I^2C 레벨시프터를 내장하고 있어서 5.0V와 3.3V

에서 모두 사용 가능 하다. PDA, GPS 네비게이션 장치 및 실외 장비에 응용된다. 높은 정확도 및 직선성을 위한 압전 저항 기술을 기반으로 한다. 일반적인 적용분야는 실내외 네비게이션, 레저 및 스포츠, 일기 예보, 수직 속도 표시(상승/하강 속도) 등이다.

표 8-18 대기압 센서(BMP180) 기본사양

특성		내용
공급 전압		1.8 ~ 3.6VDC
공급 전류		초저전력모드 : 3μA 표준모드 : 5μA 고 분해능 모드 : 7μA 초고 분해능 모드 : 12μA
측정 범위	기압	300 ~ 1100hPa
	온도	−40 ~ 85℃
인터페이스		I^2C
분해능(resolution)		0.03hPa

실험 57-1 대기압 센서에서 측정한 값을 시리얼모니터로 확인하기

실습내용	준비물
1. 대기압 센서를 사용해본다. 2. 대기압 센서에서 측정한 온도, 기압, 고도를 확인한다.	1. 아두이노 우노 보드 1개 2. 대기압 센서 1개

회로구성

표 8-19 아두이노 우노 보드와 부품과의 결선표

아두이노 우노 보드	GND	3.3V	A4	A5
대기압 센서(BMP180)	GND	VIN	SDA	SCL

다음 소스코드는 대기압센서로 측정한 온도, 기압, 고도를 시리얼모니터로 확인하는 프로그램이다.

```
// 대기압센서로 측정한 온도, 기압, 고도를 시리얼모니터로 확인하기
#include <Adafruit_BMP085.h> // 2개의 라이브러리 설치(BMP085 Library와 BMP085 Unified)
Adafruit_BMP085 bmp;

void setup(){
  Serial.begin(9600);
  bmp.begin();
}

void loop(){
  Serial.print("\nTemperature = "); Serial.print(bmp.readTemperature()); Serial.println(" 'C");
  Serial.print("Pressure = ");    Serial.print(bmp.readPressure());    Serial.println(" Pa");
```

```
13   Serial.print("Real altitude = ");
14   //해당지역 해면기압(Pa) -> https://www.weather.go.kr/weather/observation/currentweather.jsp
15   Serial.print(bmp.readAltitude(102010)); // 1020.1hPa
16   Serial.println(" meters");
17   delay(2000);
18 }
```

코드분석

- 라이브러리 관리에서 BMP085를 검색하여 Adafruit BMP085 Library와 Adafruit BMP085 Unified 라이브러리를 설치한다.
- 15행의 '102010'은 해당지역의 해면기압(Pa)이다. 다음 기상청에서 해당지역의 해면기압을 바꿔넣으면 된다. "https://www.weather.go.kr/weather/observation/currentweather.jsp" 헥토파스칼은(hPa)은 파스칼(Pa)의 100배이다.

실험 57-2 대기압 센서에서 기압과 고도를 LCD로 출력하기

실습내용	준비물	
1. 대기압 센서로 측정한 기압과 고도를 LCD로 출력해본다. 2. 기압과 고도는 10회 측정치의 평균값으로 출력해본다.	1. 아두이노 보드 1개 2. 브레드보드 1개	3. 대기압 센서 1개 4. LCD 모듈 1개

회로 구성

표 8-20 아두이노 우노 보드와 부품과의 결선표

아두이노 우노 보드	GND	3.3V	5V	A4	A5
대기압 센서(BMP180)	GND	VIN		SDA	SCL
LCD 모듈	GND		VCC	SDA	SCL

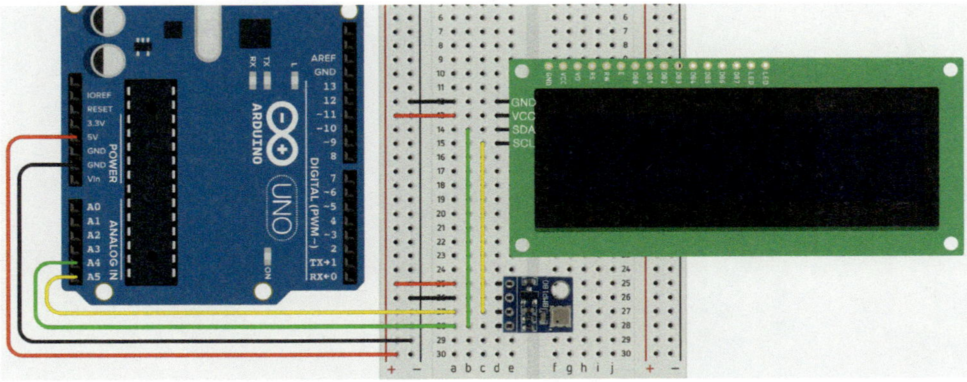

그림 8-19 대기압 센서에서 기압과 고도를 LCD로 출력하기(브레드보드)

다음 소스코드는 대기압센서로 측정한 기압, 고도를 LCD로 표현하는 프로그램이다.

```
// 대기압센서로 측정한 기압과 고도를 LCD 모듈로 표현하기
#include <Adafruit_BMP085.h>
Adafruit_BMP085 bmp;
#include <Wire.h>
#include<LiquidCrystal_I2C.h>  // 라이브러리 관리에서 LiquidCrystal_I2C.h 추가
LiquidCrystal_I2C lcd(0x27,16,2);  // LCD 화면이 안 뜨면 0x3F로 수정.
const int num_Avg=10;

void setup(){
  bmp.begin();
  lcd.init();      // LCD 초기화
  lcd.backlight();
  lcd.setCursor(0,0);      //첫열, 첫행 지정
  lcd.print("Pressure:");
  lcd.setCursor(0,1);      //첫열, 첫행 지정
  lcd.print("Altitude:");
}

void loop(){
  int hPa = reading_Avg(bmp.readPressure(),num_Avg)/100;
  lcd.setCursor(9,0);      //10열, 첫행 지정
  lcd.print(hPa);   lcd.print("hPa");
  lcd.setCursor(9,1);      //10열, 첫행 지정
  lcd.print(reading_Avg(bmp.readAltitude(102010), num_Avg));    lcd.print("m");
  delay(2000);
}

float reading_Avg(float val_Reading, int num_Readings){
  float reading = 0;
  for(int i = 0; i < num_Readings; i++)    reading += val_Reading;
  reading /= num_Readings;
  return(reading);
}
```

연습문제 1

1. 아두이노 우노 보드의 파워잭에는 몇V의 전원을 연결할 수 있는가?

2. 9V의 직렬회로에 LED를 연결하고자한다. LED에 함께 직렬로 연결할 저항기에 사용 가능한 정격전력과 저항값을 구하시오. (LED의 순방향 전압(V_F)이 20mA에서 2.7V이다.)

3. 12V의 직렬회로에 2개의 LED를 연결하고자한다. LED에 함께 직렬로 연결할 저항기에 사용 가능한 정격전력과 저항값을 구하시오. (LED의 순방향 전압(V_F)이 20mA에서 2.1V이다.)

4. 다음과 같은 색띠를 갖는 저항기의 저항값을 구하시오.
   1) 4가지 색띠에서
      ① '갈색, 녹색, 갈색' ② '파랑, 빨강, 갈색' ③ '노랑, 보라, 갈색'

   2) 5가지 색띠에서
      ① '노랑, 보라, 흑색, 갈색' ② '초록, 갈색, 흑색, 갈색' ③ '빨강, 노랑, 흑색, 갈색'

5. 다음 저항값을 갖는 저항기(4가지 색띠)의 색띠는?
   ① 360Ω ② 680Ω ③ 5.1kΩ ④ 10kΩ

6. 다음 저항값을 갖는 저항기(5가지 색띠)의 색띠는?
   ① 360Ω ② 680Ω ③ 5.1kΩ ④ 10kΩ

7. 펄스폭(T_{ON})과 주기(T)가 다음과 같을 때 듀티비는?
   ① 펄스폭 4[μs], 주기 20[μ s] ② 펄스폭 3[μs], 주기 30[μs]
   ③ 펄스폭 2[μs], 주기 40[μ s] ④ 펄스폭 5[μs], 주기 15[μs]

8. 가시광선, 적외선, 자외선을 파장이 큰 순서(내림차순)로 쓰고, 파장과 주파수와는 관계는 어떻게 되는지 설명하시오.

9. 조도센서(CdS셀)는 밝기에 따라 저항값이 어떻게 변하는지 설명하시오.

10. 포토커플러(4N35)의 반전 동작과 비반전 동작을 위한 회로 구성 방법에 대해 설명하시오.

11. 아두이노 우노 보드에서 I^2C통신을 위한 SDA, SCL핀을 연결할 수 있는 곳이 2군데 있다. 어디 어디인가?

12. NTC 서미스터에 대해 설명하시오

13. LCD+I^2C 모듈의 주소는 2개 중에 하나를 선택하여 지정한다. 2개의 주소는?

14. 아두이노 IDE에서 라이브러리를 설치하면 예제파일을 참조할 수도 있다. 라이브러리를 추가하는 방법을 설명하시오.

15. 제베크 효과와 펠티어 효과에 대해서 설명하시오.

16. 택트스위치, 슬라이드 스위치, 마이크로 스위치를 비교 설명하시오.

17. 다음 PIR 센서 회로도의 슬라이드 스위치에 따른 LED의 동작을 설명하시오.

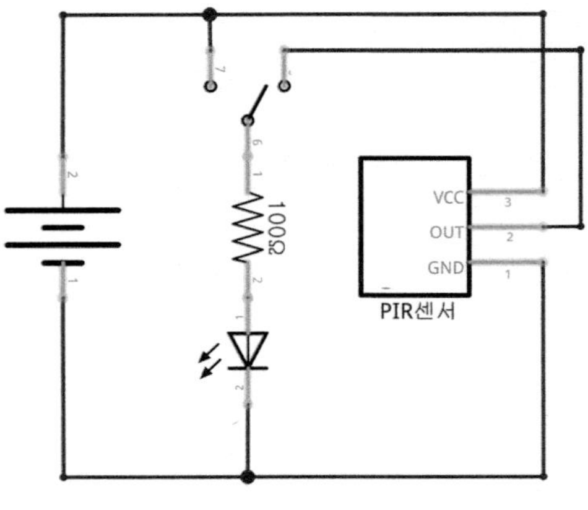

18. DC모터, 스텝모터, 서보모터를 비교 설명하시오.

19. 아두이노에서 서보모터를 사용하는 동안에는 6개의 PWM 핀 중에 사용할 수 없는 핀은?

20. L293D의 핀8번에 외부전원을 연결한다. 외부전원은 몇 V까지 가능한가?

21. L9110 모터드라이버의 외부전원은 몇 V까지 가능한가?

22. 다음 그림의 저항이 풀업 저항인가 풀다운 저항인가, 스위치가 온/오프일 때 D7의 상태가 HIGH인지 LOW인지를 설명하고, 이 회로와 반대 상태의 회로를 그리시오.

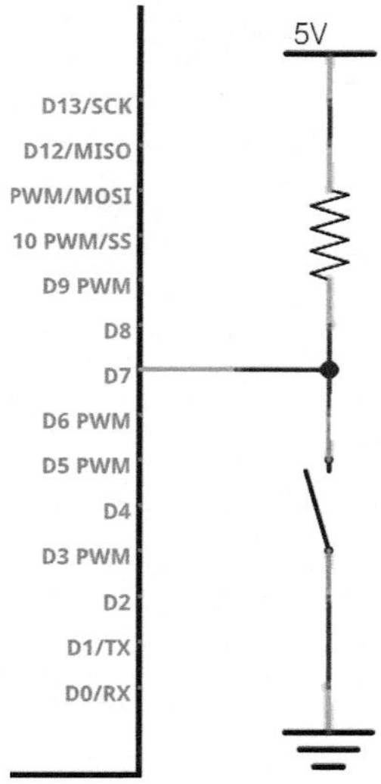

23. 택트스위치의 디바운스의 필요성과 소프트웨어적으로 해결하는 방법에 대해 설명하시오.

24. 마이크로스위치의 구조와 쓰임새에 대해 설명하시오.

25. 초음파 센서의 거리 측정 방법을 설명하시오.

26. 인간의 체온을 소수점 두 자리까지 4자리 FND에 표현하려면, 10의 자리, 1의 자리, 소수점 첫째자리, 소수점 둘째자리의 숫자를 어떻게 표현할 수 있는지 연산자 '%'로 표현하시오.

27. 다음 용어를 설명하시오.

① 저항	② PWM	③ LED	④ 퍼텐쇼미터
⑤ 압전효과	⑥ 포토트랜지스터	⑦ 포토다이오드	⑧ 포토커플러
⑨ 포토인터럽터	⑩ 직선성(선형성)	⑪ 디바운스	⑫ 로드셀
⑬ 헥토파스칼	⑭ 스트레인게이지		

28. 다음 부품의 명칭은?

① 

② 

③ 

④ 

⑤ 

⑥ 

⑦ 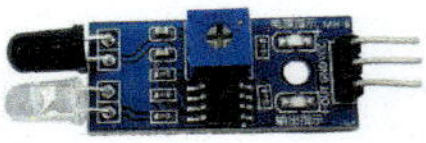

⑧ 

⑨ 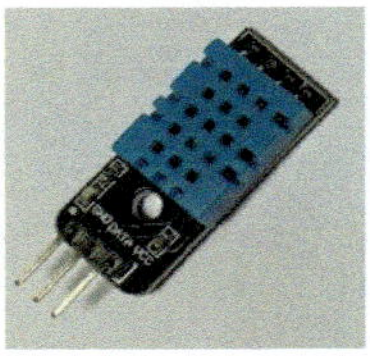

⑩ 

⑪ 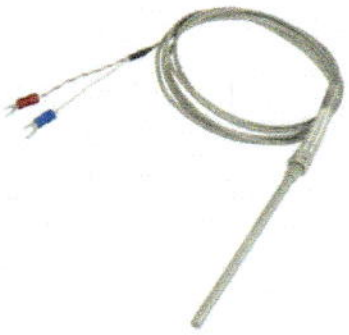

⑫ 

⑬ 

⑭ 

⑮ 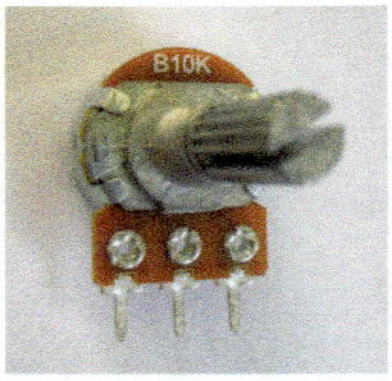

CHAPTER 09

비교기(LM393) 모듈 센서

학습목표

1. LM393 비교기를 사용한 센서 모듈의 특성을 설명할 수 있다.
2. 사운드센서의 특성과 용도를 설명할 수 있다.
3. 기울기센서의 특성과 용도를 설명할 수 있다.
4. 토양수분센서의 특성과 용도를 설명할 수 있다.
5. 자기센서의 특성과 용도를 설명할 수 있다.
6. 가스센서의 특성과 용도를 설명할 수 있다.
7. 충격센서의 특성과 용도를 설명할 수 있다.
8. 진동센서의 특성과 용도를 설명할 수 있다.
9. 빗물센서의 특성과 용도를 설명할 수 있다.

비교기는 두 전압을 비교해서 한쪽 전압이 기준 전압보다 높으면 부하를 온/오프할 수 있는 장치이다. 그림 9-1의 LM393 핀 접속도에서 보듯이 비교기에는 2개의 비교연산기가 있다. 1, 2, 3번 핀이 하나의 비교연산기이고, 5, 6, 7번 핀이 또 하나의 비교연산기이다. 핀1과 핀7이 출력이고, 핀2,3과 핀5,6이 입력이다. 비교연산기 2개의 기능은 같으므로 왼쪽의 핀1,2,3 비교기를 예를 들어 설명한다. 비교연산기 입력에 '+'가 붙은 핀3이 '−'가 붙은 핀2보다 크다면 출력 핀1은 HIGH가 된다. 반대로 '−'가 붙은 입력 핀2가 상대 '+' 입력 핀3보다 크다면 출력 핀1은 LOW가 된다. 센서로 감지되었을 때 HIGH 레벨로 출력시키는 비반전 출력으로 동작하고자 하면 'IN+' 입력에 센서를 연결하고, 센서로 감지되었을 때 출력 레벨이 LOW로 출력되는 인버터 형태의 반전 동작이고 싶으면 센서를 'IN−' 입력에 연결한다.

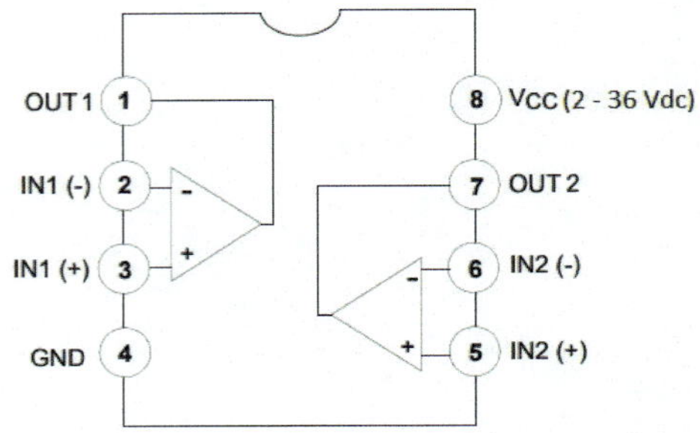

그림 9-1 LM393 핀 접속도

센서가 감지한 값이 설정한 문턱값을 넘는지를 판별하여 부하를 온/오프하려고 할 때 비교기를 사용한다. 다음 그림 9-3은 LM393 비교기를 이용한 조도센서 모듈이다. 그림 9-2의 회로도를 보면 조도센서가 비교연산기의 'IN−' 입력 핀에 연결되어있다. 그러므로 어두워지면 조도센서(LDR)의 저항값이 'IN+' 입력에 연결되어 있는 퍼텐쇼미터의 저항값보다 커지게 되어 출력은 LOW가 된다. 그러면 풀업저항 330Ω으로 연결된 LED가 켜진다. 반대로 밝아지면 조도센서 보다 'IN+' 입력에 연결되어있는 퍼텐쇼미터의 저항값이 커지므로 LED의 음극(캐소드)이 연결되어진 LM393의 출력이 HIGH가되어 LED는 꺼진다.

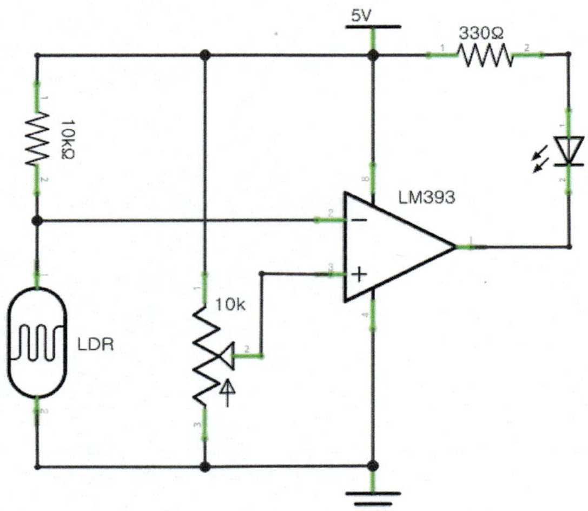

그림 9-2 LM393을 사용한 조도센서 모듈 회로도

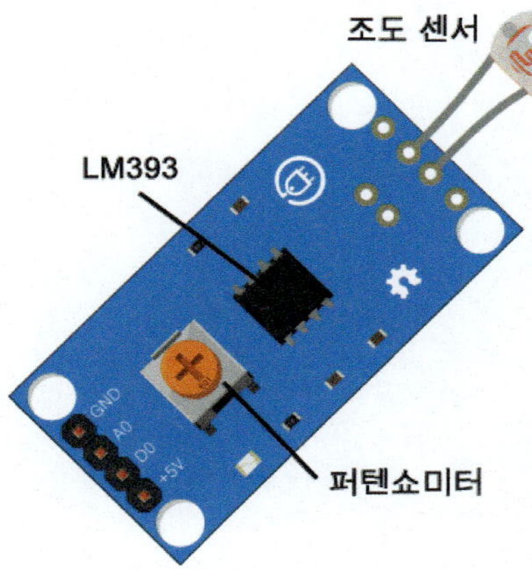

그림 9-3 LM393을 사용한 조도센서 모듈

그림 9-4 LM393 비교기를 사용한 조도센서 모듈 만들기

다음 그림 9-5의 LM393을 이용한 기울기센서 모듈은 조도센서 모듈과는 반대이다. 기울기센서의 회로도를 보면 기울기센서가 비교연산기의 'IN+' 입력에 연결되어있다. 평상시에는 'IN+'입력에 연결되어있는 기울기센서(Tilt Switch)의 값이 퍼텐쇼미터의 값보다 커서 LED(음극)가 연결된 LM393의 출력이 HIGH이므로 LED는 꺼진 상태이다. 그러나 기울기센서가 기울어지면 센서의 저항값보다 'IN-' 입력에 연결되어 있는 퍼텐쇼미터의 저항값이 커지게 되어 출력은 LOW가 된다. 그러면 풀업저항 330Ω으로 연결된 LED가 켜진다.

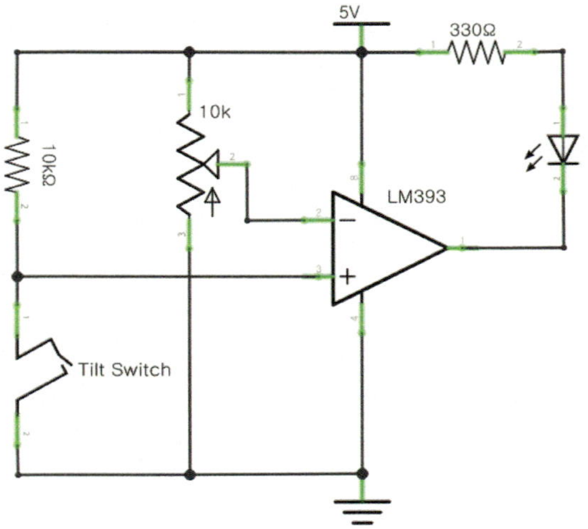

그림 9-5 LM393을 사용한 기울기센서 모듈 회로도

그림 9-6 LM393을 사용한 기울기센서 모듈

그림 9-7 LM393 비교기를 사용한 기울기센서 모듈 만들기

다음 그림 9-8의 센서들은 LM393 비교기를 이용한 센서 모듈이다. 이 장에서 이 센서 모듈들을 사용한 실험을 해본다. 센서 모듈의 소스코드는 대동소이하다. 센서의 감도는 퍼텐쇼미터로 조절할 수 있다.

그림 9-8 LM393을 사용한 15종 센서모듈 (조도(LDR), 기울기, 서미스터, 마이크(사운드), 적외선, 자기 홀, 가스, 충격, 포토 커플러, 토양 수분, 불꽃, 습도, 진동, 자기 리드, 빗물)

9.1 사운드센서

사운드센서는 마이크로 소리를 전기적 신호로 변환하여 입력받아 출력한다.

실험 58-1 사운드센서로 감지된 박수 소리를 시리얼모니터로 확인하기

실습내용	준비물
1. 사운드센서를 사용해본다. 2. 사운드 진폭을 시리얼모니터로 확인한다.	1. 아두이노 우노 보드 1개 2. 브레드보드 1개 3. 사운드센서 1개

회로구성

표 9-1 아두이노 우노 보드와 부품과의 결선표

아두이노 우노 보드	GND	5V	A0
사운드센서	GND	VCC	OUT

* 제조사에 따라 모듈의 핀 배열이 다를 수 있으므로, 결선할 때 핀 표기 확인

다음 소스코드는 사운드센서로 감지된 박수 소리를 시리얼모니터로 확인하는 프로그램이다.

```
//사운드센서로 감지된 박수 소리를 시리얼모니터로 확인하기
#define mic_pin A0            //사운드센서 OUT(아날로그 출력)핀 연결 번호

void setup(){
  pinMode(mic_pin, INPUT);
  Serial.begin(9600);         //시리얼모니터 시작
  Serial.println("사운드 진폭이 30이상일 때 출력하기");
}

void loop(){
  int reading = analogRead(mic_pin);
  if(reading >30){
    Serial.print("A0 : ");        Serial.println(reading);
  }
}
```

실험 58-2 사운드센서로 박수 2번 칠 때마다 LED를 켜고 끄기

실습내용	준비물	
1. 사운드센서를 사용해본다. 2. 박수 2번 칠 때마다 LED를 켠다. 3. 사운드 진폭을 시리얼모니터로 확인한다.	1. 아두이노 우노 보드 1개 2. 브레드보드 1개	3. LED 1개 4. 저항 330Ω 1개 5. 사운드센서 1개

회로구성

표 9-2 아두이노 우노 보드와 부품과의 결선표

아두이노 우노 보드	GND	5V	A0	D12
사운드센서	GND	VCC	OUT	
LED				LED(+)

- LED(−) 단자와 330Ω 저항을 풀다운 형태로 연결한다.

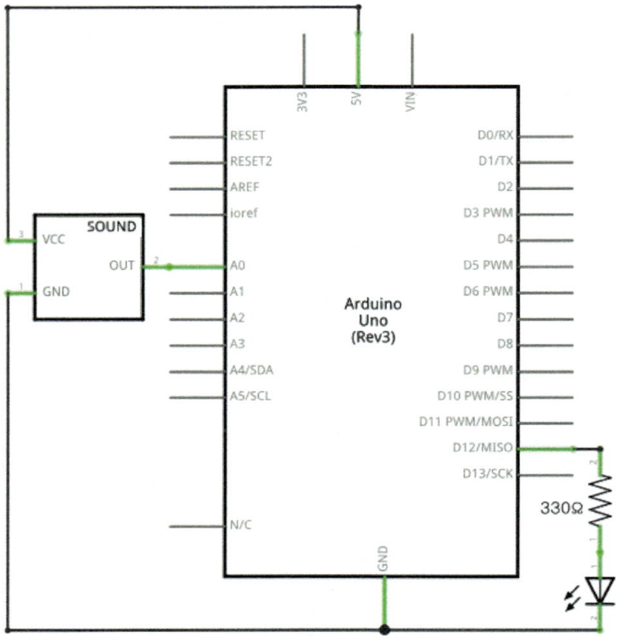

그림 9-9 박수 2번 칠 때마다 LED를 켜고 끄는 회로도

그림 9-10 박수 2번씩 칠 때마다 켜지고 꺼지는 램프

다음 소스코드는 사운드센서로 박수 2번 칠 때마다 LED가 켜지고 꺼지는 프로그램이다.

```
1  //박수 2번 칠 때마다 켜지고 꺼지는 프로그램
2  #define mic_pin A0             //사운드센서 Ao(아날로그 출력)핀 연결 번호
3  #define led_pin 12                          //LED + 핀 연결 번호
4  const int threshold = 500;                  //LED가 작동하는 최소 사운드 진폭값
5  boolean state = LOW;
6  int count = 0;
7  
8  void setup(){
9    pinMode(mic_pin, INPUT);
10   pinMode(led_pin, OUTPUT);                 //LED 연결 핀을 반드시 OUTPUT 모드로 설정
11 }
12 
13 void loop(){
14   int reading = analogRead(mic_pin);
15   //------------------------------박수 소리를 체크하여 LED를 제어하는 과정
16   if(reading > threshold){
17     count++;
18     if(state==LOW && count==2){             //LED가 꺼진 상태에서 박수 소리를 체크
19       digitalWrite(led_pin,HIGH);
20       state=HIGH;
21       count=0;
22     }
23     else if(state==HIGH && count==2){  //LED가 켜진 상태에서 박수 소리를 체크
24       digitalWrite(led_pin,LOW);
25       state=LOW;
26       count=0;
27     }
28   }
29 }
```

코드분석

- 5행의 변수 선언한 boolean은 단 두 가지의 값을 가지게 된다. 바로 참(true) 과 거짓(false)이다. 아두이노에서는 true=1=HIGH 이거나 false=0=LOW 이다.
- 16~28행의 코드는 박수소리를 감지하여 LED를 제어한다.
- 16행이 사운드 진폭이 설정값보다 큰지를 체크한다.
- 18행은 LED가 꺼진 상태에서 박수가 2번 두드려졌는지를 체크하여, 19행으로 LED를 켠다.
- 23행은 LED가 켜진 상태에서 박수가 2번 두드려졌는지를 체크하여, 24행으로 LED를 끈다.

다음 그림 9-11은 사운드 진폭을 시리얼 플로터로 확인한 이미지이다.

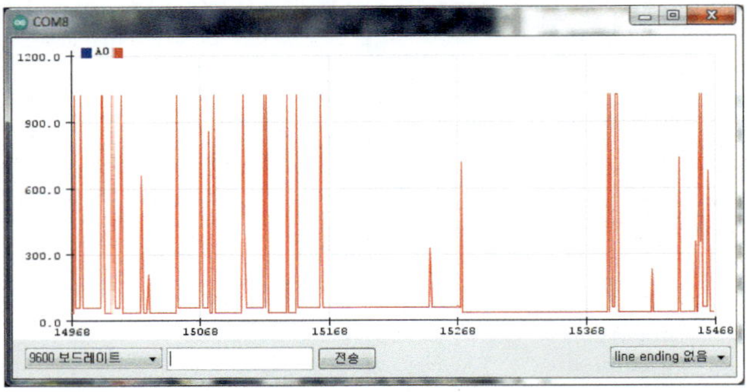

그림 9-11 시리얼 플로터에 나타난 음향사운드 진폭

실험 58-3 사운드의 진폭을 네오픽셀의 밝기로 표현하기

실습내용	준비물	
1. 사운드센서로 사운드의 진폭을 측정한다. 2. 사운드의 진폭을 네오픽셀의 밝기로 표현한다.	1. 아두이노 우노 보드 1개 2. 사운드센서 1개	3. 브레드보드 1개 4. 네오픽셀 1개

회로구성

표 9-3 아두이노 우노 보드와 부품과의 결선표

아두이노 우노 보드	GND	5V	A0	D9
사운드센서	GND	VCC	OUT	
네오픽셀	GND	5V		DIN

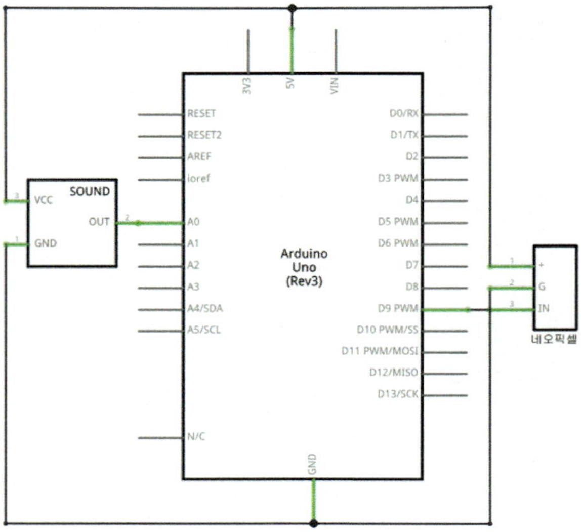

그림 9-12 사운드의 진폭을 네오픽셀의 밝기로 표현하는 회로도

9.3 자기센서

자기센서(magnetic sensor)는 자기장 또는 자력선의 크기와 방향을 측정하는 센서이다. 자기장의 영향으로 여러 가지 물질의 성질 등이 변하는 것을 이용하여 자기장을 측정한다. 홀효과(Hall effect)[38]나 자기저항효과 등을 이용하여 홀소자나 MR소자 등을 만들기도 하고, VTR, 테이프 리코더 등의 제조에도 이용한다.[39] 널리 사용되는 자기센서는 그림 9-16의 리드스위치(Read switch)와 자기저항소자(MR), 그림 9-17의 홀(Hall)소자가 있다.

[1] 리드스위치

리드스위치는 500Hz 정도의 고속 응답성과 수mm정도의 거리에서 무접촉으로 개폐조작을 할 수 있다는 장점이 있어 우리주변에 가습기의 수위센서, 가스 온수기의 물이 없을 때 가열되는 것을 방지하는 센서, 욕조의 수위센서 등에 폭넓게 활용되고 있다.

그림 9-16 리드스위치

그림 9-17 홀소자

[2] 반도체 IC형태의 홀소자

홀효과를 활용한 홀센서는 IC형태로 전원을 인가하면 자력에 비례해서 홀 기전력이 발생되는 원리를 활용한다. N극과 S극 구분이 가능하다. 크기가 2mm정도로 소형화된 모바일 기기에 적합하다.

홀센서와 리드스위치는 자석의 극이 위치하는 방향에 주의해야 한다. 홀센서는 센서의 면과 수직으로 자력이 인가되는 것이 일반적이고 리드스위치는 평행하게 인가된다.

---

38) 자기장 속의 도체에서 자기장의 직각방향으로 전류가 흐르면, 자기장과 전류 모두에 직각방향으로 전기장이 나타나는 현상이다. 1879년 미국의 물리학자인 에드윈 홀(Edwin Hall)이 발견하였다.

39) [출처 : 두산백과]

실험 60 자기센서에 자성이 감지되면 LED 켜기

실습내용	준비물	
1. 자기센서(리드스위치와 홀소자)를 사용해본다. 2. 자기센서에 자석을 가까이 하면 LED가 켜지는지를 확인한다.	1. 아두이노 보드 1개 2. 브레드보드 1개 3. 저항 330Ω 1개	4. LED 1개 5. 자기센서(리드스위치와 홀소자) 각 1개

회로구성

표 9-6 아두이노 우노 보드와 부품과의 결선표

아두이노 우노 보드	GND	5V	D3	D13
자기센서	GND	VCC	DO	
LED				+

- LED(−) 단자와 330Ω 저항을 풀다운 형태로 연결한다.

다음 소스코드는 자기센서에 자성이 감지되면 LED의 불을 켜는 프로그램이다.

```
1  //자기센서에 자성이 감지되면 LED 켜기
2  const int led_pin = 13;                    // led_pin을 13번 핀으로 선언
3  const int Magnetic_pin = 3;                // 자기센서 핀을 3번 핀으로 선언
4  int reading;
5
6  void setup() {
7    pinMode(led_pin, OUTPUT);                // led_pin핀 13을 출력으로 설정
8    pinMode(Magnetic_pin, INPUT);            // 자기센서를 입력으로 설정
9    Serial.begin(9600);
10 }
11
12 void loop() {
13   reading=digitalRead(Magnetic_pin);       // 자기센서에 감지된 값을 디지털 값으로 읽음
14   if(reading) digitalWrite(led_pin, 0);    // 감지되면 reading 값이 '0'이다
15   else digitalWrite(led_pin, 1);
16   Serial.println(reading);
17 }
```

코드분석

- 14, 15행은 자기센서에 자기력이 감지되면 A0의 값이 LOW가 되므로 else문에서 LED를 켠다.

9.4 가스센서(MQ-3)

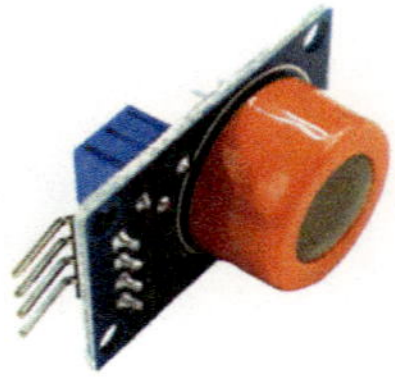

그림 9-18 MQ-3

그림 9-18의 MQ-3 가스센서는 알코올과 에탄올의 농도를 측정할 수 있다. 알코올 가스의 농도가 커짐에 따라 센서의 전도도가 높아진다. MQ-3 가스센서는 알코올에 대한 감도가 높으며 가솔린, 연기, 증기의 교란에 대한 저항성이 우수하다.

실험 61-1 MQ-3로 측정한 가스(알콜, 에탄올)의 정도를 시리얼모니터로 출력하기

실습내용	준비물
1. 가스센서(MQ-3)를 사용해본다 2. 측정한 가스(알콜, 에탄올)의 정도를 시리얼모니터로 확인한다.	1. 아두이노 우노 보드 1개 2. 브레드보드 1개 3. MQ-3 센서 1개

회로구성

표 9-7 아두이노 우노 보드와 부품과의 결선표

아두이노 우노 보드	GND	5V	A0
MQ-3 가스센서	GND	VCC	AO

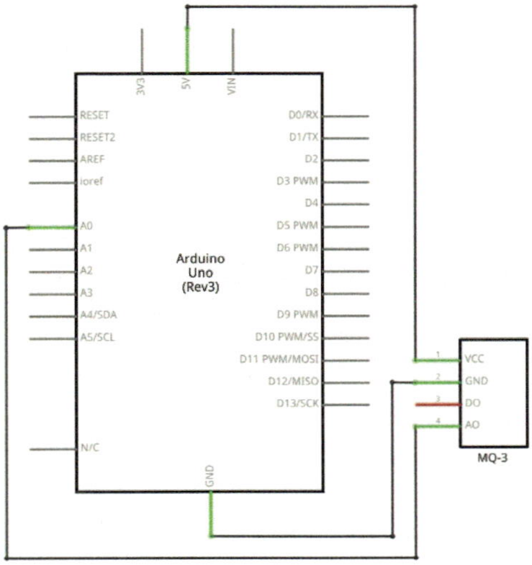

그림 9-19 MQ-3로 측정한 가스(알콜, 에탄올, 스모그)의 정도를 시리얼모니터로 출력하는 회로도

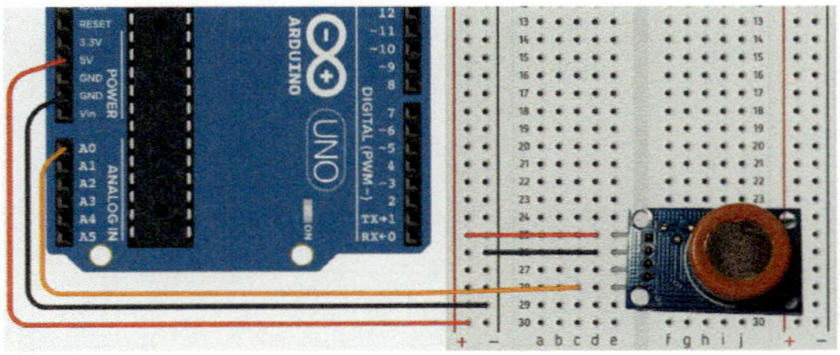

그림 9-20 MQ-3로 측정한 가스(알콜, 에탄올, 스모그)의 정도를 시리얼모니터로 출력하기

다음 소스코드는 MQ-3로 측정한 가스(알콜, 에탄올)의 정도를 시리얼모니터로 확인하는 프로그램이다.

```
1  //MQ-3로 측정한 가스(알콜, 에탄올)의 정도를 시리얼모니터로 출력하기
2  const int MQ3_pin = A0;                  //센서 연결 핀 번호
3  
4  void setup(){
5    pinMode(MQ3_pin, INPUT);
6    Serial.begin(9600);                    //시리얼모니터 전송 시작
7  }
8  
9  void loop(){
10   int reading= analogRead(MQ3_pin);      //센서의 값을 읽기
11   Serial.print("MQ-3(알콜, 에탄올, 스모그) 측정치 :");
12   Serial.println(reading);
13   delay(1000);
14 }
```

코드분석

- 10~12행은 MQ-3 센서의 아날로그 출력(AO) 핀의 값을 시리얼모니터로 출력한다. 디지털 출력(DO) 핀을 사용하면 문턱값을 기준으로 HIGH, LOW로 출력한다.

다음 그림 9-21은 MQ-3로 측정한 가스(알콜, 에탄올, 스모그)의 정도를 시리얼모니터로 출력한 이미지이다.

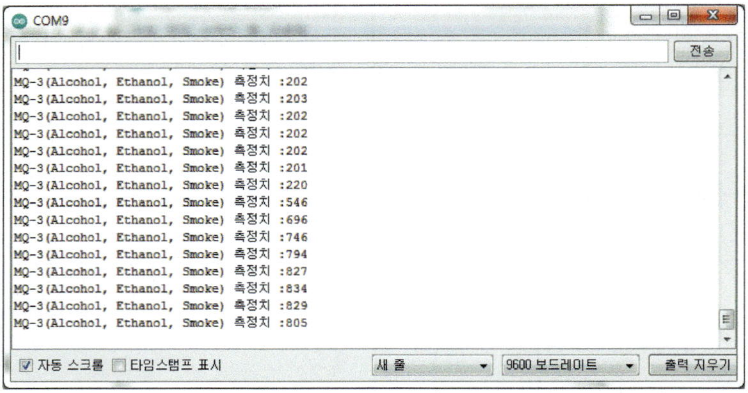

그림 9-21 시리얼모니터로 출력한 MQ-3로 측정한 가스(알콜, 에탄올, 스모그)의 정도

실험 61-2 MQ-3로 측정한 알콜의 정도를 3색 LED 색상으로 표현하기

실습내용	준비물	
1. 가스센서(MQ-3)를 사용해본다. 2. 측정한 가스(알콜, 에탄올, 스모그)의 정도를 3색 LED로 표현한다.	1. 아두이노 우노 보드 1개 2. 브레드보드 1개	3. 저항 330Ω 3개 4. 3색 LED 1개 5. MQ-3 센서 1개

회로구성

표 9-8 아두이노 우노 보드와 부품과의 결선표

아두이노 우노 보드	GND	5V	A0	D3	D5	D6
MQ-3 가스센서	-핀	+핀	AO			
3색 LED	GND			B	G	R

- 3색 LED의 R, G, B 단자는 330Ω 저항을 통해 아두이노 보드에 연결한다.

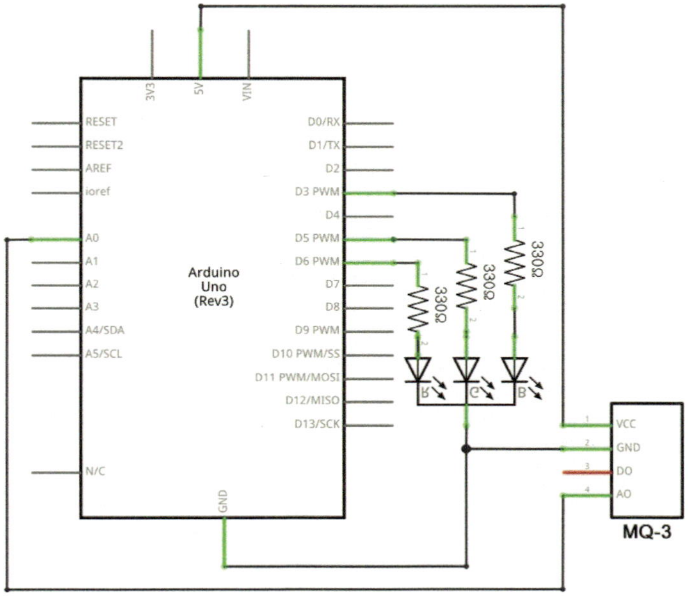

그림 9-22 MQ-3로 측정한 가스(알콜, 에탄올, 스모그)의 정도를 3색 LED로 표현하기 위한 회로도

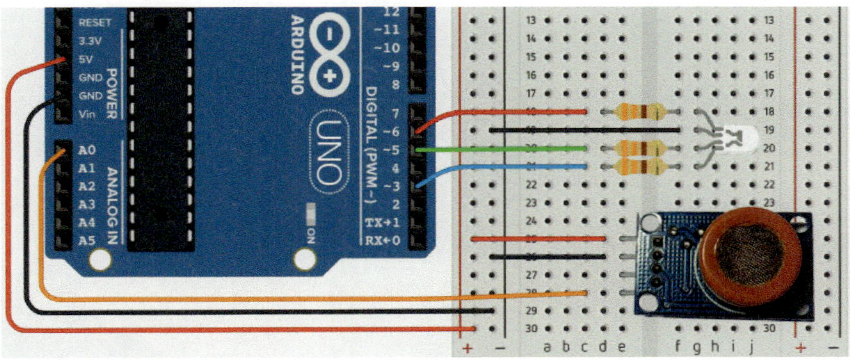

그림 9-23 MQ-3로 측정한 가스(알콜, 에탄올, 스모그)의 정도를 3색 LED로 표현하기

다음 소스코드는 MQ-3로 측정한 가스(알콜, 에탄올)의 정도를 3색 LED로 표현하는 프로그램이다.

```
1  //MQ-3로 측정한 가스(알콜, 에탄올, 스모그)의 정도를 3색 LED로 표현하기
2  const int MQ3_pin = A0;                    // MQ-3 센서핀을 아두이노 보드의 A0 핀으로 설정
3  const int R_pin = 6;                       // LED 센서의 R 핀
4  const int G_pin = 5;                       // LED 센서의 G 핀
5  const int B_pin = 3;                       // LED 센서의 B 핀
6  #define delay_time 1000
7  
8  void setup(){
9    pinMode(MQ3_pin, INPUT);
10   Serial.begin(9600);                      // 아두이노 보드와 PC간의 통신속도 설정
11 }
12 
13 void loop(){
14   int reading = analogRead(MQ3_pin);
15   if(isnan(reading) ){
16     Serial.println("센서 연결에 오류!");
17     return;
18   }
19   Serial.println(reading);                 // MQ-3 센서 출력값을 시리얼모니터로 출력
20   if(reading > 400){                       // 400 초과하면 빨간색 LED가 켜짐
21     analogWrite(R_pin,255);   analogWrite(G_pin,0);   analogWrite(B_pin,0);
22   }
23   else if(reading >= 200){                 // 200 ~ 400이면 초록색 LED가 켜짐
24     analogWrite(R_pin,0);   analogWrite(G_pin,255);   analogWrite(B_pin,0);
25   }
26   else{                                    // 200 미만 이면 파란색 LED가 켜짐
27     analogWrite(R_pin,0);   analogWrite(G_pin,0);   analogWrite(B_pin,255);
28   }
29   delay(delay_time);
30 }
```

코드분석

- 20~28행은 측정한 가스의 정도를 3색 LED로 표시한다. 가스가 200 미만이면 파란불, 200~400이면 초록불, 400을 초과하면 빨간색으로 LED를 켠다.

9.5 진동센서

그림 9-24의 진동센서는 충격 또는 진동을 감지하여 설정 문턱값 이상이면 HIGH를 출력한다. 문턱값은 퍼텐쇼미터로 설정한다.

그림 9-24 진동센서

실험 62 진동(충격)센서의 작동을 시리얼모니터로 확인하기

실습내용	준비물	
1. 진동(충격)센서를 사용해본다. 2. 시리얼모니터와 내장 '13LED'로 확인한다.	1. 아두이노 보드 1개 2. 브레드보드 1개	3. 진동(충격)센서 1개

회로구성

표 9-9 아두이노 우노 보드와 부품과의 결선표

아두이노 우노 보드	GND	5V	D13
진동(충격)센서	GND	VCC	DO

다음 소스코드는 진동(충격)센서로 감지됨을 시리얼모니터로 확인하는 프로그램이다.

```
// 진동(충격)센서로 감지됨을 시리얼모니터로 확인하기
const int sw_pin = 13;  // 센서와 연결된 핀 번호
String str ="";   // 출력용 문자열 저장 변수

void setup(){
  pinMode(sw_pin, INPUT);
  Serial.begin(9600);
}

void loop(){
  str = (digitalRead(sw_pin))? "진동(충격) 감지" :"진동없음";
  Serial.println(str);
  delay(1000);
}
```

9.6 빗물센서

그림 9-25의 빗물센서는 빗물 양에 따라 반응을 보일 수 있는 센서이다. 비가 오지 않을 때는 도체로 구성된 판이 서로 떨어져 있으므로, 전류가 흐르지 않는다. 하지만, 비가 오게 되면 전류가 흐르게 되고, 빗물 양이 많을수록 저항값은 떨어지게 된다. 그러므로 저항값이 적을수록 비가 많이 온다고 판단하면 된다. 빗물센서는 자동차 와이퍼 속도조절이나 농업분야 등에 활용가능하다.

그림 9-25 빗물감지센서

실험 63 빗물센서로 측정한 수분량을 시리얼모니터로 확인하기

실습내용	준비물	
1. 빗물센서를 사용해본다. 2. 측정한 수분량을 시리얼모니터로 확인한다.	1. 아두이노 우노 보드 1개 2. 브레드보드 1개	3. 빗물센서 1개

회로구성

표 9-10 아두이노 우노 보드와 부품과의 결선표

아두이노 우노 보드	GND	5V	A0
빗물센서	GND	VCC	AO

다음 소스코드는 빗물센서로 측정한 수분량을 시리얼모니터로 확인하는 프로그램이다.

```
1  //빗물센서로 측정한 수분량을 시리얼모니터로 확인하는 프로그램
2  const int led_pin = 13;    // LED 연결 핀
3  const int rain_pin = A0; // 빗물센서 연결 핀
4  
5  void setup() {
6    Serial.begin(9600);//시리얼통신 설정
7    pinMode(led_pin, OUTPUT);   // led_pin핀 13을 출력으로 설정
8    pinMode(rain_pin, INPUT);// 빗물센서가 연결된 A0핀 입력 설정
9  }
10 
11 void loop(){
12   int reading = analogRead(rain_pin);
13   if(reading < 900){
14     digitalWrite(led_pin, HIGH);
15     Serial.println("raining "+String(1023-reading));
16   }
17   else{
18     digitalWrite(led_pin, LOW);
19     Serial.println("no raining "+String(1023-reading));
20   }
21   delay(100);//0.1초 지연
22 }
```

코드분석

- 12행의 조건문은 reading값이 적을수록 빗물양이 많은 것이다.
- 14, 18행의 빗물의 양은 측정된 저항값과는 반비례하므로 '1023-reading'값으로 한다.

9.7 토양수분센서

그림 9-26의 토양수분센서는 토양 내 수분함량에 따른 저항의 변화를 측정하는 센서이다. 토양 내 수분과 토양을 구성하는 입자의 크기 및 다양성에 영향을 받으며, 토양 내 수분함량이 많으면 저항값이 작아지고, 수분함량이 적으면 저항값이 커진다. 그러나 토양 내 수분함량이 매우 많을 때는 오히려 전기저항이 둔감하여 오차가 큰 단점이 있다.

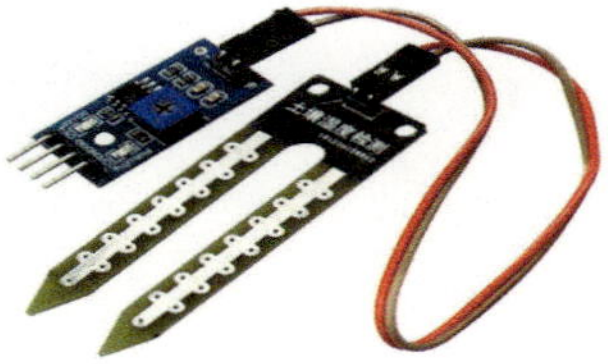

그림 9-26 토양수분센서

실험 64 토양수분센서로 측정한 수분량을 시리얼모니터로 확인하기

실습내용	준비물	
1. 토양수분센서를 사용해본다. 2. 측정한 수분량을 시리얼모니터로 확인한다.	1. 아두이노 우노 보드 1개 2. 브레드보드 1개	3. 토양수분센서 1개

회로구성

표 9-11 아두이노 우노 보드와 부품과의 결선표

아두이노 우노 보드	GND	5V	A0
토양수분센서	GND	VCC	AO

다음 소스코드는 토양수분센서로 측정한 수분량을 시리얼모니터로 확인하는 프로그램이다.

```
//토양수분센서로 측정한 수분량을 시리얼모니터로 확인하는 프로그램
const int led_pin = 13;    // LED 연결 핀
const int soil_pin = A0; // 토양수분센서 연결 핀

void setup() {
  Serial.begin(9600);//시리얼통신 설정
  pinMode(led_pin, OUTPUT);   // led_pin핀 13을 출력으로 설정
  pinMode(soil_pin, INPUT);// 토양수분센서가 연결된 A0핀 입력 설정
}

void loop(){
  int reading = analogRead(soil_pin);
  if(reading < 900)   digitalWrite(led_pin, HIGH);
  else    digitalWrite(led_pin, LOW);
  Serial.println("토양 수분량:"+String(1023-reading));
  delay(100);//0.1초 지연
}
```

코드분석

- 14행의 토양 수분량은 측정된 저항값과는 반비례하므로 '1023-reading'값으로 한다.

CHAPTER 10

자이로, 터치, 근접센서 및 로터리인코더

학습목표

1. 자이로센서의 특성과 용도를 설명할 수 있다.
2. 터치센서의 특성과 용도를 설명할 수 있다.
3. 금속탐지 근접센서의 특성과 용도를 설명할 수 있다.
4. 로터리인코더의 특성과 용도를 설명할 수 있다.

10.1 자이로센서

그림 10-1 GY-521 모듈

자이로센서 MPU 6050은 인벤센스(invensense)사에서 개발한 6축의 센서이다. 쓰기도 간편하고 가격도 저렴하여 많이 사용한다. 3축(x,y,z) 가속도와 3축(x,y,z) 자이로(각속도)를 합하여 6축이라고 하며, 이 칩을 이용해서 만든 자이로센서 모듈이 이 책의 실험에서 사용하는 그림 10-1의 GY-521이다.

가속도는 시간에 대한 속도의 변화 비율이다. 지구의 중력가속도를 이용하여 가속도를 측정하게 된다. 중력가속도를 기준으로 사물이 얼마만큼의 힘을 받고 있는지를 측정하여 센서의 기울어진 정도를 파악할 수 있다. 정지하지 않은 동적 상태에서는 가속도 센서만으로 기울기 값을 측정할 수는 없다. 자이로센서는 가속도 센서와는 달리 물체의 회전 속도인 각속도를 측정하는 센서이다. 각속도 센서라고도 한다. 3축의 물리량을 측정하여 센서의 움직임과 기울기를 측정할 수 있다. 동적인 상황에서 가속도 센서에 비해 비교적 안정된 값을 출력한다. 하지만 각도를 계산하는 과정에서 적분 방식을 사용하기 때문에 시간이 지날수록 오차가 발생해 기울기 값이 변하게 된다. 따라서 가속도 센서와 자이로센서의 장점을 적절하게 적용하여 정밀한 결과를 얻어야 한다. MP6050의 기본사양은 표 10-1과 같다.

표 10-1 MP6050의 기본사양

특 징	내 용	부가 설명
동작전압	3.3V ~ 5V	레귤레이터가 있다.
통신 방식	I^2C	아두이노의 A4, A5(SDA, SCL) 핀 사용
자이로 측정범위	±250/500/1000/2000 (degree/sec)	1초에 몇 도를 회전하는가
자이로센서 감도	131/65.5/32.8/16.4 (LSB/degree/sec)	값이 클수록 감도가 높다.
가속도 측정범위	±2/4/8/16 (g)	단위는 중력가속도 기준이다.
가속도 센서 감도	16384/8192/4096/2048 (LSB/g)	값이 클수록 감도가 높다.

실험 65-1 자이로센서의 값을 시리얼모니터로 출력하기

실습내용	준비물
1. 자이로센서를 사용해본다. 2. 자이로센서를 전후좌우로 움직이면서, 좌표값을 시리얼 모니터로 확인한다.	1. 아두이노 우노 보드 1개 2. 브레드보드 1개 3. 자이로센서(MPU6050 모듈) 1개

회로구성

표 10-2 아두이노 우노 보드와 부품과의 결선표

아두이노 우노 보드	GND	5V	A4	A5
자이로센서	GND	VCC	SDA	SCL

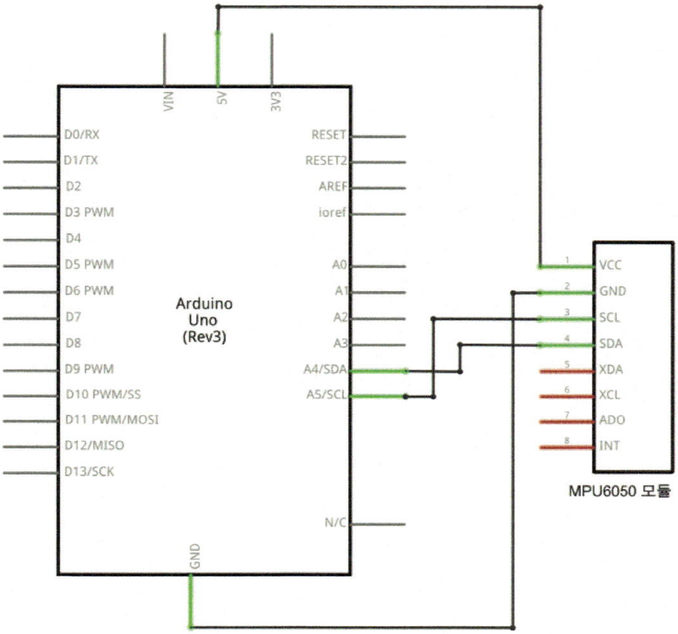

그림 10-2 자이로센서의 값을 시리얼모니터로 출력하는 회로도

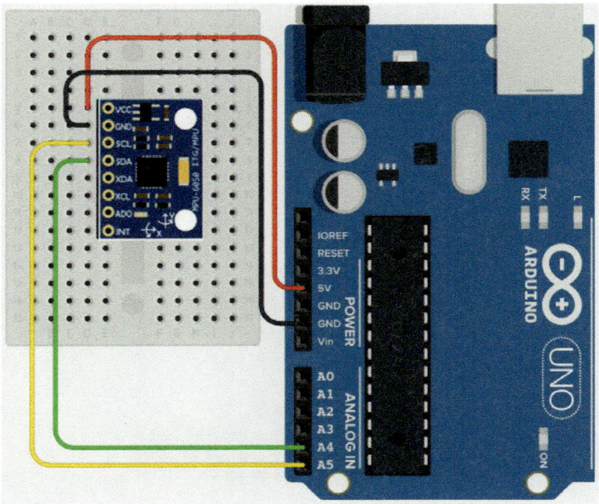

그림 10-3 자이로센서의 값을 시리얼모니터로 출력하기

다음 소스코드는 자이로센서의 각가속도를 시리얼모니터로 확인하는 프로그램이다.

```
1  //자이로센서의 각가속도를 시리얼모니터로 출력
2  #include<Wire.h>
3  #include<MPU6050.h>
4  MPU6050 mpu;                                        // mpu라는 센서 객체 생성
5  int ax, ay, az, gx, gy, gz;
6  int prev_ax, prev_ay, prev_az;
7
8  void setup(){
9    Wire.begin();
10   Serial.begin(9600);
11   mpu.initialize();                                 // 센서 활성화
12 }
13
14 void loop(){
15   mpu.getMotion6(&ax, &ay, &az, &gx, &gy, &gz);     // 3축 센서 6개의 값 읽기
16   if(ax != prev_ax || ay != prev_ay || az != prev_az){
17     Serial.print("ax : "); Serial.print(ax);
18     Serial.print("\t ay : "); Serial.print(ay);
19     Serial.print("\t az : "); Serial.println(az);
20     prev_ax = ax;                                   // prev_ax 변수에 현재 x축값 저장
21     prev_ay = ay;                                   // prev_ay 변수에 현재 y축값 저장
22     prev_az = az;                                   // prev_az 변수에 현재 z축값 저장
23   }
24   delay(1000);
25 }
```

코드분석

- 15행에서 3축 센서의 6개 값을 읽어 들인다.
- 16~23행에서 x, y, z축 값이 바뀌면 시리얼모니터에 출력한다.

다음 그림 10-4는 시리얼모니터로 출력한 자이로센서의 각가속도 값이다. 그림 10-5의 자이로센서 3축의 회전방향대로 움직이면서 시리얼모니터의 x, y, z값이 바뀌는지 확인해 본다.

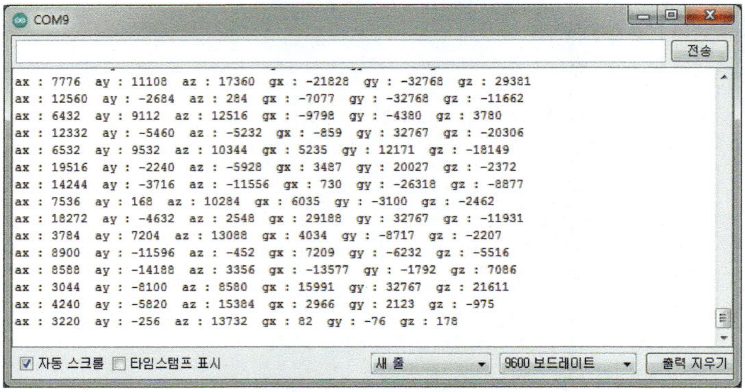

그림 10-4 시리얼모니터로 출력한 자이로센서의 각가속도 값

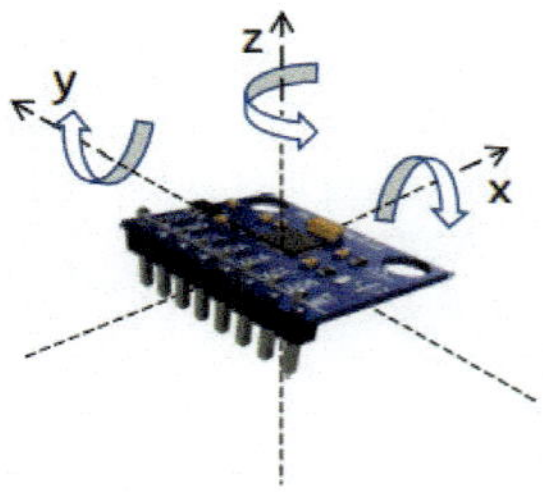

그림 10-5 자이로센서 3축의 회전방향

실험 65-2 자이로센서의 각가속도 값을 서보모터로 표현하기

실습내용	준비물
1. 자이로센서의 각가속도 값을 3개의 서보모터로 표현해 본다. 2. 자이로센서를 전후좌우로 움직이면서, 서보모터의 움직임을 확인한다.	1. 아두이노 우노 보드 1개 2. 브레드보드 1개 3. 자이로센서(MPU6050 모듈) 1개 4. 서보모터 3개

회로구성

표 10-3 아두이노 우노 보드와 부품과의 결선표

아두이노 우노 보드	GND	5V	A4	A5
자이로센서	GND	VCC	SDA	SCL
서보모터 3개의 시그널 핀(황색)은 아두이노의 3,5,11번 핀에 연결한다.				

- 서보모터가 하나밖에 없을 때는 소스코드를 업로드한 상태에서 3, 5, 11번 핀을 번갈아가면서 한번씩 연결하여 결과를 확인하면 된다.

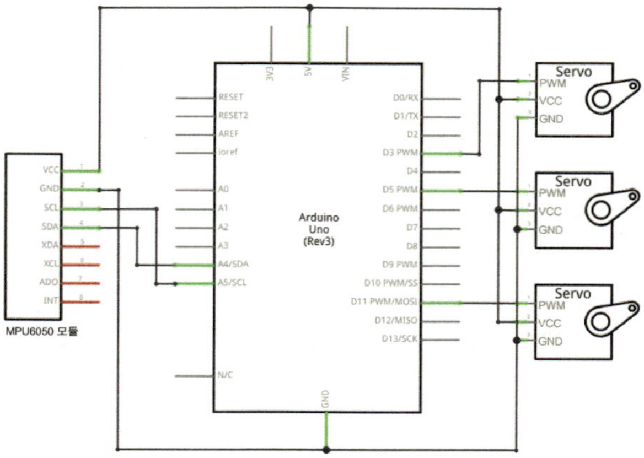

그림 10-6 자이로센서의 각가속도 값을 서보모터로 표현한 회로도

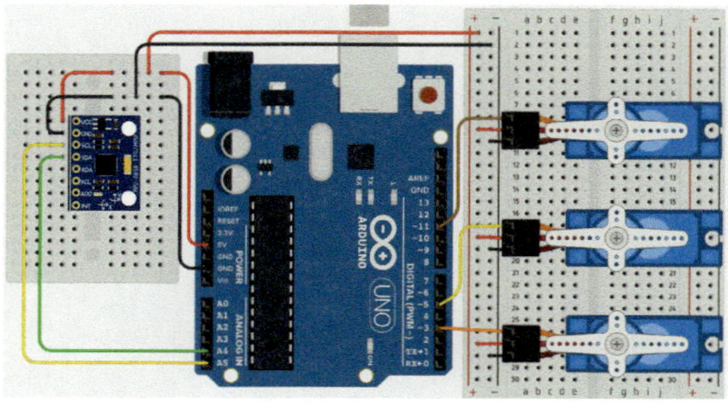

그림 10-7 자이로센서의 각가속도 값을 서보모터로 표현하기

다음 소스코드는 자이로센서의 가속도 ax, ay, az값을 서보모터로 표현하는 프로그램이다.

```
1  //자이로센서의 가속도 ax, ay, az값을 서보모터로 표현
2  #include<Wire.h>
3  #include<MPU6050.h>
4  #include<Servo.h>
5  #define servo_x 11                                   // x축 서보모터 11번핀 사용
6  #define servo_y 5                                    // y축 서보모터 5번핀 사용
7  #define servo_z 3                                    // z축 서보모터 3번핀 사용
8  MPU6050 mpu;                                         // mpu라는 센서 객체 생성
9  int ax, ay, az, gx, gy, gz;
10 int val_x, val_y, val_z;
11 int prevVal_x, prevVal_y, prevVal_z;
12 Servo myservo_x;                                     // myservo_x라는 서보모터 객체 생성
13 Servo myservo_y;                                     // myservo_y라는 서보모터 객체 생성
14 Servo myservo_z;                                     // myservo_z라는 서보모터 객체 생성
15
16 void setup(){
17   Wire.begin();
18   mpu.initialize();                                  // 센서 활성화
19   myservo_x.attach(servo_x);
20   myservo_y.attach(servo_y);
21   myservo_z.attach(servo_z);
22 }
23
24 void loop(){
25   mpu.getMotion6(&ax, &ay, &az, &gx, &gy, &gz);      // 3축 센서 6개의 값 읽어들이기
26   val_x = map(ax, -17000, 17000, 0, 180);            // x 축 변화값을 서보모터(0~180)값에 맞게 맵핑
27   val_y = map(ay, -17000, 17000, 0, 180);            // y 축 변화값을 서보모터(0~180)값에 맞게 맵핑
28   val_z = map(az, -17000, 17000, 0, 180);            // z 축 변화값을 서보모터(0~180)값에 맞게 맵핑
29   if(val_x != prevVal_x || val_y != prevVal_y || val_z != prevVal_z){
30     myservo_x.write(val_x);                          // x축 값의 변화가 감지되면 서보모터에 변화값 전달.
31     myservo_y.write(val_y);                          // y축 값의 변화가 감지되면 서보모터에 변화값 전달.
32     myservo_z.write(val_z);                          // z축 값의 변화가 감지되면 서보모터에 변화값 전달.
33     prevVal_x = val_x;                               // prevVal 변수에 현재 x축값 저장
34     prevVal_y = val_y;                               // prevVal 변수에 현재 y축값 저장
35     prevVal_z = val_z;                               // prevVal 변수에 현재 z축값 저장
36   }
37   delay(100);
38 }
```

코드분석

- 26~28행에 3축의 값을 서모모터의 회전각으로 변환한다.
- 30~32행에서 3축 값의 변화가 감지되면 서보모터의 회전각을 바꾼다.

10.2 터치센서

터치의 감지는 감압식과 정전식이 있다. 감압식은 손가락이나 터치펜 등으로 누르는 압력을 감지하여 작동하는 방식이고, 정전식은 손의 전류를 감지해서 작동하는 방식이다. 이 실험에서 사용하는 그림 10-8의 TTP223 센서는 몸에 미세하게 흐르는 전류를 감지하여 작동하는 터치센서이다. 장갑을 끼거나 전류가 흐르지 않는 물체에 닿으면 센서는 인식하지 못한다. 센서의 터치부에서 감지되면 시그널(SIG) 핀은 HIGH가된다.

그림 10-8 터치센서

실험 66-1 터치센서 시리얼모니터 출력

실습내용	준비물
1. 터치센서를 사용해본다 2. 터치를 감지한 것을 시리얼모니터로 확인한다.	1. 아두이노 우노 보드 1개 2. 터치센서 1개

회로구성

- 터치센서의 시그널(SIG) 핀을 아두이노의 9번 핀에 연결한다.

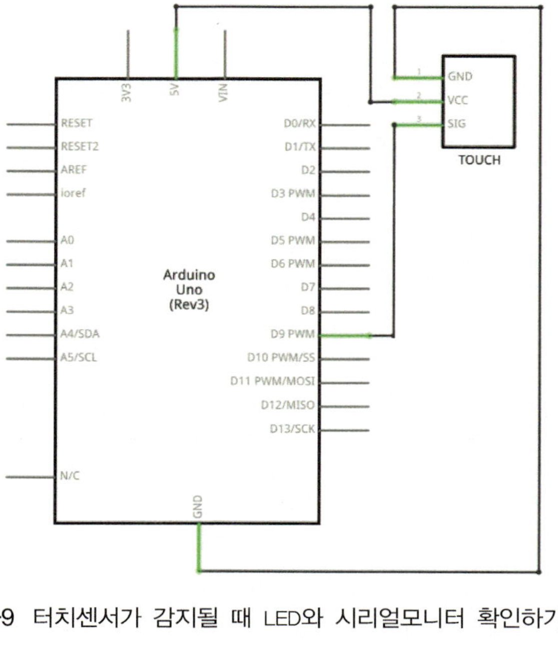

그림 10-9 터치센서가 감지될 때 LED와 시리얼모니터 확인하기(회로도)

그림 10-10 터치센서가 감지될 때 LED와 시리얼모니터 확인하기 (브레드보드)

다음 소스코드는 터치센서의 감지여부를 시리얼모니터로 확인하는 프로그램이다.

```
1  //터치센서의 감지여부를 시리얼모니터로 출력하는 프로그램
2  #define touch_pin 9    //터치센서 SIG핀 연결 번호
3  String t ="";        // 출력용 문자열 저장 변수
4
5  void setup(){
6    pinMode(touch_pin, INPUT);
7    Serial.begin(9600);
8  }
9
10 void loop(){
11   t = (digitalRead(touch_pin))? "터치" : "노터치";
12   Serial.println(t);
13 }
```

코드분석

- 11행은 터치센서를 감지하여 HIGH이면 string형의 t변수에 '터치'를 저장하고, 감지한 값이 LOW이면 t변수에 '노터치'를 저장한다.

실험 66-2 터치센서를 누를 때마다 LED의 불빛을 밝게 하고 4번 터치하면 끄기

실습내용	준비물	
1. 터치센서를 사용해본다 2. 터치 횟수에 따라 LED의 불빛의 밝기를 조정해보고 4번 터치하면 LED가 꺼지게 한다.	1. 아두이노 우노 보드 1개 2. 브레드보드 1개 3. 저항 330Ω 1개	4. LED 1개 5. 터치센서 1개

회로구성

표 10-4 아두이노 우노 보드와 부품과의 결선표

아두이노 우노 보드	GND	5V	D3	D9
터치센서	GND	VCC		SIG
LED			+단자	

- LED(−) 단자와 330Ω 저항을 풀다운 형태로 연결한다.

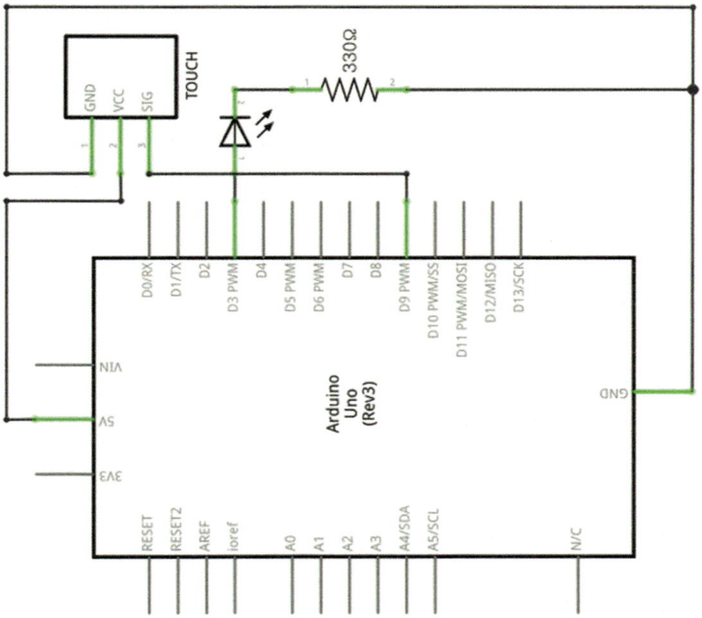

그림 10-11 터치센서를 누를 때마다 LED의 불빛을 밝게 하고 4번째는 꺼지게 하는 회로도

그림 10-12 터치센서를 누를 때마다 LED의 불빛을 밝게 하고 4번째는 꺼짐(브레드보드)

다음 소스코드는 터치센서를 누를 때마다 LED의 불빛을 밝게 하고, 4번째는 꺼지게 하는 프로그램이다.

```
1  //터치센서를 누를 때마다 LED의 불빛을 밝게 하고 4번째는 꺼지게 하는 프로그램
2  #define touch_pin 9           //터치센서 SIG핀 연결 번호
3  #define led_pin 3             //LED의 +핀 연결 번호, 반드시 PWM 핀 지정
4  int count = 0;
5
6  void setup(){
7    pinMode(touch_pin, INPUT);
8    pinMode(led_pin, OUTPUT);   //LED 연결 핀을 반드시 OUTPUT 모드로 설정
9  }
10
11 void loop(){
12   if(digitalRead(touch_pin)){
13     delay(500);
14     count++;
15     switch (count){
16       case 1:analogWrite(led_pin, 20); break;
17       case 2:analogWrite(led_pin, 100); break;
18       case 3:analogWrite(led_pin, 255); break;
19       default:analogWrite(led_pin, 0); count=0; break;
20     }
21   }
22 }
```

코드분석

- 15~20행의 switch-case문으로 LED의 밝기를 20, 100, 255, 0으로 바꾼다.

실험 66-3 터치센서의 감지 상태를 LCD로 출력하기

실습내용	준비물	
1. 터치센서의 감지 상태를 LCD로 출력해본다.	1. 아두이노 우노 보드 1개 2. 브레드보드 1개	3. LCD 1개 4. 터치센서 1개

회로구성

표 10-5 아두이노 우노 보드와 부품과의 결선표

아두이노 우노 보드	GND	5V	A4	A5	D9
터치센서	GND	VCC			SIG
LCD + I^2C 모듈	GND	VCC	SDA	SCL	

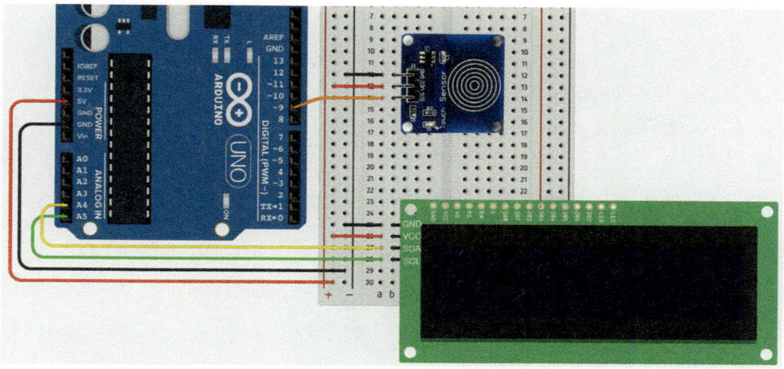

그림 10-13 터치센서의 감지 상태를 LCD로 출력하기(브레드보드)

다음 소스코드는 터치센서의 감지여부를 LCD 모듈로 출력하는 프로그램이다.

```
1  //터치센서의 감지여부를 LCD 모듈로 출력하는 프로그램
2  #include<LiquidCrystal_I2C.h> // 라이브러리 관리에서 LiquidCrystal_I2C.h 추가
3  #include<Wire.h>      // I2C통신을 위해 Wire.h 추가
4  LiquidCrystal_I2C lcd(0x27,16,2); // LCD 화면이 안 뜨면 0x3F로 수정.
5  #define touch_pin 9    //터치센서 SIG핀 연결 번호
6  String str ="";        // 출력용 문자열 저장 변수
7
8  void setup(){
9    pinMode(touch_pin, INPUT);
10   lcd.init();      // LCD 초기화
11   lcd.backlight();
12   lcd.setCursor(0,0);
13   lcd.print("TouchSensor Test");
14 }
15
16 void loop(){
17   str = (digitalRead(touch_pin))? "<Touched!>" :"No touched";
18   lcd.setCursor(3,1);     //첫열, 둘째행 지정
19   lcd.print(t);
20 }
```

코드분석

- 17행의 터치센서의 감지여부를 18, 19행으로 LCD 모듈에 출력한다.

실험 66-4 터치센서를 건드리면 스텝모터가 한 바퀴 돌기(속도조절 가능)

실습내용	준비물	
1. 터치센서를 건드려 스텝모터를 한 바퀴 돌려본다. 2. 스텝모터의 회전 속도를 조절해본다.	1. 아두이노 우노 보드 1개 2. 브레드보드 1개	3. 스텝모터 1개 4. 터치센서 1개

회로구성

표 10-6 아두이노 우노 보드와 부품과의 결선표

아두이노 우노 보드	GND	5V	D7	D8	D9	D10	D11
터치센서	GND	VCC	IO				
스텝모터	GND	VCC		IN1	IN3	IN2	IN4

- 터치센서로 제대로 된 작동을 확인한 후에는 터치센서 대신에 택트스위치를 사용해본다. 택트스위치는 풀다운 저항 10kΩ과 함께 구성하여 연결한다.

다음 소스코드는 터치센서를 건드리면 스텝모터를 한 바퀴 돌리는 프로그램이다. 스텝모터가 한 바퀴 도는데 걸리는 시간도 설정이 가능하다.

```
1  // 터치하면 스텝모터가 한바퀴 돌기(도는데 걸리는 시간 설정 가능)
2  #include <Stepper.h>
3  #define IN1 8                                      // 스텝모터 IN1
4  #define IN2 9                                      // 스텝모터 IN2
5  #define IN3 10                                     // 스텝모터 IN3
6  #define IN4 11                                     // 스텝모터 IN4
7  #define touch_pin 7                                // 터치센서 SIG핀 연결 번호
8  const int steps = 2048;                            // 모터별 1바퀴 스탭 수 설정(28BYJ-48의 경우 2048)
9  Stepper myStepper(steps, IN1, IN2, IN3, IN4);      // 모터드라이버에 연결할 때는 1,3,2,4순으로
10 extern volatile unsigned long timer0_millis;       // millis함수 초기화를 위한 변수 선언
11 unsigned long ms;
12 unsigned long timer_ms=10000;                      // 가능 설정시간 : 60초,30초, 20초, 15초, 12초, 10초, 6초, 5초, 4초
13 const int rpm = (int)(60000/timer_ms);             // 스텝모터 속도 설정(10이하 권장)
14 int flag=0;
15
16 void setup(){
17   pinMode(touch_pin, INPUT);
18   myStepper.setSpeed(rpm);
19 }
20
21 void loop(){
22   flag = (digitalRead(touch_pin))? 1 :0;
23   if(flag==1){
24     ms = millis();
25     if(ms < (timer_ms)){
26       myStepper.step(steps);                       // 시계 방향으로 회전
27     }
28     else{
29       timer0_millis = 0;                           // millis() 함수 초기화
30       flag=0;
31     }
32   }
33 }
```

코드분석

- 23~32행은 터치센서가 감지되면 스텝모터를 시계 방향으로 한 바퀴 회전시킨다.

실험 66-5 터치센서로 스텝모터의 작동상태를 LCD에 출력하기

실습내용	준비물	
1. LCD에 스탭모터가 한 바퀴 도는데 걸린 시간과 터치센서의 상태를 표시해본다.	1. 아두이노 우노 보드 1개 2. 브레드보드 1개 3. 스텝모터 1개	4. LCD 모듈 1개 5. 터치센서 1개

회로구성

표 10-7 아두이노 우노 보드와 부품과의 결선표

아두이노 우노 보드	GND	5V	A4	A5	D7	D8	D9	D10	D11
터치센서	GND	VCC			IO				
스텝모터	GND	VCC				IN1	IN3	IN2	IN4
LCD모듈	GND	VCC	SDA	SCL					

다음 소스코드는 터치센서를 건드리면 스텝모터가 한 바퀴 도는 위 실험에 LCD를 추가한 프로그램이다. LCD에는 한 바퀴 도는데 걸리는 시간과 터치센서의 상태를 표시한다.

```
// 터치하면 스텝모터가 한바퀴 돌기(LCD 추가)
#include <Stepper.h>
#define IN1 8        // 스텝모터 IN1
#define IN2 9       // 스텝모터 IN2
#define IN3 10        // 스텝모터 IN3
#define IN4 11        // 스텝모터 IN4
#define touch_pin 7       // 터치센서 SIG핀 연결 번호
const int steps = 2048;     // 모터별 1바퀴 스탭 수 설정(28BYJ-48의 경우 2048)
Stepper myStepper(steps, IN1, IN2, IN3, IN4);   // 모터드라이버에 연결할 때는 1,3,2,4순으로
extern volatile unsigned long timer0_millis;  // millis함수 초기화를 위한 변수 선언
unsigned long ms;
unsigned long timer_ms=10000;     // 가능 설정시간:60초,30초, 20초, 15초, 12초, 10초, 6초, 5초, 4초
const int rpm = (int)(60000/timer_ms);     // 스텝모터 속도 설정(10이하 권장)
int flag=0;
#include<LiquidCrystal_I2C.h>  // 라이브러리 관리에서 LiquidCrystal_I2C.h 추가
#include<Wire.h>       // I2C통신을 위해 Wire.h 추가
LiquidCrystal_I2C lcd(0x27,16,2); // LCD 화면이 안 뜨면 0x3F로 수정.
String str ="";       // 출력용 문자열 저장 변수

void setup(){
  pinMode(touch_pin, INPUT);
  myStepper.setSpeed(rpm);
  lcd.init();     // LCD 초기화
  lcd.backlight();
  lcd.setCursor(0,0);
  lcd.print("Lap timer :");
  lcd.print(timer_ms/1000);
  lcd.print("s");
}

void loop(){
  lcd.setCursor(2,1);     //첫열, 둘째행 지정
  lcd.print("<No touched>");
```

```
34    if(digitalRead(touch_pin)){
35      flag=1;
36      if(flag==1){
37        lcd.setCursor(2,1);     //첫열, 둘째행 지정
38        lcd.print(" <Touched!> ");
39        ms = millis();
40        if(ms < (timer_ms)){
41          myStepper.step(steps);      // 시계 방향으로 회전
42        }
43        else{
44          timer0_millis = 0;      // millis() 함수 초기화
45          flag=0;
46        }
47      }
48    }
49  }
```

코드분석

- 32, 33행이 LCD로 감지여부를 출력한다.

10.3 금속탐지 근접센서

그림 10-14 SN04-N

그림 10-14의 금속탐지 근접센서(Inductive Proximity Sensor)는 가까운 도체를 감지하는 센서이다. 적외선의 반사 또는 초음파의 반사로 물체를 감지하는 센서와는 달리, 금속 물체의 근접 여부를 감지하는 센서이다. 근접센서는 내부에 내장된 유도 코일부에 유도전류를 흘려주고, 주변에 금속이 있을 경우 그 금속에 유도전류가 흐르게 되어, 유도 코일부의 변화를 감지하여 금속을 탐지하는 스위치이다. 3D 프린터 오토레벨링, 공장 등과 같이 금속 물체의 근접 여부를 감지할 때 사용한다. 표 10-8 금속탐지 근접센서 SN04-N의 기본사양에서 보듯이 3가닥의 선을 사용하며, 2가닥은 전원 연결선이다. 작동 전압이 10~30V인 NPN형의 인덕턴스 센서이다. 금속이 4mm 이내로 근접하면 검은색의 출력 선이 반응한다.

표 10-8 금속탐지 근접센서 SN04-N 기본사양

특성	설명
와이어 유형	DC 3선 유형, 갈색, 검은색, 파란색
이론	인덕턴스 센서
출력 유형	NPN
감지 거리	4mm
작동 전압	10-30VDC
응답 주파수	500Hz 최대

실험 67 금속 근접센서에 금속이 감지되면 LED 켜기

실습내용	준비물	
1. 금속 근접 스위치를 사용해본다. 2. 근접 스위치에 금속을 가까이 하면 LED가 켜지는지를 확인한다.	1. 아두이노 우노 보드 1개 2. 브레드보드 1개	3. 저항 330Ω 1개 4. LED 1개 5. 금속 근접센서 1개

회로구성

표 10-9 아두이노 우노 보드와 부품과의 결선표

아두이노 우노 보드	GND	5V	D7	D13
금속 근접센서	파란색	갈색	검은색	
LED				+

- LED(−) 단자와 330Ω 저항을 풀다운 형태로 연결한다.

다음 소스코드는 금속탐지 근접센서에 금속이 감지되면 LED를 켜는 프로그램이다.

```
1  //금속 근접 스위치에 금속이 감지되면 LED 켜기
2  const int led_pin = 13;    // led_pin을 13번 핀으로 선언
3  const int Proximity_pin = 7;  // 근접 스위치 핀을 7번 핀으로 선언
4  int reading;
5  
6  void setup(){
7    pinMode(led_pin, OUTPUT);   // led_pin핀 13을 출력으로 설정
8    pinMode(Proximity_pin, INPUT); // 근접 스위치를 입력으로 설정
9    Serial.begin(9600);
10 }
11 
12 void loop(){
13   reading=digitalRead(Proximity_pin);  // 근접 스위치에 감지된 값을 디지털 값으로 읽음
14   if(reading){
15     digitalWrite(led_pin, 0); // 감지되면 reading 값이 '0'이다
16     Serial.println("금속을 4mm이내로 근접시키세요!");
17   }
11   else{
18     digitalWrite(led_pin, 1);
19     Serial.println("금속이 감지됨");
20   }
21   delay(500);
22 }
```

코드분석

- 13행에서 금속탐지 근접센서에 금속이 감지되면 3행의 7번 핀이 LOW값을 출력한다.
- 14~20행은 감지된 reading 값이 HIGH이면 LED를 끄고, LOW이면 LED를 켠다.

10.4 로터리인코더

그림 10-15의 로터리인코더(rotary encoder)는 퍼텐쇼미터(가변저항기)와 비슷하게 생겨 손잡이(노브)를 회전할 수 있다. 퍼텐쇼미터와 달리 손잡이를 수직으로 눌러 출력값을 지정하는 SW버튼이 있고, 양방향으로 멈춤 없이 계속 회전할 수 있다. 회전할 때도 각도 스텝이 있어 일정 각도로 회전되면 신호를 주어 회전량을 측정할 수 있다. 로터리인코더는 회전위치를 측정하기 위한 방법(광학, 전도성, 자력 등) 및 로터리인코더의 성능에 따라 다양한 형태의 로터리인코더가 있다.

그림 10-15 로터리인코더

실험 68-1 로터리인코더의 작동상태를 시리얼모니터로 확인하기

실습내용	준비물	
1. 로터리인코더를 작동시켜 시리얼모니터로 확인한다.	1. 아두이노 보드 1개 2. 브레드보드 1개	3. 로터리인코더 1개

회로구성

표 10-10 아두이노 우노 보드와 부품과의 결선표

아두이노 보드	GND	5V	A0	A1	A2
로터리인코더	GND	+	CLK	DT	SW

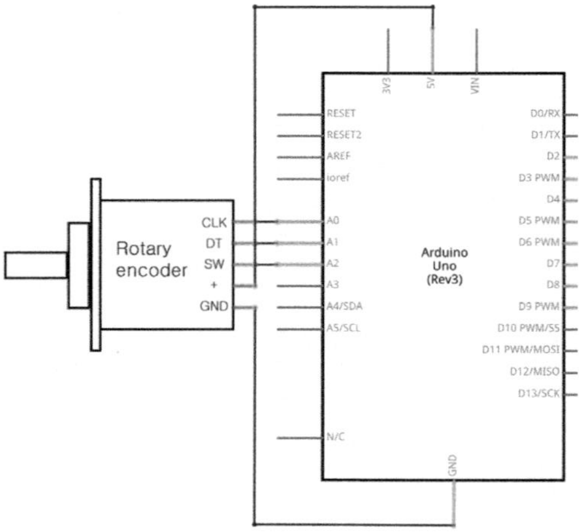

그림 10-16 로터리인코더의 작동을 시리얼모니터로 확인하기(회로도)

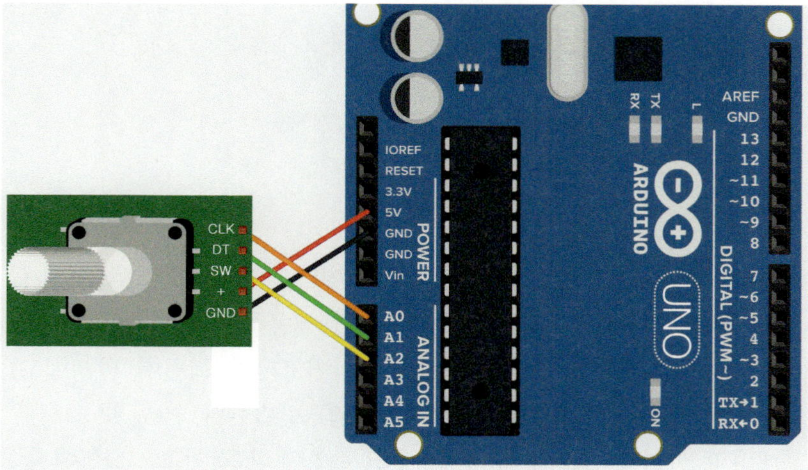

그림 10-17 로터리인코터의 작동을 시리얼모니터로 확인하기(브레드보드)

다음 소스코드는 로터리인코터의 작동을 테스트하는 프로그램이다.

```
// 로터리인코터 작동 테스트 프로그램
#define CLK_pin A0                                    // CLK핀을 지정
#define DT_pin A1                                     // DT핀을 지정
#define SW_pin A2                                     // SW핀을 지정
int cnt = 0;                                          // 회전 카운터 측정용 변수
int currentCLK;                                       // CLK의 현재 신호상태 저장용 변수
int lastCLK;                                          // 직전 CLK의 신호상태 저장용 변수
String Dir ="";                                       // 현재 회전 방향 출력용 문자열 저장 변수
unsigned long Btn = 0;                                // 버튼이 눌린 시간 저장용 변수
int btnState;                                         // 버튼이 눌린 상태 확인용 변수

void setup(){
  pinMode(CLK_pin, INPUT);                            // CLK핀을 입력으로 설정
  pinMode(DT_pin, INPUT);                             // DT핀을 입력으로 설정
  pinMode(SW_pin, INPUT_PULLUP);                      // SW핀은 내부 풀업저항 사용
  lastCLK = digitalRead(CLK_pin);                     // CLK핀의 현재 상태 확인
  Serial.begin(9600);                                 // 시리얼통신 개시
  Serial.println("로터리인코더 작동 테스트");
}

void loop(){
  currentCLK = digitalRead(CLK_pin);                  // CLK핀의 상태를 확인
  // CLK핀의 신호가 바뀌었고(즉, 로터리인코더의 회전이 발생했고), 그 상태가 HIGH이면(최소 회전단위의 회전이 발생했다면)
  if(currentCLK != lastCLK  && currentCLK == 1){
    if(digitalRead(DT_pin) != currentCLK){                     // DT핀의 신호가 다르다면 시계방향 회전
      cnt++;        Dir ="시계 방향";
    } else{                                           // DT핀의 신호가 같다면 반시계방향 회전
      cnt--;        Dir ="반시계 방향";
    }
    Serial.print("회전 : ");  Serial.print(Dir);       // 회전방향 출력
    Serial.print(", 카운터 : "); Serial.println(cnt);   // 회전 카운팅 출력
  }
  lastCLK = currentCLK;                               // 현재의 CLK상태를 저장
  btnState = digitalRead(SW_pin);                     // 버튼(스위치)이 눌렸는지 확인
  if(btnState == LOW){
    if(millis() - Btn > 50){                          // 버튼이 한번 눌린 후 최소 50 ms는 지나야 다시 눌린 것으로 감지
      Serial.println("버튼 눌림!");
```

```
38      }
39      Btn = millis();                                    // 버튼이 눌린 시간 저장
40    }
41    delay(1);
42  }
```

코드분석

- 15행의 SW핀은 내부 풀업저항을 사용한다. SW핀은 택트스위치처럼 10kΩ 풀업저항을 연결해야하는데 생략했으므로 아두이노 보드에서 제공하는 내부 풀업저항을 사용한다.
- 24행으로 CLK핀의 신호가 바뀌었고(즉, 로터리인코더의 회전이 발생했고), 그 상태가 HIGH인지를(최소 회전단위의 회전이 발생했다면) 판별한다.
- 25행에서 DT핀의 신호가 다르다면 시계방향으로 회전한 것이고, 29행에서 DT핀의 신호가 같다면 반시계방향으로 회전한 것이다. 시계방향이면 cnt값을 증가하고, 반시계방향이면 cnt값을 감소한다.
- 34행에서 버튼이 눌렸는지를 확인한다. 36행은 바운스가 있을 수 있어서 50ms는 지나야 다시 눌린 것으로 간주한다.

실험 68-2 로터리인코더로 7세그먼트 제어하기

실습내용	준비물	
1. 로터리인코더로 7세그먼트를 제어해본다.	1. 아두이노 우노 보드 1개 2. 브레드보드 1개 3. 저항 330Ω 7개	4. 7세그먼트 1개 5. 로터리인코더 1개

회로구성

표 10-11 아두이노 우노 보드와 부품과의 결선표

아두이노 우노 보드	GND	5V	A0	A1	A2	D3	D4	D5	D6	D7	D8	D9
7세그먼트	3, 8 GND					4 c	2 d	1 e	10 g	9 f	7 a	6 b
로터리인코더	GND	+	CLK	DT	SW							

- 7세그먼트는 330Ω 저항을 통해 아두이노 디지털 핀에 연결한다

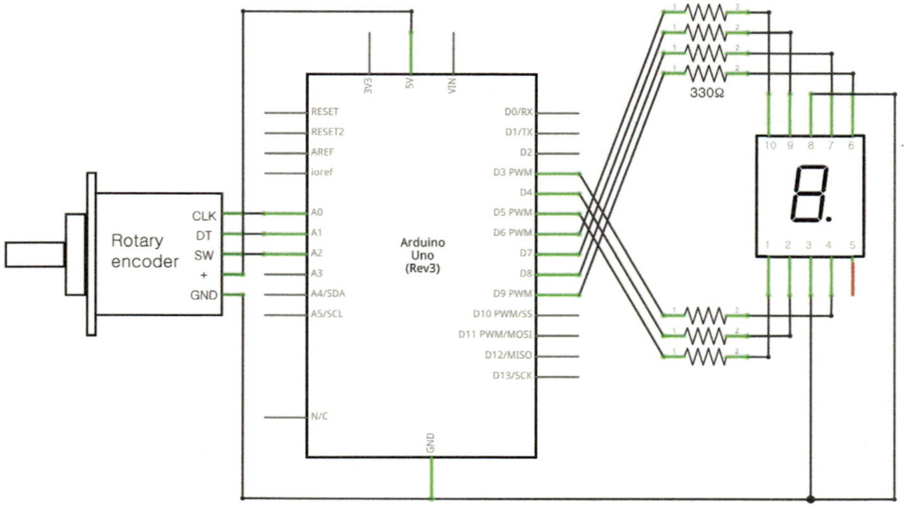

그림 10-18 로터리인코더로 7세그먼트 제어하기(회로도)

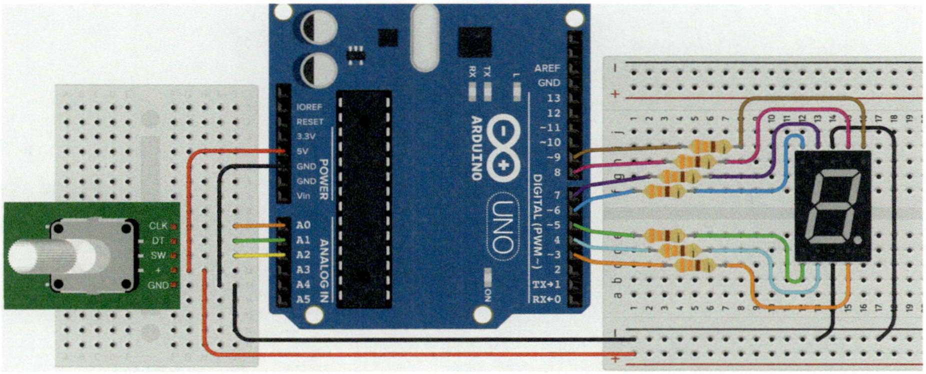

그림 10-19 로터리인코터로 7세그먼트 제어하기(브레드보드)

다음 소스코드는 로터리인코터로 7세그먼트를 제어하는 프로그램이다.

```
// 로터리인코터로 7세그먼트 제어하기 프로그램
#define CLK_pin A0                    // CLK핀을 지정
#define DT_pin A1                     // DT핀을 지정
#define SW_pin A2                     // SW핀을 지정
#define c 3
#define d 4
#define e 5
#define g 6
#define f 7
#define a 8
#define b 9
int segmentLEDs[] = {a, b, c, d, e, f, g};
int cnt = 0;                          // 회전 카운터 측정용 변수
int currentCLK;                       // CLK의 현재 신호상태 저장용 변수
int lastCLK;                          // 직전 CLK의 신호상태 저장용 변수
```

```
16 String Dir ="";                          // 현재 회전 방향 출력용 문자열 저장 변수
17 unsigned long Btn = 0;                   // 버튼이 눌린 시간 저장용 변수
18 int btnState;                            // 버튼이 눌린 상태 확인용 변수
19 const int LEDsNum = 7;
20 int digitForNum[10][LEDsNum] = {
21   {1, 1, 1, 1, 1, 1, 0}, //0
22   {0, 1, 1, 0, 0, 0, 0}, //1
23   {1, 1, 0, 1, 1, 0, 1}, //2
24   {1, 1, 1, 1, 0, 0, 1}, //3
25   {0, 1, 1, 0, 0, 1, 1}, //4
26   {1, 0, 1, 1, 0, 1, 1}, //5
27   {0, 0, 1, 1, 1, 1, 1}, //6
28   {1, 1, 1, 0, 0, 0, 0}, //7
29   {1, 1, 1, 1, 1, 1, 1}, //8
30   {1, 1, 1, 0, 0, 1, 1}  //9
31 };
32
33 void setup() {
34   pinMode(CLK_pin, INPUT);               // CLK핀을 입력으로 설정
35   pinMode(DT_pin, INPUT);                // DT핀을 입력으로 설정
36   pinMode(SW_pin, INPUT_PULLUP);         // SW핀은 내부 풀업저항 사용
37   lastCLK = digitalRead(CLK_pin);        // CLK핀의 현재 상태 확인
38   for(int i = 0 ; i < LEDsNum ; i++)    pinMode(segmentLEDs[i], OUTPUT);
39 }
40
41 void loop() {
42   currentCLK = digitalRead(CLK_pin);    // CLK핀의 상태를 확인
43   if(currentCLK != lastCLK  && currentCLK == 1){
44     if(digitalRead(DT_pin) != currentCLK)      cnt++;
45     else      cnt--;
46   }
47   if(cnt > 9)  cnt = 0;                  // 1자리 FND이므로
48   if(cnt < 0)  cnt = 9;                  // 0~9까지 표현
49   for(int i=0; i<LEDsNum; i++)  digitalWrite(segmentLEDs[i], digitForNum[cnt][i]);
50   lastCLK = currentCLK;                  // 현재의 CLK상태를 저장
51   delay(1);
52 }
```

코드분석

- 로터리인코더를 시계방향으로 돌리면 cnt값이 커지고, 반시계방향으로 돌리면 cnt값이 작아진다. 47행은 1자리 FND이므로 cnt값이 9보다 커지면 0이 되도록 하고, 48행에서 0보다 작아지면 9가 되도록 해서 0~9 숫자가 회전하도록 한다.
- 49행은 1자리 FND로 cnt값을 출력한다.

실험 68-3 로터리인코더 버튼(SW)으로 서보모터의 회전각을 제어하기

실습내용	준비물	
1. 로터리인코더의 메뉴 기능을 이해한다. 2. 로터리인코더의 버튼(SW)으로 선택한 수치를 서보모터의 회전각으로 제어해본다.	1. 아두이노 우노 보드 1개 2. 브레드보드 1개 3. 저항 330Ω 7개	4. 7세그먼트 1개 5. 로터리인코더 1개 6. 서보모터(SG90) 1개

회로구성

표 10-12 아두이노 우노 보드와 부품과의 결선표

아두이노 우노 보드	GND	5V	A0	A1	A2	D3	D4	D5	D6	D7	D8	D9	D11
7세그먼트	3, 8 GND					4 c	2 d	1 e	10 g	9 f	7 a	6 b	
로터리인코더	GND	+	CLK	DT	SW								
서보모터(SG90)	– 갈색	+ 적색											S 황색
7세그먼트는 330Ω 저항을 통해 아두이노 디지털 핀에 연결한다													

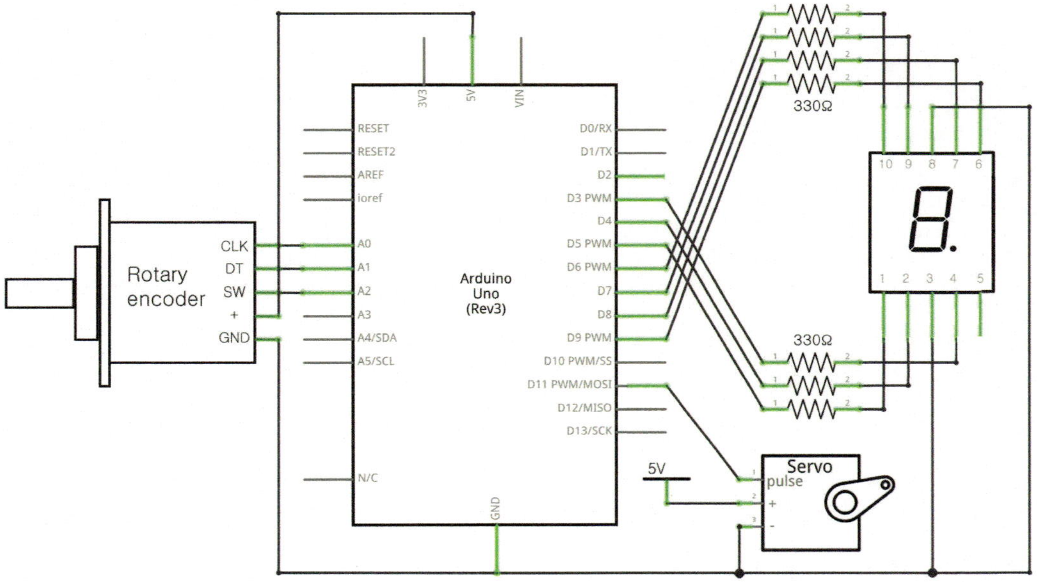

그림 10-20 로터리인코더 버튼(SW)으로 서보모터의 회전각 제어하기(회로도)

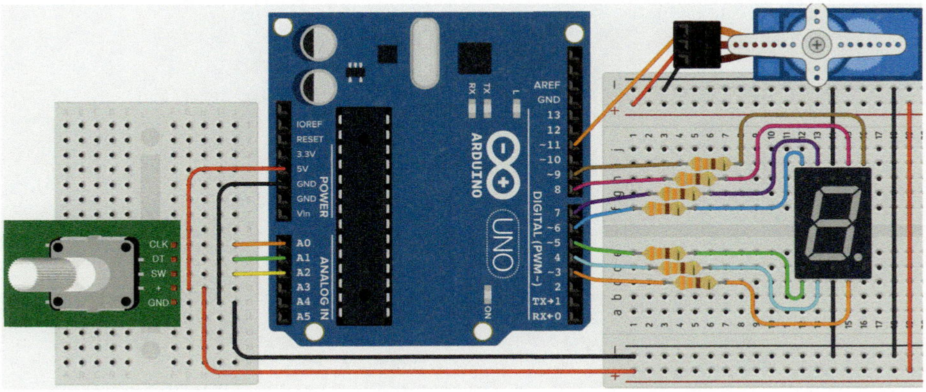

그림 10-21 로터리인코더 버튼(SW)으로 서보모터의 회전각 제어하기(브레드보드)

다음 소스코드는 로터리인코터의 SW 버튼을 누르면 7세그먼트에 나타난 숫자의 20배의 각도로 서보모터를 회전시키는 프로그램이다.

```
// 로터리인코더 SW로 서보모터 작동하기 프로그램
#include <Servo.h>
#define servo_pin 11                            // 서모모터 핀을 지정
#define CLK_pin A0                      // CLK핀을 지정
#define DT_pin A1                       // DT핀을 지정
#define SW_pin A2                       // SW핀을 지정
#define c 3
#define d 4
#define e 5
#define g 6
#define f 7
#define a 8
#define b 9
int segmentLEDs[] = {a, b, c, d, e, f, g};
Servo servo;                            // servo 오브젝터 생성
int pos = 0;                            // 서보모터 위치 변수
int cnt = 0;                            // 회전 카운터 측정용 변수
int currentCLK;                         // CLK의 현재 신호상태 저장용 변수
int lastCLK;                            // 직전 CLK의 신호상태 저장용 변수
unsigned long Btn = 0;                  // 버튼이 눌린 시간 저장용 변수
int btnState;                           // 버튼이 눌린 상태 확인용 변수
const int LEDsNum = 7;
int digitForNum[10][LEDsNum] = {
  {1, 1, 1, 1, 1, 1, 0}, //0
  {0, 1, 1, 0, 0, 0, 0}, //1
  {1, 1, 0, 1, 1, 0, 1}, //2
  {1, 1, 1, 1, 0, 0, 1}, //3
  {0, 1, 1, 0, 0, 1, 1}, //4
  {1, 0, 1, 1, 0, 1, 1}, //5
  {0, 0, 1, 1, 1, 1, 1}, //6
  {1, 1, 1, 0, 0, 0, 0}, //7
  {1, 1, 1, 1, 1, 1, 1}, //8
  {1, 1, 1, 0, 0, 1, 1}  //9
};

void setup(){
  pinMode(CLK_pin,INPUT);               // CLK핀을 입력으로 설정
  pinMode(DT_pin,INPUT);                // DT핀을 입력으로 설정
  pinMode(SW_pin, INPUT_PULLUP);        // SW핀은 내부 풀업저항 사용
  lastCLK = digitalRead(CLK_pin);       // CLK핀의 현재 상태 확인
  for(int i = 0 ; i < LEDsNum ; i++) pinMode(segmentLEDs[i], OUTPUT);
  servo.attach(servo_pin);              // 서보모터 핀 설정
  servo.write(pos);                     // 서보모터 위치를 0으로 초기화
}

void loop(){
  currentCLK = digitalRead(CLK_pin);    // CLK핀의 상태를 확인
  if(currentCLK != lastCLK  && currentCLK == 1){
    if(digitalRead(DT_pin) != currentCLK)      cnt++;
    else      cnt--;
  }
  if(cnt > 9)  cnt = 0;                 // 1자리 FND이므로
  if(cnt < 0)  cnt = 9;                 // 0~9까지 표현
  for(int i=0; i<LEDsNum; i++)  digitalWrite(segmentLEDs[i], digitForNum[cnt][i]);
  lastCLK = currentCLK;                 // 현재의 CLK상태를 저장
  btnState = digitalRead(SW_pin);       // 버튼(스위치)이 눌렸는지 확인
  if(btnState == LOW){
```

```
58     if(millis() - Btn > 50){              // 버튼이 한번 눌린 후 최소 50 ms는 지나야 다시 눌린 것으로 감지
59       pos = cnt*20;
60       servo.write(pos);                   // 서보모터 제어
61     }
62     Btn = millis();                       // 버튼이 눌린 시간 저장
63   }
64   delay(1);
65 }
```

코드분석

- 59행은 서보모터의 회전각을 설정한다. cnt값에 20을 곱한 이유는 9까지의 숫자를 180도의 각도로 표현하기 위함이다.

실험 68-4 로터리인코더로 3색 LED의 색상변경하기

실습내용	준비물	
1. 로터리인코더로 3색 LED 색상을 변경해본다. 2. LCD로 색상 메뉴를 작성하고, 선택된 색상을 3색 LED로 표현해본다.	1. 아두이노 보드 1개 2. 브레드보드 1개 3. 저항 330Ω 3개	4. 3색 LED 1개 5. LCD 모듈 1개 6. 로터리인코더 1개

회로구성

표 10-13 아두이노 우노 보드와 부품과의 결선표

아두이노 우노 보드	GND	5V	A0	A1	A2	A4	A5	D9	D10	D11
로터리인코더	GND	+	CLK	DT	SW					
LCD 모듈	GND	VCC				SDA	SCL			
3색 LED	GND							B	G	R

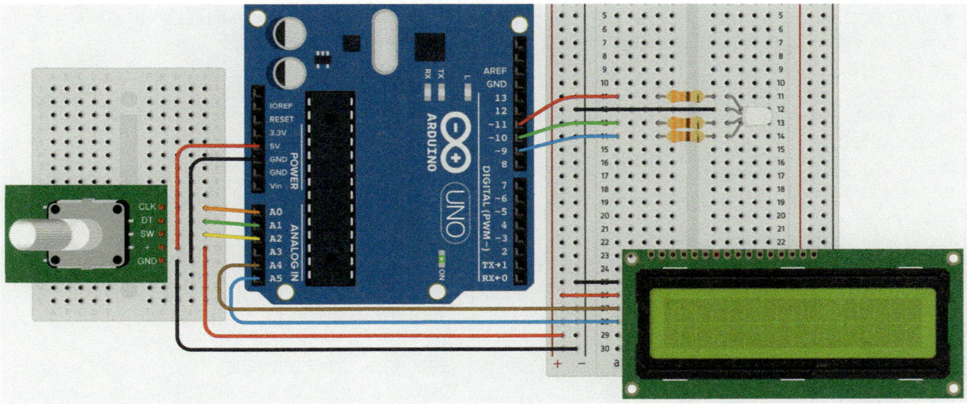

그림 10-22 로터리인코더로 3색 LED 색상변경하기(브레드보드)

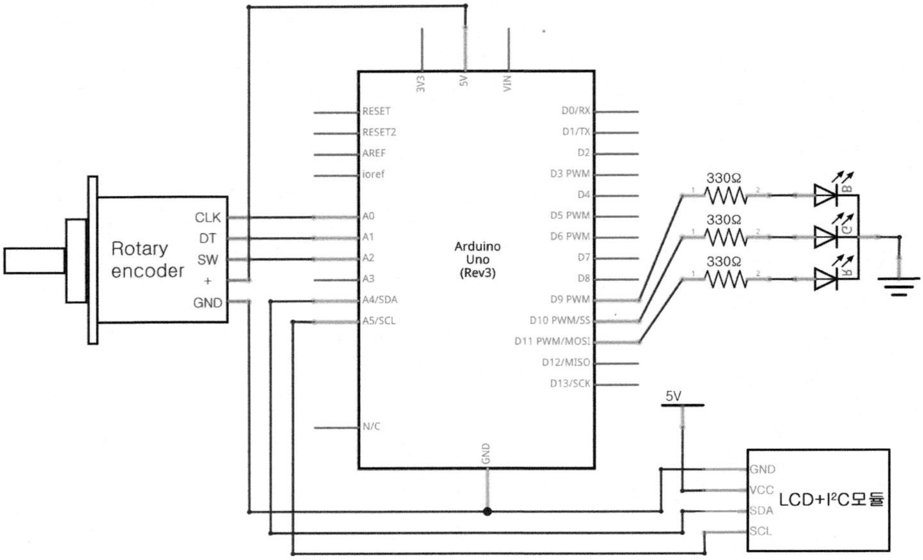

그림 10-23 로터리인코더로 3색 LED 색상변경하기(회로도)

다음 소스코드는 로터리인코더로 3색 LED를 16가지 색상으로 변경하는 프로그램이다. 16색상은 다음 표 10-14와 같다.

표 10-14 16색상 R, G, B 값

0	1	2	3	4	5	6	7
black	Maroon	Red	Pink	Teal	Green	Lime	Aqua
0,0,0	128,0,0	255,0,0	255,0,255	0,128,128	0,128,0	0,255,0	0,255,255
8	9	10	11	12	13	14	15
Navy	Violet	Blue	Silver	gray	Olive	Yellow	White
0,0,128	128,0,128	0,0,255	192,192,192	128,128,128	128,128,0	255,255,0	255,255,255

```
// 로터리인코더로 3색 LED 색상변경하기 프로그램
#include<LiquidCrystal_I2C.h>          // 라이브러리 관리에서 LiquidCrystal_I2C.h 추가
LiquidCrystal_I2C lcd(0x27,16,2);      // LCD 화면이 안 뜨면 0x3F로 수정.
#define CLK_pin A0                     // CLK핀을 지정
#define DT_pin A1                      // DT핀을 지정
#define SW_pin A2                      // SW핀을 지정
const int R_pin = 11;                  // LED 센서의 R 핀
const int G_pin = 10;                  // LED 센서의 G 핀
const int B_pin = 9;                   // LED 센서의 B 핀
int cnt = 0;                           // 회전 카운터 측정용 변수
int currentCLK;                        // CLK의 현재 신호상태 저장용 변수
int lastCLK;                           // 직전 CLK의 신호상태 저장용 변수
unsigned long Btn = 0;                 // 버튼이 눌린 시간 저장용 변수
int btnState;                          // 버튼이 눌린 상태 확인용 변수
int rgbColor[3][16] = {
  {0, 128, 255, 255, 0,   0,   0,   0,   0,   128, 0,   192, 128, 128, 255, 255},// R
  {0, 0,   0,   0,   128, 128, 255, 255, 0,   0,   0,   192, 128, 128, 255, 255},// G
  {0, 0,   0,   255, 128, 0,   0,   255, 128, 128, 255, 192, 128, 0,   0,   255}// B
```

```
19 };
20 byte tri[8] = {                         // LCD ▲ 특수기호 배열
21   B00000,
22   B00100,
23   B01110,
24   B11111,
25   B00000,
26   B00000,
27   B00000,
28   B00000
29 };
30
31 void setup() {
32   pinMode(CLK_pin,INPUT);               // CLK핀을 입력으로 설정
33   pinMode(DT_pin,INPUT);                // DT핀을 입력으로 설정
34   pinMode(SW_pin, INPUT_PULLUP);        // SW핀은 내부 풀업저항 사용
35   lastCLK = digitalRead(CLK_pin);       // CLK핀의 현재 상태 확인
36   lcd.init();                           // LCD 초기화
37   lcd.backlight();
38   lcd.setCursor(0,0);                   //첫열, 첫행 지정
39   lcd.print("bMRPTGLANVbSgOYW");
40   lcd.createChar(0,tri);                // LCD 특수기호 만들기
41 }
42
43 void loop() {
44   currentCLK = digitalRead(CLK_pin);    // CLK핀의 상태를 확인
45   if(currentCLK != lastCLK  && currentCLK == 1){
46     cnt = (digitalRead(DT_pin) != currentCLK) ? cnt+1 :cnt-1;
47     if(cnt > 15)  cnt = 0;              // 0~15까지 표현
48     else if(cnt < 0)  cnt = 15;         // 0~15까지 표현
49     for(int i=0; i<16; i++){            //2번째 행을 클리어
50        lcd.setCursor(i,1);              // i열, 2행 지정
51        lcd.print(" ");
52     }
53   }
54   lcd.setCursor(cnt,1);                 // cnt열, 2행 지정
55   lcd.write(0);                         // LCD ▲ 특수기호 출력
56   lastCLK = currentCLK;                 // 현재의 CLK상태를 저장
57   btnState = digitalRead(SW_pin);       // 버튼(스위치)이 눌렸는지 확인
58   if(btnState == LOW){
59     if(millis() - Btn > 50){            // 버튼이 한번 눌린 후 최소 50 ms는 지나야 다시 눌린 것으로 감지
60       analogWrite(R_pin,rgbColor[0][cnt]);
61       analogWrite(G_pin,rgbColor[1][cnt]);
62       analogWrite(B_pin,rgbColor[2][cnt]);
63     }
64     Btn = millis();                     // 버튼이 눌린 시간 저장
65   }
66 }
```

코드분석

- 20~29행은 LCD에 특수기호를 출력하기 위한 배열이다. 픽셀 하나하나를 온/오프하여 특수기호 모양을 만든 것이다. 이 특수기호를 LCD에 출력하려면 40행의 createChar(0, tri)함수로 매개변수에 배열이름과 주소를 넣어준다. 그런 다음 55행의 write(0)함수로 LCD에 출력한다. 여기서 0은 createChar(0, tri)함수에서 지정한 첫 번째 매개변수이다.
- 39행에서 LCD의 첫행에 16가지 색상을 bMRPTGLANVbSgOYW로 영문 첫 알파벳으로

표시했다. 첫 알파벳이 파란색과 같은 검은색은 'b', 초록색과 같은 회색은 'g'로 표현했다.

- 표 10-14에서 16색상의 R, G, B 혼합 값을 16~18행의 배열에 지정한다.

실험 68-5 로터리인코더로 네오픽셀의 색상변경하기

실습내용	준비물	
1. 로터리인코더로 네오픽셀 색상을 변경해본다. 2. LCD로 색상 메뉴를 작성하고, 선택된 색상을 네오픽셀로 표현해본다.	1. 아두이노 우노 보드 1개 2. 브레드보드 1개 3. 네오픽셀 1개	4. LCD 모듈 1개 5. 로터리인코더 1개

회로구성

표 10-15 아두이노 우노 보드와 부품과의 결선표

아두이노 우노 보드	GND	5V	A0	A1	A2	A4	A5	D2
로터리인코더	GND	+	CLK	DT	SW			
LCD 모듈	GND	VCC				SDA	SCL	
네오픽셀	GND	VCC						DIN

그림 10-24 로터리인코더로 네오픽셀의 색상변경하기(브레드보드)

다음 소스코드는 로터리인코더로 네오픽셀의 색상을 변경하는 프로그램이다.

```
// 로터리인코더로 네오픽셀의 색상변경하기 프로그램
#include<LiquidCrystal_I2C.h>           // 라이브러리 관리에서 LiquidCrystal_I2C.h 추가
LiquidCrystal_I2C lcd(0x27,16,2);       // LCD 화면이 안 뜨면 0x3F로 수정.
#include <Adafruit_NeoPixel.h>          // 네오픽셀 라이브러리를 사용
#define CLK_pin A0                      // CLK핀을 지정
#define DT_pin A1                       // DT핀을 지정
#define SW_pin A2                       // SW핀을 지정
```

```
#define Neo_pin 2                          // 네오픽셀의 IN(입력)핀 지정
#define NUMPIXELS 7                        // 네오픽셀의 수
Adafruit_NeoPixel pixels = Adafruit_NeoPixel(NUMPIXELS, Neo_pin, NEO_GRB + NEO_KHZ800);
int cnt = 0;                               // 회전 카운터 측정용 변수
int currentCLK;                            // CLK의 현재 신호상태 저장용 변수
int lastCLK;                               // 직전 CLK의 신호상태 저장용 변수
unsigned long Btn = 0;                     // 버튼이 눌린 시간 저장용 변수
int btnState;                              // 버튼이 눌린 상태 확인용 변수
int rgbColor[3][16] = {
  {0, 128, 255, 255,  0,   0,   0,   0,   0,  128,  0,  192, 128,  128, 255, 255},// R
  {0,   0,   0,   0, 128, 128, 255, 255,  0,    0,  0,  192, 128,  128, 255, 255},// G
  {0,   0,   0, 255, 128,   0,   0, 255, 128, 128, 255, 192, 128,    0,   0,  255}// B
};
byte tri[8] = {                            // LCD ▲ 특수기호 배열
  B00000,
  B00100,
  B01110,
  B11111,
  B00000,
  B00000,
  B00000,
  B00000
};

void setup() {
  pinMode(CLK_pin,INPUT);                  // CLK핀을 입력으로 설정
  pinMode(DT_pin,INPUT);                   // DT핀을 입력으로 설정
  pinMode(SW_pin, INPUT_PULLUP);           // SW핀은 내부 풀업저항 사용
  lastCLK = digitalRead(CLK_pin);          // CLK핀의 현재 상태 확인
  lcd.init();                              // LCD 초기화
  lcd.backlight();
  lcd.setCursor(0,0);                      //첫열, 첫행 지정
  lcd.print("bMRPTGLANVbSgOYW");
  lcd.createChar(0,tri);                   // LCD 특수기호 만들기
  pixels.begin();
}

void loop() {
  currentCLK = digitalRead(CLK_pin);    // CLK핀의 상태를 확인
  if(currentCLK != lastCLK  && currentCLK == 1){
    cnt = (digitalRead(DT_pin) != currentCLK) ? cnt+1 :cnt-1;
    if(cnt > 15)  cnt = 0;                 // 0~15까지 표현
    else if(cnt < 0)  cnt = 15;            // 0~15까지 표현
    for(int i=0; i<16; i++){
       lcd.setCursor(i,1);                 // i열, 2행 지정
       lcd.print(" ");
    }
  }
  lcd.setCursor(cnt,1);                    // cnt열, 2행 지정
  lcd.write(0);                            // LCD ▲ 특수기호 출력
  lastCLK = currentCLK;                    // 현재의 CLK상태를 저장
  btnState = digitalRead(SW_pin);          // 버튼(스위치)이 눌렸는지 확인
  if(btnState == LOW){
    if(millis() - Btn > 50){               // 버튼이 한번 눌린 후 최소 50 ms는 지나야 다시 눌린 것으로 감지
      for(int i=0; i < NUMPIXELS; i++){
        pixels.setPixelColor(i, pixels.Color(rgbColor[0][cnt], rgbColor[1][cnt], rgbColor[2][cnt]));
        pixels.show();
      }
    }
    Btn = millis();                        // 버튼이 눌린 시간 저장
  }
}
```

코드분석

- 62~65행이 네오픽셀로 색상을 표현하는 것이다.

실험 68-6 로터리인코더로 지정한 수만큼 스텝모터 회전하기

실습내용	준비물	
1. 로터리인코더로 스텝모터의 회전수를 변경해 본다. 2. LCD로 회전수 메뉴를 작성하고, 선택된 수치 만큼 스텝모터가 회전할 수 있도록 한다.	1. 아두이노 우노 보드 1개 2. 브레드보드 1개 3. 스텝모터 1개	4. LCD 모듈 1개 5. 로터리인코더 1개

회로구성

표 10-16 아두이노 우노 보드와 부품과의 결선표

아두이노 우노 보드	GND	5V	A0	A1	A2	A4	A5	D8	D9	D10	D11
로터리인코더	GND	+	CLK	DT	SW						
LCD 모듈	GND	VCC				SDA	SCL				
스텝모터	GND	VCC						IN1	IN3	IN2	IN4

다음 소스코드는 로터리인코더로 지정한 수만큼 스텝모터를 회전하는 프로그램이다.

```
// 로터리인코더로 지정한 수만큼 스텝모터 회전하기 프로그램
#include <Stepper.h>
#define IN1 8    // IN1
#define IN2 9    // IN2
#define IN3 10   // IN3
#define IN4 11   // IN4
int steps = 2048; // 모터별 1바퀴 스탭 수 설정(28BYJ-48의 경우 2048)
Stepper myStepper(steps, IN1, IN2, IN3, IN4);    // 모터드라이버에 연결할 때는 1,3,2,4순으로
int rpm = 10;  // 스텝모터 속도 설정(10이하 권장)
#include<LiquidCrystal_I2C.h> // 라이브러리 관리에서 LiquidCrystal_I2C.h 추가
LiquidCrystal_I2C lcd(0x27,16,2); // LCD 화면이 안 뜨면 0x3F로 수정.
#define CLK_pin A0      // CLK핀을 지정
#define DT_pin A1     // DT핀을 지정
#define SW_pin A2     // SW핀을 지정
int cnt = 0;     // 회전 카운터 측정용 변수
int currentCLK;     // CLK의 현재 신호상태 저장용 변수
int lastCLK;      // 직전 CLK의 신호상태 저장용 변수
unsigned long Btn = 0;    // 버튼이 눌린 시간 저장용 변수
int btnState;      // 버튼이 눌린 상태 확인용 변수
byte tri[8] = {     // LCD ▲ 특수기호 배열
  B00000,
  B00100,
  B01110,
  B11111,
```

```
25    B00000,
26    B00000,
27    B00000,
28    B00000
29  };
30
31  void setup(){
32    pinMode(CLK_pin,INPUT);  // CLK핀을 입력으로 설정
33    pinMode(DT_pin,INPUT);   // DT핀을 입력으로 설정
34    pinMode(SW_pin, INPUT_PULLUP); // SW핀은 내부 풀업저항 사용
35    lastCLK = digitalRead(CLK_pin); // CLK핀의 현재 상태 확인
36    lcd.init();    // LCD 초기화
37    lcd.backlight();
38    lcd.setCursor(0,0);    //첫열, 첫행 지정
39    lcd.print("Cycle:1 2 3 4 5");
40    lcd.createChar(0,tri);   // LCD 특수기호 만들기
41    myStepper.setSpeed(rpm);
42  }
43
44  void loop(){
45    currentCLK = digitalRead(CLK_pin);    // CLK핀의 상태를 확인
46    if(currentCLK != lastCLK  && currentCLK == 1){
47      cnt = (digitalRead(DT_pin) != currentCLK) ? cnt+1 :cnt-1;
48      if(cnt > 4)  cnt = 0;   // 0~4까지 표현
49      else if(cnt < 0)  cnt = 4;  // 0~4까지 표현
50      for(int i=0; i<16; i++){// 2행을 클리어
51        lcd.setCursor(i,1);
52        lcd.print(" ");
53      }
54    }
55    lcd.setCursor(2*cnt+7,1);
56    lcd.write(0);    // LCD에 특수기호 출력
57    lastCLK = currentCLK;  // 현재의 CLK상태를 저장
58    btnState = digitalRead(SW_pin); // 버튼(스위치)이 눌렸는지 확인
59    if(btnState == LOW){
60      if(millis() - Btn > 50)    // 버튼이 한번 눌린 후 최소 50 ms는 지나야 다시 눌린 것으로 감지
61        myStepper.step(steps*(cnt+1));
62      Btn = millis();    // 버튼이 눌린 시간 저장
63    }
64  }
```

코드분석

- 39행의 LCD에 회전수는 5바퀴까지로 한다. 48, 49행으로 cnt값이 0~4까지 되도록 한다.
- 61행에서 로터리인코더로 선택한 수만큼 스텝모터를 회전하도록 한다.

다음 소스코드는 수위센서를 사용하여 수위가 설정값 이상이 되면 LED를 켜는 프로그램이다.

```
1  //수위가 설정값 이상일 때 LED 켜기
2  const int analogPin = A0;                                // 수위센서 연결핀 선언
3  const int led_pin = 13;                                  // LED 연결핀 선언
4  int reading = 0;
5
6  void setup(){
7    pinMode(led_pin, OUTPUT);                              // 디지털 13번 핀을 출력으로 설정
8    Serial.begin (9600);                                   // 시리얼모니터 설정
9  }
10
11 void loop(){
12   reading = analogRead(analogPin);                       // A0의 변화값을 읽음
13   if(reading > 100) digitalWrite(led_pin, HIGH);         // reading값이 100이 넘으면 LED On
14   else digitalWrite(led_pin, LOW);                       // reading값이 100이하면 LED Off
15   Serial.println(reading);                               // 시리얼모니터로 수위 표시
16   delay (500);
17 }
```

코드분석

- 12행으로 A0핀에 연결된 수위센서의 값을 읽어 들여, 13행에서 수위센서의 값이 100이상이면 13번 LED를 켠다.

실험 69-2 수위센서를 사용하여 설정한 범위 안에 수위를 유지하기

실습내용	준비물
1. 수위센서를 사용해본다. 2. 물을 빼는 솔레노이드 밸브의 작동과 피에조 Buzzer1의 울림이 동시에 이루어지므로 솔레노이드밸브를 연결하지 않아도 미루어 짐작해본다. 3. 물을 채우는 펌프와 피에조 Buzzer2의 동작이 동시에 이루어진다.	1. 아두이노 우노 보드 1개 2. 브레드보드 1개 3. LED 빨강(R), 초록(G), 파랑(B) 각 1개 4. 330Ω 저항 3개 5. 수동부저 2개 6. 수위센서 1개

* 작은 컵에 물을 받아와 실습한다. 물이 주변장비에 스며들지 않도록 주의를 기울인다.

회로구성

표 11-2 아두이노 우노 보드와 부품과의 결선표

아두이노 보드	GND	5V	D5	D6	D7	D12	D13	A0
수위센서	−	+						S
330Ω 저항			Y	G	R			
피에조 부저1							+	
피에조 부저2						+		
330Ω 저항은 다른 한 쪽 단자는 각 R, G, B LED의 +단자와 연결한다.								

물 펌프와 솔레노이드밸브를 사용하지 못하는 실습실에서는 물을 채우거나 물을 빼내는 대신에 물컵에 수위센서를 위아래로 움직여서 인위적으로 물의 레벨을 달리하면서 실습을 한다. 적정 수위일 때는 초록색 LED가 커지고, 수위가 높을 때는 빨간색 LED, 수위가 낮을 때는 노란색 LED가 켜진다. 시리얼모니터와 함께 확인해 볼 필요가 있다. 물 펌프의 작동은 피에조 부저2와 동시에 일어나고, 솔레노이드밸브는 피에조 부저1과 함께 작동한다. 부저는 수동부저라서 부저1과 부저2는 서로 다른 주파수의 음을 갖도록 한다. 물 펌프와 솔레노이드밸브를 사용할 경우, 물 펌프는 아두이노의 10번 핀에 솔레노이드밸브는 11번 핀에 릴레이를 거쳐서 연결하면 된다.

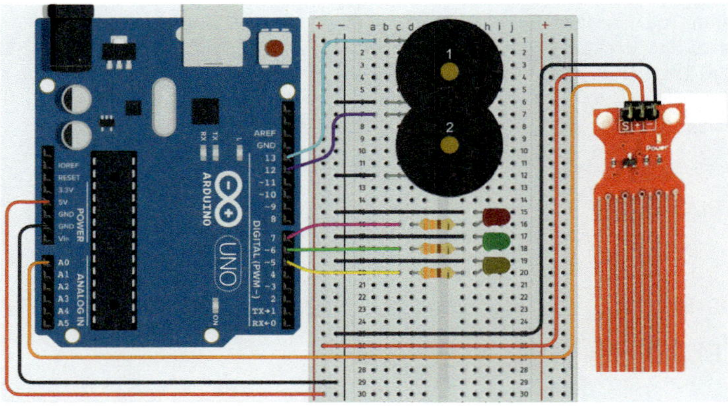

그림 11-2 설정한 범위 안에 수위를 유지하기(브레드보드)

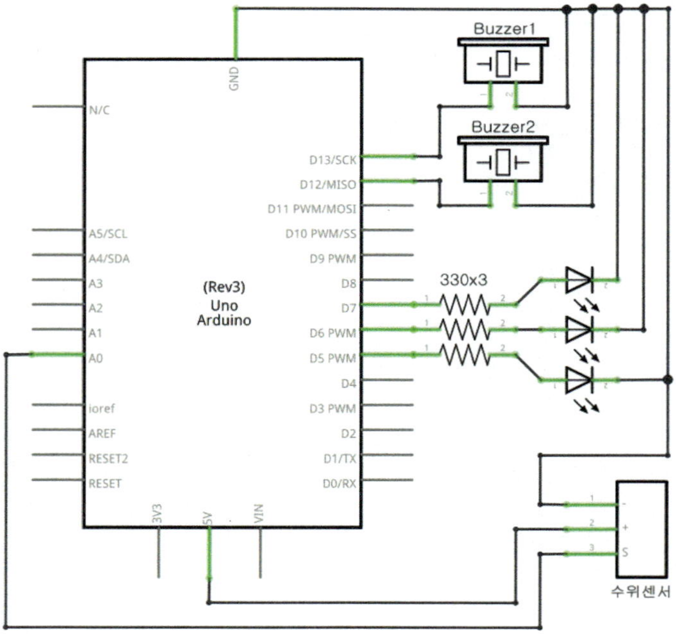

그림 11-3 설정한 범위 안에 수위를 유지하는 회로도

다음 소스코드는 수위센서를 사용하여 설정한 범위 안에 수위를 유지하는 프로그램이다.

```
// 수위센서를 사용하여 설정한 범위 안에 수위를 유지하기
#define LED_R 7                                         //안전 범위의 수위를 넘었을 때 빨간불
#define LED_G 6                                         //안전 범위의 수위일 때 초록불
#define LED_Y 5                                         //안전 범위의 수위보다 낮을 때 노란불
#define pump_pin 10                                     //물을 채우는 펌프 작동 핀 번호, PWM 핀
#define solenoid_pin 11                                 //물을 빼는 솔레노이드 밸브 작동 핀 번호, PWM 핀
#define buzzer2_pin 12                                  //물을 채우는 펌프 작동 핀 번호, PWM 핀
#define buzzer1_pin 13                                  //물을 빼는 솔레노이드 밸브 작동 핀 번호, PWM 핀
#define input_pin A0                                    //수위 값을 읽어 들이는 입력 핀
const int level=500;                                    //기준 수위
const int range=50;                                     //기준 수위 ±안전범위
int pump_state = LOW;                                   //초기 펌프 off
int sole_state = LOW;                                   //초기 솔레노이드 밸브 off

void setup(){
  Serial.begin(9600);                                   //시리얼모니터 시작
  pinMode(LED_R, OUTPUT);
  pinMode(LED_G, OUTPUT);
  pinMode(LED_Y, OUTPUT);
  pinMode(pump_pin, OUTPUT);
  pinMode(solenoid_pin, OUTPUT);
  pinMode(buzzer2_pin, OUTPUT);
  pinMode(buzzer1_pin, OUTPUT);
  pinMode(input_pin, INPUT);
}

void loop(){
  int reading = analogRead(input_pin);                  //수위센서의 신호를 측정
  Serial.print("Level:"); Serial.print(reading);        //시리얼모니터에 값을 출력합니다.
  if(reading > (level+range)){
    digitalWrite(LED_R, HIGH); digitalWrite(LED_G, LOW);  digitalWrite(LED_Y, LOW);
  }
  else if(reading > (level-range)){
    digitalWrite(LED_R, LOW); digitalWrite(LED_G, HIGH);  digitalWrite(LED_Y, LOW);
  }
  else{
    digitalWrite(LED_R, LOW); digitalWrite(LED_G, LOW);  digitalWrite(LED_Y, HIGH);
  }
  if(!pump_state){
    if(reading < level){
      digitalWrite(pump_pin, HIGH);                     // 모터 펌프에 연결할 경우
      tone(buzzer2_pin, 520);                           // 피에조2 울림
      delay(100);                                       // 피에조2 울림 시간
    }
    else {
      digitalWrite(pump_pin, LOW);                      // 모터 펌프에 연결할 경우
      noTone(buzzer2_pin);                              // 피에조2 소리 끔
      pump_state = 1;
    }
  }
  else{
    if(reading < (level-range)){
      digitalWrite(pump_pin, HIGH);                     // 모터 펌프에 연결할 경우
      tone(buzzer2_pin, 520);                           // 피에조2 울림
      delay(100);                                       // 피에조2 울림 시간
      pump_state = 0;
    }
    else{
      digitalWrite(pump_pin, LOW);                      // 모터 펌프에 연결할 경우
```

```
60       noTone(buzzer2_pin);                        // 피에조2 소리 끔
61     }
62   }
63   if(!sole_state){
64     if(reading < (level+range)){
65       digitalWrite(solenoid_pin, LOW);            // 솔레노이드밸브에 연결할 경우
66       noTone(buzzer1_pin);                        // 피에조1 소리 끔
67     }
68     else{
69       digitalWrite(solenoid_pin, HIGH);           // 솔레노이드밸브에 연결할 경우
70       tone(buzzer1_pin, 150);                     // 피에조1 울림
71       delay(200);                                 // 피에조1 울림 시간
72       sole_state = 1;
73     }
74   }
75   else{
76     if(reading > level){
77       digitalWrite(solenoid_pin, HIGH);           // 솔레노이드밸브에 연결할 경우
78       tone(buzzer1_pin, 150);                     // 피에조1 울림
79       delay(200);                                 // 피에조1 울림 시간
80     }
81     else{
82       digitalWrite(solenoid_pin, LOW);            // 솔레노이드밸브에 연결할 경우
83       noTone(buzzer1_pin);                        // 피에조1 소리 끔
84       sole_state = 0;
85     }
86   }
87   Serial.print(" Pump:");  Serial.print(digitalRead(pump_pin));
88   Serial.print(" Solenoid:"); Serial.print(digitalRead(solenoid_pin));
89   Serial.print(" Yellow:");  Serial.print(digitalRead(LED_Y));
90   Serial.print(" Green:"); Serial.print(digitalRead(LED_G));
91   Serial.print(" Red:");  Serial.println(digitalRead(LED_R));
92   delay(500);
93 }
```

코드분석

- 10행에서 기준 수위를 500으로 정하고, 11행에서 기준 수위의 ±50으로 수위 범위를 유지하고자 설정한다.
- 28행에서 A0에 연결된 수위센서의 값을 읽어 들여, 30~38행은 유지하려는 수위 범위 안에 있는지, 벗어났는지를 LED로 표현한다. 기준 수위 범위 안에 있으면 초록LED 켜지고, 기준 범위를 초과하여 수위가 높으면 빨간 LED, 기준 범위에 미달하여 수위가 낮으면 노란 LED를 켠다.
- 39~62행은 수위가 낮아 물을 채우기 위한 모터 펌프의 작동을 선택한다. 모터 펌프를 연결하지 않은 경우는 피에조 수동 부저2의 소리로 대신한다. 소리가 나면 모터 펌프가 물을 끌어 올리는 것이다.
- 63~86행은 수위가 높아 물을 빼기 위한 솔레노이드 밸브의 작동을 선택한다. 솔레노이드 밸브를 연결하지 않은 경우는 피에조 수동 부저1의 소리로 대신한다. 소리가 나면 솔레노이드 밸브가 물을 빼는 중이다.

11.1.2 수질센서(TDS 센서)

그림 11-4 TDS 센서

TDS(Total Dissolved Solids)는 1리터의 물에 몇 밀리그램의 용해성 고체가 용해되어 있는지 나타낸다. 일반적으로 TDS 값이 높으면 물에 고형물이 더 많이 용해되어 있어 수질이 나쁘다. 따라서 TDS 값은 물의 청정도를 반영하는 하나의 기준점으로 사용될 수 있다. 그림 11-4의 TDS 센서는 가정용 수질 분석 및 수족관, 수경재배 등과 같은 수질 응용 분야에 적용할 수 있다. TDS 프로브는 방수 기능이 있어 측정을 위해 장시간 사용할 수 있지만, 70℃ 이상의 물에서 사용할 수 없다. 또한 센서는 흐르는 물과 오염도가 높은 물을 측정하는 데 사용할 수 없다. 표 11-3의 기본사양에서 보듯이 측정범위는 1000ppm까지이다.

표 11-3 TDS 센서의 기본사양

특 성	내 용
동작 전압	3.3V / 5V
출력 전압	0 ~ 2.3V
동작 전류	3 ~ 6 mA
측정 범위	0 ~ 1000ppm

다음 소스코드는 TDS 센서의 값을 시리얼모니터로 출력하는 프로그램이다.

```
// TDS 센서
void setup(){
  Serial.begin(9600);
}

void loop(){
  int reading = analogRead(A0); // A0핀으로부터 센서 값을 받아 reading에 저장
//  float V = reading * (5.0 / 1023.0); // reading를 voltage로 변환
  Serial.println("TDS 측정:"+String(reading)); // 시리얼모니터에 A0을 출력
  delay(500);        // 0.5초 대기
}
```

11.1.3 탁도센서

그림 11-5 탁도센서

탁도는 물의 탁(濁)한 정도이다. 탁하다는 것은 빛의 통과를 방해하거나 부유물질을 포함하고 있다는 뜻이다. 증류수 1리터 가운데에 백토 1mg이 섞여 있을 때를 1도로 한다. 탁도센서는 입사한 빛의 산란도를 통해 액체의 탁한 정도를 측정하는 광학센서이다. 그림 11-5의 탁도센서는 아날로그와 디지털의 두 가지 데이터 반환 모드를 토글스위치 형태로 제공한다. 측정 프로브 전체가 방수되는 것은 아니므로 조심스럽게 프로브 아래쪽을 물에 담가 탁도를 측정한다.

표 11-4 탁도센서 기본사양

특성	내용
동작 전압	5V DC
동작 전류	40mA(최대)
반응 시간	500ms 이내
출력 방법	아날로그 출력 : 0 ~ 4.5V
	디지털 출력 : HIGH, LOW
동작 온도	5℃ ~ 90℃

프로브 아래쪽은 940nm 파장의 적외선 LED와 포토트랜지스터의 조합으로 되어있다. 디지털 출력 모드일 경우는 퍼텐쇼미터로 가변 정항을 조정하여 탁도 문턱값을 설정한다. 표 11-4의 기본사양에서 보듯이 반응시간은 500밀리초(0.5초)이다. 반복 측정할 경우 0.5초를 기다렸다가 다시 측정한다.

다음 소스코드는 탁도센서의 값을 시리얼모니터로 출력하는 프로그램이다.

```
1  // 탁도센서
2  void setup(){
3    Serial.begin(9600);
4  }
5
6  void loop(){
7    int reading = analogRead(A0); // A0핀으로부터 센서 값을 받아 reading에 저장
8    float V = reading * (5.0 / 1023.0); // reading를 voltage로 변환
9  //  Serial.println("reading:"+String(reading)); // 시리얼모니터에 A0값을 출력
10   Serial.println("탁도 측정 전압:"+String(V)); // 시리얼모니터에 전압을 출력
11   delay(500);        // 0.5초 대기
   }
```

코드분석

- 11행의 delay(500)은 탁도센서의 반응시간이 500밀리초이므로 시간 지연을 두는 것이다.

다음 그림 11-6은 탁도센서로 측정한 전압을 시리얼모니터로 출력한 이미지이다. 맹물일수록 전압이 4.49V로 높고, 우유와 같이 혼탁할수록 전압이 0.09V로 낮았다.

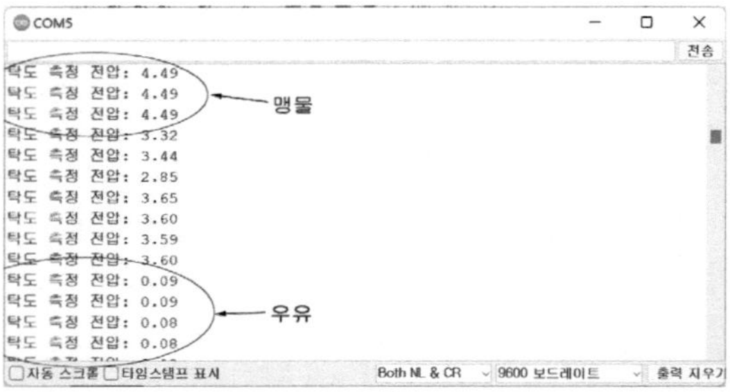

그림 11-6 탁도센서로 측정한 전압(시리얼모니터)

11.1.4 pH 미터

pH는 물이 산성인지 알칼리성인지의 정도를 0~14의 수치로 나타내는 수소 이온 농도의 지수이다. pH 0~6은 산성, 7은 중성, 8~14는 알칼리성으로 분류한다. 일상에서 산성용액은 맥주, 탄산음료, 식초 등이 있고 알칼리성은 바닷물, 암모니아, 세제 등이 있다.

그림 11-7의 pH 미터(pH meter)는 유리전극과 비교전극 사이에서 발생하는 전위차로부터 pH를 구하는 측정기이다. pH를 정확히 알고 있는 표준용액을 pH 미터로 측정하여, pH 미터가 지시한 값이 맞지 않으면 이를 조절한다. 예를 들어, pH 4인 표준 용액을 측정했더니 pH 미터가 pH 3.8이라고 지시했다면 이를 4.0이 되도록 보정한다. pH 미터가 '이 용액의 pH는 4.0이다.'라고 인식하도록 하는 것이다. pH 미터의 유리전극은 매우 예민하므로 닦을 때는 손상이 가지 않도록 주의한다. pH 미터를 보관할 때에는 전극을 염화칼륨(KCl) 용액에 담가두어 전극이 마르지 않도록 한다.

그림 11-7 pH 미터의 프로브와 보드

표 11-5 pH 미터 보드의 핀 구조 및 기능

POT1	pH 측정값 오프셋 조정에 사용되는 퍼텐쇼미터
POT2	디지털 출력 Do를 위한 pH 임계치(Threshold)를 설정할 때 사용하는 퍼텐쇼미터
To	수온 측정값(10 ~ 30℃의 온도 범위에서는 pH가 같아, To 핀은 사용하지 않는다.)
Do	3.3V 출력(POT2와 함께 사용하여 LED를 밝히거나 부저를 울릴 때 사용)
Po	pH 아날로그 출력 핀 → 아두이노 우노의 A0핀
G	pH 프로브를 위한 GND → 아두이노 우노의 GND핀
G	보드를 위한 GND → 아두이노 우노의 GND핀
V+	VCC → 아두이노 우노의 5V핀

표 11-5의 pH 미터 보드의 핀 구조 및 기능에서 아두이노 보드의 A0 핀에 연결한 pH 미터의 Po 핀은 pH 0~pH 14를 0~5V로 출력된다. 그런데 pH 미터 보드의 기본 설정이 pH 7일 때 0V이다. 그래서 POT1 퍼텐쇼미터로 pH 7일 때 Po 핀에서 2.5V가 되도록 설정한다. 다음 소스코드를 업로드한 후 pH 7인 상태에서 2.5V가되게 한다.

다음 소스코드는 pH미터의 오프셋 조정을 위한 프로그램이다.

```
1  // 오프셋 조정을 위한 프로그램
2  void setup() {
3    Serial.begin(9600);
4  }
5  
6  void loop() {
7    int reading = analogRead(A0);
8    float V = reading * (5.0 / 1023.0);
9    float pH = V * 14.0/5.0;
10   Serial.print(V);
11   Serial.print("V, ");
12   Serial.print("pH : ");
13   Serial.println(pH);
14   delay(300);
15 }
```

코드분석

- 9행의 14는 pH가 0~14이므로 전압을 pH로 변환하기 위한 것이다.

pH 7로 간단히 설정해보는 것은 BNC 커넥터의 두 극을 합선시키면 된다. 프로브를 보드에서 뺀 다음 BNC 커넥터의 두 극을 합선시킨 후, 시리얼모니터를 보면서 2.5V, pH : 7이 되도록 POT1 퍼텐쇼미터를 조정한다. BNC 커넥터의 두 극을 합선시키는 방법은 양끝을 벗겨낸 전선이나 클립의 한쪽 끝을 BNC 커넥터의 가운데 구멍에 끼우고 다른 쪽 끝은 BNC 커넥터의 바깥쪽에 갖다 된다.

pH 7의 오프셋 조정이 끝난 다음은 pH 값을 측정하는 단계이다. 참고로 pH 4, pH 7, pH 10 표준용액의 전압을 측정해보면, 이 센서의 직선성이 우수함을 알 수 있다. pH값과 전압의 상관성을 수식으로 표현하면 다음과 같다.

$$\text{pH} = aV + b$$

여기서, V는 전압이다. a와 b는 pH 값을 알고 있는 2개 표준용액의 전압을 측정하여 구할 수 있다. 기준 pH로 pH 10 표준용액과 pH 7 표준용액으로 정하고 시리얼모니터로 전압을 확인했다. pH 10일 때 전압이 2.01V이고, pH 7일 때 전압은 2.52V였다. 이를 위 수식에 대입하면 다음과 같다.

$$10 = a \times 2.01 + b \qquad \text{(식 1)}$$

$$7 = a \times 2.52 + b \qquad \text{(식 2)}$$

위 2개식으로 a와 b를 구할 수 있다. 위 식1에서 식2을 빼면 a를 구할 수 있고, 구한 a를 식1에 대입하여 b를 구할 수 있다. pH 10 용액의 pH값을 pH1, 전압을 PO1이라하고, pH 7 용액의 pH값을 pH2, 전압을 PO2라고 하면 a와 b값은 다음 식과 같다.

$$a = \frac{10-7}{2.01-2.52} = \frac{\mathrm{pH\,1} - \mathrm{pH\,2}}{\mathrm{PO\,1} - \mathrm{PO\,2}}$$

$$b = 10 - a \times 2.01 = \mathrm{pH\,1} - \mathrm{a} \times \mathrm{PO\,1}$$

pH 표준용액이 하나 밖에 없을 때는 pH 7을 2.5V로 해서 a와 b를 구해도 무리가 없어 보인다. 다음 소스코드는 2개의 표준용액으로 pH 미터를 보정한 pH값 구하기 프로그램이다.

다음 소스코드는 pH미터로 측정한 pH값을 시리얼모니터로 출력하는 프로그램이다.

```
1  // pH값 구하기
2  const int pH_pin = A0;
3  float pH1 = 10.0;
4  float pH2 = 7.0;
5  float PO1 = 2.01;
6  float PO2 = 2.52;
7  float a = (pH1 - pH2) / (PO1 - PO2);
8  float b = pH1 - (a * PO1);
9
10 void setup() {
11   Serial.begin(9600);
12 }
13
14 void loop() {
15   int reading = analogRead(pH_pin);
16   float V = reading * (5.0 / 1023.0);
17   float pH = a*V + b;
18   Serial.print(V);   Serial.print("V, ");
19   Serial.print("pH : ");  Serial.println(pH);
20   delay(300);
21 }
```

코드분석

- 17행은 전압을 pH로 변환하는 수식이다. 여기서 a값과 b값은 7, 8행에 float형 변수에 저장한 값이다.

11.2 RFID 카드

RFID(Radio Frequency Identification)는 무선주파수를 이용하여 RFID 태그와 RFID 리드기로 정보를 교환하는 장치이다. 버스카드, 신용카드를 비롯한 사람/물체 식별용으로 실생활에 많이 쓰이고 있다. 바코드 시스템을 대체할 것으로 예상된다. 바코드에 비해 상대적인 장점은 바코드보다 훨씬 많은 정보를 칩에 저장할 수 있고, 무선으로 인식하므로 바코드처럼 직접 찍어주지 않아도 된다. 다음 그림 11-8의 RFID 모듈은 UART(시리얼통신), SPI, I^2C 통신을 지원한다.

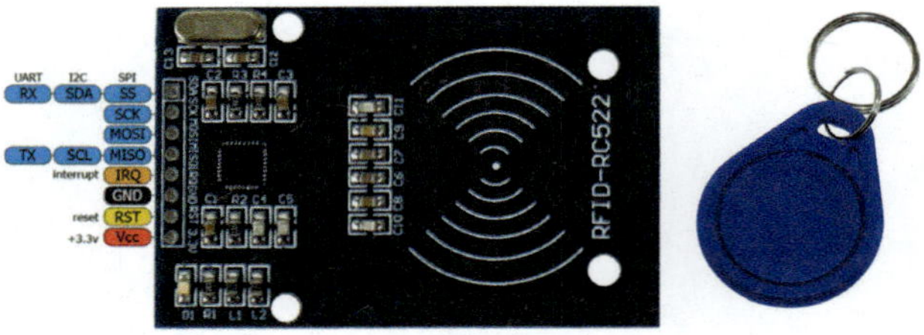

그림 11-8 RFID-RC522 리더와 RFID 카드

표 11-6 RFID-RC522 센서 기본사양

특성	내용
동작 전압	2.5~3.3V DC
동작 주파수	13.56MHz
소비 전류	13~26mA, 정전 모드 : 10μA
통신	SPI, I2C, UART
최대 전송률	10Mbps
측정 범위	5cm

표 11-6의 RFID-RC522 기본사양에서 보듯이 동작 전압이 2.5~3.3V이므로 아두이노의 3.3V에 연결한다. 통신 핀은 5V를 허용하므로 추가적으로 분압하지 않아도 된다. 동작 주파수는 MFRC522 컨트롤러를 기반으로 13.56MHz이다. 카드리드기는 배터리로 작동하는 애플리케이션에서 전원 절약을 위해 정전모드로 전환될 수 있다. IRQ 핀이 정전모드용이다.

실험 70-1 RFID 카드의 UID를 시리얼모니터로 출력하기

실습내용	준비물
1. RFID 카드를 사용해본다. 2. RFID 카드는 유일한 UID가 존재하므로 시리얼모니터로 확인하여 메모해둔다.	1. 아두이노 우노 보드 1개 2. 브레드보드 1개 3. RFID 카드 1개

회로구성

표 11-7 아두이노 우노 보드와 부품과의 결선표

아두이노 우노 보드	D10	D13	D11	D12		GND	D9	3.3V
RFID-RC522	SDA	SCK	MOSI	MISO	IRQ	GND	RST	3.3V

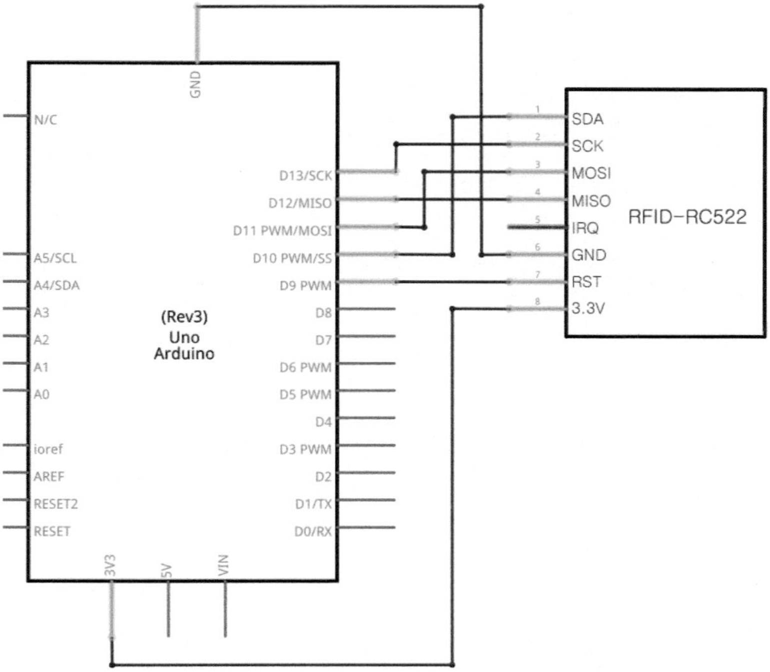

그림 11-9 RFID 카드의 UID를 시리얼모니터로 출력하기(회로도)

다음 소스코드는 RFID 카드의 UID를 시리얼모니터로 출력하는 프로그램이다. RC522를 라이브러리 관리에서 검색하여 설치한 후 업로드한다.

```
// RFID 카드의 UID를 시리얼모니터로 출력하기
#include <SPI.h>
#include <MFRC522.h>                          // 라이브러리 관리에서 설치
#define RST_pin        9
#define SDA_pin       10
MFRC522 mfrc522(SDA_pin, RST_pin);            // MFRC522 인스턴스 생성

void setup(){
   Serial.begin(9600);
   SPI.begin();                               //SPI 시작
   mfrc522.PCD_Init();                        //MFRC522 카드 초기화
   Serial.println("RFID 카드를 인식기에 갖다 대세요...");
}

void loop(){
   // 새 카드 확인하여 카드 읽기
   if( ! mfrc522.PICC_IsNewCardPresent() || ! mfrc522.PICC_ReadCardSerial())     return;
   Serial.print("RFID카드의 UID:");
   for(int i=0; i<4; i++){
     Serial.print("0x");
     Serial.print(mfrc522.uid.uidByte[i], HEX);
     Serial.print(", ");
   }
   Serial.println();
}
```

코드분석

- 17행에서 카드를 판독한다.
- 19~23행의 for 반복문으로 4바이트의 RFID카드의 UID를 인식하여 출력한다. RFID 카드에 따라 UID가 다른 것을 알 수 있다. 사용하고자 하는 RFID카드의 UID를 복사해둔다.

실험 70-2 RFID 카드로 서보모터 90도 움직이기(주차장 진출입 차단봉)

실습내용	준비물
1. RFID 카드가 인식될 때 서보모터를 90도 회전시켜 본다. 2. 각자 소유한 RFID 카드의 UID를 소스코드에 입력 후 업로드한다.	1. 아두이노 우노 보드 1개 2. 브레드보드 1개 3. RFID 카드 1개 4. 서보모터 1개

회로구성

표 11-8 아두이노 우노 보드와 부품과의 결선표

아두이노 우노 보드	D7	D10	D13	D11	D12	GND	D9	3.3V	5V
RFID-RC522		SDA	SCK	MOSI	MISO	GND	RST	3.3V	
서보모터	SIG(황색)					갈색			적색

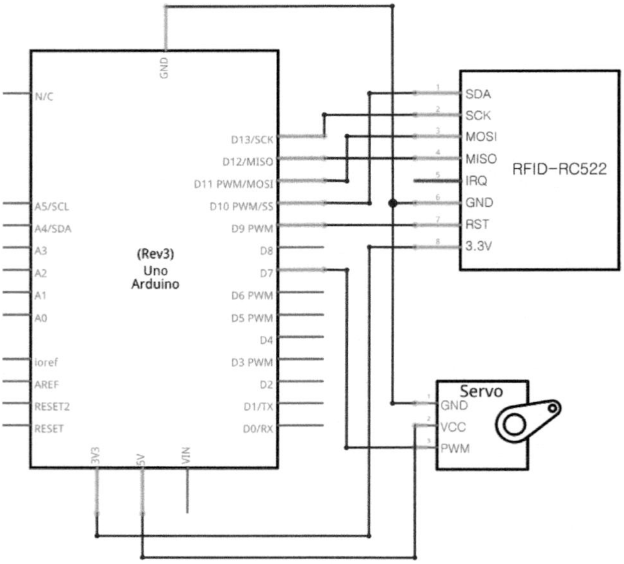

그림 11-10 RFID 카드로 서보모터 90도 움직이기(주차장 진출입 차단봉) 회로도

다음 소스코드는 RFID 카드로 인식되면 주차장 진출입 차단봉처럼 서보모터를 90도 움직이는 프로그램이다. 앞선 실험에서 복사해둔 RFID 카드의 UID를 다음 소스코드 10행

byte CardUid[4] = {0x5A, 0x2A, 0x7B, 0x7F}의 중괄호 { } 안의 내용을 수정하여 업로드한다. 그러면 RFID 리드기가 카드를 인식한다.

```
1  // RFID 카드로 서보모터 90도 움직이기(주차장 진출입 차단봉)
2  #include <SPI.h>
3  #include <MFRC522.h>
4  #include <Servo.h>
5  Servo servo;
6  const int servo_pin = 7;
7  const int RST_pin = 9;
8  const int SDA_pin = 10;
9  MFRC522 mfrc522(SDA_pin, RST_pin);                // MFRC522 인스턴스
10 byte CardUid[4] = {0x5A, 0x2A, 0x7B, 0x7F};       // 본인의 RFID카드의 UID를 입력
11 boolean state = false; //Servo Motor 상태값
12 
13 void setup(){
14   SPI.begin();                                    //SPI 시작
15   mfrc522.PCD_Init();                                       //MFRC522 카드 초기화
16   servo.attach(servo_pin);
17   servo.write(0);
18   delay(50);
19 }
20 
21 void loop(){
22   // 새 카드 확인하여 카드 읽기
23   if( ! mfrc522.PICC_IsNewCardPresent() || ! mfrc522.PICC_ReadCardSerial() ) return;
24   //-------------------------읽은 Card UID와 등록된 Card UID가 일치하는지 확인------------------
25   if(mfrc522.uid.uidByte[0] == CardUid[0] && mfrc522.uid.uidByte[1] == CardUid[1] &&
26        mfrc522.uid.uidByte[2] == CardUid[2] && mfrc522.uid.uidByte[3] == CardUid[3] ){
27   //-------------------------------------------------------------------------------------
28          servo.write(90);
29          delay(5000);
30          servo.write(0);
31    }
32 }
```

코드분석

- 25, 26행은 카드리드기에 갖다 댄 RFID 카드의 4자리 UID를 10행에 입력해둔 UID와 일치하는지 확인한다.
- UID가 일치하면 28행으로 서보모터의 회전각을 그림 11-12처럼 90도로 한다. 29, 30행으로 5초 후 다시 서보모터를 그림 11-11처럼 0도로 원위치시킨다.

그림 11-11 서보모터 0도(카드 인식 전)

그림 11-12 서보모터 90도(카드 인식 후)

CHAPTER 12

지문인식센서 및 키패드

학습목표

1. 지문인식센서의 특성과 용도를 설명할 수 있다.
2. 키패드의 특성과 용도를 설명할 수 있다.

12.1 지문인식센서

지문인식이란 지문의 특성을 이용해 손가락 지문으로 본인을 인증하는 기술로 지문을 등록하고 등록한 데이터와 입력된 지문을 비교해 일치하는지 판별한다. 지문인식은 크게 두 단계로 나뉜다. 센서에 손가락을 대어 지문을 촬영하는 입력 단계, 촬영된 지문을 저장된 지문과 대조해 일치 여부를 판단하는 인증단계다. 입력단계에서 지문을 촬영하는 방식에 따라 정전식, 광학식, 초음파 방식 등이 있다.

정전식은 지문의 융선과 골의 정전용량의 차이로 지문을 인식하는 방식이다. 센서에서 지문의 패턴마다 서로 다른 전기량을 감지해 형태를 인식하는 것이다.

광학식은 빛에 반사된 지문 영상을 획득해 기존 등록된 지문 정보와 비교하는 방식이다. 카메라와 광학 스캐너를 이용한다. 지문이 닿는 곳의 아래쪽에서 위로 강한 빛을 쏘면 지문 형태가 그대로 반사되며 광학 스캐너에서 이미지를 추출할 수 있다. 이를 디지털화하여 원본 데이터와 같은지를 판별한다. 주민센터나 은행 등에서 흔히 볼 수 있는 방식으로, 내구성이 좋지만 다른 기술에 비해 인식률이 상대적으로 낮다.

초음파 방식은 초음파를 발사하여 돌아오는 시간을 측정하고, 지문의 높이차를 측정해 지문을 인식한다. 이 방식은 기존 광학식 지문 인식보다 보안성이 높다. 지문 이미지가 아닌 사용자의 지문 굴곡을 인식하기 때문이다. 이 방식은 물체를 투과할 수 있다는 특별한 장점을 지니고 있다. 손가락에 물 등 일부 이물질이 묻은 상태에서도 인식률이 높아, 정확도와 보안성이 우수하다. 초음파 방식은 비교적 정확성과 내구성이 좋지만, 제작이 까다롭고 상대적으로 가격이 높다.

실험 71-1 지문을 인식하여 ID 번호를 시리얼모니터로 출력하고, '13LED' 켜기

실습내용	준비물
1. 지문인식기를 사용해본다. 2. 인식한 지문의 ID를 시리얼모니터로 출력하여 확인한다. 3. 내장 '13LED'로 지문이 인식될 때 불이 켜지게 해본다.	1. 아두이노 우노 보드 1개 2. 브레드보드 1개 3. 지문인식기 1개

회로구성

표 12-1 아두이노 우노 보드와 부품과의 결선표

아두이노 우노 보드	GND	5V	D2	D3
지문인식기	GND	VCC	TX	RX

그림 12-1 지문을 인식하여 ID 번호를 시리얼모니터로 출력하고, '13LED' 켜기

지문인식기를 실행하기에 앞서 지문을 등록하는 과정을 진행한다. 아두이노 IDE 프로그램인 스케치 메뉴의 '툴〉라이브러리 관리...'를 실행하고 Fingerprint를 검색하여 설치한다. 아두이노의 장점 중의 하나인 라이브러리가 설치되면 예제파일까지 볼 수 있는데, 메뉴 '파일〉예제〉Adafruit Fingerprint Sensor Library〉enroll'을 실행하여 업로드한다. 업로드 완료 후 시리얼모니터를 띄워 지문 등록을 실행한다. 지문 등록은 최대 127개까지 할 수 있다.
지문 등록을 마친 후 다음 소스코드를 업로드하면 등록된 지문을 제대로 인식하는지를 확인해 볼 수 있다. 다음 소스코드는 지문 인식한 ID 번호를 시리얼모니터로 출력하는 프로그램이다. 인식되면 아두이노의 내장 '13LED'를 켠다.

```
// 지문 인식한 ID 번호를 시리얼모니터로 출력하고, '13LED' 켜기
#include <Adafruit_Fingerprint.h>
SoftwareSerial mySerial(2, 3);
Adafruit_Fingerprint finger = Adafruit_Fingerprint(&mySerial);
const int led_pin = 13;

void setup() {
  pinMode(led_pin, OUTPUT);
  Serial.begin(9600);
  finger.begin(57600);
  delay(5);
  Serial.println("손가락을 갖다대세요!!!");
}

void loop() {
  if(getFingerprintIDez() == -1) digitalWrite(led_pin, LOW);
  else digitalWrite(led_pin, HIGH);
}

int getFingerprintIDez() { // 인식된 ID 번호를 리턴. 그 외에는 -1을 리턴.
  uint8_t p = finger.getImage();
  if(p != FINGERPRINT_OK)  return -1;
  p = finger.image2Tz();
  if(p != FINGERPRINT_OK)  return -1;
  p = finger.fingerFastSearch();
  if(p != FINGERPRINT_OK)  return -1;
```

```
27    Serial.print(finger.confidence); Serial.print("의 자신감으로 ID 번호는 ");
28    Serial.print(finger.fingerID); Serial.println("이다.");
29    return finger.fingerID;
30  }
```

코드분석

- 20~30행은 지문센서에서 인식된 ID번호를 리턴하는 함수이다. 인식된 것이 없을 때는 -1을 리턴한다.
- 27행과 28행은 인식한 지문의 자신감과 인식한 지문의 ID를 시리얼모니터로 출력한다.

다음 그림 12-2는 지문을 인식한 경우 ID 번호를 시리얼모니터로 출력한 이미지이다.

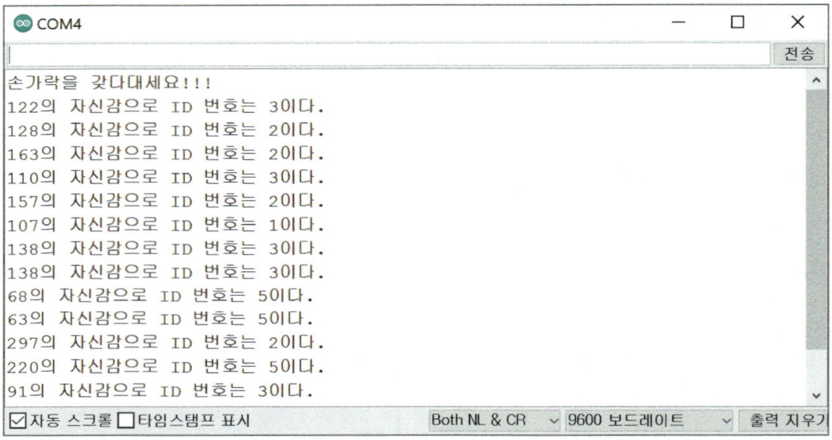

그림 12-2 지문을 인식하여 ID 번호를 시리얼모니터로 출력

실험 71-2 지문을 인식하여 ID 번호를 LCD로 출력하고, '13LED' 켜기

실습내용	준비물	
1. 지문인식기를 사용해본다. 2. 인식한 지문의 ID를 LCD로 출력하여 확인한다.	1. 아두이노 보드 1개 2. 브레드보드 1개	3. 지문인식기 1개 4. LCD + I^2C 모듈 1개

회로구성

표 12-2 아두이노 우노 보드와 부품과의 결선표

아두이노 우노 보드	GND	5V	D2	D3	A4	A5
지문인식기	GND	VCC	TX	RX		
LCD	GND	VCC			SDA	SCL

다음 소스코드는 지문 인식한 ID 번호와 인식의 자신감을 LCD로 출력하는 프로그램이다.

```
1  // 지문 인식하여 ID 번호를 LCD로 출력하고, '13LED' 켜기
2  #include <Adafruit_Fingerprint.h>
3  SoftwareSerial mySerial(2, 3);
4  Adafruit_Fingerprint finger = Adafruit_Fingerprint(&mySerial);
5  const int led_pin = 13;
6  #include<LiquidCrystal_I2C.h>  // 라이브러리 관리에서 LiquidCrystal_I2C.h 추가
7  #include<Wire.h>       // I2C통신을 위해 Wire.h 추가
8  LiquidCrystal_I2C lcd(0x27,16,2); // LCD 화면이 안 뜨면 0x3F로 수정.
9  
10 void setup() {
11   lcd.init();     // LCD 초기화
12   lcd.backlight();
13   pinMode(led_pin, OUTPUT);
14   finger.begin(57600);
15   delay(5);
16   lcd.setCursor(0,0);
17   lcd.print("Put your finger");
18 }
19 
20 void loop() {
21   if(getFingerprintID_LCD() == -1) digitalWrite(led_pin, LOW);
22   else digitalWrite(led_pin, HIGH);
23 }
24 
25 int getFingerprintID_LCD() { // 인식된 ID 번호를 리턴. 그외에는 -1을 리턴.
26   uint8_t p = finger.getImage();
27   if(p != FINGERPRINT_OK)  return -1;
28   p = finger.image2Tz();
29   if(p != FINGERPRINT_OK)  return -1;
30   p = finger.fingerFastSearch();
31   if(p != FINGERPRINT_OK)  return -1;
32   lcd.setCursor(5,1);    // 5열, 2행 지정
33   lcd.print("ID : "); lcd.print(finger.fingerID);
34   delay(1000);
35   lcd.setCursor(1,1);    // 2열, 2행 지정
36   lcd.print("Confidence : "); lcd.print(finger.confidence);
37   delay(1000);
38   lcd.setCursor(0,1);    // 1열, 2행 지정
39   lcd.print("                ");
40   return finger.fingerID;
41 }
```

코드분석

- 25~41행은 지문센서에서 인식된 ID번호를 리턴하는 함수이다. 인식된 것이 없을 때는 -1을 리턴한다.
- 32~39행은 인식한 지문의 자신감과 인식한 지문의 ID를 LCD로 출력한다.

12.2 키패드

키패드는 12개(3×4)에서 16개(4×4)의 OFF-(ON) 버튼으로 구성된 사각형 배열이다. 키패드의 접점은 헤더를 통해 접촉되며 헤더는 리본 케이블에 연결 되거나 PCB에 삽입되기에 적합하다. 버튼이 각각 눌릴 때 오직 한 쌍의 전도체만이 연결된다. 그림 12-3의 키패드(4×4)는 가로(행 ; Row) 4줄, 세로(열 ; Column) 4줄로 16개의 버튼이 있다. 16개의 버튼이 눌려지는지를 인식하기 위한 핀은 8개이다. 이 8개의 핀의 첫 번째 4개는 가로 4줄인 R1~R4이고, 나머지 4개의 핀은 세로 4줄의 C1~C4이다. 예를 들어, 그림 12-4의 '7' 키를 누르면, R3와 C1으로 전류가 흐르게 된다. 그러므로 키패드는 교차되는 행과 열의 값을 찾아서, 어떤 버튼이 눌려졌는지를 알 수 있는 입력 부품이다.

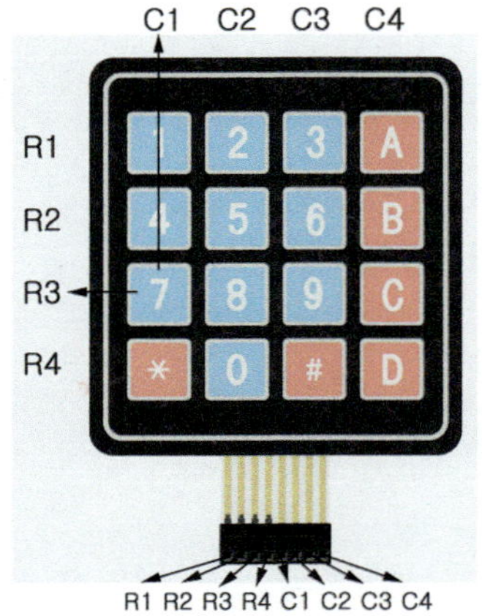

그림 12-3 키패드 구조 및 핀 배치도

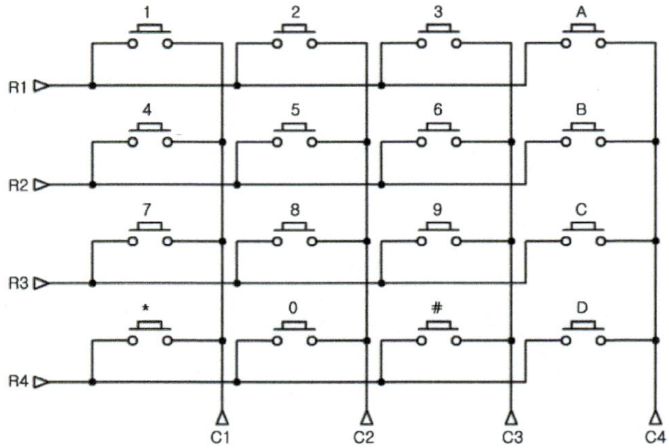

그림 12-4 키패드 내부 버튼의 구조

실험 72-1 TINKERCAD 키패드에서 누른 값을 시리얼모니터에 출력하기

실습내용	준비물
1. 키패드(4×4)를 사용해본다. 2. 키패드에서 누른 값을 시리얼모니터로 확인한다.	1. 아두이노 우노 보드 1개 2. 브레드보드 1개 3. 키패드(4×4) 1개

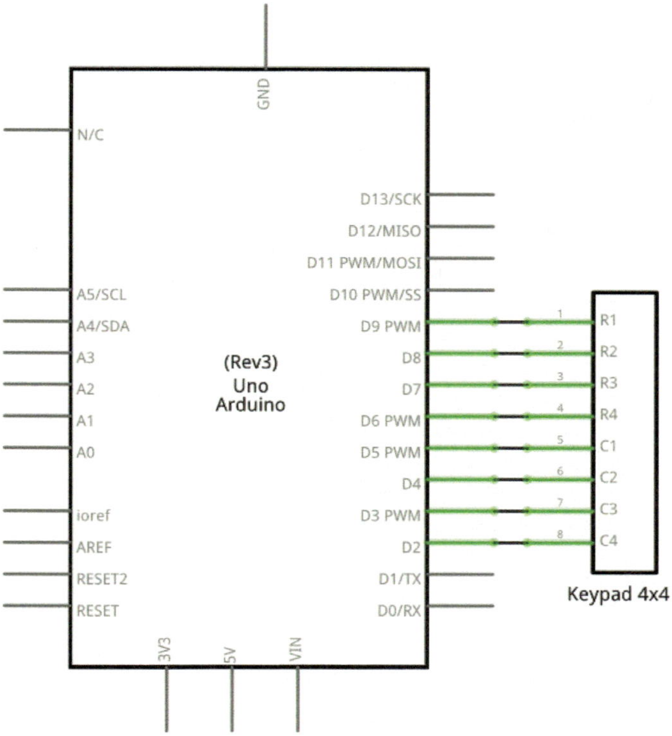

그림 12-5 키패드로 누른 값을 시리얼모니터에 출력하는 회로도

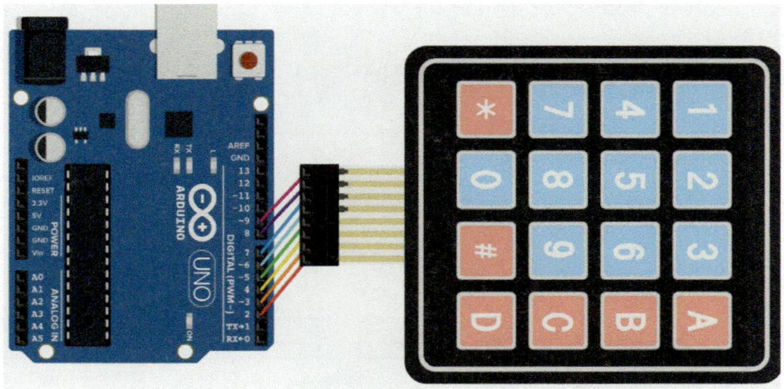

그림 12-6 키패드에서 누른 값을 시리얼모니터에 출력하기

다음 소스코드는 키패드로 누른 값을 시리얼모니터로 출력하는 프로그램이다.

```
//키패드로 누른 값을 시리얼모니터에 출력하는 프로그램
#include <Keypad.h>            // "툴>라이브러리 관리..." 에서 Keypad.h를 설치
const byte ROWS = 4;
const byte COLS = 4;
char keys[ROWS][COLS] = {
  {'1','2','3','A'},
  {'4','5','6','B'},
```

```
8     {'7','8','9','C'},
9     {'*','0','#','D'}
10  };
11  byte rowPins[ROWS] = {9, 8, 7, 6};
12  byte colPins[COLS] = {5, 4, 3, 2};
13  Keypad keypad = Keypad(makeKeymap(keys), rowPins, colPins, ROWS, COLS);
14
15  void setup(){
16    Serial.begin(9600);
17  }
18
19  void loop(){
20    char key = keypad.getKey();
21    if(key != NO_KEY)     Serial.println(key);
22  }
```

코드분석

- 2행의 keypad 라이브러리를 설치 추가하면 20행의 getKey() 함수로 키패드의 문자를 읽어 들여 21행으로 시리얼모니터에 출력한다.

실험 72-2 TINKERCAD 키패드로 입력한 비밀번호를 식별하기

실습내용	준비물
1. 비밀번호 식별기를 키패드(4×4)로 만들어본다. 2. 초기 비밀번호 '123A'를 누르면 빨간색 LED가 꺼지고, 녹색 LED가 켜짐을 확인한다. 3. '*' 또는 '#'을 누르면 원래 상태(빨간색 LED 켜짐)로 돌아감을 확인한다.	1. 아두이노 우노 보드 1개 2. 브레드보드 1개 3. 저항 330Ω 2개 4. LED 빨간색, 초록색 각 1개 5. 키패드(4×4) 1개

회로구성

표 12-3 아두이노 우노 보드와 부품과의 결선표

아두이노 보드	D2	D3	D4	D5	D6	D7	D8	D9	D12	D13
키패드 4×4	C4	C3	C3	C1	R4	R3	R2	R1		
LED(빨강)										+
LED(초록)									+	
2개의 LED(−) 단자와 2개의 330Ω 저항을 풀다운 형태로 연결한다.										

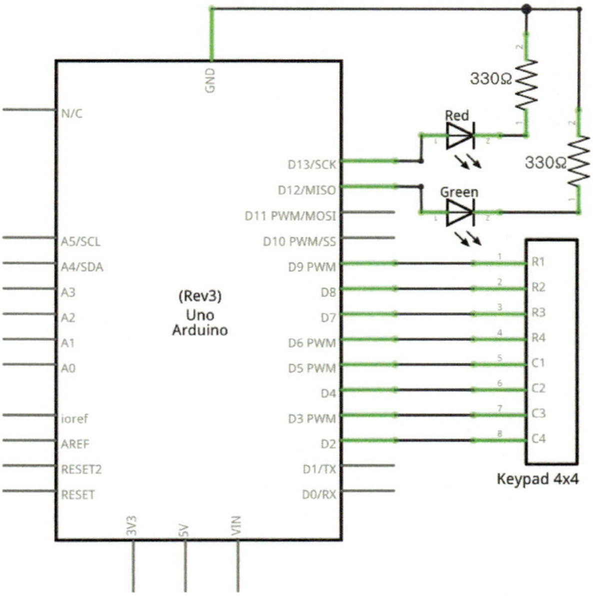

그림 12-7 키패드로 입력한 비밀번호를 식별하는 회로도

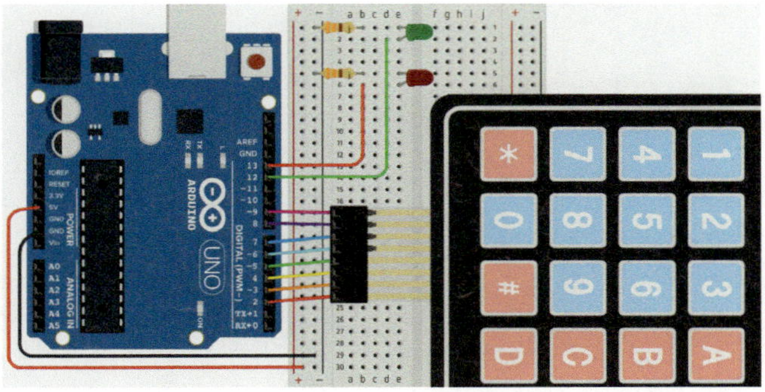

그림 12-8 키패드로 입력한 비밀번호를 식별하기

다음 소스코드는 키패드로 입력한 비밀번호를 식별하는 프로그램이다.

```
//키패드로 입력한 비밀번호를 식별하는 프로그램
#include <Keypad.h>
char* secretCode = "123A";    // 초기 비밀번호 설정
int position = 0;
const int redPin = 13;
const int greenPin = 12;
const byte ROWS = 4;
const byte COLS = 4;
char keys[ROWS][COLS] = {
  {'1','2','3','A'},
  {'4','5','6','B'},
  {'7','8','9','C'},
  {'*','0','#','D'}
};
byte rowPins[ROWS] = {9, 8, 7, 6};
```

```
16 byte colPins[COLS] = {5, 4, 3, 2};
17 Keypad keypad = Keypad(makeKeymap(keys), rowPins, colPins, ROWS, COLS);
18
19 void setup(){
20   pinMode(redPin, OUTPUT);
21   pinMode(greenPin, OUTPUT);
22   setLocked(true);
23 }
24
25 void loop(){
26   char key = keypad.getKey();
27   if(key == '*' || key == '#'){
28     position = 0;
29     setLocked(true);
30   }
31   if(key == secretCode[position])    position ++;
32   if(position == 4)    setLocked(false);
33   delay(100);
34 }
35
36 void setLocked(int locked){
37   if(locked){
38     digitalWrite(redPin, HIGH);
39     digitalWrite(greenPin, LOW);
40   }
41   else{
42     digitalWrite(redPin, LOW);
43     digitalWrite(greenPin, HIGH);
44   }
45 }
```

코드분석

- 3행에 4자리 비밀번호 '123A'를 설정한다.
- 38행과 39행으로 평상시에 빨간 LED가 켜지고 초록 LED 꺼진 상태를 유지한다.
- 31행과 32행으로 4자리의 비밀번호를 확인한다. 비밀번호를 차례대로 제대로 누르면 42행과 43행으로 빨간 LED가 끄고 초록 LED 켠다.
- 27행의 if(key == '*' || key == '#') 조건문으로 '*' 또는 '#' 키를 누르면 비밀번호를 인식하려는 초기상태로 돌아간다. 아두이노 보드의 리셋 버튼 누른 것과 같다.

실험 72-3 TINKERCAD 키패드 비밀번호로 자동 도어락 구현하기

실습내용	준비물
1. 앞선 실험인 '비밀번호 식별기'에 서보모터를 추가하여 자동 도어락을 구현해본다. 2. 비밀번호 '123A'를 누르면 서보모터가 '열림' 상태로 움직임을 확인한다. 3. '*' 또는 '#'을 누르면 원래 '잠김' 상태로 서보모터가 돌아감을 확인한다.	1. 아두이노 우노 보드 1개 2. 브레드보드 1개 3. 저항 330Ω 2개 4. LED 빨간색, 초록색 각 1개 5. 서보모터 1개 6. 키패드(4×4) 1개

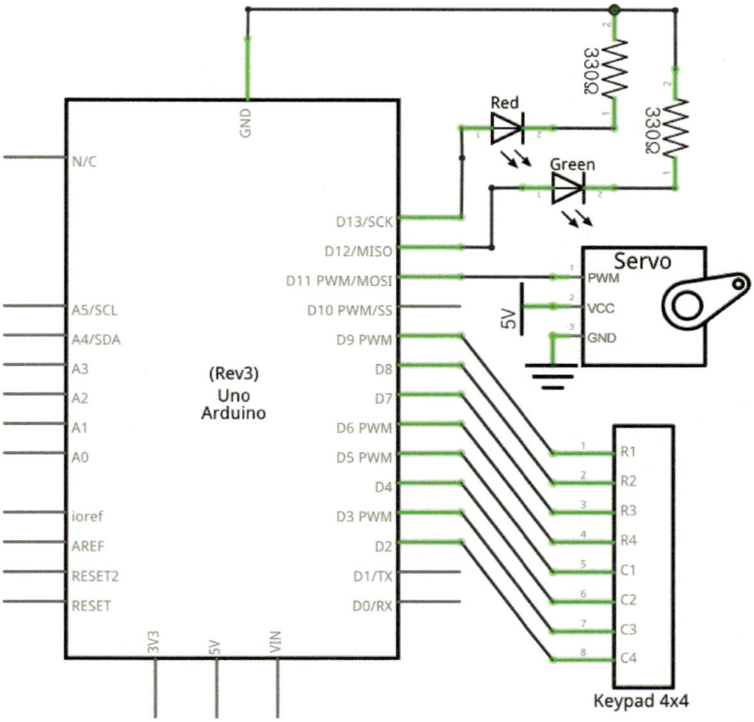

그림 12-9 키패드 비밀번호로 자동 도어락 구현하는 회로도

다음 소스코드는 키패드 비밀번호로 자동 도어락을 서보모터로 구현하는 프로그램이다.

```
// 키패드 비밀번호로 자동 도어락 구현(서보모터 사용)
#include <Keypad.h>
#include <Servo.h>
Servo servo;                    // servo 오브젝터 생성. 서보 오브젝트는 12개 생성할 수 있다.
int pos = 0;                    // 서보 위치 초기화
char* secretCode = "123A";
int position = 0;
const int red_pin = 13;
const int green_pin = 12;
const int servo_pin = 11;
const byte ROWS = 4;
const byte COLS = 4;
char keys[ROWS][COLS] = {
  {'1','2','3','A'},
  {'4','5','6','B'},
  {'7','8','9','C'},
  {'*','0','#','D'}
};
byte rowPins[ROWS] = {9, 8, 7, 6};
byte colPins[COLS] = {5, 4, 3, 2};
Keypad keypad = Keypad(makeKeymap(keys), rowPins, colPins, ROWS, COLS);

void setup(){
  pinMode(red_pin, OUTPUT);
  pinMode(green_pin, OUTPUT);
  setLocked(true);
  servo.attach(servo_pin);                          // 아두이노의 11(PWM)번 핀에 연결
```

```
28 }
29
30 void loop(){
31   char key = keypad.getKey();
32   if(key == '*' || key == '#'){
33     position = 0;
34     setLocked(true);
35   }
36   if(key == secretCode[position])    position ++;
37   if(position == 4)    setLocked(false);
38   delay(100);
39 }
40
41 void setLocked(int locked){
42   if(locked){
43     digitalWrite(red_pin, HIGH);
44     digitalWrite(green_pin, LOW);
45     for(pos = 0; pos <= 90; pos+=30){            // 0도부터 90도까지 30도씩 증가
46        servo.write(pos);                          // 서보모터에 위치 'pos' 전달
47        delay(50);                                 // 50ms 지연
48     }
49   }
50   else{
51     digitalWrite(red_pin, LOW);
52     digitalWrite(green_pin, HIGH);
53     for(pos = 90; pos >= 0; pos-=30){            // 90도부터 0도까지 30도씩 감소
54        servo.write(pos);                          // 서보모터에 위치 'pos' 전달
55        delay(50);                                 // 50ms 지연
56     }
57   }
58 }
```

코드분석

- 평상시에 45~48행으로 그림 12-10처럼 서보모터의 회전각을 90도로 유지한다. 문이 잠긴 상태이다. 이때 LED는 43행으로 빨간불이 켜진다.
- 비밀번호를 제대로 눌렀을 때 53~56행으로 그림 12-11처럼 서보모터의 회전각을 0도로 유지한다. 문이 열린 상태이다. 이때 LED는 52행으로 초록불이 켜진다.
- 32행으로 '*' 또는 '#' 키를 누르면 처음상태대로 문은 잠기고 빨간색 LED가 켜진다.

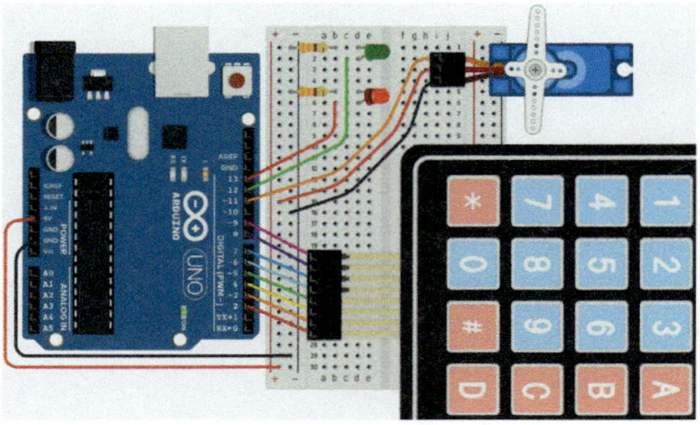

그림 12-10 키패드 자동 도어락(잠김 상태)

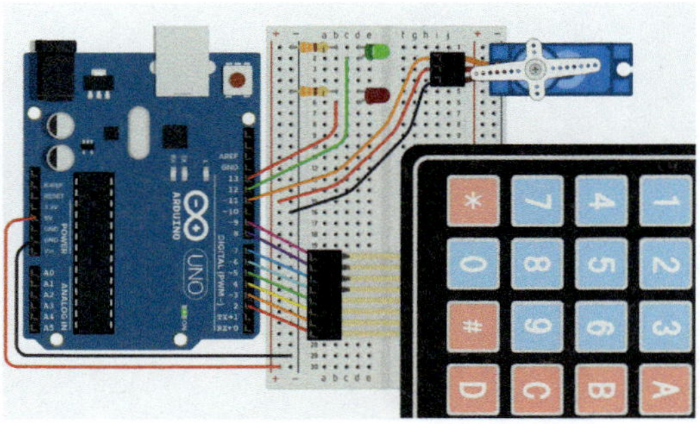

그림 12-11 키패드 자동 도어락(열림 상태)

실험 73TINKERCAD 키패드로 누른 숫자를 7세그먼트로 출력하기

실습내용	준비물	
1. 키패드(4×4)로 누른 숫자를 CD4511 디코더를 통해 7세그먼트로 출력해본다.	1. 아두이노 우노 보드 1개 2. 브레드보드 1개 3. CD4511 디코더 1개	4. 저항 330Ω 7개 5. 1자리 7세그먼트 1개 6. 키패드(4×4) 1개

회로구성

표 12-4 아두이노 우노 보드와 부품과의 결선표

아두이노 보드	GND	5V	D10	D11	D12	D13
CD4511	5, 8핀	3,4,16핀	7핀	6핀	2핀	1핀

표 12-5 아두이노 우노 보드와 부품과의 결선표

아두이노 보드	D2	D3	D4	D5	D6	D7	D8	D9
키패드 4×4	C4	C3	C3	C1	R4	R3	R2	R1

표 12-6 아두이노 우노 보드와 부품과의 결선표

7세그먼트	1 e	2 d	3 GND	4 c	5 dp	6 b	7 a	8 GND	9 f	10 g
CD4511	9	10		11		12	13		15	14
아두이노 보드			GND		GND			GND		
330Ω 저항은 7세그먼트에 연결한다.										

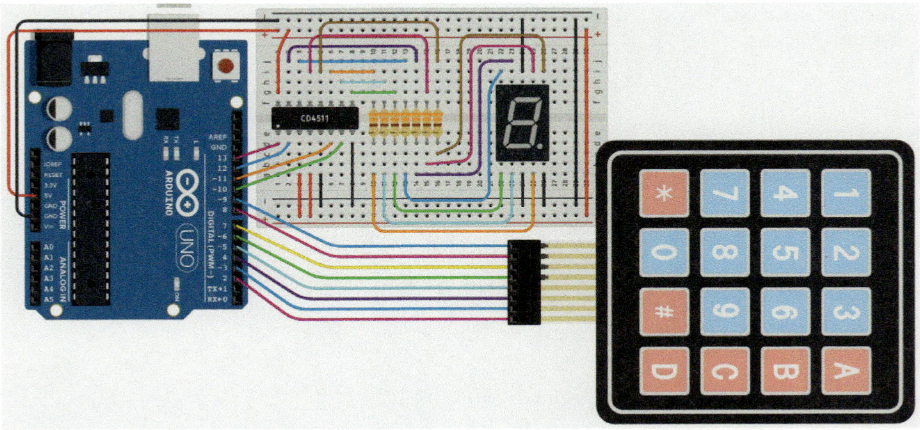

그림 12-12 키패드로 누른 숫자를 7세그먼트로 출력하기

다음 소스코드는 키패드로 누른 숫자를 7세그먼트로 출력하는 프로그램이다.

```
1 //키패드로 누른 숫자를 7세그먼트로 출력하는 프로그램
2 #include <Keypad.h>
3 const byte ROWS = 4;
4 const byte COLS = 4;
5 char keys[ROWS][COLS] = {
6   {'1','2','3','A'},
7   {'4','5','6','B'},
8   {'7','8','9','C'},
9   {'*','0','#','D'}
10 };
11 byte rowPins[ROWS] = {9, 8, 7, 6};
12 byte colPins[COLS] = {5, 4, 3, 2};
13 Keypad keypad = Keypad(makeKeymap(keys), rowPins, colPins, ROWS, COLS);
14 #define A 10
15 #define B 13
16 #define C 12
17 #define D 11
18 int data_pin[] = {D, C, B, A};
19 int digitForNum[10][4] = {
20   {0, 0, 0, 0}, //0
21   {0, 0, 0, 1}, //1
22   {0, 0, 1, 0}, //2
23   {0, 0, 1, 1}, //3
24   {0, 1, 0, 0}, //4
25   {0, 1, 0, 1}, //5
26   {0, 1, 1, 0}, //6
27   {0, 1, 1, 1}, //7
28   {1, 0, 0, 0}, //8
29   {1, 0, 0, 1}  //9
30 };
31 
32 void setup(){
33   for(int i = 0 ; i < 4; i++)    pinMode(data_pin[i], OUTPUT);
34   Serial.begin(9600);
35 }
36 
37 void loop(){
38   char key = keypad.getKey();
39   if(key != NO_KEY){
40     Serial.println(key);
41     for(int j=0; j<4; j++)     digitalWrite(data_pin[j], digitForNum[(int)key-48][j]);
42     delay(100);
43   }
44 }
```

코드분석

- 38행의 getKey() 함수로 눌려진 키를 확인하고, 40행에서 눌려진 키를 시리얼모니터로 출력하고, 41행에서 눌려진 키를 세그먼트에 출력한다.

CHAPTER 13

아두이노 통신

학습목표

1. 시리얼통신을 설명할 수 있다.
2. SPI통신을 설명할 수 있다.
3. I^2C통신을 설명할 수 있다.
4. 블루투스통신을 설명할 수 있다.
5. RF통신을 설명할 수 있다.

13.1 시리얼통신

아두이노에서 시리얼통신(직렬통신)이란 UART(Universal Asyncronous Receiver/Transmitter)통신이다. 아두이노와 PC의 통신도 시리얼통신을 기본으로 한다. 아두이노 우노는 USB 케이블로 PC와 연결하기만 하면 시리얼통신을 할 수 있다. 시리얼통신은 1 : 1 통신이다. 시리얼통신은 데이터를 전송할 때 하나의 전선을 통해 한 비트(bit)씩 순차적으로 보낸다. 예를 들면, 1바이트(8 비트)의 데이터를 보내는데 8개의 전선을 사용하지 않고 하나의 전선으로 1비트씩 차례대로 보낸다.

아두이노끼리의 시리얼통신은 송신/수신(TX/RX) 2개의 선을 사용하며 서로 엇갈리게 교차 연결한다. 아두이노 우노는 시리얼통신 용도로 아두이노 1번 핀(TX), 0번 핀(RX)을 사용한다. 따라서 소스코드를 업로드할 때는 0번 핀과 1번 핀에 연결되어 있으면 안 된다. 시리얼통신을 이용하기 위해 따로 라이브러리를 설치할 필요가 없다. 기본 클래스로 제공되기 때문에 Serial.begin() 함수와 같이 사용하면 된다. 표준 스트림 클래스를 상속하므로 read(), write(), print() 등의 함수를 사용할 수 있다.

실험 74-1 2개의 아두이노로 시리얼통신하기

실습내용	준비물	
1. 2개의 아두이노로 시리얼통신을 해 본다.	1. 아두이노 우노 보드 2개 2. 브레드보드 2개 3. 택트스위치 1개	4. 1자리 7세그먼트 1개 5. 저항 10kΩ 1개, 330Ω 7개

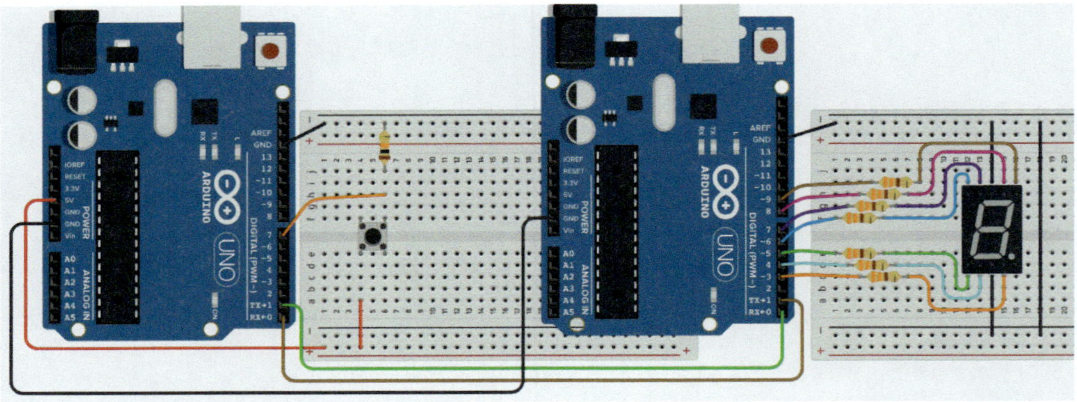

그림 13-1 아두이노 간의 시리얼통신

회로구성

표 13-1 마스터 아두이노 우노 보드와 부품과의 결선표

아두이노 우노 보드	GND	5V	D7
택트스위치		핀1 or 핀2	핀3 or 핀4

- 왼쪽 아두이노는 마스터(master)가 되고 오른쪽 아두이노는 슬레이브(slave)의 역할을 한다.
- 마스터는 택트스위치 회로를 구성한다. 10kΩ 저항은 택트스위치에 풀다운으로 연결한다.

표 13-2 슬레이브 아두이노 우노 보드와 부품과의 결선표

아두이노 우노 보드	GND	D3	D4	D5	D6	D7	D8	D9
7세그먼트	3, 8 GND	4 c	2 d	1 e	10 g	9 f	7 a	6 b

- 슬레이브는 저항7개와 함께 7세그먼트 회로를 구성한다. 7세그먼트는 공통캐소드이다.
- 마스터의 1번 핀(TX)을 슬레이브의 0번 핀(RX)에 연결한다.
- 마스터의 0번 핀(RX)을 슬레이브의 1번 핀(TX)에 연결한다.
- 마스터와 슬레이브 보드의 GND를 서로 연결한다.

다음 마스터와 슬레이브의 소스코드를 업로드할 때는 0번 핀과 1번 핀은 잠시 빼놓은 상태에서 한다. USB 포트로 업로드할 때 0번, 1번 시리얼 핀을 사용하기 때문이다. 0번과 1번 핀이 아닌 다른 두 핀을 사용하려면 SoftwareSerial 라이브러리를 사용하면 된다.

다음 소스코드는 2개의 아두이노 보드의 시리얼통신에서 마스터 프로그램이다.

```
// 마스터 시리얼통신(택트스위치로 카운터)
const int pb_pin = 7; // 택트스위치 연결 핀 번호
int buttonState;
int lastButtonState = LOW;
unsigned long lastDebounceTime = 0;
unsigned long debounceDelay = 50;    // 디바운스 시간
int cnt = 0;

void setup() {
  pinMode(pb_pin, INPUT);
  Serial.begin(9600);
}

void loop() {
  int reading = digitalRead(pb_pin);
  if (reading != lastButtonState) {
    lastDebounceTime = millis() ;
  }
  if ((millis() - lastDebounceTime) > debounceDelay) {
    if (reading != buttonState) {
```

```
21       buttonState = reading;
22       if (buttonState == HIGH) {
23         cnt++;
24         if(cnt > 9) cnt = 0;
25         Serial.write(cnt);
26       }
27     }
28   }
29   lastButtonState = reading;
30 }
```

코드분석

- 25행의 Serial.write(cnt)함수는 시리얼통신으로 슬레이브에 'cnt'를 전송한다. 매개변수는 int형이어야 한다.

다음 소스코드는 2개의 아두이노 보드의 시리얼통신에서 슬레이브 프로그램이다.

```
// 슬레이브 시리얼통신(7세그먼트에 숫자 표시)
#define c 3
#define d 4
#define e 5
#define g 6
#define f 7
#define a 8
#define b 9
int segmentLEDs[] = {a, b, c, d, e, f, g};
int LEDsNum = 7;
int digitForNum[10][7] = {
  {1, 1, 1, 1, 1, 1, 0}, //0
  {0, 1, 1, 0, 0, 0, 0}, //1
  {1, 1, 0, 1, 1, 0, 1}, //2
  {1, 1, 1, 1, 0, 0, 1}, //3
  {0, 1, 1, 0, 0, 1, 1}, //4
  {1, 0, 1, 1, 0, 1, 1}, //5
  {0, 0, 1, 1, 1, 1, 1}, //6
  {1, 1, 1, 0, 0, 0, 0}, //7
  {1, 1, 1, 1, 1, 1, 1}, //8
  {1, 1, 1, 0, 0, 1, 1}  //9
};
int received;

void setup(){
  Serial.begin(9600);
  for(int i = 0 ; i < LEDsNum ; i++){
    pinMode(segmentLEDs[i], OUTPUT);
  }
}

void loop(){
}

void serialEvent(){
  while (Serial.available() > 0){
    received = Serial.read();
    displaySegment(received);
  }
```

```
40 }
41
42 void displaySegment(int num){
43   for(int j = 0 ; j < LEDsNum ; j++){
44     digitalWrite(segmentLEDs[j], digitForNum[num][j]);
45   }
46 }
```

코드분석

- 35행의 serialEvent() 함수는 시리얼로 신호를 받게 되면 이 함수 내부의 코드를 자동 실행하는 함수이다.
- 37행의 Serial.read() 함수는 시리얼포트로 부터 데이터를 수신 받는다.

13.2 SPI통신

SPI(Serial Peripheral Interface)를 직역하면 '직렬 주변기기 인터페이스'이다. SPI는 1 : N 통신을 지원하는 동기식 통신 방식이다. SPI통신을 위해서는 반드시 하나의 마스터와 하나 이상의 슬레이브 기기가 존재해야 한다. 시리얼통신과 I^2C통신은 2개의 선이 필요한데, SPI통신에서는 송신과 수신을 위한 MOSI(Master Out Slave IN)선과 MISO(Master In Slave Out)선, 클럭(SCK)선, SS(Slave Select)선 이렇게 4개가 필요하다. MOSI(Master Out Slave IN)는 이름그대로 마스터에서 슬레이브에게로 가는 데이터를 전송하는 선이고, MISO(Master In Slave Out)는 슬레이브에서 마스터에게로 가는 데이터를 전송하는 선이다. SPI는 송신과 수신의 선이 따로 있어서 송수신이 동시에 가능하다. 다만 SPI통신은 마스터-슬레이브 관계(주인과 종의관계)가 있어 슬레이브는 마스터로 마음대로 통신을 하지 못한다. SPI의 데이터 송수신은 동시에 이루어지기 때문에 데이터 송신이 곧 수신이 된다. 데이터의 송수신 타이밍은 마스터가 결정한다. SPI통신은 마스터와 여러 슬레이브 간에 1 : N 통신이 가능하다. SCK선은 값을 보내기 시작하고 끝을 알려주는 핀이다. SS선은 마스터쪽에는 어디든 꽂아도 상관없지만, 아두이노 우노의 경우 슬레이브에는 10번 핀에 무조건 꽂아야 한다. SPI통신에서 마스터는 무조건 하나지만 슬레이브는 여러 대가 될 수도 있다. 따라서 슬레이브를 구분하기 위한 방법이 필요한데 SS선은 Slave를 구분하기 위한 방법 중 하나이다. 데이터 전송과 수신이 동시에 이루어질 수 있어서 송수신이 하나의 선으로 이루어지는 I^2C통신에 비해 속도가 빠르다. 그리고 마스터에서 출력하는 선과 슬레이브에서 출력하는 선이 정해져 있어 시리얼통신처럼 Rx, Tx선이 헷갈릴 일도 없다. 주로 가까이 있는 붙어 있는 제품들을 제어할 때 편리하며, 카메라나 SD, OLED 등에 많이 사용된다. 아두이노 우노 보드에서는 'ICSP' 라는 포트로도 따로 제공한다. 1.2.1절을 참조하기 바란다.

아두이노 SPI 라이브러리는 마스터 모드만 지원하므로 슬레이브를 설정하실 경우는 직접 레지스터를 통해 제어해야 한다. 이중에서 SPCR(SPI Control Register)라는 레지스터를 설정해 준다면 아두이노를 슬레이브로 사용이 가능하다. SPCR레지스터는 총 8비트이고 각 레지스터는 다음과 같다.

MSB							LSB
SPIE	SPE	DORD	MSTR	CPOL	CPHA	SPR1	SPR0

- SPIE : SPI모드를 인터럽트 모드로 사용할 때 1로 설정
- SPE : SPI통신을 하려면 1로 설정
- DORD : 들어오는 데이터 순서가 LSB면 1, MSB면 0
- MSTR : 마스터 모드이면 1, 슬레이브 모드이면 0
- CPOL : SCK에서 데이터를 읽는 모드 설정
- CPHA : SCK에서 데이터를 읽는 모드 설정
- SPR1 : 주파수 설정
- SPR0 : 주파수 설정(SPI통신의 속도를 결정 SPI통신은 1/4이하일 때만 올바른 전송을 보장한다. 아두이노 우노의 경우 16MHz이므로 SPI통신은 1/4인 4MHz까지 사용이 가능하다)

슬레이브로 사용하기 위해 중요한 것은 MSTR이 '0', SPE가 '1'이여야 한다는 것이다. 비트 연산자를 통해 해당비트만 1로 변경할 수도 있고, 통째로 8비트 모두를 SPCR에 넣어서 사용하는 방법도 있다.

실험 74-2 2개의 아두이노로 SPI통신하기

실습내용	준비물
1. 2개의 아두이노로 SPI통신을 해본다.	1. 앞 실험 시리얼통신과 준비물이 동일

회로구성

- 앞 실험 시리얼통신처럼 왼쪽 아두이노 마스터에는 택트스위치로 카운터하는 회로를 구성하고, 오른쪽 아두이노 슬레이브에는 1자리 7세그먼트로 숫자를 표현하는 회로를 구성한다.
- 마스터의 10~13번 핀을 슬레이브의 10~13번 핀에 서로 연결한다.
- 마스터와 슬레이브 보드의 GND를 서로 연결한다.

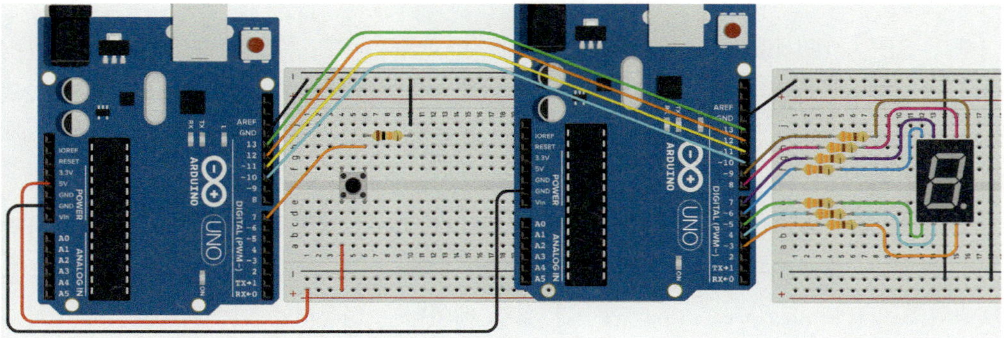

그림 13-2 SPI통신

다음 소스코드는 2개의 아두이노 보드의 SPI통신에서 마스터 프로그램이다.

```
//마스터 SPI통신(택트스위치로 카운터)
#include <SPI.h>          //SPI 라이브러리 불러오기
const int pb_pin = 7;  // 택트스위치 연결 핀 번호
int buttonState;
int lastButtonState = LOW;
unsigned long lastDebounceTime = 0;
unsigned long debounceDelay = 50;    // 디바운스 시간
int cnt=0;
byte masterReceived, masterSend;

void setup() {
  pinMode(pb_pin, INPUT);
  SPI.begin();
  SPI.setClockDivider(SPI_CLOCK_DIV16);
  digitalWrite(SS, HIGH);
  Serial.begin(9600);
}

void loop(){
  int reading = digitalRead(pb_pin);
  if (reading != lastButtonState) {
    lastDebounceTime = millis();
  }
  if ((millis() - lastDebounceTime) > debounceDelay) {
    if (reading != buttonState) {
      buttonState = reading;
      if (buttonState == HIGH) {
        masterSend = cnt++;
        if(cnt > 9) cnt = 0;
```

```
30        digitalWrite(SS, LOW);//슬레이브로 송신하기 전에는 SS핀의 값을 LOW로 설정
31        masterReceived = SPI.transfer(masterSend);//마스터가 송수신
32        Serial.println("슬레이브가 보낸 문자: " + String(masterReceived));
33        digitalWrite(SS, HIGH);
34      }
35    }
36  }
37  lastButtonState = reading;
38 }
```

코드분석

- 14행의 SPI.setClockDivider(SPI_CLOCK_DIV16) 함수는 SPI통신의 속도를 분주율을 사용해서 지정할 때 사용한다. 여기서는 SPI_CLOCK_DIV16이므로 16MHz/16=1MHz의 속도로 통신하게 된다. 아두이노 우노의 경우 분주율은 4, 8, 16, 32, 64, 128중 하나를 사용하면 된다.
- 슬레이브로 송신하기 전에는 30행에서 SS핀을 LOW로 설정한다. HIGH로 지정하면 전송을 끝낸다는 신호이다.
- 31행의 SPI.transfer(masterSend) 함수가 실제 데이터를 전송하는 함수이다. 이 함수로 데이터를 전송할 때 동시에 데이터를 수신 받을 수 있음을 기억하자. 따라서 masterReceived 변수에 수신한 값을 저장하는 것이다.

다음 소스코드는 2개의 아두이노 보드의 SPI통신에서 슬레이브 프로그램이다.

```
// 슬레이브 SPI통신(7세그먼트에 숫자 표시)
#define c 3
#define d 4
#define e 5
#define g 6
#define f 7
#define a 8
#define b 9
int segmentLEDs[] = {a, b, c, d, e, f, g};
int LEDsNum = 7;
int digitForNum[10][7] = {
  {1, 1, 1, 1, 1, 1, 0}, //0
  {0, 1, 1, 0, 0, 0, 0}, //1
  {1, 1, 0, 1, 1, 0, 1}, //2
  {1, 1, 1, 1, 0, 0, 1}, //3
  {0, 1, 1, 0, 0, 1, 1}, //4
  {1, 0, 1, 1, 0, 1, 1}, //5
  {0, 0, 1, 1, 1, 1, 1}, //6
  {1, 1, 1, 0, 0, 0, 0}, //7
  {1, 1, 1, 1, 1, 1, 1}, //8
  {1, 1, 1, 0, 0, 1, 1}  //9
};
#include <SPI.h>
volatile boolean received;
volatile byte slaveReceived, slaveSend;

void setup() {
  SPI.setClockDivider(SPI_CLOCK_DIV16);
```

```
29    Serial.begin(9600);
30    for(int i = 0 ; i < LEDsNum ; i++){
31      pinMode(segmentLEDs[i], OUTPUT);
32    }
33    pinMode(MISO, OUTPUT);
34    SPCR |=_BV(SPE);
35    SPCR &= ~_BV(MSTR);
36    SPCR|=_BV(SPIE);
37    received=false;
38  }
39
40  void loop(){
41  }
42
43  ISR(SPI_STC_vect){
44    slaveReceived = SPDR;//슬레이브가 수신
45    Serial.println("마스터가 보낸 문자:" + String(slaveReceived));
46    displaySegment(slaveReceived);
47    slaveSend=slaveReceived;
48    SPDR = slaveSend;//슬레이브가 송신
49  }
50
51  void displaySegment(byte num){
52    for(int j = 0 ; j < LEDsNum ; j++){
53      digitalWrite(segmentLEDs[j], digitForNum[num][j]);
54    }
55  }
```

코드분석

- 34행의 SPCR |=_BV(SPE)는 SPI 제어레지스터에 슬레이브 모드로 SPI통신을 하겠다고 설정하는 것이다.
- 35행의 SPCR &= ~_BV(MSTR)는 마스터와 슬레이브 중 슬레이브로 동작하도록 설정한다는 의미이다.
- 36행의 SPCR|=_BV(SPIE)는 SPI통신으로 데이터가 들어오면 인터럽트를 발생시키겠다는 내용이다. 인터럽트는 특정한 이벤트가 발생했을 때 수행되는 코드 묶음을 의미한다. 인터럽트가 발생했을 때 수행되는 코드 묶음이 43~49행의 ISR(SPI_STC_vect) 함수이다.
- 44행은 슬레이브가 수신하는 것이고, 48행은 슬레이브가 송신하는 것이다.

13.3 I^2C통신

I^2C통신 방식은 비동기식 시리얼통신처럼 2가닥의 선만으로도 마스터 1개에 최대 127개의 슬레이브를 연결하여 통신하는 동기식 1 : N통신방법이다. 슬레이브 선택을 위해서 주소데이터가 붙기 때문에 긴 데이터에는 부적합하다. 전송 속도는 시리얼통신과 SPI통신의 중간쯤 되는데 약 100KHz~400KHz 정도로 통신할 수 있다. I^2C통신도 매 8비트의 데이터마

다 확인용(ACK/NACK)의 추가 1비트가 붙게 된다. 전송값은 기본적으로 byte형이며 int나 long형은 데이터손실의 위험이 있다고 한다. I^2C통신은 소프트웨어로 간단히 구현되고, 하드웨어는 SPI보다 복잡하지만 비동기식 시리얼통신보다는 간단하다.

실험 74-3 2개의 아두이노로 단방향 I^2C통신하기

실습내용	준비물
1. 2개의 아두이노로 I^2C통신을 해본다.	1. 앞 실험 시리얼통신과 준비물이 동일

회로구성

- 앞 실험 시리얼통신이나 SPI통신처럼 왼쪽 아두이노 마스터에는 택트스위치로 카운터하는 회로를 구성하고, 오른쪽 아두이노 슬레이브에는 1자리 7세그먼트로 숫자를 표현하는 회로를 구성한다.
- 마스터 아두이노와 슬레이브 아두이노의 A4핀과 A5핀을 서로 연결한다. SDA는 SDA끼리, SCL은 SCL끼리 연결해야 한다.
- 마스터와 슬레이브 보드의 GND를 서로 연결한다.

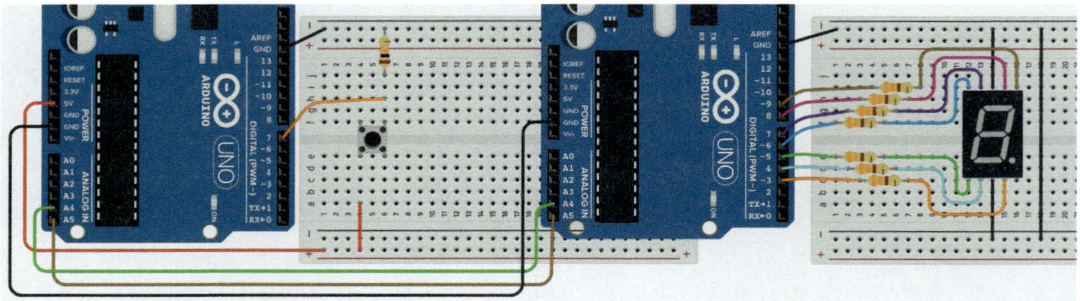

그림 13-3 아두이노 간의 I^2C 단방향 통신(브레드보드)

다음 소스코드는 2개의 아두이노 보드의 단방향 I^2C통신에서 마스터 프로그램이다.

```
//마스터(I2C 단방향 통신)
#include <Wire.h>          //Wire 라이브러리 불러오기
const int pb_pin = 7;  // 택트스위치 연결 핀 번호
int buttonState;
int lastButtonState = LOW;
unsigned long lastDebounceTime = 0;
unsigned long debounceDelay = 50;    // 디바운스 시간
int cnt = 0;

```

```
10 void setup() {
11   pinMode(pb_pin, INPUT);
12   Wire.begin();          // I2C통신. 마스터로 선언
13 }
14
15 void loop(){
16   int reading = digitalRead(pb_pin);
17   if (reading != lastButtonState) {
18     lastDebounceTime = millis();
19   }
20   if ((millis() - lastDebounceTime) > debounceDelay) {
21     if (reading != buttonState) {
22       buttonState = reading;
23       if (buttonState == HIGH) {
24         cnt++;
25         if(cnt > 9) cnt = 0;
26         Wire.beginTransmission(8); // 주소 8인 슬레이브에게 I2C통신으로 데이터를 전송을 알림
27         Wire.write(cnt);             // 데이터를 보냄
28         Wire.endTransmission();           // 데이터 전송 종료 선언
29       }
30     }
31   }
32   lastButtonState = reading;
33 }
```

코드분석

- 12행의 Wire.begin() 함수는 I^{2}C통신을 한다는 것이고, 매개변수가 없으면 마스터이고 슬레이브는 주소를 의미하는 숫자가 들어간다. 주소는 7비트 값을 가질 수 있기 때문에 0~127 중 하나를 가질 수 있다.
- 26행의 Wire.beginTransmission(8)은 주소가 8인 슬레이브와 통신을 시작한다는 의미이다. 27행에 사용되는 write() 함수로 보낼 데이터가 버퍼에 쌓이고 28행의 endTransmission() 함수로 데이터가 전송된다.
- 27행의 Wire.write() 함수는 마스터에서 슬레이브로 데이터를 보낼 때 데이터를 버퍼에 쌓는 역할도 하고, 슬레이브에서 마스터로 데이터를 보내는 역할도 한다. (마스터에서 슬레이브로 데이터를 보낼 때는 beginTransmission() 함수와 endTransmission() 함수 사이에서 사용되어야 한다.)

다음 소스코드는 2개의 아두이노 보드의 단방향 I^{2}C통신에서 슬레이브 프로그램이다.

```
//슬레이브(I2C 단방향 통신)
#include <Wire.h>              //i2c통신에 사용되는 Wire라이브러리 불러오기
#define c 3
#define d 4
#define e 5
#define g 6
#define f 7
#define a 8
#define b 9
int segmentLEDs[] = {a, b, c, d, e, f, g};
int LEDsNum = 7;
```

```
12
13  int digitForNum[10][7] = {
14    {1, 1, 1, 1, 1, 1, 0}, //0
15    {0, 1, 1, 0, 0, 0, 0}, //1
16    {1, 1, 0, 1, 1, 0, 1}, //2
17    {1, 1, 1, 1, 0, 0, 1}, //3
18    {0, 1, 1, 0, 0, 1, 1}, //4
19    {1, 0, 1, 1, 0, 1, 1}, //5
20    {0, 0, 1, 1, 1, 1, 1}, //6
21    {1, 1, 1, 0, 0, 0, 0}, //7
22    {1, 1, 1, 1, 1, 1, 1}, //8
23    {1, 1, 1, 0, 0, 1, 1}  //9
24  };
25  int received; //마스터로부터 데이터를 받을 변수
26
27  void setup(){
28    Wire.begin(8);          //I2C통신 시작. 8은 자신의 주소임
29    Wire.onReceive(receiveEvent); //마스터로부터 데이터를 받으면 receiveEvent 함수가 실행
30  }
31
32  void loop(){
33    delay(100);
34  }
35
36  void receiveEvent(int howMany){   // 매개변수 howMany는 몇바이트의 데이터가 들어왔는지 저장
37    while(Wire.available()>0){   // 통신이 가능하다면
38      received = Wire.read(); //마스터로부터 데이터를 받음
39     }
40      displaySegment(received);       // 마스터로부터 받은 값을 세그먼트에 출력
41  }
42
43  void displaySegment(int num){ // 1자리 7세그먼트를 출력하는 함수
44    for(int j = 0 ; j < LEDsNum ; j++){
45      digitalWrite(segmentLEDs[j], digitForNum[num][j]);
46    }
47  }
```

코드분석

- 29행의 Wire.onReceive(receiveEvent) 함수는 마스터로부터 데이터가 전송될 때 슬레이브 장치에서 실행될 함수를 등록한다. 데이터가 들어오면 receiveEvent 함수가 실행한다.
- 37행의 Wire.available()는 전송될 바이트가 있는지의 여부를 1 또는 0으로 나타낸다. 38행의 Wire.read()함수로 데이터를 받을 때 계속해서 데이터가 있는지를 확인하는 용도로 쓴다.

실험 74-4 2개의 아두이노로 양방향 I^2C통신하기

실습내용	준비물	
1. 2개의 아두이노로 양방향 I^2C통신을 해본다.	1. 아두이노 보드 2개 2. 브레드보드 2개 3. 택트스위치 1개	4. 1자리 7세그먼트 1개 5. 저항 10kΩ 1개, 330Ω 7개 6. LCD+I^2C 모듈 1개

회로구성

표 13-4 마스터 아두이노 우노 보드와 부품과의 결선표

아두이노 우노 보드	GND	5V	D7	A4	A5
LCD + I^2C 모듈	GND	VCC		SDA	SCL
택트스위치		핀1 or 핀2	핀3 or 핀4		

- 택트스위치가 있는 왼쪽의 마스터와 7세그먼트가 있는 오른쪽의 슬레이브가 I^2C통신으로 연결된 상태에서 추가로 LCD + I^2C 모듈을 연결한다.
- 7세그먼트가 있는 슬레이브 아두이노의 연결은 I^2C 단방향 통신과 동일하다

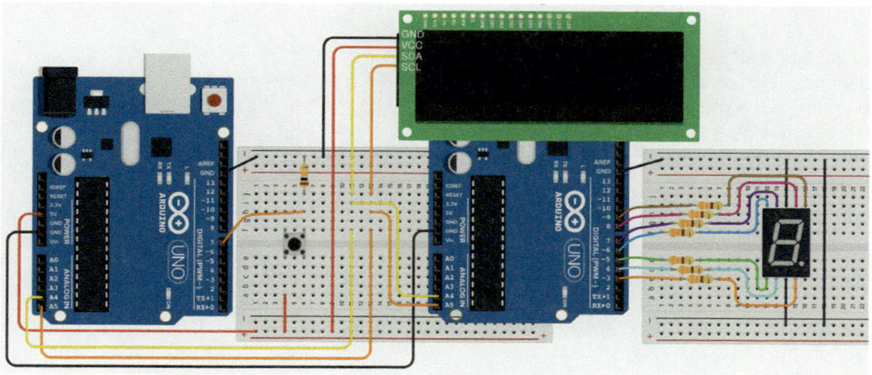

그림 13-4 아두이노 간의 I2C 양방향 통신(브레드보드)

다음 소스코드는 2개의 아두이노 보드의 양방향 I^2C통신에서 마스터 프로그램이다.

```
// 마스터(I2C 양방향 통신)
#include <Wire.h>          //Wire 라이브러리 불러오기
const int pb_pin = 7;  // 택트스위치 연결 핀 번호
int buttonState;
int lastButtonState = LOW;
unsigned long lastDebounceTime = 0;
unsigned long debounceDelay = 50;    // 디바운스 시간
int cnt = 0;
#include<LiquidCrystal_I2C.h>  // 라이브러리 관리에서 LiquidCrystal_I2C.h 추가
LiquidCrystal_I2C lcd(0x27,16,2); // LCD 화면이 안 뜨면 0x27을 0x3F로 수정.
const int slave_addr = 8;       // 슬레이브의 주소
int received;

void setup() {
  pinMode(pb_pin, INPUT);
  Wire.begin() ;          // I2C통신을 마스터로 하겠다고 선언
  Serial.begin(9600);
  lcd.init() ;    // LCD 초기화
  lcd.backlight() ;
  lcd.setCursor(4,0);
  lcd.print("Slave #");
  lcd.setCursor(0,1);
  lcd.print("Received value:");
```

```
24 }
25 
26 void loop() {
27   int reading = digitalRead(pb_pin);
28   if (reading != lastButtonState) {
29     lastDebounceTime = millis() ;
30   }
31   if ((millis() - lastDebounceTime) > debounceDelay) {
32     if (reading != buttonState) {
33       buttonState = reading;
34       if (buttonState == HIGH) {
35         cnt++;
36         if(cnt > 9) cnt = 0;
37         Wire.beginTransmission(slave_addr); // 해당주소의 슬레이브에게 I2C통신을 알림
38         Wire.write(cnt);              // 데이터를 보냄
39         Wire.endTransmission() ;             // 데이터 전송 종료 선언
40       }
41     }
42   }
43   lastButtonState = reading;
44   Wire.requestFrom(slave_addr, 2);      // 슬레이브에게 2개의 데이터 전송 요청
45   while(1 < Wire.available()){      // 슬레이브에서 들어온 데이터가 있으면
46     received = Wire.read() ;        //  데이터를 문자로 읽어들임
47     Serial.print("슬레이브 주소:");            Serial.print(received); // 받은 문자를 시리얼모니터로 출력
48     lcd.setCursor(11,0);
49     lcd.print(received);// 첫 번째 받은 문자를 LCD로 출력
50   }
51   received = Wire.read() ;                // 마지막 문자를 읽어서
52   lcd.setCursor(15,1);
53   lcd.print(received);// 두 번째 받은 문자를 LCD로 출력
54   Serial.print(" 슬레이브로부터 받은 숫자:");Serial.println(received);// 시리얼모니터에 출력하고 줄바꿈
55 }
```

코드분석

- 44행의 Wire.requestFrom(주소, 바이트수) 함수는 마스터가 슬레이브 장치로부터 데이터를 전송받고자 할 때 사용한다. 수신 받은 데이터는 45행의 Wire.available() 함수로 전송되었는지 확인할 수 있고 46행의 Wire.read() 함수로 읽어 들일 수 있다. 매개변수 중 '주소'에는 슬레이브의 주소이고 '바이트수'는 전송받고자하는 개수이다. 아두이노 우노의 경우 최대 32바이트까지 요청할 수 있다.

다음 소스코드는 2개의 아두이노 보드의 양방향 I^2C통신에서 슬레이브 프로그램이다.

```
//슬레이브(I2C 양방향 통신)
#include <Wire.h>               //i2c통신에 사용되는 Wire라이브러리 불러오기
#define c 3
#define d 4
#define e 5
#define g 6
#define f 7
#define a 8
#define b 9
int segmentLEDs[] = {a, b, c, d, e, f, g};
int LEDsNum = 7;

```

```
13 int digitForNum[10][7] = {
14   {1, 1, 1, 1, 1, 1, 0}, //0
15   {0, 1, 1, 0, 0, 0, 0}, //1
16   {1, 1, 0, 1, 1, 0, 1}, //2
17   {1, 1, 1, 1, 0, 0, 1}, //3
18   {0, 1, 1, 0, 0, 1, 1}, //4
19   {1, 0, 1, 1, 0, 1, 1}, //5
20   {0, 0, 1, 1, 1, 1, 1}, //6
21   {1, 1, 1, 0, 0, 0, 0}, //7
22   {1, 1, 1, 1, 1, 1, 1}, //8
23   {1, 1, 1, 0, 0, 1, 1}  //9
24 };
25 const int slave_addr = 8;
26 int received;
27 
28 void setup(){
29   Wire.begin(slave_addr);       //해당 주소로 I2C통신
30   Wire.onReceive(receiveEvent); //마스터로부터 데이터를 받으면 receiveEvent 함수가 실행
31   Wire.onRequest(requestEvent); //마스터로부터 데이터 전송을 요청받으면 requestEvent가 실행
32 }
33 
34 void loop(){
35   delay(100);
36 }
37 
38 void receiveEvent(int howMany){   // 매개변수 howMany는 몇바이트의 데이터가 들어왔는지 저장
39   while(Wire.available()>0){   // 통신이 가능하다면
40     received = Wire.read();  //데이터를 받음
41    }
42     displaySegment(received);       // 받은 값으로 세그먼트에 출력
43     Serial.println(received);
44 }
45 
46 void displaySegment(int num){  // 1자리 7세그먼트를 출력하는 함수
47   for(int j = 0 ; j < LEDsNum ; j++){
48     digitalWrite(segmentLEDs[j], digitForNum[num][j]);
49   }
50 }
51 
52 void requestEvent(){    //마스터로 데이터를 보내는 함수
53   Wire.write(slave_addr);
54   Wire.write(received);
55 }
```

코드분석

- 31행의 Wire.onRequest(requestEvent) 함수는 마스터에서 데이터 전송을 요청할 때 실행될 함수를 등록한다. 데이터 요청이 들어오면 requestEvent 함수가 실행된다.

13.4 블루투스 통신(HM-10)

블루투스[40]는 근거리 무선통신 규격의 하나로, 2.4GHz 주파수를 이용한다. HM-10 블루투스 4.0 모듈은 BLE(Bluetooth Low Energy)를 구현할 수 있다. BLE는 이전버전의 블루투스에 비교해 빠른 페어링(연결구성)과 저전력이 장점이다. 연결방식은 시리얼통신과 마찬가지로 블루투스의 RX, TX와 아두이노의 RX, TX는 서로 엇갈리게 교차 연결해 주어야 한다. 2개의 아두이노 간의 블루투스 통신을 하기 위해서는 먼저 블루투스를 마스터와 슬레이브로 지정해주고, 슬레이브 주소를 알아낸 후 마스터와 슬레이브를 연결해 주어야 한다. 블루투스의 TX핀을 아두이노의 2번 핀에 RX핀을 3번에 연결한 후 다음 소스코드를 업로드한다. 다음 소스코드는 2개의 아두이노 보드의 블루투스 통신에서 AT 명령어를 사용하기 위한 프로그램이다. 업로드 완료 후 시리얼모니터를 띄워 AT라고 입력한다.

```
#include <SoftwareSerial.h>
SoftwareSerial BTSerial(2, 3); // RX | TX

void setup() {
  Serial.begin(9600);             // 시리얼통신
  BTSerial.begin(9600);           // 블루투스통신
}

void loop() {
  if(Serial.available())    BTSerial.write(Serial.read());
  if(BTSerial.available())    Serial.write(BTSerial.read());
}
```

AT라고 입력하면 OK라는 문자가 출력된다. 이때 시리얼모니터 아래쪽에 "BOTH NL&CR"과 “9600 보드레이트”로 지정된 상태여야 한다. AT 명령어는 블루투스 제조사에 따라 약간의 차이가 있을 수 있으므로 반드시 데이터시트를 참고하여 실행한다. “AT+HELP” 또는 “AT+HELP?”를 실행하면 명령어들을 살펴볼 수 있다. 명령어를 참조할 수 있는 사이트를 알려주기도 한다.

블루투스를 마스터로 지정하려면 “AT+ROLE1”과 “AT+IMME1”을 실행한다. ROLE의 설정된 상태의 확인은 “AT+ROLE?”를 실행하면 되고, IMME의 설정된 상태는 “AT+IMME?”를 실행하면 확인할 수 있다. 슬레이브는 ROLE와 IMME 둘 다를 ‘0’으로 설정한다. 마스터와 슬레이브를 서로 페어링하는 명령어는 다음과 같다.

AT + CO [P0] [P1]

여기서, P0값과 P1값은 마스터 블루투스에서 “AT+DISC?” 명령어로 찾을 수 있다. “AT+DISC?” 명령어를 사용하기 전에 마스터 블루투스는 IMME와 ROLE 둘 다 ‘1’로 설정

40) 반경 10~100m 범위 안에서 각종 전자, 정보통신 기기를 무선으로 연결, 제어하는 기술 규격이다.

된 상태여야 하고, 슬레이브 블루투스는 둘 다 '0'으로 설정된 상태여야 한다. 슬레이브 블루투스가 전원에 연결된 상태에서 마스터 블루투스 시리얼모니터에서 "AT+DISC?" 명령어를 실행하여 슬레이브를 찾으면 다음 그림 13-5와 같다.

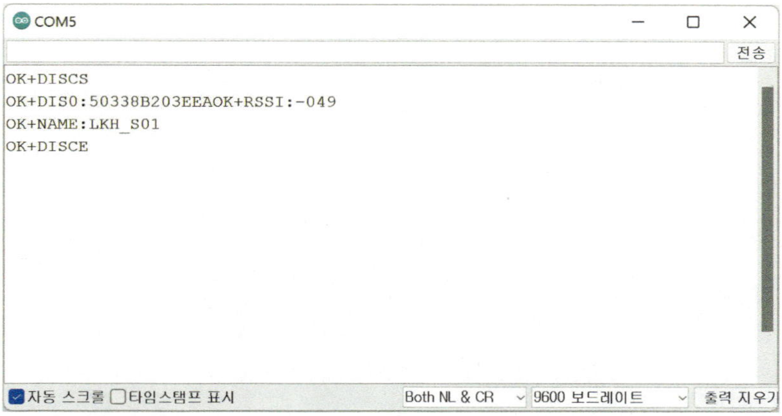

그림 13-5 "AT+DISC?" 명령어를 실행하여 슬레이브를 찾은 시리얼모니터

그림 13-5의 2행 "OK+DIS0:50338B203EEAOK+RSSI:-049"에서 슬레이브의 P0값과 6바이트의 MAC주소인 P1값을 찾을 수 있다. P0값은 '0'이고, P1값은 '50338B203EEA'이다. 그러면 마스터와 슬레이브를 연결하는 페어링 명령은 다음과 같다.

AT + CO 050338B203EEA

이 명령어를 실행하면 깜박이던 2개의 블루투스가 깜박임을 멈춘다. 서로 연결된 페어링 상태이다. 다음 실험에 이 페어링 명령어를 사용한다.

실험 75 2개의 아두이노로 블루투스(HM-10) 통신하기

실습내용	준비물	
1. 2개의 아두이노로 블루투스(HM-10) 통신을 해본다.	1. 아두이노 우노 보드 2개 2. 브레드보드 2개 3. HM-10 블루투스 2개	4. 온습도 센서 DHT11 또는 DHT22 1개 5. LCD + I^2C 모듈 1개

회로구성

표 13-5 마스터 아두이노 우노 보드와 부품과의 결선표

아두이노 우노 보드	GND	5V	D2	D3	D5
블루투스 HM-10	GND	VCC	TX	RX	
온습도 센서	GND	VCC			DATA

표 13-6 슬레이브 아두이노 우노 보드와 부품과의 결선표

아두이노 우노 보드	GND	5V	D2	D3	A4	A5
블루투스 HM-10	GND	VCC	TX	RX		
LCD + I^2C 모듈	GND	VCC			SDA	SCL

- 아두이노 우노의 RX, TX 핀은 0번 핀과 1번 핀인데, 여기에서 2번 핀과 3번 핀을 사용할 수 있는 것은 소트웨어 시리얼 핀으로 소스코드에서 지정했기 때문이다.

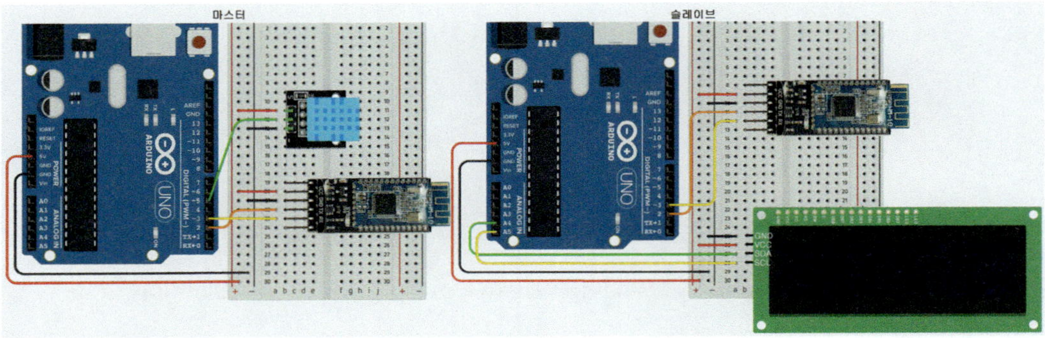

그림 13-6 2개의 아두이노로 블루투스(HM-10) 통신하기

다음 소스코드는 2개의 아두이노 보드의 블루투스통신에서 마스터 프로그램이다.

```
//마스터 블루투스통신
#include <SoftwareSerial.h>
SoftwareSerial BTSerial(2, 3);                    // RX | TX
#include<DHT.h>                                   // 온습도 센서 DHT를 위해 라이브러리 추가
#define DHT_pin 5                                 // DHT11 온습도 센서가 5번에 연결
DHT dht(DHT_pin, DHT11);

void setup() {
  Serial.begin(9600);
  dht.begin();
  BTSerial.begin(9600);                           // 보드레이트의 기본값은 9600
  BTSerial.println("AT+CO050338B203EEA");
  delay(200);
}

void loop(){
  delay(2000);
  float temp = dht.readTemperature();
  float humi = dht.readHumidity();
  Serial.print(temp); Serial.print(","); Serial.println(humi);
  byte data[4];
  data[0] = (int)temp+20;
  data[1] = (int)humi;
  data[2] = 0x0D; //CR
  data[3] = 0x0A; //LF
  BTSerial.write(data,4);
}
```

코드분석

- 2행의 SoftwareSerial 라이브러리를 추가함으로써 3행의 RX, TX를 0번 핀과 1번 핀이 아닌 2번 핀과 3번 핀으로 정할 수 있다. 0번 핀과 1번 핀은 하드웨어 시리얼이고, 3행처럼 임의의 번호를 지정하면 소프트웨어 시리얼로 사용할 수 있다. 소프트웨어 시리얼 핀은 아두이노 우노의 경우 모든 핀을 사용할 수 있다.
- 11행은 앞서 AT 명령어로 알아낸 마스터와 슬레이브를 연결하는 페어링 명령이다. MAC 주소인 '050338B203EEA' 값은 반드시 수정하여 사용한다. 주소는 "AT+ADDR" 또는 "AT+DISC?" 명령어로 찾을 수 있다.
- 16행은 블루투스 모듈에서 아두이노로 데이터가 전송되고, 그런 다음 아두이노에서 시리얼모니터로 데이터가 전송된다.
- 25행의 BTSerial.write(data,4)는 데이터를 전송하는 함수이다.

다음 소스코드는 2개의 아두이노 보드의 블루투스통신에서 슬레이브 프로그램이다.

```
1  //슬레이브 블루투스통신
2  #include <SoftwareSerial.h>
3  SoftwareSerial BTserial(2, 3);              // RX | TX
4  #include<Wire.h>                            // I2C통신을 위해 Wire.h 추가
5  #include<LiquidCrystal_I2C.h>               // 라이브러리 관리에서 LiquidCrystal_I2C.h 추가
6  LiquidCrystal_I2C lcd(0x27,16,2);           // LCD 화면이 안 뜨면 0x27을 0x3F로 수정.
7  byte data[4];
8  
9  void setup() {
10   BTserial.begin(9600);
11   lcd.init();
12   lcd.backlight();
13 }
14 
15 void loop(){
16   if(BTserial.available()) {
17     BTserial.readBytes(data,4);
18     lcd.setCursor(0,0);           //첫열, 첫행 지정
19     lcd.print("Temperature ");   lcd.print(data[0]-20);   lcd.print((char)223);   lcd.print("C  ");
20     lcd.setCursor(0,1);           //첫열, 둘째행 지정
21     lcd.print("Humidity ");   lcd.print(data[1]);     lcd.print("%  ");
22   }
23 }
```

코드분석

- 17행의 BTSerial.readBytes(data,4)는 데이터를 수신하는 함수이다.

13.5 RF통신 (nRF24L01)

nRF24L01은 SPI통신 방식을 통해 2.4Ghz의 양방향 신호 전달이 가능한 저가의 통신 모듈이다. nRF칩을 쓰는 이 모듈은 다른 통신 모듈 대비 고속의 전송이 가능하다는 장점과 SPI방식이라 핀이 많이 필요하다는 단점을 지닌다.

표 13-7 nRF24L01+2.4송수신 모듈 기본사양

특성	설 명
동작 전압	1.9~3.6V(로직핀들은 5V도 허용하므로 3.3V로 낮춰주지 않아도 된다)
소요 전류	TX모드 : 11.3mA, RX모드 : 12.3mA
통신 가능 범위	100m
통신 방식	SPI통신(최대 6개 동시통신 가능)
보드 레이트	250k~2Mbps
핀 구성	8핀(VCC, GND, CE, CSN, SCK, MOSI, MISO, IRQ)

실험 76-1 nRF24L01 모듈을 사용하여 아두이노 간의 단방향 통신

실습내용	준비물
1. nRF24L01을 사용해본다. 2. 단방향 통신을 확인한다.	1. 아두이노 우노 보드 2개 2. nRF24L01 모듈 2개

회로구성

표 13-8 아두이노 우노 보드와 부품과의 결선표

아두이노 우노 보드	GND	3.3V	D9	D10	D11	D12	D13
nRF24L01 모듈	GND	VCC	CE	CSN	MOSI	MISO	SCK

- nRF24L01 모듈은 아두이노와 SPI통신을 사용한다. 아두이노 우노의 SPI통신용은 MOSI(11핀), MISO(12핀), SCK(13핀)은 변동 불가한 고정 핀이다.
- CE핀과 CSN(SPI 칩 선택)핀은 소프트웨어 시리얼 포트 핀으로 설정한다. 이 실험에서는 9, 10핀을 사용한다.

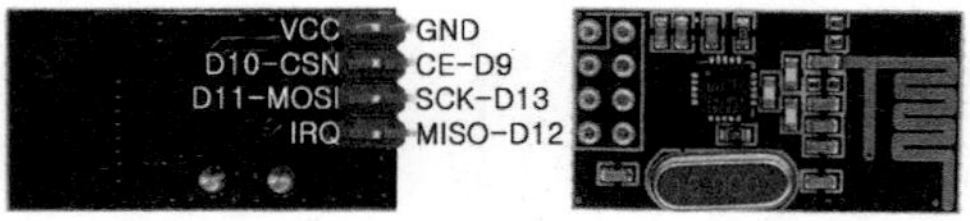

그림 13-7 nRF24L01 모듈의 핀 배치

다음 소스코드는 2개의 아두이노 보드의 nRF24L01 단방향 통신에서 송신기 프로그램이다.

```
1  //nRF24L01 단방향 통신 <송신기>
2  #include <SPI.h>
3  #include <nRF24L01.h>
4  #include <RF24.h>
5  #define CE_pin 9
6  #define CSN_pin 10
7  RF24 radio(CE_pin, CSN_pin);
8  const byte addr[6] = "00001";            // 송신기와 수신기가 동일한 값으로 주소 설정(5자리)
9
10 void setup(){
11   radio.begin();
12   radio.openWritingPipe(addr);           //데이터를 보낼 수신주소 설정
13   radio.setPALevel(RF24_PA_MIN);         // 송신거리에 따른, 전원공급 파워레벨 설정
14   radio.stopListening();                 // 모듈을 송신기(상태)로 설정
15 }
16
17 void loop(){
18   char text[] = "nRF24 TX:Hello World";
19   radio.write(&text, sizeof(text));
20   delay(1000);
21 }
```

코드분석

- 8행에서 주소를 지정한다. 주소는 6자리이다. 뒤에 '\0' 을 제외하고 총 5개의 문자까지로 지정해주면 된다.
- 13행의 radio.setPALevel(RF24_PA_MIN) 함수는 송신거리에 따른 전원공급 파워 레벨을 설정한다. 매개변수에 (최소) RF24_PA_MIN / RF24_PA_LOW / RF24_PA_HIGH / RF24_PA_MAX (최대)로 설정가능하다. 송신이 약하다고 판단될 경우 nRF24모듈의 GND와 3.3V 단자에 전해콘덴서(10μF)의 사용을 권장한다.
- 14행의 radio.stopListening() 함수는 모듈을 송신기로 설정한다.
- 19행에서처럼 radio.write() 함수를 써서 데이터를 보내고 radio.read() 함수로 데이터를 받는다.

다음 소스코드는 2개의 아두이노 보드의 nRF24L01 단방향 통신에서 수신기 프로그램이다.

```
//nRF24L01 단방향 통신 <수신기>
#include <SPI.h>
#include <nRF24L01.h>
#include <RF24.h>
#define CE_pin 9
#define CSN_pin 10
RF24 radio(CE_pin, CSN_pin);
const byte addr[6] = "00001";            // 송신기와 수신기가 동일한 값으로 주소 설정(5자리)

void setup(){
  Serial.begin(9600);
  delay(1000);
  Serial.println("nRF24L01 수신기(Receiver)");
```

```
14   radio.begin() ;
15   radio.openReadingPipe(1,addr);          // 데이터를 받을 송신기 주소를 설정
16   radio.setPALevel(RF24_PA_MIN);          // 송신거리에 따른, 전원공급 파워레벨 설정
17   radio.startListening() ;                // 모듈을 수신기(상태)로 설정
18 }
19
20 void loop() {
21   if(radio.available() ){
22     char text[32] ="";
23     radio.read(&text,sizeof(text));       // 수신되는 데이터 길이만큼 읽어 저장
24     Serial.println(text);
25   }
26 }
```

코드분석

- 8행의 슬레이브 주소는 마스터와 일치시킨다.
- 17행의 radio.startListening() 함수는 모듈을 수신기로 설정한다.
- 22행의 배열 크기를 32로 정한 것은 최대 32바이트 송수신이 가능하기 때문이다.
- 23행의 radio.read() 함수로 마스터가 보낸 데이터를 받는다.

실험 76-2 nRF24L01 모듈을 사용하여 아두이노 간의 양방향 통신

실습내용	준비물
1. nRF24L01로 양방향 통신을 해본다.	1. 위 실험과 회로구성이 동일하다.

다음 소스코드는 2개의 아두이노 보드의 nRF24L01 양방향 통신에서 송수신기1 프로그램이다.

```
//nRF24L01 양방향 통신 <1>
#include <SPI.h>
#include <nRF24L01.h>
#include <RF24.h>
#define CE_pin 9
#define CSN_pin 10
RF24 radio(CE_pin, CSN_pin);
const byte addr_1[6] = "00001";
const byte addr_2[6] = "0000A";

void setup() {
  radio.begin() ;
  radio.openWritingPipe(addr_1);
  radio.openReadingPipe(1, addr_2);
  Serial.begin(9600);
}

void loop() {
  radio.stopListening() ;                 // 보내기
  char text_s[3] = "#1";
```

```
  radio.write(&text_s, sizeof(text_s));

  radio.startListening();                    // 받기
  while(!radio.available());
  char text_r[3];
  radio.read(&text_r, sizeof(text_r));
  Serial.println(text_r);
  delay(1000);
}
```

다음 소스코드는 2개의 아두이노 보드의 nRF24L01 양방향 통신에서 송수신기2 프로그램이다.

```
//nRF24L01 양방향 통신 <2>
#include <SPI.h>
#include <nRF24L01.h>
#include <RF24.h>
#define CE_pin 9
#define CSN_pin 10
RF24 radio(CE_pin, CSN_pin);
const byte addr_1[6] = "00001";
const byte addr_2[6] = "0000A";

void setup(){
  radio.begin();
  radio.openWritingPipe(addr_2);
  radio.openReadingPipe(1, addr_1);
  Serial.begin(9600);
}

void loop(){
  radio.startListening();                    // 받기
  if(radio.available()){
    char text_r[3];
    radio.read(&text_r,sizeof(text_r));
    Serial.println(text_r);

    radio.stopListening();                   // 보내기
    char text_s[3] = "#2";
    radio.write(&text_s, sizeof(text_s));
  }
}
```

표 14-1 LM555 타이머 핀 기능

핀 명	핀 번호	유 형	설 명
VCC	8	Power	• 바이폴라 타이머 공급 전압(4.5~16V) • CMOS 타이머 공급 전압(2~15V)
GND	1	Power	• 접지(0V)
Trigger	2	Input	• Control 전압의 1/2 아래로 떨어지면 Output은 HIGH가 되고 타이밍이 시작. 계속 LOW 전압이면 Output은 HIGH 상태 유지
Output	3	Output	• HIGH와 LOW 상태로 구동되는 푸시풀 출력 핀 • 바이폴라 타이머의 경우 200mA를 구동할 수 있지만 CMOS 타이머는 칩에 따라 더 적게 구동할 수 있다. • 바이폴라 타이머의 경우 디지털회로에 입력될 경우 이중 트리거링을 방지하기 위해 100~1000pF 디커플링 커패시터를(이 핀과 GND 사이) 추가해야 할 수도 있다.
$\overline{Reset}$	4	Input	• LOW(GND)로 타이밍 재설정 • 이 핀을 사용하지 않을 경우는 잡음으로 리셋되지 않도록 VCC에 연결해야 한다.
Control	5	Input	• 내부 분압기에 접근할 수 있다(기본적으로 2/3 VCC). • 전압을 인가하면 타이밍 특성을 변경할 수 있다. • 이 핀을 사용하지 않는 경우는 잡음이 내부 분압기에 영향을 주지 않도록 10nF 디커플링 커패시터(이 핀과 GND 사이)를 연결해야 한다.
Threshold	6	Input	• 이 핀의 전압이 Control의 전압보다 크면 Output의 HIGH 상태가 종료되어 LOW 상태가 된다.
Discharge	7	Output	• 바이폴라 타이머의 경우 이 핀은 오픈 컬렉터 출력이고 CMOS 타이머는 오픈 드레인이다. • 이 핀은 Output과 위상이 일치할 때 커패시터를 방번하는데 사용할 수 있다. 쌍안정 모드 및 슈미트 트리거 모드에서 이 핀은 사용되지 않으므로 대체 출력으로 사용할 수 있다.

실험 86 TINKERCAD 타이머로 LED 깜박이기

실습내용	준비물	
1. 타이머를 사용해본다. 2. 가변저항기로 LED를 깜박임을 조절해본다.	1. 9V 배터리 1개 2. 저항 1kΩ 2개, 250kΩ 1개 3. LED 1개	4. 전해커패시터 10μF 1개, 세라믹 커패시터 10nF 1개 5. 555 타이머 1개

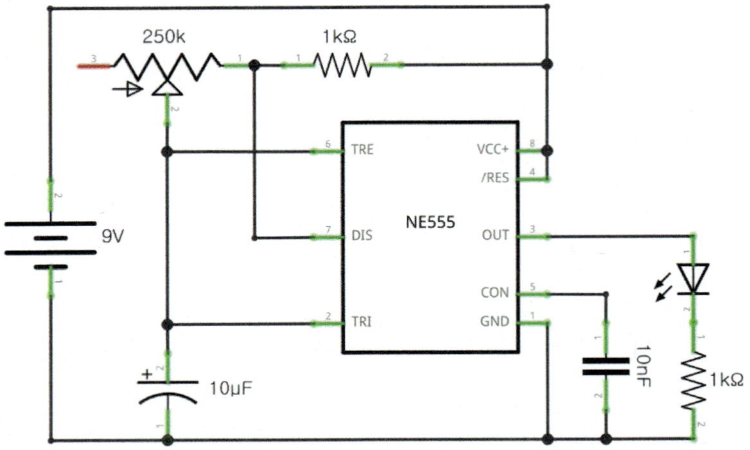

그림 14-46 NE555 타이머로 LED 깜박이기(회로도)

그림 14-47 NE555 타이머로 LED 깜박이기(브레드보드)

CHAPTER 15

배터리 및 릴레이

학습목표

1. 배터리 전압 측정하는 방법을 설명할 수 있다.
2. 전압분배 방식으로 아두이노의 아날로그 핀에 걸리는 전압을 계산할 수 있다.
3. 배터리 역극성 보호 회로를 설명할 수 있다.
4. 배터리 자동 백업 회로를 설명할 수 있다.
5. 배터리의 전압을 5V로 낮추는 레귤레이터를 설명할 수 있다.
6. 릴레이의 동작원리를 설명할 수 있다.
7. 릴레이의 사용방법을 설명할 수 있다.

15.1 배터리

다음 그림 15-1은 이상적인 배터리 방전 곡선이다. 이 그래프의 x축은 사용량이고, y축은 전압이다. 배터리를 사용함에 따라 전압은 지속적으로 떨어짐을 알 수 있다. 처음 a지점까지 급격한 전압 하강이 이루어지다가 크게 전압이 떨어지지 않는 구간(a~b구간)이 있다. 그리고 거의 방전된 b 지점 이후 다시 급격하게 전압이 떨어진다. a~b 구간의 전압(Vn)이 공칭전압(nominal voltage)이다. 배터리의 잔량은 a~b구간의 전압을 측정하여 구할 수 있다. 다양한 종류의 배터리마다 방전 곡선이 다르므로, 이 책에서는 전압센서를 사용하여 배터리의 전압 측정까지만 실험해본다.

그림 15-1 이상적인 배터리 방전 곡선

15.1.1 배터리 전압 측정

다음 그림 15-2의 전압센서는 아두이노 우노 기준으로 25V까지 측정할 수 있는 모듈이다. 10bit ADC를 가지는 아두이노 우노 기준으로 분해능은 0.00489V이다. 전압측정은 그림 15-3의 전압센서 회로도에서 보듯이 저항 30kΩ과 7.5kΩ을 사용하여 전압분배 방식으로 구한다. 전압센서의 S핀은 아두이노의 아날로그 핀에 연결한다. 배터리의 전압 V_i가 25V라고 가정하고 S핀에 걸리는 전압 V_o를 구하면 다음과 같다.

그림 15-2 전압센서

$$V_o = V_i \times \frac{R2}{R1 + R2} = 25\,V \times \frac{7.5}{30 + 7.5} = 25\,V \times 0.2 = 5\text{V}$$

결국 아두이노의 아날로그 핀의 전압이 5V라면 배터리의 전압은 25V인 것이다. 아날로그 핀 S에 걸리는 전압은 배터리 전압의 1/5이다. 위 식을 배터리 전압 V_i를 구하는 공식으로 바꾸면 다음과 같다.

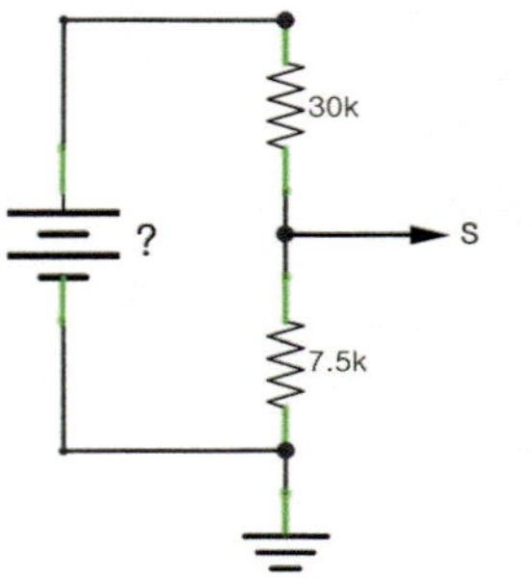

그림 15-3 전압센서 회로도

$$V_i = \frac{R1 + R2}{R2} \times V_o$$

여기서, V_i는 배터리 전압, V_o는 아두이노의 아날로그 핀에 연결한 S단자의 전압이다. 이 식은 배터리 전압 측정을 위한 소스코드에 적용된다. 배터리는 단락될 경우 과열되어 화재가 발생하거나 폭발할 가능성이 있으므로, 실험이 끝나면 배터리는 홀더에서 빼내어 보관하는 등 단락되지 않도록 주의한다.

실험 87-1[TINKERCAD] 배터리 전압 측정

실습내용	준비물
1. 아두이노로 배터리를 측정해본다. 2. 저항을 사용한 분압을 이해한다. 3. 10kΩ, 2kΩ으로 30V까지 측정 가능함을 시리얼모니터로 확인한다.	1. 아두이노 우노 보드 1개 2. 브레드보드 1개 3. AA 또는 AAA 4개와 배터리홀더 1개 4. 저항 10kΩ, 2kΩ 각 1개

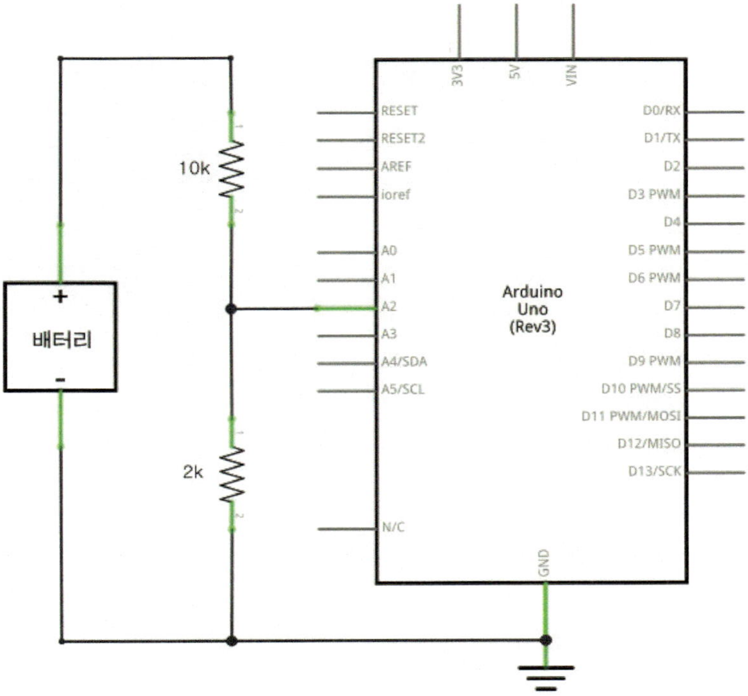

그림 15-4 저항 10k와 2k의 전압분배로 30V 이하 배터리 전압 측정 회로도

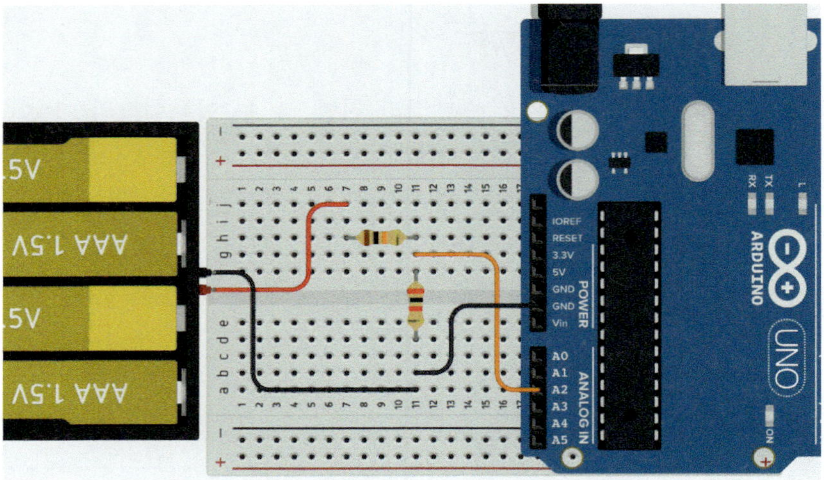

그림 15-5 저항 10k와 2k의 전압분배로 30V 이하 배터리 전압 측정하기

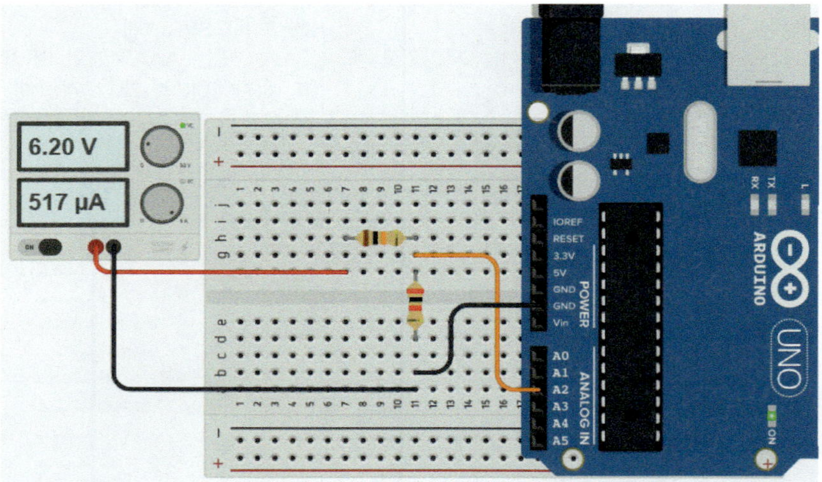

그림 15-6 저항 10k와 2k의 전압분배로 전원공급장치의 30V 이하 전압 측정하기

다음 소스코드는 저항 10k와 2k의 전압분배로 30V 이하 배터리 전압 측정하는 프로그램이다.

```
// 저항 10k와 2k의 전압분배로 30V이하 배터리 전압 측정하기
#define input_pin A2
const float R1 = 10000.0;        // 저항 10k
const float R2 = 2000.0;         // 저항 2k
const float V = 5.0;             // 아두이노 5V

void setup() {
  Serial.begin(9600);
}

void loop() {
```

```
12   int reading = analogRead(input_pin);
13   float Vo = (reading * V) / 1023.0;       // input_pin의 전압
14   float Vi = ((R1+R2)/R2) * Vo;            // 배터리의 전압
15   Serial.print("Battery Voltage : ");
16   Serial.println(Vi);
17   delay(2000);
18 }
```

코드분석

- 3, 4행은 전압 분배를 위한 R1(10kΩ)과 R2(2kΩ)이다.
- 14행은 배터리 전압을 계산하는 식 $V_i = \dfrac{R1 + R2}{R2} \times V_o$이다.

실험 87-2 측정한 배터리 전압을 배터리바로 표시하기

실습내용	준비물
1. 그림 15-7의 배터리바 접속도를 보고 전압을 배터리바로 표시해본다. 2. 전압 9V까지 배터리바로 표시해본다.	1. 아두이노 우노 보드 1개 2. 브레드보드 1개 3. AA 또는 AAA 4개와 배터리홀더 1개 4. 저항 10kΩ 1개, 1kΩ 1개, 2kΩ 6개 5. 배터리바 1개

회로구성

표 15-1 아두이노 우노 보드와 부품과의 결선표

아두이노 보드	GND	5V	D8	D9	D10	D11	D12
배터리바	7,8	1 1kΩ저항	2 2kΩ저항	3 2kΩ저항	4 2kΩ저항	5 2kΩ저항	6 2kΩ저항
전압분배를 위한 2kΩ, 10kΩ 저항은 아두이노 A2에 연결한다.							

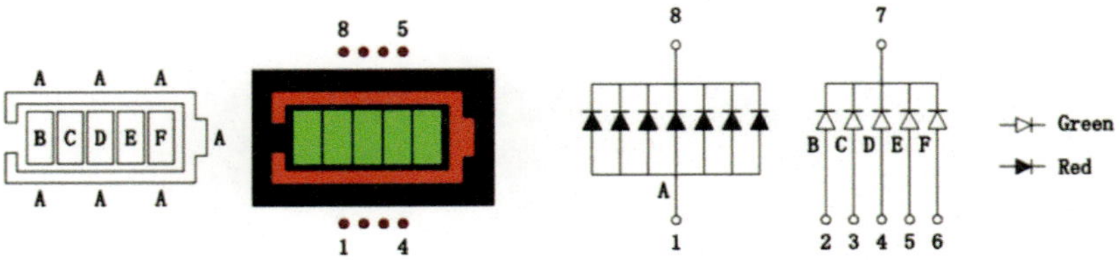

그림 15-7 배터리바 접속도

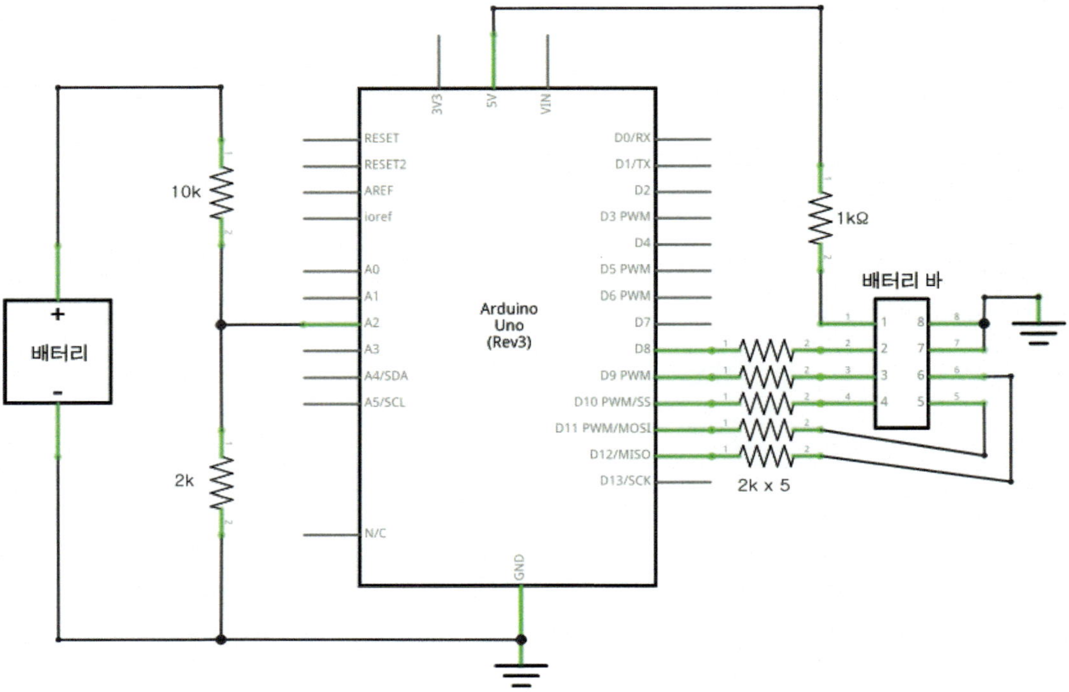

그림 15-8 배터리 전압을 측정하여 배터리바로 표시하는 회로도

다음 소스코드는 측정한 배터리의 전압을 배터리바(bar)로 표시하는 프로그램이다.

```
// 측정한 배터리 전압 배터리바(bar)로 표시하기
#define input_pin A2
const float R1 = 10000.0;       // 저항 10k
const float R2 = 2000.0;        // 저항 2k
const float V = 5.0;            // 아두이노 5V
const float Vb = 9;             // 측정하려는 배터리 전압
int led_pins[] = {8,9,10,11,12};  //LED 연결 아두이노 핀 번호

void setup(){
  Serial.begin(9600);
  for(int i =0; i < 5; i++)   pinMode(led_pins[i],OUTPUT);
  pinMode(input_pin, INPUT);
}

void loop(){
  int reading = analogRead(input_pin);
  float Vo = (reading * V) / 1023.0;        // input_pin의 전압
  float Vi = ((R1+R2)/R2) * Vo;             // 배터리의 전압
  Serial.print("Battery Voltage : ");
  Serial.println(Vi);
  int t = 5.0*Vi/Vb;
  for(int i = 0; i < 5; i++ ){
    if(i < t){
      digitalWrite(led_pins[i],HIGH);      //작은 인덱스 값을 가진 모든 LED를 켠다
    }
    else{
      digitalWrite(led_pins[i],LOW);       //큰 인덱스 값을 가진 모든 LED를 끈다
```

```
28        }
29      }
30      delay(2000);
31    }
```

코드분석

- 7행은 배터리바의 5개 LED 핀을 연결할 아두이노의 번호를 배열에 저장한다.
- 21행의 t변수에 저장되는 전압 값은 int 형으로 0~4까지 5개의 LED에 맞는 5단계가 된다.
- 22~29행의 for문은 전압 값이 5단계 중의 하나일 텐데, 이 단계 보다 작은 LED는 켜고, 큰 LED는 끈다. 23행의 if문은 전압 단계보다 작은 LED를 찾아 켤 수 있는 문장이고, 26행의 else문을 통해서는 전압 단계보다 큰 LED를 찾아 끈다.

15.1.2 역극성 보호회로

배터리를 잘못 연결하더라도 회로에 손상을 입히지 않기 위한 역극성 보호회로에 대해서 알아보자. 공급하려는 전압이 1V정도까지 떨어져도 상관이 없다면 다이오드를 사용한다. 다이오드 중에서도 쇼트키다이오드를 사용하면 0.3V정도만 떨어지게 된다. 0.3V정도가 떨어지는 것도 허용이 안 되면 pMOS나 nMOS의 MOSFET을 사용하면 된다.

실험 88-1 TINKERCAD 역극성 보호회로 1 (다이오드를 사용)

실습내용	준비물	
1. 다이오드로 배터리를 거꾸로 끼워도 전자장치가 안전하도록 역극성 보호 회로를 구성해본다. 2. 배터리를 거꾸로 연결하여 전압을 측정해본다.	1. 배터리 9V 1개 2. 브레드보드 1개 3. 저항 1kΩ 2개	4. 쇼트키다이오드 1N5819 또는 1N4001 1개 5. LED 1개

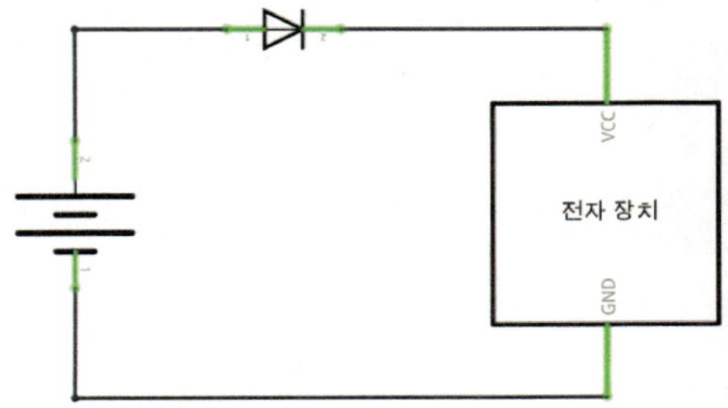

그림 15-9 역극성 보호회로 1 (다이오드를 사용)

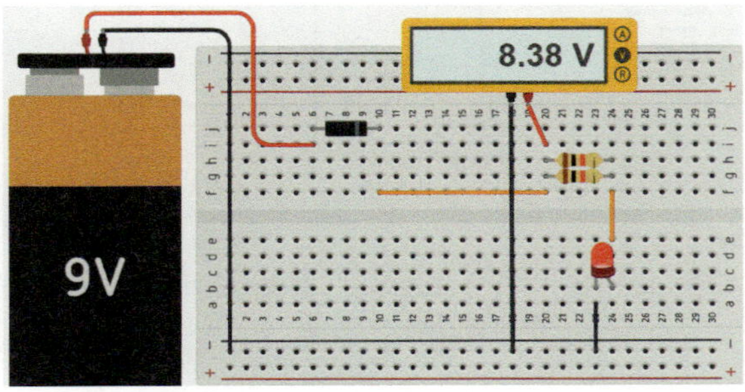

그림 15-10 역극성 보호회로 1 (다이오드를 사용)

실험 88-2^TINKERCAD 역극성 보호회로 2(pMOS 트랜지스터를 사용)

실습내용	준비물	
1. 배터리를 거꾸로 끼워도 전자장치가 안전하도록 pMOS를 사용하여 역극성 보호 회로를 구성해본다. 2. 배터리전원을 거꾸로 연결했을 때의 전압을 측정해본다.	1. 배터리 9V 1개 2. 브레드보드 1개 3. 저항 1kΩ 2개	4. pMOS 1개 5. LED 1개

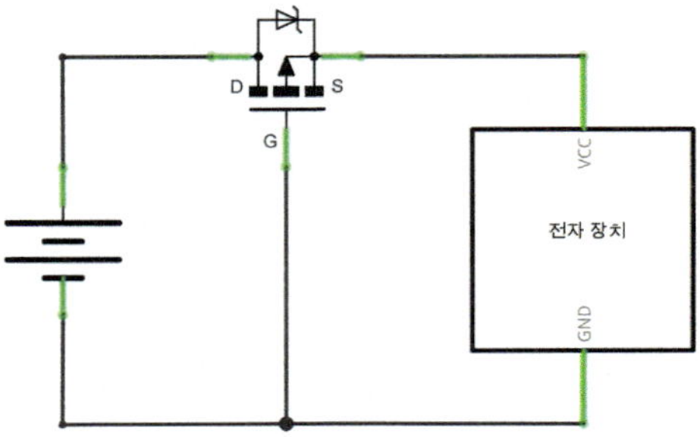

그림 15-11 역극성 보호회로 2 (pMOS 트랜지스터를 사용)

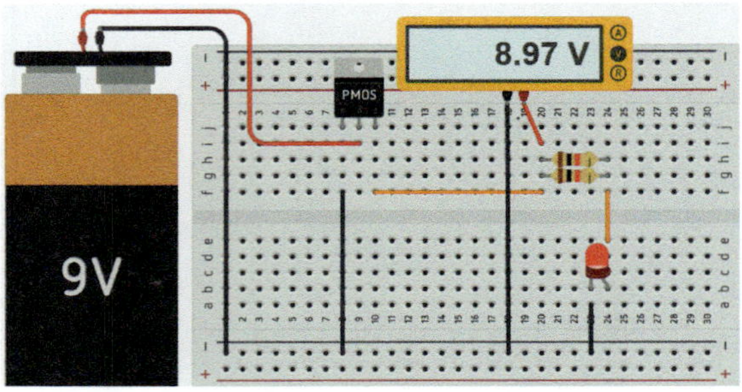

그림 15-12 역극성 보호회로 2 (pMOS 트랜지스터를 사용)

실험 88-3^TINKERCAD 역극성 보호회로 3 (nMOS 트랜지스터를 사용)

실습내용	준비물	
1. 배터리를 거꾸로 끼워도 전자장치가 안전하도록 nMOS를 사용하여 역극성 보호 회로를 구성해본다. 2. 배터리전원을 거꾸로 연결했을 때의 전압을 측정해본다.	1. 배터리 9V 1개 2. 브레드보드 1개 3. 저항 1kΩ 2개	4. nMOS 1개 5. LED 1개

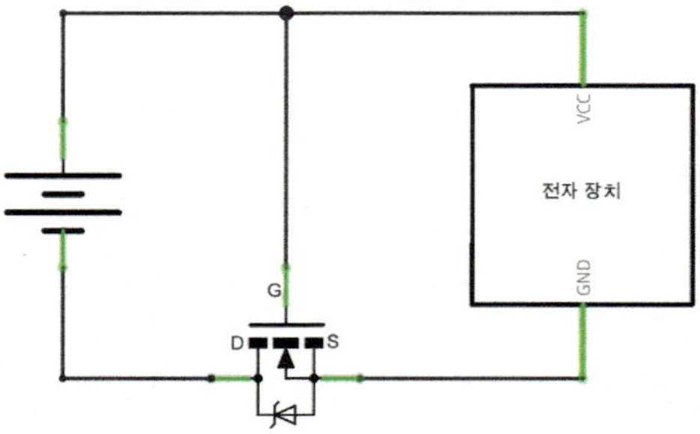

그림 15-13 역극성 보호회로 3 (nMOS 트랜지스터를 사용)

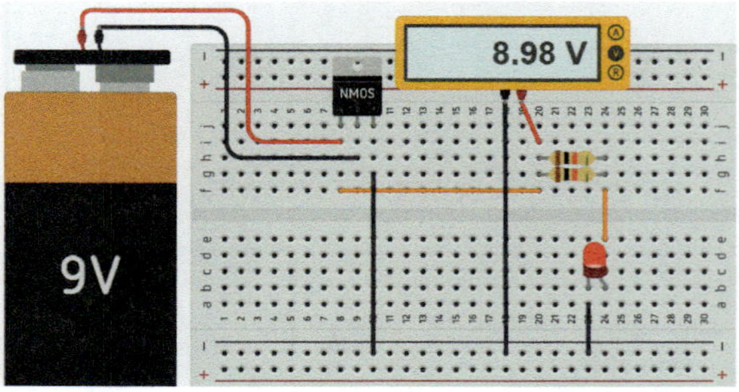

그림 15-14 역극성 보호회로 3 (nMOS 트랜지스터를 사용)

실험 88-4 TINKERCAD 역극성 보호회로 4 (휘스톤브릿지 형태의 다이오드를 사용)

실습내용	준비물	
1. 다이오드를 휘스톤브릿지 형태로하여 역극성 보호 회로를 구성해본다. 2. 배터리전원을 거꾸로 연결했을 때의 전압을 측정해본다.	1. 배터리 9V 1개 2. 브레드보드 1개 3. 다이오드 1N4001 4개	4. 저항 1kΩ 2개 5. LED 1개

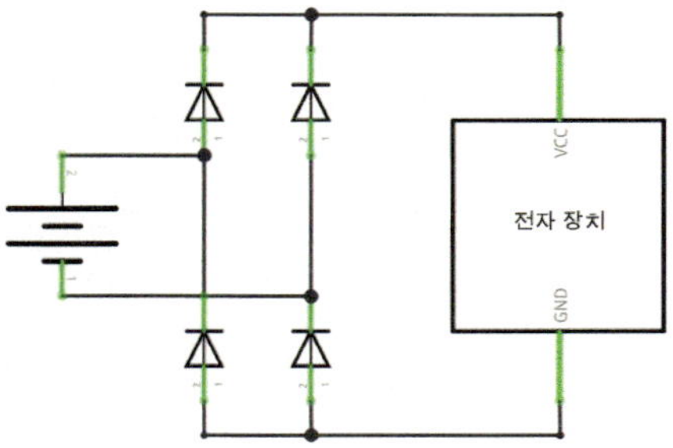

그림 15-15 역극성 보호회로 4

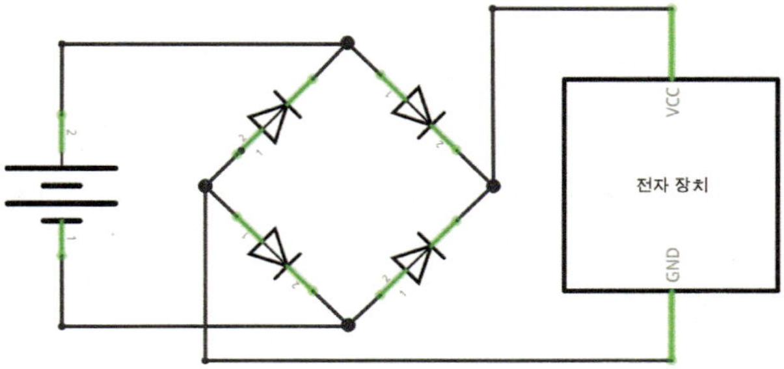

그림 15-16 역극성 보호회로 4 (휘스톤브릿지 형태로 표현)

〈그림 15-15와 그림 15-16의 두 회로도는 동일하다.〉

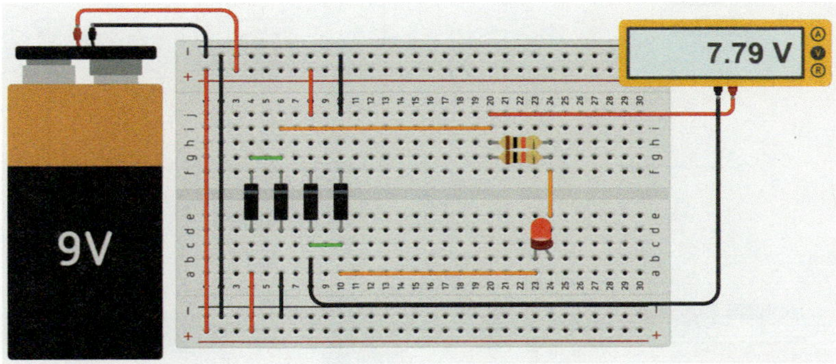

그림 15-17 역극성 보호회로 4 (휘스톤브릿지 형태의 다이오드를 사용)

15.1.3 배터리 전압 조정

그림 15-18의 레귤레이터 7805는 입력 전압(7V~35V)으로부터 조정된 5V(4.8~5.2V)의 전압을 출력한다. 정격 전류는 1A이다. 레귤레이터의 입력 전압과 출력 전압의 차이는 열로 방출된다. 입력 전압과 출력 전압의 차이가 클수록 더 많은 열이 발생한다. 레귤레이터에 열을 발산할 방열판이 없으면 파손되거나 오작동할 수 있다. 그러므로 열을 효율적으로 발산할 수 있는 적절한 방열판을 배치한다. 7805 레귤레이터로 들어가는 입력 전압은 9V이하일 때 효율적이다.

그림 15-18 7805

실험 89^TINKERCAD 5V로 전압조정하기

실습내용	준비물	
1. 레귤레이터 7805를 사용해본다. 2. 9V의 입력 전압이 5V로 조정되어짐을 확인한다.	1. 9V 어댑터 또는 건전지 1개 2. 브레드보드 1개 3. 다이오드 1N4001 1개 4. 전해커패시터 47μF 2개	5. LED 1개 6. 저항 330Ω 1개 7. 레귤레이터 7805 1개

회로구성

- 다음 그림 15-19의 회로도에서 9V의 입력을 어댑터가 아닌 배터리를 사용하면 C1 커패시터는 생략할 수 있다. 배터리는 변압기를 기반으로 하는 어댑터와는 달리 리플 전압이 발생하지 않기 때문이다.

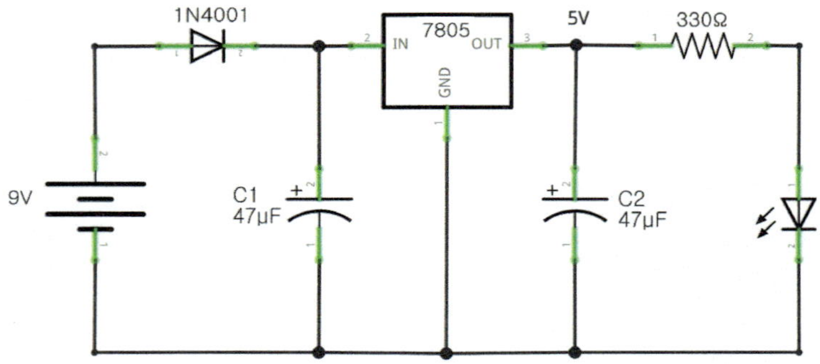

그림 15-19 배터리 전압조정 회로도

그림 15-20 배터리 전압조정하기 브레드보드로 배치

15.1.4 자동 배터리 백업

전원 어댑터로 공급하던 전원이 끊어질 때 배터리로부터 전원을 자동으로 공급할 수 있다. 주전원인 어댑터보다 약간 낮은 전압의 배터리와 2개의 다이오드를 그림 15-21의 자동 배터리 백업 회로도처럼 연결한다. 백업회로의 동작원리는 다이오드로 인해 어댑터와 배터리 둘 중 전압이 높은 전원이 공급된다. 어댑터가 배터리보다 전압이 높으므로 D1 다이오드가 도통되어 어댑터로 전원이 공급된다. 어댑터로 전원이 공급되면 D1 다이오드는 순방향이 되고 a지점의 전위는 배터리 전위보다 높아 D2 다이오드는 차단된다. 정전이 되면 D2 다이오드가 도통되어 부하에 배터리로 전원을 자동 공급한다. 어댑터와 배터리의 전압 선택을 고려해보자. 어댑터로 전원이 공급될 때 D1 다이오드는 순방향이고, a 지점의 전압은 어댑터 전압(6V)에서 일반 다이오드의 순방향전압(0.5V)만큼 떨어진 5.5V가 된다. 5.5V는 배터리 전압 5V보다 높아 동시에 배터리 전원이 공급되지는 않는다. 그러므로 어댑터 전압은 "배터리 전압 + 0.5V"보다 약간 더 크게 선택해야 한다.

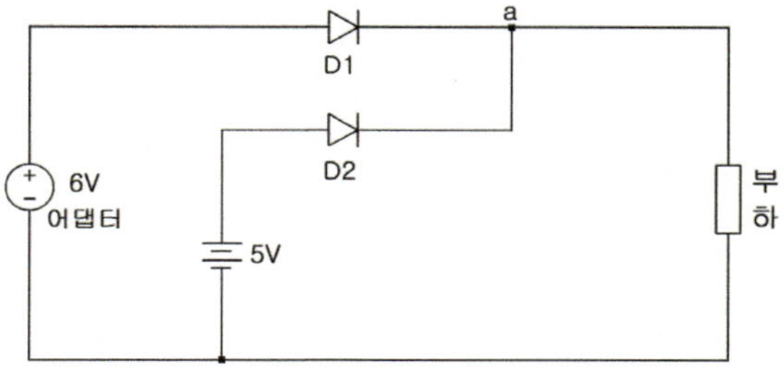

그림 15-21 자동 배터리 백업 회로도

실험 90TINKERCAD 주전원이 끊어질 때 배터리로 백업하기

실습내용	준비물	
1. 주전원이 끊어질 때 배터리로 전원을 공급할 수 있도록 해본다.	1. 5V 어댑터, 4.5V 건전지 각 1개 2. 브레드보드 1개 3. 다이오드 1N4001 2개	4. LED 1개 5. 저항 330Ω 1개 6. 멀티미터 1개

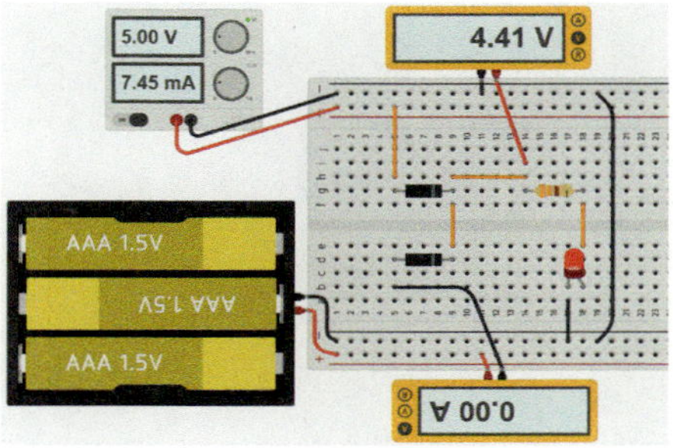

그림 15-22 주전원 on 배터리 off

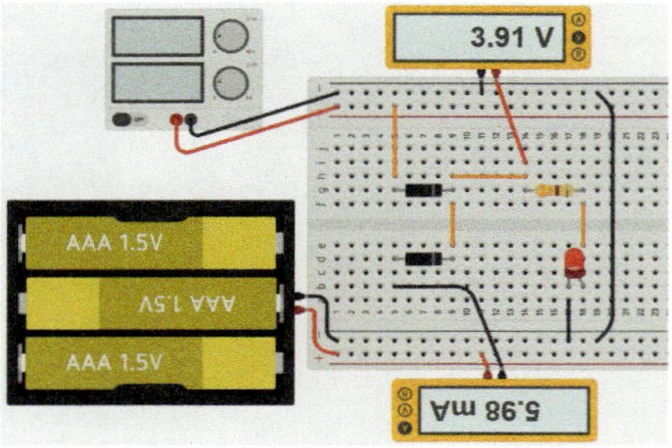

그림 15-23 주전원 off 배터리 on

15.2 릴레이

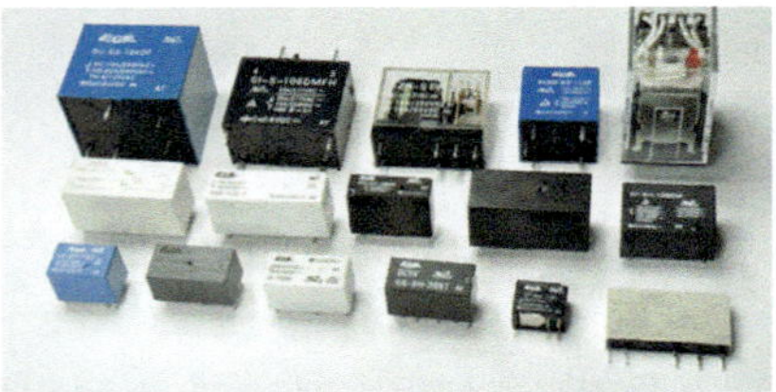

그림 15-24 다양한 릴레이
[출처 : 메카솔루션]

그림 15-24의 릴레이(Relay)는 스위치이다. 릴레이는 AC나 DC의 온/오프가 쉽고, 아두이노와 같은 MCU와의 연결이 수월하다. 릴레이의 장점은 전기적으로 독립된 회로를 연동시킬 수 있다는 점이다. 이처럼 릴레이는 코일 부분과 접점 부분이 완전하게 절연도 되지만 그것보다는 저전압, 저전류로 고전압, 대전류를 스위칭해주는 것이 주된 목적이다.

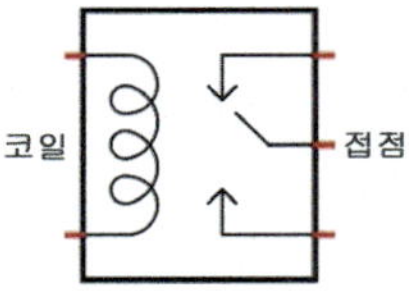

그림 15-25
릴레이 회로도

릴레이는 기계식과 전자식의 두 형태가 있다. 그림 15-25의 회로도에서 보듯이 기계식 릴레이는 코일에 전류를 흘리면 자석이 되는 전자석의 원리로 작동한다. 기계식 릴레이는 코일에 전원이 공급되면 전자석이 되어 접점부의 철판을 끌어당긴다. 그 철판에 붙어있는 접점은 코일 전원 공급에 따라 붙거나 떨어진다. 접점부에는 3개의 단자가 있다. 접점이 떨어져 있다가 붙는 NO 접점, 붙었다가 떨어지는 NC 접점, 그리고 공통단자인 com이 있다. 기계식 릴레이의 단점은 스위칭속도가 느리고 아크 채터링에 의한 잡음과 열화이다.

그림 15-26과 같은 광반도체로 만든 전자식 릴레이는 SSR(Solid State Relay, 무접점 릴레이)이라한다. SSR은 일반적으로 적외선 발광다이오드와 포토트랜지스터의 수광부로 구성된다. 기계식 릴레이와 마찬가지로 입력부와 출력부는 광반도체로 인해 전기적으로 절연이 되는 장점이 있다. 또한 기계적으로 움직이는 부품이 없으므로 소음이 없고 수명이 반영구적이다. 기계식에 비해 스위칭속도가 매우 빠르지만 스위칭할 때 반도체에 발열이 발생할 수 있는 단점이 있다.

그림 15-26
1채널 SSR 모듈

다음 그림 15-27처럼 릴레이를 트랜지스터, 다이오드와 저항을 조합하여 사용하기 쉽도록 모듈로 만든다.

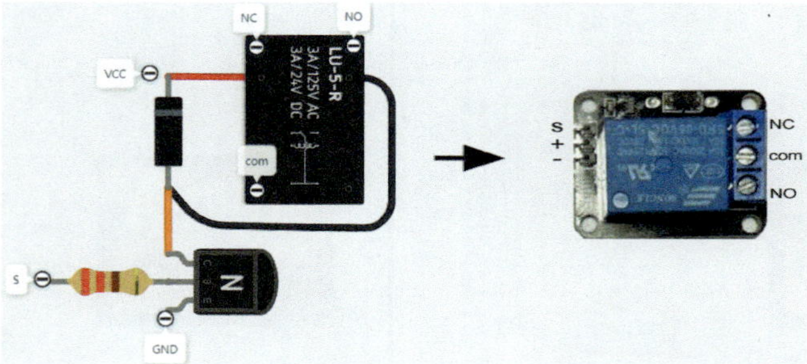

그림 15-27 릴레이 모듈(릴레이를 사용하기 쉽도록 만든 부품)

실험 91 PIR 센서로 동작이 감지되면 모터 구동하기

실습내용	준비물
1. 릴레이를 사용해본다. 2. PIR 센서로 다른 전원을 사용하는 모터를 구동해본다. 3. 릴레이의 역할 및 특성을 이해한다.	1. 9V, 5V 어댑터 또는 배터리 각 1개 2. 브레드보드 또는 터미널 1개 3. PIR 센서와 DC 모터 각 1개 4. 릴레이(5V) 1개

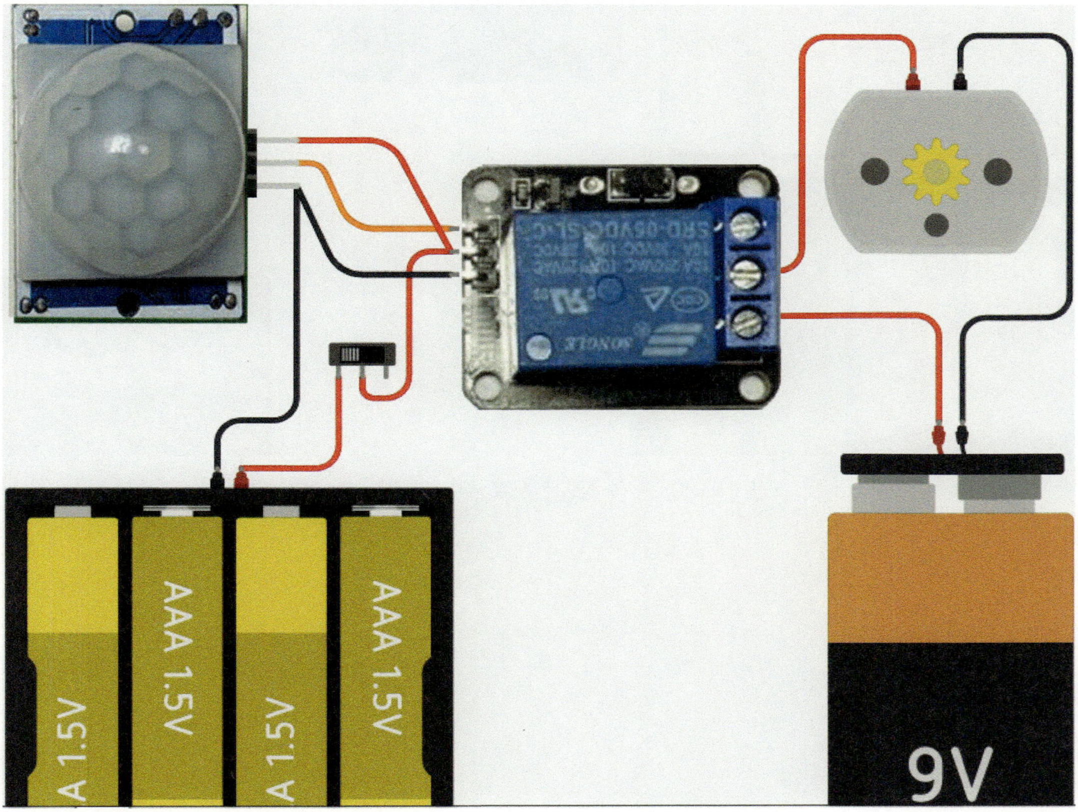

그림 15-28 저전력으로 높은 전력 제어하기

실험 92 자석 감지센서로 무단 칩입 경보하기

실습내용	준비물
1. 자석감지기로 방범경보장치를 만들어 본다. 2. 릴레이의 역할 및 특성을 이해한다.	1. 5V 어댑터 또는 건전지 1개 2. 브레드보드 또는 터미널 1개 3. 시각경보기 또는 경종 및 전원 각 1개 4. 릴레이(5V) 1개

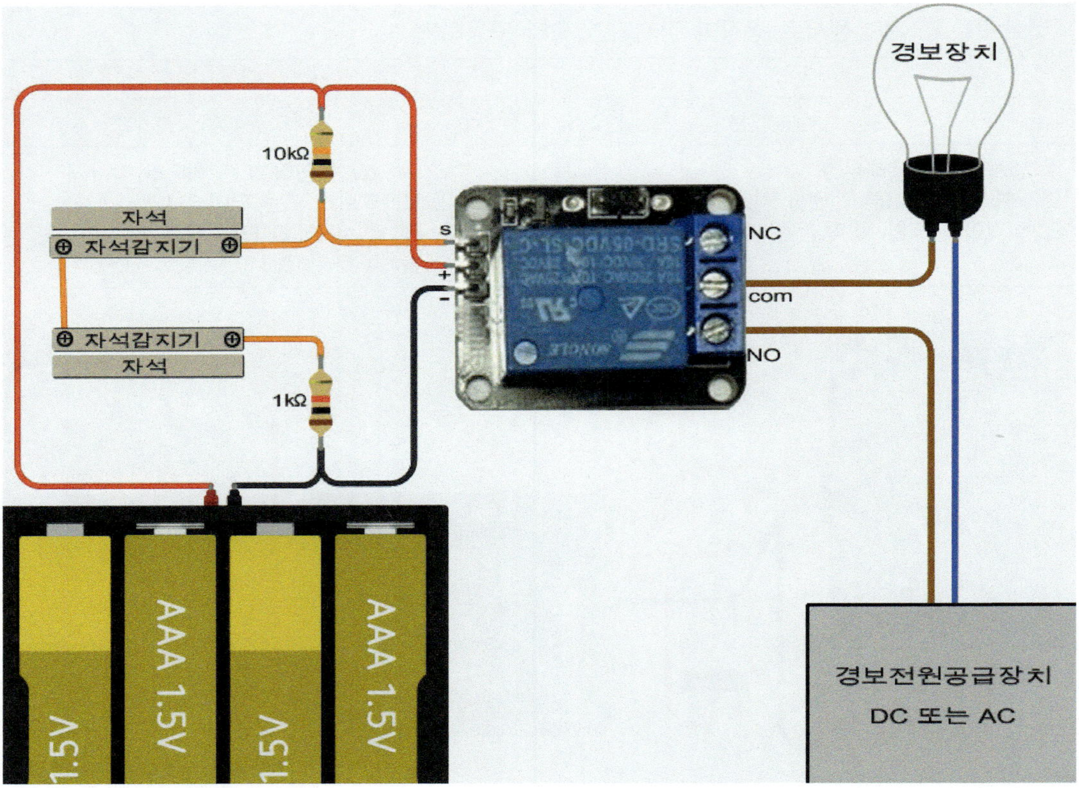

그림 15-29 자석 감지센서로 무단 칩입 경보하기

연습문제 2

1. 리드스위치와 홀소자에 대해서 설명하시오.

2. 아두이노 실험에서 시리얼통신을 사용한 부품과 시리얼통신에 대해서 설명하시오.

3. 아두이노 실험에서 시리얼통신을 사용한 부품과 SPI통신에 대해서 설명하시오.

4. 아두이노 실험에서 시리얼통신을 사용한 부품과 I^2C통신에 대해서 설명하시오.

5. 블루통신에 대해서 설명하시오.

6. 로터리인코더에 대해 설명하시오.

7. 다음 LDR 조도센서와 LM393 비교기를 사용한 회로에 대한 동작을 설명하시오.

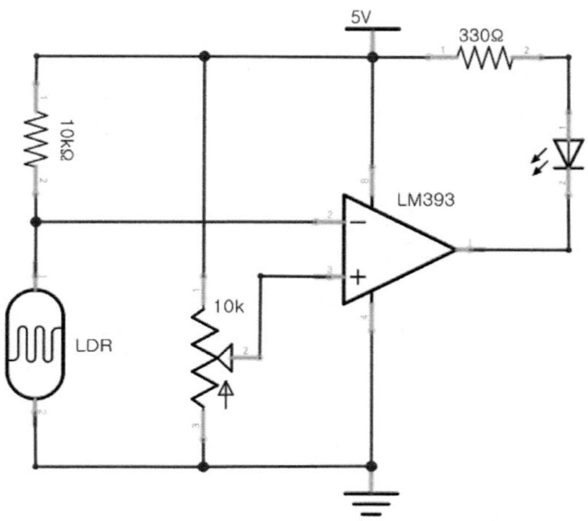

8. 반파정류기 회로에 대해서 설명하시오.

9. 다음 브리지 전파정류기 회로의 양의 반주기동안과 음의 반주기동안의 전류 방향을 서로 다른 색깔로 그리시오.

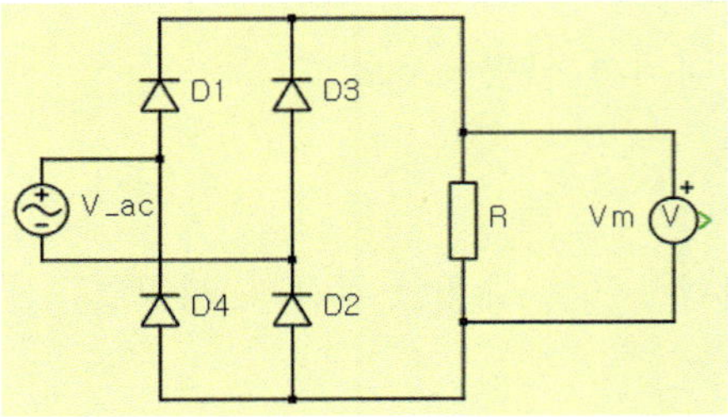

10. 세라믹 커패시터의 용량 숫자가 103이다. 세라믹 커패시터의 용량을 계산하여 μF 단위로 표시하시오.

11. 세라믹 커패시터와 전해 커패시터의 용도를 비교 설명하시오.

12. 다음 회로에서 NPN 트랜지스터 2N2222 위주로 동작을 설명하시오.

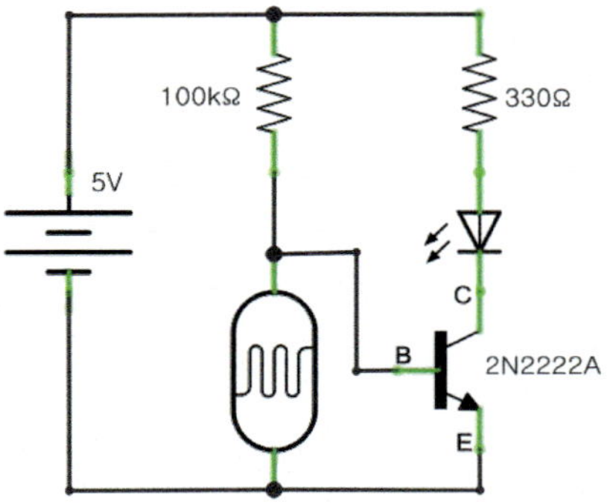

13. 다음 회로에서 전류 I를 구하시오. 다이오드의 순방향 전압은 0.7V이다.

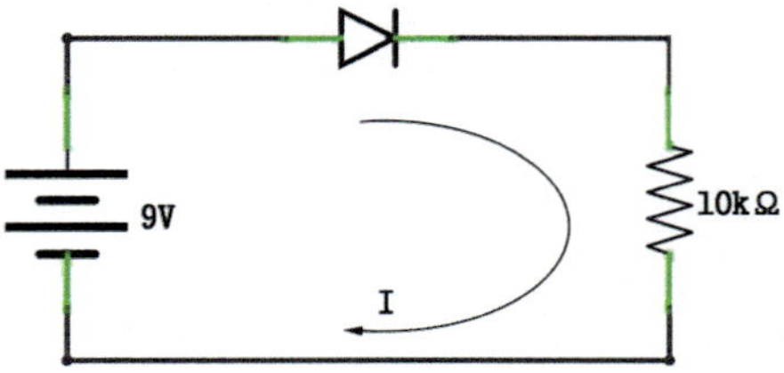

14. 진동센서(5V)와 릴레이(5V)를 사용하여 충격(진동)이 감지되면 경종(24V)이 울리는 회로도(부품 결선도)를 그리시오(아두이노는 사용하지 않음).

15. 워터센서의 종류와 각 센서에 대해서 간략히 설명하시오.

16. S핀의 전압을 측정했더니 2.8V이다. 배터리의 전압은 몇 V인가?
(R1=10kΩ, R2=2kΩ)

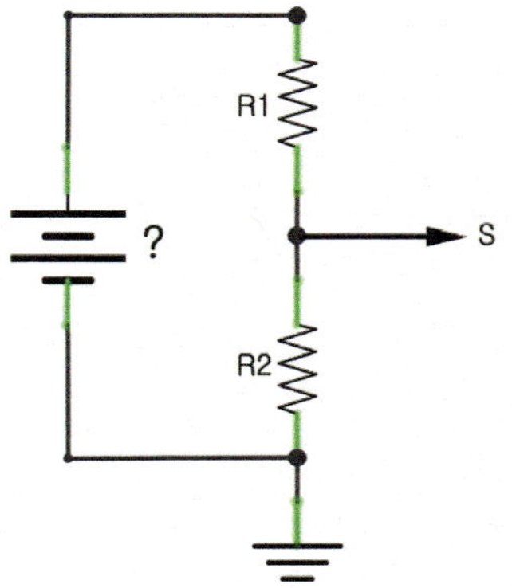

17. 다음 자동 배터리 백업회로에서 배터리가 9V라면 몇 V의 어댑터를 사용해야 하는가?

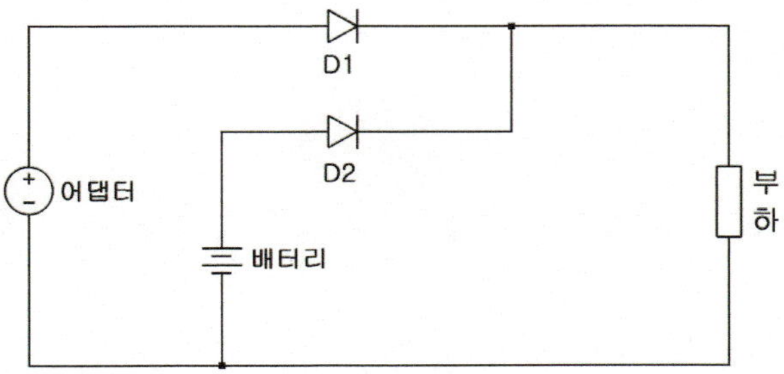

18. 다음 회로에서 반대로 전원 공급이 되면 어떻게 되는지 전류 흐름을 그리면서 설명하시오.

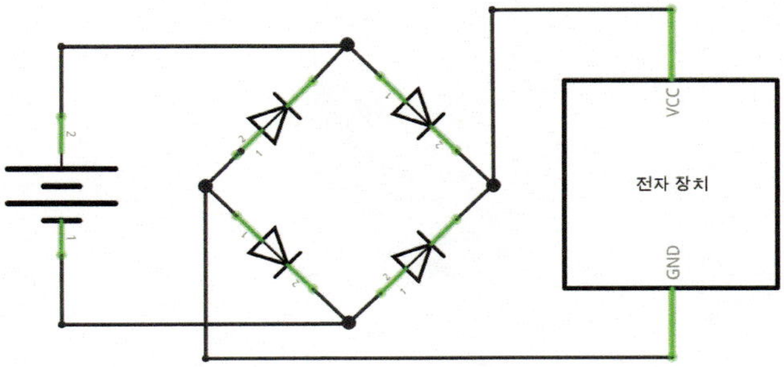

19. 네오픽셀의 특성과 용도를 설명하시오(픽셀수를 확장하는 방법을 포함하여).

20. 릴레이에 대해서 설명하시오.

21. 레귤레이터에 대해서 설명하시오.

22. 다음 부품의 명칭은?

① 

② 

③ 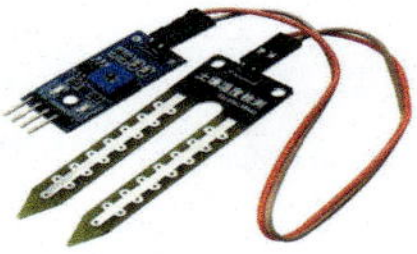

④ 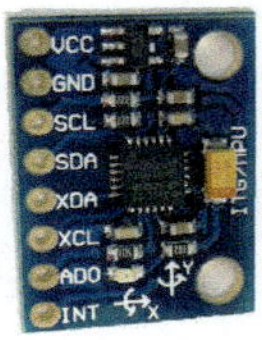

⑤ 

⑥ 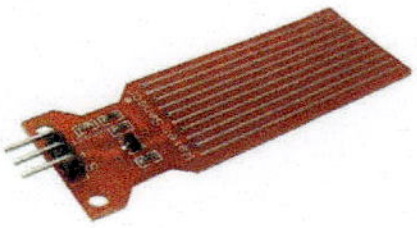

⑦ 

⑧ 

⑨ 

⑩ 

⑪ 

⑫ 

찾아보기

[ㅊ]

[ㅋ]

[ㅌ]

[ㅍ]

[ㅎ]

아두이노와 팅커캐드를 활용한

센서 응용 실무

초 판 인 쇄 | 2022년 2월 22일
초판2쇄발행 | 2025년 2월 24일

저　　자 | 이경훈
발 행 인 | 이성범
발 행 처 | 문운당
주　　소 | 서울시 종로구 혜화로5길 16 (명륜1가 45-3)
전　　화 | (02)762-6010
팩　　스 | 영업 (02)745-0265 / 편집 (02)762-8758
이 메 일 | 영업 munun2@daum.net
편집 munundang@naver.com
홈페이지 | http://munundang.co.kr

ISBN 979-11-5692-610-8 93560

정가 26,000원